国家自然科学基金煤炭联合基金重点项目 U1361209
国家重点基础研究发展计划（973 计划）2013CB227903
国家自然科学基金项目 51404275

大同矿区煤层开采

于 斌 著

U0200328

科学出版社

北 京

内 容 简 介

　　本书系统介绍大同矿区煤层开采的理论和技术,以及能够满足"双系两硬"条件的综合机械化开采、大采高开采、放顶煤开采、极近距煤层开采、特厚煤层综放开采、短壁开采等系列复杂煤层开采技术及成套装备体系。

　　全书共六章,主要内容为:大同矿区开采概况、大同矿区煤层开采技术体系、大同矿区煤层开采配套装备、大同矿区煤层开采覆岩移动与采场围岩控制理论体系、大同矿区煤层采场围岩控制技术体系、大同矿区煤层开采安全技术措施等。本书反映了大同矿区半个多世纪以来成功的开采经验与相关成果。

　　本书可作为高等院校采矿工程专业的研究生教材,也可供从事煤矿开采方面的研究人员、工程技术人员、设计人员、管理人员阅读参考。

图书在版编目(CIP)数据

大同矿区煤层开采/于斌著.—北京:科学出版社,2015.1
ISBN 978-7-03-043227-8

Ⅰ.①大… Ⅱ.①于 Ⅲ.①煤层—煤矿开采—研究—大同市 Ⅳ.①TD823.2

中国版本图书馆 CIP 数据核字(2015)第 019642 号

责任编辑:李　雪 / 责任校对:桂伟利
责任印制:徐晓晨 / 封面设计:陈　敬

科 学 出 版 社出版
北京东黄城根北街 16 号
邮政编码:100717
http://www.sciencep.com

北京教图印刷有限公司印刷
科学出版社发行　各地新华书店经销
*

2015 年 1 月第　一　版　　开本:787×1092　1/16
2015 年 1 月第一次印刷　　印张:25　5/8
字数:592 000

定价:168.00 元
(如有印装质量问题,我社负责调换)

前　　言

煤炭是我国的支柱能源,占一次能源构成的 75%,随着世界范围的能源危机,在相当长的时期内,我国以煤炭作为主要能源的状况不会改变。而煤矿的安全生产和煤炭产量的稳产高产关系到我国经济增长的命脉。

大同是我国最重要的煤炭城市之一,煤炭开采的历史有 1500 多年,清末开始形成规模开采,20 世纪 50 年代末,大同市煤炭产量突破 1000 万 t,90 年代中期达到最高 8607 万 t。伴随能源基地的建设和煤炭产业的快速发展,大同市煤炭企业也走过辉煌的历史。直到 20 世纪 90 年代末,大同矿务局(大同煤矿集团有限责任公司)一直是全国最大的煤炭生产企业,至 2013 年年底累计生产原煤 22 亿 t,实现利税 600 多亿元,产量、效益及上缴国家的利润曾多年名列煤炭部各统配煤矿之首,为国家做出巨大贡献。

大同矿区,作为我国主要的优质动力煤生产基地,承担着巨大的社会责任。其赋存的煤炭因具有低灰、低硫、高热值属性而成为世界煤产品的极品,是我国华北、东北、华东、东南等地区大型热电厂的首选动力用煤,在我国国民经济发展中占有重要的地位。因此如何安全、高效地开采煤炭资源对我国煤炭工业的持续、稳定发展有重大意义。

大同矿区赋存的煤层为侏罗纪和石炭二叠纪双纪煤层。大同矿区具有独特的极近距煤层群及薄、中、厚煤层并存的"两硬"复杂煤层条件,"两硬"即煤层硬(煤质坚硬,普氏系数 $f=3.0\sim4.5$)、顶底板岩层硬(多为整体性强的厚砂岩、砾岩,层理节理均不发育,性质坚硬,普氏系数 $f\geqslant8$),因此一般开采方法与机械难以适应,导致如顶板管理、开采装备配套、冲击地压、煤层自然发火、瓦斯防治等一系列技术难题,严重制约了煤炭资源的安全、高效、高资源回收率开采,也严重影响着企业的可持续发展。大同煤矿集团有限责任公司在半个多世纪的煤炭开采过程中,通过产、学、研方式对各种技术难题进行了系统的攻关研究,通过多项技术创新,形成了能够满足"双系两硬"条件的综合机械化开采、大采高开采、放顶煤开采、极近距煤层开采、特厚煤层综放开采等系列复杂煤层开采技术及成套技术与装备体系,取得了巨大的经济及社会效益。同时,随着近些年采煤设备制造水平的提高,又形成了塔山、同忻等年产千万吨的矿井,使矿区多年产量连续超过亿吨。因此,大同矿区现已经形成了综采、综放开采、大采高开采、大采高综放开采等一系列适合不同煤层赋存条件的开采方法,对不同开采方法的矿压显现规律、采场围岩控制技术、地表沉陷规律、巷道掘进及支护技术有了系统的认识并且积累了宝贵经验。

为了系统地总结和提升适用于大同矿区"双系两硬"条件下煤层开采的理论和技术,本书从大同"两硬"条件不同开采技术体系、配套装备、围岩理论与技术体系、安全保障措施与开采实践等多方面入手,全面总结大同煤田开采的成功经验,从而探索出我国"两硬"条件下煤层开采的新篇章,这不仅丰富了我国综采的理论和实践,更有利于提高未来矿井开采的资源回收率,对大同煤矿集团公司可持续发展也具有重要的战略意义,同时对我国甚至全世界综采煤层安全高效开采具有重要的理论意义和深远的现实意义。

作　者

2014 年 9 月

目　录

1 大同矿区开采概况

1.1 大同矿区煤田开发简史

大同煤田开采历史久远,早在公元400年左右就有土法开采。1840年左右,当地农民利用农闲时节采煤,人数最多时可达500余人,但还没有专业矿工。1910年后,国内外商人兴建了忻州窑矿井,并铺设轻便铁路,由保晋公司经营。以后相继又出现了同宝、宝恒等采矿公司和一些私人名义的划片矿区。1924年左右,这种矿区由四五十处发展到198处,雇工2400余人,最高年产量7万~8万t。1929年5月,晋北矿务局成立,购机器、扩建筑,开凿煤峪口和永定庄两处矿井,同时修建口泉至该矿井的专用铁路线。1929~1935年的总产量达115万t,年产20万~30万t,职工总数近4000人。1932年组成大同煤业给司,在"分采合销"协议执行中,大同煤炭销往国内外,促进了矿井的建设和近代资本主义采矿企业的发展。1936年矿区职工达8000人之多。[1]

1937年,日本帝国主义侵占大同。为了大规模掠夺煤炭资源,1940年组建"大同煤矿株式会社",在永定庄、煤峪口、同家梁、白洞、四老沟、白土窑、鹅毛口、雁崖等地(图1-1)开凿新井和修建铁路专线。至此,各矿改为电力开采。日寇占领期间,总产量达1170万t。

1945年8月,抗日战争胜利后由国民党政府接收,恢复晋北矿务局,由于销售不畅、交通条件差,几个重要煤矿又变成人工开采,日产量为450~900t,基本上处于半停产状态。

1949年6月,大同地区全部解放,成立了"大同煤矿筹备处",后改称"大同矿务局"。煤峪口、永定庄、同家梁、四老沟等矿首先恢复了生产。不久,在全面恢复生产的同时,新建了新白洞、雁崖、晋华宫、大斗沟等新矿。新中国成立初期,大同矿务局急需发展生产、恢复经济。翻身作主后的矿工生产热情高涨,在对战争中遭到破坏的矿井做了大量的修复工作后,开始生产。但是当时生产力落后、机械设备缺少,回采主要是刀柱式、房柱式采煤,手工装煤。[2]

50年代大同矿务局开始运用截煤机和康拜因采煤机以提高采煤效率(图1-2)。1950年7月23日,在永定庄矿6号井9号层802工作面试验单一长壁采煤法,采用木支柱和垒矸石带填充方法管理砂岩顶板。工作面装备苏制截煤机一台、张家口煤机厂试制的刮板运输机一台。截煤机掏槽,煤电钻打眼放炮落煤,人工装煤,刮板运输机运煤。这是大同矿务局第一个半机械化长壁采煤工作面。

经过试验,平均日产提高1.78倍,回采工效提高了3倍多,而且工作面回采率达98%。1950年8月和9月,在煤峪口矿和同家梁矿分别进行了同样的试验,均获得了成功。

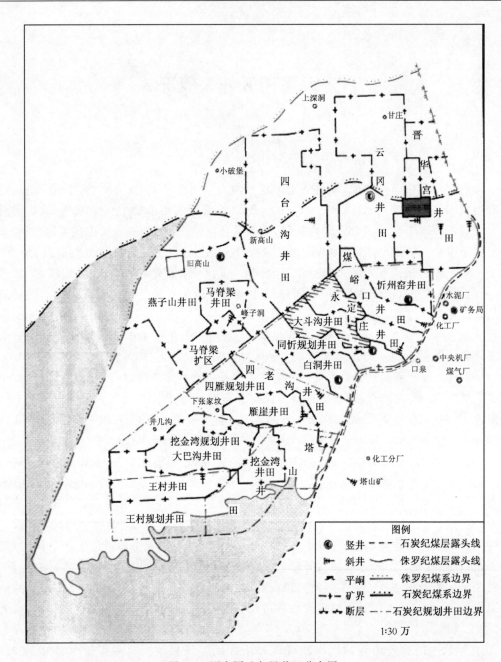

图 1-1　原大同矿务局井田分布图

1952 年 10 月，永定庄矿 6 号井试验使用苏制顿巴斯-1 型（康拜因）联合采煤机。这是煤炭行业使用的第一代采煤机。这种联合采煤机可以实现工作面的采、装机械化。

1953 年，在辽宁阜新召开的全国采煤方法研究会上，大同矿务局介绍了永定庄矿使用康拜因的经验。由于使用了截煤机和康拜因采煤机，1949～1952 年，大同矿务局的全员效率提高了 7.5 倍；回采工作面效率提高了 1.56 倍；采区回采率由 46.97％ 提高到 74.52％。

截煤机和康拜因采煤机是整个 20 世纪 50 年代采煤使用的主要机械（图 1-2，图 1-3）。

图 1-2　康拜因采煤机

图 1-3　截煤机

60 年代大同矿务局第二代采煤机诞生，并且普通机采方法开始唱主角。康拜因采煤机作为第一代采煤机虽然有过其历史功劳，但是采煤机功率小，对大同煤田的"两硬"适应性还不能令人满意。1965 年，同家梁矿将波兰产的 KWB-32 型采煤机改为浅截式采煤机（图 1-4），这是原大同矿务局的第二代采煤机。它利用原截煤机的牵引部、电动部，新制截割外壳，安装截煤滚筒，机组骑在溜子上工作，将刮板运输机改为可弯曲型。同家梁

图 1-4　浅截式采煤机

矿用上述设备与摩擦式金属支柱配套,组成一个机采工作面,用深孔爆破放顶,效果良好。

1966 年 7 月,大同矿务局使用仿波兰的国产 MLQ-64 型浅截滚筒式采煤机与 SGW-44 型可弯曲刮板运输机、摩擦式金属支柱和铰接顶梁配套(图 1-5),顺槽配备吊挂式皮带运输机,组成第一个普通机械化采煤工作面,实现了采、装、运机械化。这是大同矿务局普通机械化采煤的开端。

图 1-5　摩擦式金属支柱工作面

"三五"期间大同矿务局的机械化采煤有了突破性的发展。1967 年 6 月,同家梁矿东风队首次在 11 号层采用金属网假顶采煤的上分层,试用鸡西煤机厂(现鸡西煤矿机械有限公司)制造的国产 MLQ-80 型单滚筒摇臂采煤机。这种采煤机由截煤部、牵引部、电动部三部分组成。截煤部有螺旋式滚筒,电动机功率 80 kW。由于有摇臂,可以调整采高以适应煤层的变化,其性能优于 MLQ-64 型采煤机,因而得到迅速推广。这标志着大同矿务局的机械化采煤技术开始进入了一个新的发展阶段。

1970～1974 年:第一个综采工作面在煤峪口矿试验成功。20 世纪 70 年代初,我国的煤炭工业进入了一个新的发展时期,但当时的采煤机械化水平还远远不能适应煤炭工业和国民经济发展的需要。

在这种情况下,大同矿务局在当时的燃料化学工业部、山西省煤炭研究所、北京煤炭科学研究院、山西煤炭化工局的直接参与下,在张家口煤机厂、无锡煤机厂、天津电镀厂、西北橡胶工业品研究所、沈阳橡胶四厂、四川晨光化工厂等单位的大力协助下,由大同矿务局机修厂负责制造,于 1970 年 8 月成功制造出我国自行设计的大同 TZ-140 型液压支架。1970 年 11 月,在煤峪口矿的 9 号层 8710 工作面进行试验。这是我国第一个综合机械化采煤工作面的工业试验。

为了做好这项工作,煤峪口矿成立了综合机械化采煤试验队,全队人员由起初的 40 人扩大到 120 人。支架入井后与国产 MLQ-80 型机组、SGW-150 型溜子、顺槽可缩皮带配套。煤峪口矿的 9 号煤层厚 1.25m,倾角 2°～7°,顶板为砂岩和砂质页岩互层,岩性坚硬。运用 TZ-140 型液压支架和 80 型机组先后采出 5 个工作面,效率比一般的薄煤层工作面提高 2.25 倍。

之后由煤峪口矿、大同矿务局科学研究所、大同矿务局机械修理厂、山西煤炭研究所等单位组成"三结合"小组,于 1973 年年底完成了支架修改设计方案。1974 年 2 月又进行了第二次修改,并定名为"TZ-1 型液压支架"(大同 1 型液压支架)(图 1-6、图 1-7),当年生产出 40 架,与 20 架修理改造过的"TZ-140 型"支架混合使用,在煤峪口矿 9 号层的 8907 工作面与 MLQ-80 型摇臂采煤机、SGW-150 型运输机配套,月产是普通工作面的 3.41 倍。

1974 年燃料化学工业部在大同矿务局召开"大同 1 型液压支架技术鉴定会",认为煤峪口矿的这个工业试验取得了成功。

图 1-6 TZ-1 型液压支架工作面

图 1-7   中央机厂制造支架场景

1974～1985 年:引进先进采掘设备实现产量翻番。20 世纪 70 年代中期,国家经济发展对煤炭生产的需求越来越大,但是当时的生产能力不能满足增产的需要,发展综合机械化采煤成了迫切的需要。

1974 年,引入 5 套综采设备,其中英国道梯 4 柱 450/4 垛式支架 4 套,采煤机为 MKⅡ,刮板运输机为麦柯 250;英国伽里克 180/6 式支架一套,采煤机 AM10/12,刮板运输机为麦柯 191。大同矿务局把这些设备分别投入到同家梁(2 套)、永定庄、四老沟、忻州窑四个矿。截至 1975 年 9 月底,五个综采生产面平均月产是普机长壁工作面月产量的 3.4 倍。

1978 年又引进综采设备 18 套,其中有开采中厚煤层的英国道梯 550/4 型支撑掩护式支架 11 套(图 1-8)、日本 560/4 型支架 3 套、开采薄煤层的英国伽里克 464/6 型支架 4 套及其配套设备。与此同时,为了保证采掘衔接,引进了英国多斯科 MKZA-2400 掘进机 12 台(图 1-9)。

图 1-8   引进的支撑掩护式液压支架

1979年,原煤总产量达2404.8万t,比1974年翻了一番。之后煤炭工业部又为大同矿务局新增综采设备12套。1985年原煤总产量达到3080.5万t。从1974年到1985年,大约10年的时间,产量翻了两番,上了两个千万吨的台阶。

图1-9 引进的掘进机组

1986~1993年:综采设备国产化煤炭生产集约化。20世纪80年代,在我国煤炭工业迅速发展中,大同矿务局以提高综合生产能力为重点,相继对老矿井进行了全面挖潜和技术改造,同时建成了一些新井(云冈、燕子山、四台沟)(图1-10),另一些正在建设中,矿区附属企业和配套工程发展也较快。当前,在全体13万职工的共同努力下,大同煤矿年产原煤已突破3000万t大关,机械化程度达73.3%,综采机械化程度达45.5%,成为全国最大的煤炭能源基地之一。

图1-10 云冈矿综采工作面

大同矿务局开发应用了一系列的适用于大同煤层实际的支架。为了解决大同煤田2号层砾岩顶板下开采而设计的TZ-720型液压支架在1987年获得煤炭工业部科技进步二等奖,ZZ6000/21/35型支撑掩护式液压支架获得能源部1992年科技进步三等奖。

厚煤层分层自动铺联网液压支架是国家"七五"攻关项目(图1-11),由大同矿务局和北京煤矿机械厂、煤炭科学研究总院(简称煤科总院)唐山分院、晋城矿务局、煤炭科学研究总院太原分院等单位于1985~1990年完成。该液压支架整个铺联网过程除运网外均与采场的各项工序联动,实现了自动铺联网综采。该成果攻克了国际采矿业中的一大难题,属国际首创,1993年获国家科学技术进步一等奖。

图1-11　厚煤层分层自动铺联网液压支架

同时,购置国内厂家生产的采煤机,开发和应用了MG、MXA、AM500三个系列的液压牵引采煤机,取代了进口的采煤机。这些采煤机和支架以及相应的刮板运输机相配套,基本可以满足当时综采生产的需要,并且达到系列化。它们在中等硬度煤层的使用中效果良好,提高了工作效率,也提高了资源回收率,同时对消除煤层自燃起到了积极的作用。

中国和波兰合作研制的MG344-PWD薄煤层爬地电牵引采煤机也于1992年2月在雁崖矿经过工业性试验,通过了技术鉴定。这种采煤机适用于0.9~1.6m的中等硬度煤层,开创了我国电牵引采煤机的新路子。这一项目在1993年获得煤炭工业部科技进步二等奖。

1993年,大同矿务局的机械化程度达到97.07%,综采机械化程度达到85.51%,掘进装载机械化程度达到47.69%;回采工作面平均个数比1985年减少了66%,而回采工作面单产提高了大约1.7倍,回采工效率提高了1.3倍。

2002年:大采高技术扬威厚煤层。大同煤矿集团有限责任公司(简称同煤集团)侏罗纪煤系经过50多年的开采,资源逐渐枯竭,开采战场开始由3.5m以下煤层向5m以上厚煤层和石炭二叠系超厚煤层转移。如果继续沿用原有的采煤工艺、技术和设备,采高只能达到3.5m,可采储量将会丢失30%以上。针对这种情况,2001年年底,同煤集团投巨资从国外引进高科技的大采高综采设备,用于"两硬"条件下5m厚煤层的一次性开采。首家投产单位选定四老沟矿。

大采高是"大采高综合机械化采煤方法"的简称,是根据侏罗系和石炭二叠系厚煤层特有的"两硬"特点,创出的一种具有世界领先水平的采煤方法。

四老沟矿成立了大采高筹建指挥部。仅用不到半年时间,就完成了一系列前期准备工程。2002 年同煤集团与煤炭科学研究总院太原煤科分院、北京煤机厂和郑州煤机厂共同研制了厚煤层一次开采 5m 的综采设备和采煤工艺,配备 SL500 型采煤机。除采煤机是引进德国艾苛夫电控中心的,变压器是引进英国的,其余均为国产设备,支架为 ZZ9900/29.5/50 型,刮板输送机为 SGZ1000/1050 型。采煤机截深 0.865m,设计日生产能力 7200t。2002 年 8 月 22 日,大采高设备地面联合试产运转获得成功（图 1-12）。2002 年 10 月 25 日,在四老沟矿 14 号层 8402 工作面试生产,获得成功（图 1-13）。2003 年产煤 202 万 t。

图 1-12　四老沟矿大采高设备在地面试运转

图 1-13　四老沟矿大采高工作面开采现场

大采高队根据队伍特点,解决实际问题。在 8406 工作面开采过程中,遇到了建矿史上少见的火成岩墙、上覆顶板采空区积水和漏顶,他们采取注水软化、松动爆破、提前钻孔探放、预先清掏火成岩、支架快速穿越空巷、工字钢架穿锚索加固顶板等工艺将其一一攻克。

自大采高开采以来,各类设备在生产期间没有发生过一起机电故障。该套设备于2002年10月实现了3.5~5.0m厚煤层一次采全高,淘汰了过去的分层开采技术,获得2004年度中国煤炭工业协会科技进步一等奖。

2005年:薄煤层刨煤机全自动开采技术获得成功。2005年3月,同煤集团在晋华宫矿10号层301盘区8118工作面使用先进的刨煤机全自动开采技术,进行薄煤层开采。

刨煤机设备从德国DBT公司引进,整套刨煤机的技术核心是PROMOS控制系统和PM4电液控制系统。PROMOS控制系统控制的是刨煤机、运输机、转载机、破碎机的启动、停车,并通过TTY协议将刨煤机头位置的信息传输给PM4电液控制系统。PM4电液控制系统则依据刨煤机头位置实现支架自动推移和自动排序。主控微机中使用的VTR32操作软件,具有良好的人机对话功能,能对支架实时进行监控,还可以设置刨煤的深度、支架每次前移的距离、刨煤机自动停止的位置等参数。

2005年7月,晋华宫矿刨煤机队全体员工克服工作面夹石厚、断层多等困难,在煤层厚度仅有1.4~1.55m的条件下,安全生产煤炭10万t,创出了该队建队以来月产最高水平。

刨煤机工作面正式投产(图1-14),标志着同煤集团在煤炭开采史上步入了一个新的历史时期。它的重大意义在于实现了工作面无人操作,机组、支架和工作面运输机全部实现了电脑数据化远距离自动操控(图1-15)。这不仅极大地降低了劳动强度,提高了安全系数,而且大幅度提高了煤炭资源回收率,延长了矿井开采寿命。

先进的设备在实践中也会出现这样那样的不适应问题,总是需要通过技术革新加以改造。一是设备本身的改造。当时重点是对工作面冷却水系统进行了开机顺序的数字控制系统改造(此项目获2008年度同煤集团技术进步二等奖)。对两台德国照明模块进行了改造。针对电磁过滤阀芯由于精确度极高只能一次性使用配件损耗极大的状况,发明了超声波震荡仪清洗法,使之可重复清洗使用。2007年,还针对每台价值达30万元的电磁阀损坏后往返厂家修理既费时又费钱,自制发明了一套阀组阀芯专用维修工具(获2008年度同煤集团技术进步二等奖)。因为煤质硬刨刀损耗严重,改用成本为德国刨刀(每把500欧元)数十分之一的国产刨刀,提高了开机率,大幅度降低了配件成本。二是改进工艺,改善工序,调整方法。针对"断刨链、跑串液、窜头尾、割顶底板、系统数据丢失、工作面头尾割不正"六个问题,通过强化工作面现场管理,规范操作员工行为,调浅刨深限定割煤曲线等手段得以克服。

刨煤机开采了8118、8120、8114、8116四个工作面,煤层厚度最高1.35m,最低在1m以下,先后经历了严重水患、与其他综采队上下分层开采、头尾下沉及头尾倾斜度严重超常、工作面夹石断层多等困难的考验。在2007年工作面遭遇特厚断层的艰难情况下,产量仍连续攀升。薄煤层刨煤机开采技术获得2006年度部级科技进步二等奖。

2006~2009年:特厚煤层综放采煤技术在塔山煤矿开花结果。

塔山煤矿是同煤集团向石炭系煤层战略转移计划建设的六个千万吨级以上矿井中的第一个特大型安全高效矿井,设计年产量1500万t。2003年2月开工建设,2006年7月试生产,2008年12月通过国家能源局整体验收(图1-16、图1-17)。

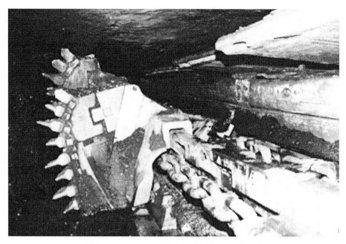

图 1-14　薄煤层刨煤机无人工作面

图 1-15　刨煤机操作台

　　塔山煤矿主采及首采煤层属于特厚复杂疏松煤层。鉴于塔山煤矿煤层结构的特殊性,同煤集团通过技术论证,选用了一次采全高综采放顶煤的开采方法。

　　塔山煤矿井下设备均为国内外先进设备。采煤工作面采用目前世界上工作阻力最大的放顶煤液压支架,并引进先进的大功率采煤机及前后刮板运输机、破碎机、转载机等配套设备,保证了设备运行的可靠性;使用每小时运输能力达 6000t 的大功率胶带运输机集中运煤,保证矿井生产不受运输环节制约;辅助运输系统使用无轨胶轮车,缩短了工作面搬家准备时间;配备了现代化的监测、监控系统,对井下、地面的工作环境和设备进行全面监测,实现了远程集中控制。

　　同煤集团在塔山煤矿的建设上,坚持科技兴矿,自主或合作完成了“特厚煤层大断面切眼（8.8m）施工与支护”“特厚煤层综放工作面支架开发研制与应用”“特厚煤层放顶煤开采顶板控制及矿压规律技术研究”等具有世界先进水平的科技研究;与北京煤炭科学院开采所合作先后开发了 10000kN、13000kN、15000kN 综放支架,与大连大学院士创

图 1-16　同煤大唐塔山煤矿公司

图 1-17　塔山煤矿综采工作面

业园宋振骐院士合作进行了特厚煤层综放矿压防治研究,与北京科技大学合作进行了微地震研究。特厚煤层综放开采矿压控制取得了初步成效。

由科学技术部牵头汇集了国内十余家科研院校和制造厂家,主要由煤炭科学研究总院和大同煤矿集团承担的国家"十一五"科技支撑项目——"特厚煤层大采高综放开采成套技术与装备研发"项目,已在塔山煤矿开展并完成。

塔山煤矿从试生产到 2009 年 7 月底,连续安全生产 1100 多天,共生产原煤 3061 万 t。2008 年一井一面完成产量 1076.2 万 t。2007 年、2008 年被评为国家特级安全高效矿井。2009 年后矿井已达到设计生产能力 1500 万 t。

在大同矿区半个多世纪的煤炭开采过程中,形成了能够满足"双系两硬"条件的综合机械化开采、大采高开采、放顶煤开采等系列采煤技术,同时,随着近些年采煤设备制造水平的提高,又形成了塔山、同忻等年产千万吨的矿井,使矿区多年产量连续超过亿吨。因此,大同矿区现已经形成了综采、分层开采、综放开采、大采高开采、大采高综放开采等一系列适合不同煤层赋存条件的开采方法,对不同开采方法的矿压显现规律、采场围岩控制技术、地表沉陷规律、巷道掘进及支护技术有了系统的认识并且积累了宝贵经验。

1.2　大同矿区煤田构造位置

　　大同煤田位于山西断裂隆起区北部,北东侧以竹林寺—麦胡图断裂为界,与燕山台褶带西端之阳高—天镇隆起接壤;北西侧以麦胡图—威远堡断裂为界,与山西断裂隆起区之凉城隆起、偏关隆起相邻;南东以口泉断裂为界;东邻桑干河新裂陷;南西端南屯—大川一带因抬高和元子河下切使其与平鲁煤田断开。大同煤田即云冈向斜呈 NE40°方向延伸,长 85km,宽 30～40km,面积约 1739km²。

　　大同煤田处于 E—W 向构造体系与新华夏构造体系(又称新华夏系)联合部位,是一个与大同新生代裂陷盆地相对应的新华夏系的台隆,二者之间以口泉山脉山前断裂,即山阴—怀仁—大同大断裂为界。大同煤田为一开阔的、NE 向不对称的向斜构造,向 NE 倾伏。

　　南东翼倾角一般 20°～70°,局部直立、倒转;北西翼被白垩系覆盖。由于受 E—W 向构造体系的影响,其主干构造线(向斜轴和向斜东缘的压扭性断裂,山阴—怀仁—大同大断裂)呈 NE 向(图 1-18)。根据侏罗系永定庄组和大同组沉积厚度趋势面分析,沉积盆地总体走向为 NE 向,钻孔资料表明,永定庄组、大同组和云冈组依次向北超覆,所以构造盆地两侧无论地层分布还是岩层产状均极不对称,该向斜盆地具有同沉积构造盆地的性质。

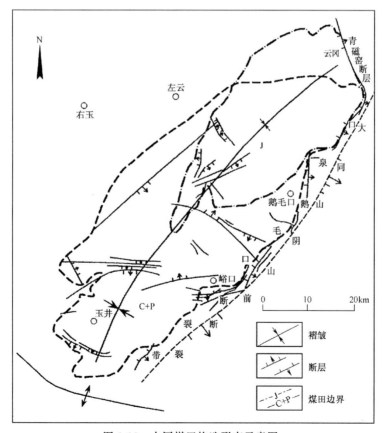

图 1-18　大同煤田构造形态示意图

大同含煤盆地受历次构造运动的影响,轴向有所迁移和改变,但北东向的继承性始终占据着主导趋势。侏罗纪后期受燕山运动和印支运动的影响,经强烈的构造运动,导致煤田东部地层陡峻,甚至直立、倒转,并相应地产生断裂及岩浆活动,故东部、东南部构造较复杂,断裂多;北部、西北部构造则相对简单,断层、褶皱皆少,以单一向斜为主,煤田构造属简单型。对大同煤田起控制作用的构造形态有:北部的内蒙古陆,控制了整个华北石炭二叠系煤田的北部边界;洪涛山背斜呈 NW50°,横亘在大同煤田的南东侧控制了煤系地层的展布;东界口泉—鹅毛口断裂带,为一逆冲推覆构造带,控制了大同煤田的南东及东部边界;东北部为青磁窑逆断层,控制了煤田北部及东北部边界;大同向斜为中部主干构造,煤田内各成煤时期的主要沉积中心地带呈 NE 向;大同向斜的东部存在大同—山阴山前断裂,是整个晋西北单元与汾渭裂陷系的边界,是一条走向近 NE 向落差巨大的正断层,也是大同裂陷盆地的边界。

1.3 　大同矿区煤田地层系统

大同煤田地层现详叙如下(见表 1-1)。

太古界(Ar₃ewt):为一套前震旦系古老杂色深变质岩系,仅出露于勘探区东部、东南部边缘地带。

古生界(Pz):包括寒武系、奥陶系、石炭系、二叠系。

寒武系(∈):厚 0~506m,一般厚 466m。下部以砖红、紫色页岩和白云质泥岩为主,最低部有一层含砾钙质砂岩;中部以灰色中至厚层鲕状灰岩为主,中夹紫色、灰绿色页岩和薄层泥质条带灰岩及生物碎屑灰岩;上部以灰黄、紫红色竹叶状灰岩为主,中夹生物碎屑灰岩、泥质条带灰岩与结晶白云质灰岩。含化石有:德氏虫 *Damesella paronai*,又尾虫 *Dorypge* sp.,锥形长山虫 *Changshannica conica*,高旱山虫 *Kaolishania* sp.,蝴蝶虫 *Blackwelaeria* sp.,方鞍头虫 *Quadraticephalus* sp.。寒武系地层最底部含砾质砂岩与下伏太古界片麻岩呈角度不整合接触。

奥陶系(O):厚 0~355m,一般厚为 68m。为煤系地层基底,以灰、深灰色厚层状石灰岩为主,中夹豹皮状灰岩、灰绿色钙质或泥质页岩等。广泛出露于东部口泉山脉以南一带。向北至煤峪口附近,逐渐变薄尖灭。含化石有:链房螺 *Hormoto ma* sp.,正形贝 *Orthis* sp.,蛇卷螺 *Ophileta* sp.,树笔石 *Dendrog raptus* sp.。奥陶系与下伏寒武系地层整合接触。

石炭系(C):包括本溪组、太原组。

本溪组(C₂b):粒厚 0~51.81m,一般厚 35.00m。由灰、灰白、灰黑色粉砂岩与细粒砂岩互层为主。最底部在奥陶系侵蚀面上有一层山西式褐铁矿层,厚度不稳定,呈鸡窝状。铁矿层上有一层厚为数米的杂色铝土质泥岩。在互层中,夹有 1~3 层钙质泥岩或薄层灰岩,其中靠下部较稳定的一层岩厚 2~3m,定名为标志层 K1。含化石有:纺锤蜓 *Fusulina* sp.,珊瑚 *Chaetetes* sp.,海百合茎 *Crinoidea* sp.,石燕 *Spirifer* sp.。本溪组地层在区内较稳定,与下伏奥陶系地层呈平行不整合接触。

表 1-1 大同煤田区域地层表

界	系	统	组	厚度/m	备 注
新生界	第四系	全新统		0～14	由砾石、砂组成的冲积、洪积层
		中、上更新统		0～147	由黄色亚砂土、亚黏土组成
	新近系	上新统	静乐组	0～35	红色黏土层
		中新统	汉诺坝组	0～126	为玄武岩,分布于牛新山脉一带
中生界	白垩系	上统	助马堡组	0～40	由浅灰色砂岩夹红色、绿色泥岩、泥灰岩组成
		下统	左云组	0～350	为一套砂砾岩,主要分布于左云、右玉一带
	侏罗系	中统	云冈组	0～260	紫色、黄绿色砂质泥岩、灰白色粉砂岩
		下统	大同组	0～264	由灰白色砂岩与灰色泥岩及煤组成
			永定庄组	0～211	由紫红色、灰绿色砂质泥岩、灰白色砂岩组成
古生界	二叠系	上统	石千峰组	0～100	由黄绿色含砾砂岩与紫红色砂质泥岩组成
			上石盒子组	0～254	由灰白色砂岩与紫红色、灰绿色粉砂岩组成
		下统	下石盒子组	0～91	由灰白、紫红色砂岩与紫红色砂质泥岩组成
			山西组	0～96	由灰白、绿色砂岩与深灰色粉砂岩、泥岩、泥岩及煤组成
	石炭系	上统	太原组	0～130	由灰白、龙色砂岩、砂质泥岩、泥岩及煤组成
		中统	本溪组	0～64	由灰白色砂岩、深灰色泥岩、灰岩夹紫红色泥岩组成
	奥陶系	中统	上马家沟组	0～38	由南而北,由上而下逐渐变薄,依次尖灭,在煤峪口附近全部尖灭。中统以石灰岩为主;下统以白云岩为主,夹灰绿色泥岩
			下马家沟组	0～185	
		下统	亮甲山组	0～167	
			冶里组	0～55	
	寒武系	上统	凤山组	0～107	由南而北,由新至老逐渐变薄,依次尖灭,在大同煤田北部的青磁窑以北全部尖灭。以石灰岩为主,夹灰绿、紫色泥岩
			长山组	0～25	
			崮山组	0～95	
		中统	张夏组	0～141	
			徐庄组	0～101	
		下统	毛庄组	0～56	
太古界	五台群				肉红色花岗片麻岩等,分布于大同新生代盆地边缘一带

太原组（C_3t）：该组为该大同煤田主要含煤地层之一。

二叠系（P）：包括山西组、下石盒子组和上石盒子组。

山西组（P_1s）：该组为大同煤田主要含煤地层之一。

下石盒子组（P_2x）：厚 0～99.49m，一般为 60.00m。主要由灰黄、灰紫、黄褐色粗粒砂岩，含砾粗粒砂岩、粉砂岩等组成，中间夹有杂色泥岩。底部有一层灰白色厚层状粗粒砂岩,一般厚 5~11m,但不稳定,厚度变化大,常相变为中、粗粒砂岩,定为标志层 K4,以此作为与山西组地层分界线。该地层在区内亦是东南厚,粒度粗,而西北薄且细,分布在塔儿山至东周窑 J68 号孔一线以南地区,此线以北地区已被下侏罗纪永定庄组基底砂岩(K8)冲刷而缺失。含化石有:芦木 Calamites suckowii,鳞木 Lepiaodendron sp.。与下伏山西组地层为整合接触。

上石盒子组(P$_2$sh$_。$):厚 0~205.15m,一般厚 110.00m。由紫红、黄褐、灰绿色碎屑岩组成。以砂岩、粉砂岩、砂质泥岩互层为主。色泽自下而上由浅变深,越往上紫红、红色越浓,胶质程度亦是越往上越松散。交错层理和凸镜体在地层中发育较普遍。上石盒子组地层分布范围与赋存情况,与下石盒子组地层基本相同,仅分布在塔儿山与 J68 号孔一线以南地区,厚度变化亦是东南厚西北薄。在内魏家沟区、鹅毛口区及口泉沟西南部分地区较为发育。与下石盒子组地层整合接触。

中生界:包括侏罗系和白垩系。

侏罗系:包括永定庄组、大同组和云冈组。[3]

永定庄组(J$_1$y):厚 0~244.49m,一般厚 100.00m。以灰紫、紫红、灰褐砂黄色中粗砂岩,含砾粗砂岩为主夹粉砂岩、细砂岩和砂质泥岩。下部以灰紫、灰黄、杂色为主、粒度粗,含砾多,胶结差;上部紫色增多,颜色逐渐变深、变浓、粒度逐渐变细。该组地层在区内分布情况是:东周窑区厚 170~200m,燕子山区厚 70~120m,四台沟区厚 30~70m,口泉区厚 70~180m,魏家沟区厚 90~120m。在东南部鹅毛口一带部分范围内有所缺失。含化石有:批针苏铁杉 Podoramites incelatus,锥叶蕨 Coniopteris sp.。含蕨类植物孢子:具唇三角孢 Deltoidospora turgidorimasa,膨胀凹编孢 Coneavisporites toralis,圆形光面孢尸 Unetaisporites sp.。含裸子植物花粉:典型假杜仲粉 Eucomiidites troedssonii,敞口广开粉 Chasmatosporites hians,假云杉粉 Punetaisporites sp.。永定庄组地层与下伏各不同时代的老地层呈角度不整合接触。

大同组(J$_1$d):厚 0~248.48m,一般厚 200.00m。由灰、深灰色砂质泥岩、泥岩和灰白色中粗粒砂岩和煤层等组成。该组地层水平状、微波状、交错状层理发育,韵律清楚,表现出明显的岩相旋回特点。砂岩一般分选、胶结较好,质坚硬,是大同煤田北部上煤系主要含煤地层,共含 20 多层煤,有 14 层达可采厚度,煤层总厚 24m,含煤系数 24%。大同组地层分布范围与下部永定庄组地层大致相同,除东部和西北部边缘少数地区外,区内皆赋存,且厚度亦较稳定。在西北边缘地带,地层变薄是受后期白垩系地层下侵蚀所致;东部边缘则是因沉积环境和沉积范围造成地层变薄。

大同组地层中含丰富的动物化石,动物化石有:蜗牛 Eulota,叶肢介 Estheria,蚌 Pelecypoda。植物化石:卡勒莱辛芦木亲近种 Neocalamites abbeorrerei,大同锥叶蕨 Coniopteris taitungensis(3 号煤顶板),似银杏 Ginkgoites sp.。含孢粉有蕨类植物孢粉:小罗孢 Cyathiditesminor,威氏紫箕孢 Osmundacidites Wilmanii,格里斯索普新叉瘤孢 Neoraistrickia gristhorpensis,光滑石松孢 Lycopodium sporites laevigatus,石松孢 Lycopodiumsporites clavatoides,圆形旋脊孢 Duplexisporites gyratus。含裸子植物孢粉有:皱球粉 Psophosphaera sp.,明亮银杏苏铁粉 Cinkgocye+adophytusnitidus,中生脑粉 Cerebro pollenites mesozoicus,敦普冠异粉 Callialasporites dampiere,有边四字粉

Quadraoculina llmbata,锥柳伊原始云杉粉 *Protopieea viluzinsis*,多变假云杉粉 *Pseud-opieea variadiliformis*。大同组与下伏永定庄组地层为整合接触。

云冈组（J_2y）:厚 $0\sim191.11m$,一般厚 $110.00m$。详细划分为两段。下部青磁窑段以灰白、灰黄色中粗粒砂岩、砂砾岩为主,砂岩分选、滚圆度差,多为半菱角状,交错层理发育。底部有一层砂砾岩,厚 $5\sim18m$,定为 K21 标志层,常为大同组 2 号煤层直接顶板,以此为分界砂岩。与下伏大同组冲刷接触。上部石窟段由灰紫、紫红色砂砾岩、砂岩、粉砂岩组成。下部岩性变化大,透镜体发育。上部砂岩常有不连续球状结核,交错层理发育。云冈组地层主要分布在北部、东北部,而南部、西南部侵蚀。

白垩系（K）:厚 $0\sim205.21m$,一般厚 $110.00m$。由灰紫、棕红色、杂色砂砾岩、泥岩、砂质泥岩等组成。砂径变化大,成分复杂,主要为片麻岩、灰岩、砂岩等,胶结分选皆极差。与下伏老地层呈角度不整合接触。这套地层仅分布在西北边缘地带。

新生界:包括新近系和第四系。

新近系（N）:厚 $0\sim20m$,一般厚 $15.0m$。以砖红色、浅棕红色黏土、灰黄色泥岩和玄武岩等为主。仅仅分布在东周窑井田和燕子山井田。与下伏老地层呈角度不整合接触。

第四系:包括更新统和全新统。

中、上更新统（Q_p）:厚 $0\sim40.00m$,一般厚 $10.00m$,上部以马兰黄土为主,呈浅黄褐色,分选好,结构疏松,分布面积广;下部以棕红色亚黏土、亚砂土为主,含有钙质结核,垂直节理发育,在沟谷处常形成黄土陡坎和悬崖。

全新统（Q_h）:厚 $0\sim20m$,一般厚 $5.00m$。为现代风积、洪积物,由河流石、砂、亚砂土等组成。分布于河床、河漫滩及主要沟谷中。

1.4　大同矿区煤层条件

大同矿区位于山西省北部大同市西南约 20km 处,大致为一长方形盆地构造,走向北东—南西,长 85km,宽 30km,面积 $1827km^2$。煤田赋存有两个煤系:侏罗纪煤系和石炭二叠纪煤系,储量丰富,地质构造较简单,大部分都是近水平煤层,埋藏浅,非常适合大规模的开采。但两纪煤层的条件有较大的区别,侏罗纪煤层具有"两硬一多"的特点,"两硬"即煤层硬（煤质坚硬,$f=3.0\sim4.5$）、顶底板岩层硬（多为整体性强的厚砂岩、砾岩,层理节理均不发育,性质坚硬,$f\geqslant8$）,"一多"即煤层层数多（且多为近距离煤层、分组分叉合并多）,煤层切割难度大,顶板难以维护;石炭二叠纪煤层厚度大（最大达 29m）,煤层结构复杂（夹矸层数多、厚度大）,大多受火成岩侵入影响（顶板及煤层变化大）,致使开采难度极大。受赋存条件的影响,其煤层开采时的瓦斯涌出和煤层自然发火等规律和其他矿区也有很大的差别,给煤矿安全生产带来了很大困难。侏罗系含煤面积 $772km^2$,石炭二叠系含煤面积 $1739km^2$,北中部两煤系重叠面积 $684km^2$。北部不重叠,只有侏罗系含煤面积 $88km^2$;南部不重叠,只有石炭二叠系含煤面积 $1055km^2$。资源量（储量）369.10 亿 t,其中侏罗系煤田工业储量 60.80 亿 t,石炭二叠系煤田地质储量 308.30 亿 t。目前,在大同煤田基本上为以国有大矿为主体、集体个体共同开发的生产布局。

1.4.1 侏罗纪煤系煤层特征

同煤集团历史上开采的煤层全部属侏罗纪煤系,侏罗纪煤系大同组共有 11 个煤组, 21 个可采煤层。从上至下分别为 2 号煤组(2^1、2^2、2^3),3 号煤组(3^1、3^2),4、5 号煤组 (4、5),7 号煤组(7^1、7^2、7^3、7^4),8 号煤组(8),9 号煤组(9),10 号煤组(10),11 号煤 组(11^1、11^2),12 号煤组(12^1、12^2),14 号煤组(14^2、14^3),15 号煤组(15)。

2^1 号煤层。煤层厚 0~4.4m,平均 0.78m,结构简单,局部含一层夹矸,厚 0.1~ 0.3m。煤层极不稳定,大部分为无煤区和不可采区,可采区位于晋华宫井田北部、南部和 忻州窑井田北部地区,可采区煤层厚约 1.7m,大部分地区与 2^2 号和 2^3 号煤层合并。顶板 大多为砂岩和含砾粗砂岩(K21),底板多为粉砂岩和细砂岩互层。

2^2 号煤层。煤层厚 0~4.63m,平均 0.47m,结构较简单,局部含一层夹矸,厚 0.2m 左右。可采区零星分布,可采区内煤层厚度一般为 1m 左右。煤层极不稳定,大部分与 2^3 号煤层合并,局部与 2^1 号煤层合并,与 2^1 号的合并层厚为 0.43~5.74m,平均 2.52m。主 要分布在煤田的东部和北部。顶板岩性为细砂岩和粉砂岩互层,局部为砾岩(K21)。2^2 与 2^1 号层间距为 0~16m,平均 1.5m。

2^3 号煤层。煤层厚 0~4.34m,平均 0.79m,结构简单,煤层较稳定。可采区煤层厚 度一般为 1.4m,主要分布于云冈和晋华宫井田的南部,大部分与 2^2 号及 2^1 号煤层合并。 与 2^2 号煤层合并层厚为 0.3~6.71m,平均 2.28m,主要分布于煤田北部和东部的部分井 田。与 2^1、2^2 合并层厚为 0.5~9.22m,平均 4.7m,主要分布于煤田北部及中西部,是 2 号煤组的主要开采部位。顶板岩性为细砂岩和粉砂岩互层,底板岩性为细砂岩与粉砂岩 互层,中夹薄层泥岩及中粒砂岩。上至 2^2 号煤层的层间距为 0~22m,平均 2m。

3^1 号煤层。煤层厚 0~2.18m,平均 0.13m,结构简单,偶有一层厚 0.15~0.2m 的夹 矸,大部分不可采,可采区仅零星分布在煤田东部,厚 1~1.3m。3^1 号煤层大部分与下部 的 3^2 号煤层合并。顶板岩性为细砂岩与粉砂岩互层,中夹中粒砂岩,底板为细砂岩与粉 砂岩互层。上至 2^3 号煤层间距为 1.23~44m,平均 24m。

3^2 号煤层。煤层厚 0~6.51m,平均 0.69m,结构简单,局部含一层 0.1~0.2m 的夹 矸。煤层较稳定,可采面积较大。可采区主要分布在合并区附近,煤层厚 1.2m 左右。与 3^1 号煤层的合并区煤层厚为 0.15~7.25m,平均 2.61m,主要分布在煤田东北部和西南 部。顶板岩性为细砂岩与粉砂岩互层,底板岩性为细砂岩与粉砂岩互层,间夹中、粗粒砂 岩。上至 3^1 号煤层的层间距为 0~23m,平均 2.3m。

4 号煤层。煤层厚 0~1.95m,平均 0.28m,结构简单,不稳定,大部分不可采,仅在煤 田东部零星分布着厚为 0.8~1m 的可采区。在煤田的西部、东南部与下部的 5 号煤层合 并。顶、底板岩性均为细砂岩与粉砂岩互层,上至 3^2 号煤层间距为 1.4~37m,平均 14m。

5 号煤层。煤层厚 0~1.5m,平均 0.25m,结构简单,大部分不可采,仅在煤田的东南 部零星有厚 1m 左右的小面积可采区,煤层不稳定。在煤田的西部、东南部与 4 号煤层的 合并区煤厚为 0.22~2.9m,平均 1.35m。顶、底板岩性均为细砂岩与粉砂岩互层。上至 4 号煤层间距为 0~16.3m,平均 2.4m。

7^1 号煤层。煤层厚 0~1.29m,平均 0.35m,结构简单,以单层出现且可采者寥寥,仅在煤田西部零星出现。煤层不稳定,大多与下面的 7^2 或 7^2、7^3 号煤层合并。顶板岩性为细砂岩与粉砂岩互层,底板岩性为细、中粒砂岩夹粉砂岩。上至 5 号煤层间距为 0.14～30m,平均 9m。

7^2 号煤层。煤层厚 0～1.89m,平均 0.16m,结构简单,偶含一层 0.1m 左右的夹矸,大部分不可采,仅在煤田的东北隅有厚 1m 左右的可采区,煤层不稳定。与上部 7^1 号煤层的合并区分布于煤田的东北部和南部,合并层厚 0.15～3.8m,平均 1.48m。顶板岩性为细、中粒砂岩,底板为粉砂岩夹细砂岩。上至 7^1 号煤层间距为 0～26m,平均 3m。

7^3 号煤层。煤层厚 0～2.72m,平均 0.51m,结构简单,煤层较稳定。可采区主要分布于煤田的西南部及合并区的边缘,层厚 1～1.5m。7^3 号煤层与上部 7^2 号煤层合并;厚 0.85～3.25m,平均 1.82m;与 7^1、7^2 号煤层合并,厚 1.2～5.5m,平均 2.73m,主要分布于煤田的北部。顶、底板岩性均为粉砂岩,上至 7^2 号煤层间距为 0～29m,平均 7m。

7^4 号煤层。煤层厚 0～2.4m,平均 0.41m,结构简单,无单独可采区。与 7^3 号煤层合并,厚 0.48～4.75m,平均 1.99m,主要分布于煤田的西南部。此外,在煤田北部和东部,有小面积与 7^2 号及 7^1 号合并,平均厚度分别是 1.57m 和 3.67m。顶板岩性为粉砂岩,底板岩性为细砂岩和粉砂岩互层,局部夹中粒砂岩。上至 7^3 号煤层间距为 0～12m,平均 1.8m。

8 号煤层。煤层厚 0～3.67m,平均 0.79m,结构较复杂,含 1～2 层厚 0.1～0.3m 的夹矸,煤层较稳定。可采区厚度一般为 1～2m,主要分布于煤田北部、东南部及南部。仅在煤田北部的四台沟井田局部与 7^3 号煤层合并,厚 1.5～3.83m,平均 2.99m。顶、底板岩性均为细砂岩与粉砂岩互层,底板中有时还间夹中粒砂岩。上至 7^4 号煤层间距为 0～35m,平均 13m。

9 号煤层。煤层厚 0～2.15m,平均 0.75m,结构简单,局部含厚 0.1m 左右的夹矸,全煤田大部赋存。可采区面积大,主要分布于煤田北中部、东部和南部,煤层厚 1～1.5m,煤层较稳定。顶板岩性为细砂岩与粉砂岩互层,靠近煤层有一层 2m 左右的粉砂岩,底板岩性以细砂岩和粉砂岩为主,间夹中粒砂岩。上至 8 号煤层间距 4～38m,平均 18m。

10 号煤层。煤层厚 0～3.37m,平均 0.66m,结构较简单,局部含 1～2 层厚度为 0.1～0.2m 的夹矸,全煤田大部赋存。可采区主要分布于煤田东部、西北部和南部,面积不大,煤层厚 1～1.5m,煤层不稳定,部分地区与下部的 11 号煤层合并。顶板岩性为细砂岩和粉砂岩,底板岩性为中、粗粒砂岩,夹少量细砂岩和粉砂岩。上至 9 号煤层间距为 2.5～47m,平均 18m。

11^1 号煤层。煤层厚 0～4.88m,平均 0.82m,结构较简单,含 1～2 层厚 0.1～0.2m 夹矸,煤层较稳定。可采区主要分布于合并区外围,煤层厚 1～2m,面积不大。与上部 10 号煤层合并,厚 0.89～7.18m,平均 2.73m,主要分布在 10～11^2 号三层煤层合并周围,面积不大。顶板岩性为中、粗粒砂岩夹细砂岩、粉砂岩薄层,底板岩性为细砂岩与粉砂岩互层。上至 10 号煤层间距 0～41m,平均 9m。

11^2 号煤层。煤层厚 0～3.98m,平均 1.05m,结构简单至较简单,局部含 1～2 层厚 0.1～0.2m 的夹矸,煤层较稳定。可采区主要分布于合并区的外围,煤田的北部、东部和西南部,煤层厚 1～2m。与上部 11^1 号,煤层合并厚 0.15～6.92m,平均 3.53m,分布于煤田的北部、中部和西北部,面积较大;与 10 号、11^1 号共三层煤层合并,厚 0.3～12.22m,平均 4.92m,主要分布于煤田的北部、南部和东南部,面积较大。顶板岩性为细砂岩与粉砂岩互层,底板岩性为细砂岩与粉砂岩互层,间夹中-粗粒砂岩。上至 11^1 号煤层间距 0～39m,平均 5m。

12^1 号煤层。煤层厚 0～5.11m,平均 0.81m,结构较复杂,大多含 1～3 层厚 0.1～0.3m 的夹矸,赋存面积较大,煤层不稳定。可采区分布于合并层的外围,较大面积在煤田中西部和西南部,厚 1～2m。与上部 11^2 号煤层合并,厚 0.7～5.8m,平均 3.89m。面积较大者分布于煤田中部,与 11^1 号、11^2 号共三层煤层合并,厚 3.25～9.23m,平均 6.9m;与 10 号、11^1 号、11^2 号共四层煤合并,厚 7.3m,均是小面积零星分布,且都在大面积合并区的外围或中心。顶板岩性为细砂岩与粉砂岩互层,底板岩性为细砂岩与粉砂岩互层,间夹中-粗粒砂岩。上至 11^2 号煤层间距 0～47m,平均 10m。

12^2 号煤层。煤层厚 0～5.11m,平均 0.81m,结构较复杂,含 1～2 层厚 0.2～0.3m 的夹矸,赋存面积较大,厚度变化大,煤层不稳定。可采区主要分布于煤田南部及合并区外围,厚 1～2m。与上部多层煤层合并。与 12^1 号煤层合并,厚 0.35～7.9m,平均 2.8m,主要分布于煤田的北部、中部、中东部和西部;与 11^2 号、12^1 号共三层煤层合并,厚 2.43～7.97m,平均 5.57m,小面积分布于大合并区内;与 11^1 号、11^2 号、12^1 号共四层煤层合并,厚 5.33～12.99m,平均 8.1m,在煤田的北中部分布面积较大;再与上部的 10 号煤层共五层合并层厚 8～8.5m,仅在煤田中部有小面积分布。顶板岩性为细砂岩与粉砂岩互层,底板岩性为细砂岩、粉砂岩,夹少量中-粗粒砂岩。上至 12^1 号煤层间距为 0～38m,平均 8m。

14^2 号煤层。煤层厚 0～5.62m,平均 1.19m,结构较复杂,普遍含 1～2 层厚 0.2～0.4m 的夹矸,赋存面积较大,煤层较稳定。可采区主要分布于煤田的北中部、中南部和南部,煤厚 1～2.5m。与上部多层煤层合并。与 12^2 号煤层合并层厚 0.86～6.4m,平均 3.06m,大面积主要分布于煤田西部;与 12^1 号、12^2 号煤层合并层厚 2.1～7.6m,平均 4.95m,面积较小,主要分布于煤田的西部和中部;与 11^2 号、12^1 号、12^2 号共四层煤合并层厚为 3.95～7.79m,平均 6.08m,面积较小,零星分布,大多在大面积合并区之内。顶、底板岩性均为细砂岩与粉砂岩互层。上至 12^2 号煤层间距为 0～32m,平均 5m。

14^3 号煤层。煤层厚 0～7.81m,平均 1.03m,结构复杂,普遍含 1～2 层、局部含 3 层厚 0.2～0.4m 的夹矸,赋存面积不大,煤层不稳定。可采区主要分布于合并区的外围及煤田的西南部、南部和中部,煤厚 1～2.5m。与上部 14^2 号煤层合并层厚为 0.8～13.17m,平均 3.43m,面积较大,主要分布于煤田的南部、中部和西北部;与 12^2 号、14^2 号共三层合并层厚 0.55～7.3m,平均 4.56m,主要分布于煤田南部;与 10 号、11 号煤组、12 号煤组及 14^2 号共七层合并层厚 10.2m,分布于煤田的西北角。顶板岩性为细砂岩与粉砂岩互层,底板岩性为细砂岩与粉砂岩互层,夹中粒砂岩。上至 14^2 号煤层间距为 0～21m,平均 4m。

15 号煤层。煤层厚 0～9.55m,平均 0.46m,大部分结构简单至较简单,局部结构复杂,含 2～3 层厚 0.1～0.3m 的夹矸,煤层极不稳定,大部分为无煤区。可采区仅分布于煤田东部及中、西部的一些零星地段,厚度约 1.2m,局部大于 4m。在煤田东部有一小面积与 14 号煤组的三个煤分层合并,厚为 1.38~4.46m,平均 2.95m。顶板岩性为细砂岩与粉砂岩互层,间夹煤线或薄煤层 1~2 层,局部达可采厚度。底板岩性上部为粉砂岩和细砂岩夹煤线,下部为砂砾岩或含砾砂岩(K11)。上至 14³ 号煤层的间距为 0~28m,平均 12m。

1.4.2 石炭二叠纪主要煤层特征

二叠纪主要煤层特征:4 号煤层位于山西组底部,煤层厚 0.05~15.85m,平均厚约 3.57m,局部由于砂岩冲刷,煤层厚度变化大,部分受岩浆岩侵入体的影响,煤层发生变质——夕化。煤层顶板岩性为砂质泥岩或泥岩,一般含夹石 0~2 层,夹矸一般为碳质泥岩,结构简单到复杂,属较稳定型煤层。

石炭纪主要煤层特征:2 号煤层位于太原组上部,距 3 号煤层 0.8~17.02m,平均 4.29m,煤层厚 0.11~9.49m,平均 2.06m。顶板岩性为砂岩、砂质泥岩,底板岩性为砂质泥岩、碳质泥岩,含夹石 0~2 层,结构较简单,属较稳定型煤层。

3 号煤层:下距 5 号煤层 0.8~42.95m,平均 15.83m,向西与 5 号煤层合并。煤层连续性较好,煤层厚度为 0.1~18.39m,平均 4.47m,其顶板岩性为细砂岩、砂质泥岩,一般有 0~3 层夹石,结构较复杂,属稳定型煤层。

5 号煤层:位于太原组中上部,下距 8 号煤层 7.08~70.45m,平均 44.82m,煤层厚度为 0.1~41.63m,平均 11.39m,由于西北部煤层被冲刷剥蚀,致使煤层从东南向西北变薄,造成两个厚煤带呈北东向展布,受岩浆岩影响较严重。该煤层顶板岩性为砂砾岩、砂质泥岩,底板为砂质泥岩、细砂岩,结构复杂,含夹石多达 20 余层,一般 2~6 层,夹矸的岩性为碳质泥岩、砂质泥岩、高岭岩,属稳定型煤层。

8 号煤层:位于太原组地层的下部,该煤层沉积连续性较好,仅局部被砂岩冲刷剥蚀。煤层厚度为 0.15~14.59m,平均 4.42m。煤层顶板为砂质泥岩;底板为泥岩、高岭岩,一般夹石为 1~2 层,夹矸为碳质泥岩、高岭岩,结构简单,属稳定型煤层。

1.4.3 煤质

侏罗纪煤层从全煤田看,煤的变质程度低,变化不大。镜质组最大反射率为 0.66%~0.78%,属第二变质阶段,相当于正常的气煤。挥发分产率 25.68%~38.78%,碳含量 75.45%~84.85%,氢含量 3.93%~5.58%。煤的黏结性差,胶质层厚度一般为零,仅有一些零星点为 5~13mm,个别点达 20mm。黏结性指数为 0.1~88,煤类别以弱黏结和不黏结为主,局部分布有 1/2 中黏煤、1/3 焦煤和气煤。原煤灰分一般低于 15%,局部出现 20% 以上,硫分一般低于 1%,磷含量均小于 0.01%,发热量一般大于 29.30MJ/kg。

石炭二叠纪各主要可采煤层以弱玻璃光泽为主,沥青-油脂光泽次之,贝壳-阶梯状断口,条带状结构,密度一般为 1.5~1.6g/cm³,宏观煤岩类型以半亮型-半暗型居多,其次为暗淡型和光亮型。显微煤岩组分中丝质组含量较多,镜质组含量略高于丝质组,无机组分以黏土类为主。

各主要煤层煤质指标变化不大,煤质特征见表 1-2。原煤水分一般为 1.43%~

2.19％,灰分一般为24.12％～29.56％,除8号煤层全硫大于1％以外,其余各煤层平均值均小于1％,磷一般为0.003％～0.061％,发热量一般为30.62～31.97MJ/kg,精煤挥发分一般为35.11％～38.59％,碳一般为82.05％～84.05％,氢一般为5.19％～5.39％,氮一般为1.22％～1.41％,氧一般为8.36％～11.2％。煤层的黏结性变化较大,胶质层厚度亦不稳定,黏结性指数为0～66,可选性属于易选或中易选。

煤种主要为焦煤、气煤、弱黏煤、长焰煤。

大同煤田的沼气主要集中在向斜轴部地带,因此,在高沼气矿井中有低沼气区,在低沼气矿井中有高沼气区。全局现有矿井中,除忻州窑、晋华宫、云冈和四台矿为高沼气矿井外,其他均为低沼气矿井,各开采煤层的煤尘大都具有爆炸性,煤尘爆炸指数为30％～41％。各开采煤层自然发火期在3～12个月。

大同煤田含煤岩系中与煤共生的有益矿产有铝土矿、耐火黏土、黄铁矿及褐铁矿,煤层中伴生有锗、镓、铀等稀散元素。耐火黏土及高岭土分布广,储量大,质量好,有开采价值。

表 1-2　同煤集团开采煤层煤质特征表

煤层	精煤工业分析			焦渣特征	黏结指数 GRI	煤类	
	水分 Wf/%	灰分 Ag/%	挥发分 Vt/%			名称	代码
2	2.29～8.58	1.86～3.44	28.57～34.42	2～4	0.3～14.3	不黏、弱黏煤	RN₃₁ RN₃₂ BN₃₁
3	1.76～4.19	2.59～4.25	28.14～34.07	3～5	0.4～30	弱黏、不黏煤,1/2中黏煤	RN₃₂ BN₃₁ 1/2ZN₃₃
4	2.77	3.04	32.85	4	14.4	弱黏煤	RN₃₂
7	1.93～2.41	2.96～3.33	33.91～34.85	4	14.1～48.3	弱黏煤,1/2中黏煤	RN₃₂ 1/2ZN₃₃
8	4.29	3.58	32.49	3	1.7	不黏煤	BN₃₁
9	2.43～4.14	2.93～3.94	31.56～34.42	3～4	0.4～14	弱黏、不黏煤	RN₃₂ BN₃₁
10	2.39	4.77	31.04	4	12.3	弱黏煤	RN₃₂
11	1.77～5.46	2.58～4.46	29.08～32.11	2～5	0.1～18.62	弱黏、不黏煤	RN₃₂ BN₃₁
12	1.80～2	3.16～4.90	30.91～32.57	3～6	8.1～55.9	弱黏、气煤,1/2中黏煤	RN₃₂ QM₃₄ 1/2ZN₃₃ BN₃₁
14	1.76～5.79	2.90～4.90	26.26～33.64	3～4	0.2～7.2	不黏、弱黏煤	RN₃₂

1.5 水文地质条件

本井田内沉积岩厚达数百米,从地表第四系至煤系基盘均为泥质岩和碎屑岩相间成层,岩石胶结密实、裂隙少,且纵横方向上连通性差,影响了含水层的发育及相互间的水力联系,加之本区的降水量少,又无常年性地表径流及大型地表水体,因此地下水的补给来源贫乏,各地层的含水性都不强。

全井田共 10 个含水层,其中第四系河谷冲积层、基岩风化壳及寒武、奥陶系灰岩等含水层含水性较好;石盒子组、山西组、太原组、本溪组含水层的含水性极弱。对各含水层简述如下。

1) 寒武-奥陶系灰岩

出露于井田东部边缘,灰岩顶板埋深 442～657.49m,标高 888.0～964.51m,岩性主要为深灰色块状灰岩、灰白色白云质灰岩、褐红色竹叶状灰岩和鲕状灰石。

井田内总体寒武系-奥陶系灰岩岩溶裂隙发育程度不均匀,富水性较弱,南部岩层含水性好于北部岩层。其中挖金湾、王村、鹅毛口一带位于口泉沟南水文地质单元的岩溶水径流带上,钻孔单井出水量 500～1000m³/d,单位涌水量大于 0.1L/(s·m),为塔山井田岩溶水相对富水区;其他地段岩溶水单位涌水量均小于 0.1L/(s·m),富水性较差。

井田内按七个岩溶钻孔揭露灰岩静水位标高为 1160.24～1244.97m,其中五个钻孔岩溶裂隙发育,岩石破碎、含水性较好。岩溶带厚度为 7～15m。但溶洞较小,其溶洞直径最大为 1.8×1.8cm,连通性、导水性差。水由西向东、东南方向流动,水力坡度为 0.01。

根据井田精查地质报告资料,当矿井主要开拓巷道穿过寒武、奥陶系石灰岩时,预计其岩溶水出水量为 3437m³/d。

2) 本溪组砂岩

上、中部为砂岩、砂质泥岩,下部有 1～2 层铝土质泥岩及含铝土质的砂质泥岩,厚度为 7.8～15.57m,全区发育,岩石胶结致密完好,是奥灰水与煤系地层之间良好的隔水层。抽水单位涌水量为 0.0002L/(s·m),系砂岩裂隙承压水、埋藏深。补给条件差,故含水性弱。

3) 太原组砂岩

由砂岩、砂质泥岩及煤组成,为砂岩裂隙承压水。岩石胶结致密、裂隙不发育、埋藏深,补给条件差,含水性弱。抽水单位涌水量 0.0008～0.001L/(s·m),渗透系数 0.006～0.008m/d。

4) 山西组砂岩

岩性以砂岩为主,裂隙不发育,胶结致密,埋藏深,补给条件差,含水性弱。钻孔单位涌水量 0.0004L/(s·m),渗透系数 0.006m/d。

5) 下石盒子组砂岩

岩性为砂质泥岩、砂岩组成,裂隙少,埋藏较深,补给条件差,故含水性弱。钻孔单位涌水量 0.0109L/(s·m),渗透系数 0.01m/d。

6）上石盒子组砂岩

岩性以泥岩、砂岩组成，裂隙发育少，含水性弱。钻孔单位涌水量 0.0036L/(s·m)，渗透系数 0.014m/d。

7）永定庄组砂岩

该组地层由砂岩、砂砾岩及少量砂质泥岩组成，含水性受地形、构造所控制。

低洼沟谷地段，岩石风化裂隙发育，受大气降水、地表水及冲积层潜水影响补给水量大，钻孔单位涌水量 0.138～0.790L/(s·m)，渗透系数 0.21～0.30m/d。

风化壳以下地层，岩石致密坚硬，裂隙甚少。钻孔单位涌水量为 0.003 L/(s·m)，渗透系数 0.004m/d，含水性弱。

8）大同组风化层

该组地层多位于河谷侵蚀基准面之上，岩石风化比较强烈，沟谷发育，切割较深。在台地面上地层多导水，而河谷地段因大气降水及地表水补给，富水性较好。单位涌水量 0.80L/(s·m)，渗透系数 2.26m/d。

9）风化壳

不分地层时代，但与地形、岩性有关，河谷低洼处埋藏浅，一般 30～40m，与地表水、潜水有水力联系，水量较大。单位涌水量为 0.47～0.80L/(s·m)，系数 1.73～3.46m/d。河谷两岸台地埋藏较深，一般在 50～110m，单位涌水量 0.0003L/(s·m)，含水性弱。

10）第四系冲积层

岩性以砂土、砾石为主，含水层厚 0～8.41m，单位涌水量 2.55L/(s·m)，渗透系数 41.32m/d。地表水及冲积层水通过风化壳渗入矿井中，成为矿井充水的主要来源。

1.6　大同矿区煤田地质动力环境

1.6.1　区域地质构造对含煤盆地的影响

大同含煤盆地的大地构造位置属华北断块内二级构造单元吕梁-太行断块中的云冈块坳。云冈块坳北以淤泥河、十字河之分水岭为界与内蒙古断块相邻，东部及南部以口泉断裂、神头山前断裂与桑干河新裂陷为界，西北部与偏关-神池块坪相接。呈 NNE 向展布，长约 125km，宽 15～50km（图 1-19）。云冈块坳总体为一向斜构造，其轴线大致位于云冈、平鲁一线，依据槽部地层的差异，大致以潘家窑至楼子村北西断裂为界，可分为云冈向斜和平鲁向斜两部分。

桑干河新裂陷属于新生代以来叠加的裂陷，西部边缘主要发育有 NE 向口泉断裂、怀仁凹陷及后所凹陷等新裂陷构造。

大同含煤盆地位于云冈向斜内。盆地东侧发育一系列平行轴向的推覆构造和压性断裂，盆地槽部出露的地层为侏罗系，并为平整的白垩系所覆盖。盆地成熟定型时期应为燕山早-中期。盆地自中寒武到中侏罗统间，除永定庄组与下伏地层为轻微角度不整合外，其他地层均属于整合或假整合接触。说明其间未发生过剧烈的构造运动，仅仅表现为大

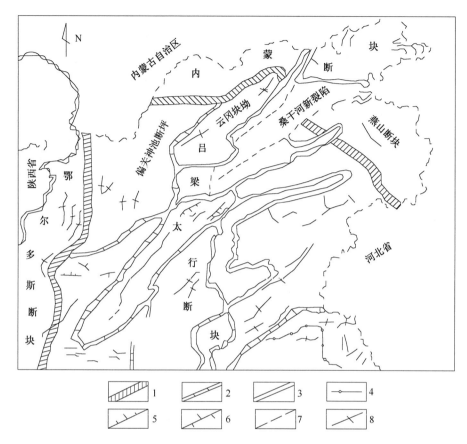

1. 二级构造单元界线；2. 三级构造单元界线；3. 新裂陷边界线；4. 四级构造单元界线；

5. 正断层；6. 逆断层；7. 性质不明断层；8. 燕山期、印支期构造

图 1-19 大同含煤盆地区域构造图

范围的相对上升或下降。而侏罗纪末的燕山运动，使太古界及其以上地层全部卷入，口泉山脉的崛起就是这一运动的产物。侏罗纪煤田东部抬起变为剥蚀区，后来主要在煤田的西北部沉积了巨厚层的白垩系地层。再经喜马拉雅运动，在煤田东侧形成桑干河新裂陷，呈现出目前的地貌景观和构造格局，口泉山脉便成了大同含煤盆地与桑干河新裂陷的构造屏界。大同矿区位于云冈块坳与桑干河新裂陷的交界——口泉断裂的西侧。

1.6.1.1 印支运动对含煤盆地的影响

三叠世，随着几大板块完成最终拼贴，大同晚古生代含煤盆地整体抬升，大同一带发生了一次较大规模的构造热事件活动，地下深处生成的煌斑岩岩浆在鹅毛口、吴家窑一带呈岩墙状上侵。煌斑岩岩浆侵入于主要可采的山4号、2号、3号、5号、8号煤层中。煌斑岩岩浆顺层侵入，不仅熔蚀煤层，占据了煤层的原有空间，使煤层结构遭到破坏并复杂化，而且导致岩床上、下煤层发生热接触变质，使煤层发生酥化、硅化和天然焦化，发热量降低，灰分增加，局部地区甚至丧失了原有的工业利用价值，同时也给煤炭资源的开采带来了严重困难。

1.6.1.2　燕山运动对含煤盆地的影响

燕山运动初期,先期南北向挤压转变为太平洋板块向欧亚板块俯冲为主的动力学机制。大同一带产生以北西-南东向挤压为主的构造作用,在口泉—鹅毛口一带产生向北西方向的逆冲推覆作用,这一作用导致大同含煤盆地南东边缘连同早古生代沉积地层倾向向北西陡倾。局部地区地层直立,甚至倒转。在盆地的中部形成轴向为北东向的宽缓褶皱,并在北西方向产生一系列规模大小不等的正断层。燕山早中期沉积形成了侏罗系陆内河湖相含煤沉积建造,角度不整合于大同晚古生代含煤岩系之上。随着燕山运动的持续,侏罗系含煤沉积建造沉积后仍残留有大小不同的小型坳陷,在左云一带形成了以砾岩为主的白垩系地层沉积。此后燕山晚期构造运动使大同一带再次抬升,遭受风化剥蚀至今。

1.6.2　区域新构造运动

1.6.2.1　华北地区及边界的相对运动

中国板内运动的活动边界主要以活动断裂的形式表现出来。研究表明,中国活动断裂的移动明显地受到全球板块活动的制约,亚板块与构造块体边界上活动断裂的活动速率比全球板块边界上的要小 1~2 个数量级,但又明显地大于块体内部。东部各块体边界上通常为 1~4mm/a,块体内往往小于 0.5~1mm/a。活动断裂活动速率的这种大小分布格局与地表活动强弱的空间分布大体吻合。这反映出中国板内变形和运动具有以块体为单元并逐级镶嵌活动的特征。

华北地区总体应力状况是 NNE 向挤压,在此应力环境下,华北地区块体的运动以近东西向的移动为主,因此,华北地区块体的东西向边界走向滑动较为明显,南北向边界则主要表现为张性和压性边界(图 1-20)。从图中可见,除阴山-燕山断块的南边界,也就是阴山、燕山南麓-北京-唐山-渤海这一边界的走滑运动较为突出外,其他内部边界主要表现为拉张和压缩边界。

鄂尔多斯断块的相对运动速度为 3.2mm/a,山西裂陷带的相对运动速度为 2.2mm/a,鄂尔多斯块体和山西裂陷带之间的边界——口泉断裂表现为压缩边界,即口泉断裂目前的动力学状态属于压缩状态。在这一动力学状态下,口泉断裂带及其两侧范围内必然积聚了一定的能量。井田距离口泉断裂越近,受口泉断裂的影响越强烈,积聚的能量越高,距离口泉断裂越远,受口泉断裂的影响逐渐减弱,积聚的能量越低。与此同时,矿区内的刁窝嘴向斜、韩家窑背斜等对地质动力状态具有重要影响。

1.6.2.2　大同地区新构造运动

1957 年 4 月 2 日在忻州窑一带所感到的 5 级地震,及公元 512 年到 1952 年末大同地区发生的 30 多次强度地震(一般为 6~7 级,最强 9 级),都可说明大同地区如华北其他地区,其新构造运动也是活跃的、强烈的。以边界块断裂口泉所划分的桑干河新裂陷的大块下沉和云冈块坳的相对大块上升是大同区新构造运动的基本特征(图 1-21)。云冈

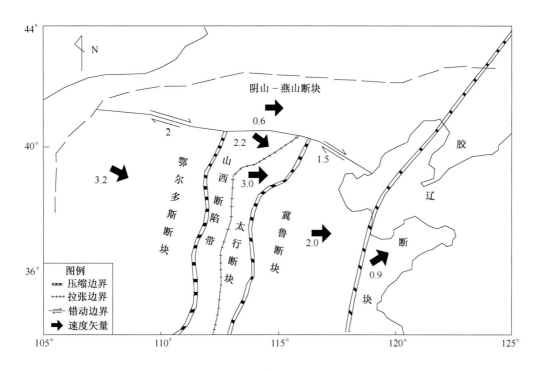

图 1-20 华北地区块体及其边界的相对运动

块坳内部的冲沟、河道发育,黄土坪割切为丘陵地貌,横切台地东缘口泉山脉的沟、谷相对狭深,以及沿山脉东麓特别是南段,冲积扇及冲积坡发育等现象均可以证明其上升特征。

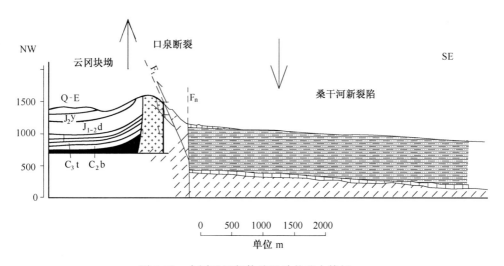

图 1-21 大同地区新构造运动的基本特征

边界构造口泉活动断裂展布在大同含煤盆地的西侧,NNE 走向,西侧为口泉山脉,东侧为大同盆地。中生代末期,口泉断裂表现为逆断层活动,新生代以来该断裂控制盆地西侧边界,表现为正倾滑活动。

口泉断裂第四纪活动段落的长度达 160km,全新世活动段落长度约 120km,北端起自内蒙古丰镇县官屯堡,向南经三里桥、上黄庄、口泉、小峪口、大峪口,止于燕庄。大同含煤盆地位于口泉断裂的活动地段(图 1-22)。

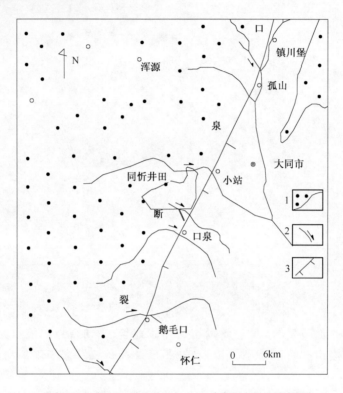

1. 基岩山地与盆地;2. 冲沟及流向;3. 口泉断裂全新世活动段落
图 1-22　口泉断裂全新世活动段落展布

大同地震台跨口泉断裂的短水准观测资料表明,1990~1998 年口泉断裂上盘下降的平均速率为 2.36mm/a,表明该断裂现今仍在活动,为一条全新世活动断裂。

口泉断裂的两侧地层具有不同的力学特征,其东侧的桑干河新裂陷第四系沉积层最厚达 700m,东侧云冈块坳出露地表的为侏罗系,二者在区域地质动力作用下,具有完全不同的响应,云冈块坳能够积聚弹性变形潜能,且其应力传递的范围能够更为广泛,而桑干河新裂陷显然不具备以上特征。因此口泉断裂对大同矿区尤其是同忻井田地质动力条件具有重要的影响和控制作用。

大同含煤盆地以口泉断裂为界与其东侧的桑干河新裂陷具有完全不同的地形地貌形态。大同含煤盆地为丘陵地带,地形东南边缘口泉山脉较高,最高标高约 +1550m,最低在口泉沟口河床处,约 +1100m,相对高差 450m,平均标高约 +1300m。口泉断裂东侧表现为河川盆地,地表标高一般在 +1000~+1100m,地势平坦。大同矿区侏罗系煤层埋深标高一般在 +1000~+1100m,而石炭二叠系煤层埋深标高一般在 +800~+900m 或更深。

根据口泉断裂及其两侧地形高程的关系,在大同矿区高程处于 +1100~+1500m 范围内的侏罗系煤岩体,由于没有口泉断裂东侧地层的约束,其积聚的弹性变形潜能相对较低,在开采过程中更容易发生失稳破坏,但是这种破坏的强度相对较低。而位于+1000~+1100m 高程以下的煤岩体,由于受到口泉断裂东侧地层的约束,其能够积聚更多的弹性潜能,在开采过程中发生的失稳破坏要远比上部侏罗系煤层开采时的强烈。

1.6.3 大同矿区构造应力场特征

1.6.3.1 区域构造应力场特征

华北地区地处欧亚板块东部,构造应力场主要受来自太平洋板块向西俯冲、青藏块体向北运移以及华南块体 NWW 向运动等周围板块和块体联合作用的控制。华北地区现今构造应力场以水平挤压作用为主,最大主应力方向为 NE—NEE 向,方位为 NE60°~80°(图 1-23),构造应力张量结构以走滑型为主,兼有一定数量的正断型(正断型应力结构主要分布在山西裂陷盆地)。除渤海地区和晋北地区外,其他地区的中间主应力轴基本直立,最大主应力轴和最小主应力轴为近水平,倾角均在 20°以内。根据我国华北地区深部煤矿的原地应力测量结果可知,最大主应力在数值上大大高于自重应力,水平构造应力场起主导和控制作用,最大主应力方向主要取决于现今构造应力场。华北地区构造应力的分布具有明显的非均匀性,而且与地质构造、岩石性质及强度等有很大关系,其中,板内块体、断裂的相互作用和构造环境是导致地壳应力非均匀分布的主要原因。

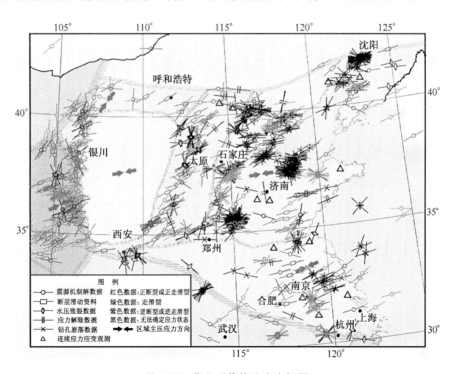

图 1-23 华北现代构造应力场图

1.6.3.2　大同矿区现今构造应力场特征

大同矿区位于华北地块东部偏北地区,矿区主要受华北地块主压应力为 NE—NEE 向的区域构造应力场的控制,其力源同样来自青藏断块 NE 和 NEE 向挤压及西太平洋板块俯冲带。这一挤压力直接作用在鄂尔多斯块体西南边界上,成为控制鄂尔多斯周缘共轭剪切破裂带形成的直接动力源。大同矿区现代区域应力场基本上沿袭了上述构造应力场的特征,仍为 NE—NEE 向挤压和 NW—NNW 拉张作用(图 1-24)。

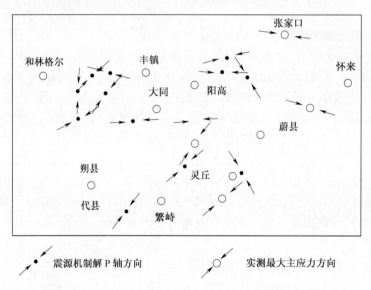

图 1-24　大同地区的最大主应力分布图

1.6.4　大同地区地震特征分析

1.6.4.1　地震资料分析

地震活动是现代地壳运动的一种特殊表现形式,也是地壳动力状态调整的表现形式之一。地震活动与区域构造特点、地壳物质结构,特别是区域现今动力状态有着密切的关系。对地震的研究有助于理解区域地质动力状态,判断其发展和变化趋势。

依据大同矿区及其邻区的地质构造、地震活动等特点,研究区确定为 39.6°～40.4°N、112.5°～113.5°E 范围(图 1-25)。研究使用 1986～2010 年共 25 年的地震资料,1986～2008 年地震资料主要来源于国家地震科学数据共享中心(http://data.earthquake.cn)华中地区子网河南地震台网,2008～2010 年地震资料主要来源于该中心中国地震台网统一地震目录。少数大地震参考了其他文献以检校国家地震科学数据共享中心地震数据,提高了数据的可靠性。

研究区共记到 $M_L \geqslant 1.0$ 级地震 395 次,其中 $M_L < 3.0$ 级地震 383 次、占总数的 96.96%,$M_L \geqslant 3.0$ 级地震 12 次,平均 2 年一次,最大为 1989 年 6 月 19 日大同 $M_L = 4.1$ 级地震。具体各震级频次分布见表 1-3。

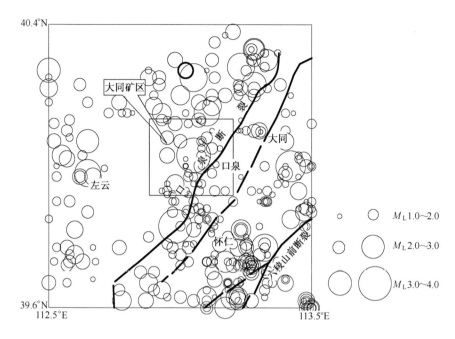

图 1-25 研究区地震震中分布图

表 1-3 大同矿区地震统计表 (1986～2010 年)

震级	频次	震级	频次	震级	频次	震级	频次
1.0	27	1.8	24	2.6	6	3.4	2
1.1	44	1.9	11	2.7	4	3.5	0
1.2	34	2.0	21	2.8	1	3.6	0
1.3	44	2.1	15	2.9	1	3.7	1
1.4	30	2.2	7	3.0	1	3.8	0
1.5	44	2.3	9	3.1	2	3.9	0
1.6	24	2.4	9	3.2	1	4.0	1
1.7	22	2.5	6	3.3	3	4.1	1

1.6.4.2 地震应变积累-释放特征分析

计算研究区记录到的 $M_L \geqslant 1.0$ 级地震的应变量,绘制应变积累-释放曲线,结果见图 1-26。研究区应变量呈阶段性积累-释放,积累阶段对应于地震较弱活动阶段,释放阶段对应于地震较强活动阶段。由曲线可以看出大同矿区及其领域目前正处于第二积累阶段中,此阶段从 1999 年至 2011 年已延续 12 年,目前积累的应变较高,参考第一积累阶段情况,预测此阶段还会持续 2～3 年,至 2013 年左右应变积累达到此阶段峰值,2011 年是 $M_L=3.0$ 级以下小震密集时段,之后便是应变释放阶段,进入较大震级地震活动时段。

上述分析表明,目前大同矿区及其邻区地壳应变已积累至较高水平,或者说处于动态

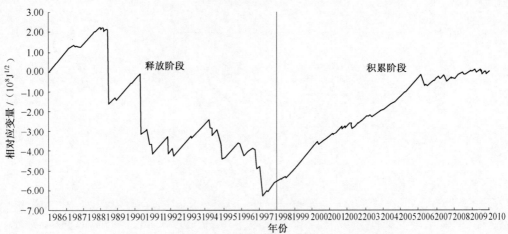

图 1-26　大同矿区及其邻域地震应变积累-释放曲线图

平衡状态。在这一状态下地层结构对工程扰动的反应相对灵敏。同忻矿井下开采活动造成的扰动容易造成围岩结构的局部失稳，形成较为严重的矿井动力显现。

1.6.4.3　地震应变释放强度特征分析

这里从地震应变释放角度出发来分析地震强度特征。1986～2010 年，大同矿区及其邻区共释放地震应变 $3.0 \times 10^9 J^{1/2}$，年均释放应能 $1.2 \times 10^8 J^{1/2}$，绘制逐年应变释放柱状图如图 1-27 所示。

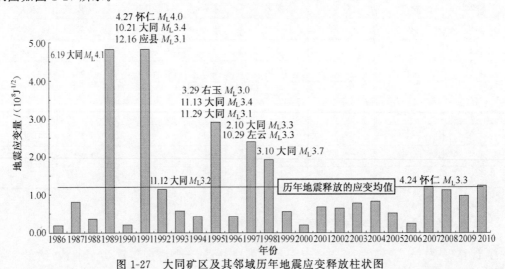

图 1-27　大同矿区及其邻域历年地震应变释放柱状图

从图 1-27 中看出，大同矿区及其邻区的应变释放，在 $M_L \geqslant 3.0$ 级地震之前，均会出现一段时间年应变释放低于历年平均水平的现象，特别是在前一年应变释放远低于历年平均水平。但在释放阶段和积累阶段又各有特点，呈现两种模式，即释放阶段模式和积累阶段模式。

释放阶段模式的特点是平静时段与活跃时段（出现 $M_L \geqslant 3.0$ 级地震）交替频繁，平静时段持续时间短，活跃时段内大震多，应变释放水平高。例如 1989 年大同发生 $M_L =$

4.1级地震之前,出现了连续三年的平静时段;1991年怀仁发生$M_L=4.0$级、大同发生$M_L=3.4$级、应县发生$M_L=3.1$级、1992年大同发生$M_L=3.2$级四个地震前,出现了一年的平静时段;1995年右玉发生$M_L=3.0$级、大同发生$M_L=3.4$级、大同发生$M_L=3.1$级三个地震前,出现了两年的平静时段;1997年大同发生$M_L=3.3$级、左玉发生$M_L=3.3$级、1998年大同发生$M_L=3.7$级三个地震前,出现了一年的平静时段。

积累阶段模式的特点是平静时段、活跃时段持续时间都较长,活跃时段内大地震不多,应变释放水平明显较释放阶段活跃期低。例如从1999年开始到2006年是八年的连续平静,结果发生了2007年怀仁$M_L=3.3$级地震,并且之后至2010年,应变释放一直在年均释放水平附近跳迁。

目前大同矿区及其邻域地震活动处于积累阶段的活跃期,预测今后未来一段时间地震应变释放水平与2007~2010年情况会一致,同时表明大同矿区所在区域应力场较为不稳定的状态会持续,矿井开采中具有较高的动力显现危险性。

1.6.5　口泉断裂力学特征及对双系煤层矿压显现的影响分析

1.6.5.1　口泉断裂宏观特征

口泉断裂为山西地堑系北部大同盆地西缘断裂（图1-28）。该断裂北起大同市以北的官屯堡附近,往SW经北羊坊、上皇庄、口泉、鹅毛口、小峪口、大峪口至上神泉,在甘庄转为近SN走向,继续向南在地上庄转向SW,向西在神头转为近EW向并止于峙峪,全长160km。口泉断裂在断裂除南端走向近EW外,总体走向NE35°~55°,倾向SE,倾角50°~70°。总体呈现南北不对称的"S"形空间展布特征。[4]

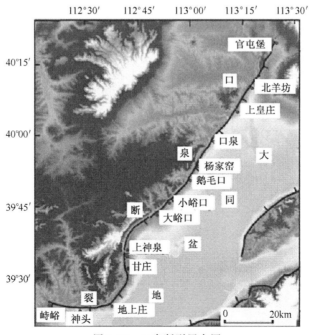

图1-28　口泉断裂展布图

1.6.5.2　口泉断裂形成的力学机制

口泉断裂是大同盆地的主要边界断裂之一,该断裂中生代表现为逆断层,其东侧的大同盆地当时受 NW—SE 方向的主压应力作用,表现为轴向 NE 的背斜构造,其西侧形成的向斜盆地沉积了较厚的煤系地层。进入新生代,口泉断裂受 NW—SE 方向的主张应力作用而表现为张性倾滑断层,在其东侧形成了大同裂陷盆地,并沉积了数千米的新生代沉积物。口泉断裂中生代的逆冲活动及新生代的正倾滑活动这一复杂的地质演化过程受到构造地质及地震地质学者的关注,并有学者提出该断裂存在右旋走滑活动及阶地断错。

口泉断裂的典型特征是断裂两侧岩体在水平与垂直方向上均有运动。大同地震台跨口泉断裂的短水准观测资料表明,1990～1998 年口泉断裂上盘下降的平均速率为2.36mm/a。观测结果表明口泉断裂仍继承着地质时期的运动,即南东盘持续下降,北西盘持续上升。口泉断裂位于鄂尔多斯断块与山西裂陷带的边界处,利用 GPS 空间大地测量数据(1996～2001 年)计算得到鄂尔多斯断块的相对运动速度为 3.2mm/a,山西裂陷带的相对运动速度为 2.2mm/a。两侧岩体运动存在速度差导致口泉断裂目前的动力学状态属于压缩状态。综上,口泉断裂目前的运动既有水平方向上的挤压,又有垂直方向上的升降,其运动形式如图 1-29 所示。

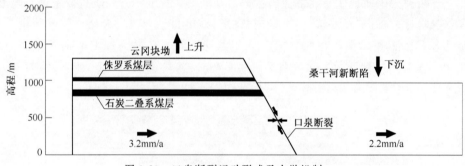

图 1-29　口泉断裂运动形式及力学机制

(1)口泉断裂经历了两次影响其力学状态的构造运动,它是先后经过燕山期的水平挤压作用和喜马拉雅期的引张作用而发生的断块间升降运动所形成的地质构造,口泉断裂的历史成因及应力分布状态复杂。

(2)口泉断裂目前仍处于活动时期,断裂两侧岩体既有水平方向上的挤压运动又有垂直方向上的升降运动,构造应力场属于水平挤压应力场,断裂的持续运动将使附近的岩体内积聚大量能量。

1.6.5.3　口泉断裂对大同矿区煤层开采的影响

大同侏罗系煤田范围内截止到 2002 年已知的断层总计 987 条,其中属于 NE 向挤压结构的断裂构造有 292 条,其中规模最大的是口泉山脉挤压带和煤田主向斜轴,由此可以看出大同矿区地质构造受口泉断裂的控制作用是显著的。可以说,口泉断裂的运动及力学机制影响着大同矿区的覆岩运动与应力分布。研究证明了口泉断裂两侧岩体在水平方向上有挤压,在垂直方向上有升降,下面通过数值模拟来分析口泉断裂这一活动性对大同煤田"双系两硬"煤层开采造成的影响。

利用 FLAC³ᴰ 模拟软件进行该条件下的数值计算,分析两断块在无构造运动情况下的动力学特征,以及两断块在水平挤压、垂直升降的情况下对大同矿区"双系两硬"煤层开采的影响。数值模型共建立了 177200 单元、191688 个节点。为提高模拟计算速度,对断裂两侧的岩层进行了简化。数值模型见图 1-30。

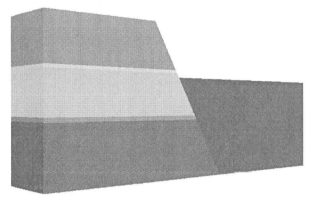

图 1-30　数值计算模型

1) 无构造运动下口泉断裂动力学特征

两断块在无构造运动情况下,即只考虑断块自重。物理模型及边界条件见图 1-31。模型四周均施加位移边界。左右边界水平方向位移限制,垂直方向位移自由;模型底边界各方向位移均限制;模型上部为自由边界。

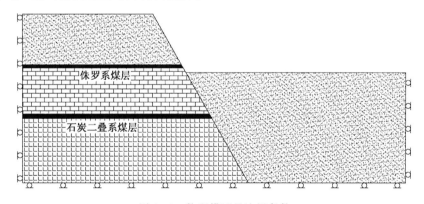

图 1-31　物理模型及边界条件

无构造运动情况下,口泉断裂周围岩体最大主应力分布见图 1-32、图 1-33。由图可知:断裂两侧岩体在自重条件下,在断裂面及附近岩体中形成了应力集中,大小为 2.5～3.3MPa,双系煤层在与断裂的交汇处有应力集中现象,而且石炭二叠系煤层的应力集中程度与范围明显大于侏罗系煤层,随着远离断裂面,岩体中的应力大小逐渐降低,应力分布逐渐恢复层状,呈现出自重应力场作用下应力分布规律。石炭二叠系煤层由于埋深较侏罗系煤层要大,因此,该煤层的应力水平略高于侏罗系煤层。随着不断远离断裂,双系煤层逐渐处于同一水平的应力区域内,最大主应力为 1.2～1.4MPa。

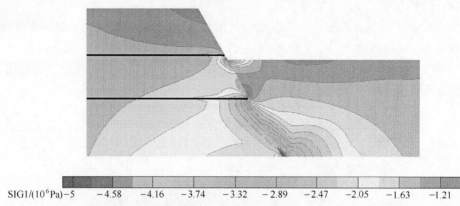

SIG1/(10⁶Pa)-5　　-4.58　　-4.16　　-3.74　　-3.32　　-2.89　　-2.47　　-2.05　　-1.63　　-1.21

图 1-32　无构造运动下口泉断裂周围岩体最大主应力垂直方向分布图

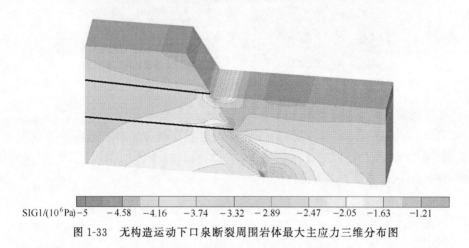

SIG1/(10⁶Pa)-5　　-4.58　　-4.16　　-3.74　　-3.32　　-2.89　　-2.47　　-2.05　　-1.63　　-1.21

图 1-33　无构造运动下口泉断裂周围岩体最大主应力三维分布图

2）水平挤压对"双系两硬"煤层的影响分析

口泉断裂西侧鄂尔多斯断块的水平相对运动速度为 3.2mm/a,方向 WE,东侧桑干河新裂陷带的水平相对运动速度为 2.2mm/a,方向 WE,两侧断块移动方向相同,速度不同,致使口泉断裂承受挤压运动。利用 FLAC³ᴰ模拟软件进行该条件下的数值计算,分析在两断块相互挤压的情况下对大同矿区"双系两硬"煤层开采的影响。物理模型及边界条件见图 1-34。模型左右边界施加位移边界,左边界施加方向向右的 0.32mm/时步的边界条件,即每计算 1 个时步左边界向右移动 0.32mm;模型右边界施加方向向右的0.22mm/时步的边界条件,即每计算 1 个时步右边界向右移动 0.22mm;模型底部垂直方向位移限制,水平方向位移自由;模型上部为自由边界。

模拟的主要目的是研究构造的挤压运动对区域应力场的影响,考虑计算机的内存及计算速度,模型共计算了 20000 时步,相当于模拟断块运动了 2000 年,这对于地质构造演化时间是十分短暂的,但不影响分析构造运动特征对双系煤层开采的控制作用。

图 1-35、图 1-36 为水平挤压情况下口泉断裂两侧岩体最大主应力分布云图,由图可知,断裂面及其附近区域形成了应力集中,而且口泉断裂西侧的云冈块坳岩体的应力集中程度高于断裂东侧桑干河新裂陷岩体的应力集中程度,同样位于云冈块坳内的石炭二叠

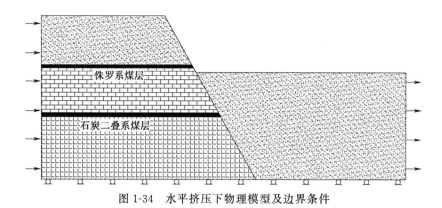

图1-34 水平挤压下物理模型及边界条件

系煤层的应力水平高于侏罗系煤层,而且在侏罗纪煤层的上部岩体内存在应力减低区。大同煤田侏罗系煤层赋存标高在+1000~+1100m,由于没有口泉断裂东侧地层的约束,即存在自由边界,因此在受挤压的情况下通过自由边界应力能够转移,使挤压造成的弹性潜能得以释放一部分,因此在开采过程中岩体虽发生失稳破坏,但是这种破坏的强度相对较低。而位于+1000~+1100m高程以下的煤岩体,由于受到口泉断裂东侧地层的约束,不存在释放能量的自由边界,当受到挤压时其能够积聚更多的弹性潜能,因此在开采过程中围岩发生的失稳破坏要比上部侏罗系煤层开采时的强烈。

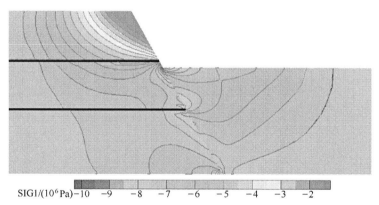

$SIG1/(10^6 Pa)$ -10 -9 -8 -7 -6 -5 -4 -3 -2

图1-35 水平挤压下口泉断裂周围岩体最大主应力垂直方向分布图

3)垂直升降对"双系两硬"煤层的影响分析

目前口泉断裂的两盘仍存在相对运动,上盘下降,下盘上升,呈现出正倾滑移断层的运动方式。由于受新生代的主张力的作用,除口泉断裂本身,断裂两侧的岩体都出现了主张力作用下的地貌形态,如大同矿区分布着较多的正断层。主张力作用严重破坏了岩体的原有层状结构,使其连续性遭到破坏,岩层出现断错结构,岩体纵向裂隙发育,在进行开采扰动后,顶板岩层的垮落形态与高度将会发生变化。当石炭二叠系煤层进行放顶煤开采时,采出煤的厚度成倍增加,顶板岩层的垮落空间加大,加之局部区域断错结构的存在,采空区上方的裂隙带高度很有可能发展至侏罗系煤层,导致双系煤层采空区通过采动裂隙而相互连通。同忻煤矿的8106综放面在开采过程中,石炭二叠系煤层采空区与上覆侏罗系煤层采空区相互连通,导致上覆采空区积聚的有毒有害气体涌入8106工作面采空

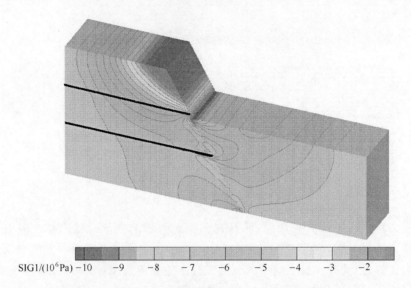

SIG1/(10⁶Pa) -10　-9　-8　-7　-6　-5　-4　-3　-2

图 1-36　水平挤压口泉断裂周围岩体最大主应力三维分布图

区,此现象的出现证明了口泉断裂竖直的升降运动对采动覆岩的运动与破坏规律有着一定程度的影响。

　　为了更加全面地了解口泉断裂的升降运动对大同矿区"双系两硬"煤层的影响过程及机理,利用 FLAC³ᴰ 来模拟这一运动过程。物理模型及边界条件见图 1-37。模型左右边界水平方向位移限制,垂直方向位移自由;由于目前没有断裂下盘上升速度的实测数据,因此选择使用断裂上盘的位移速度值,方向向上,即断裂下盘底部施加向上位移,大小为 0.236mm/时步,下盘顶部位移自由;断裂上盘顶部施加向下位移,大小为 0.236mm/时步,上盘底部为自由边界。

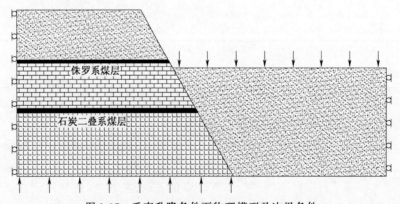

图 1-37　垂直升降条件下物理模型及边界条件

　　模拟计算了 20000 时步,相当于模拟断块运动了 2000 年。图 1-38、图 1-39 为口泉断裂持续升降过程中岩体的最大主应力分布图。与自重应力条件下计算结果相比,由图可知,两侧岩体的升降运动,导致断裂面处形成挤压应力,岩体中应力分布呈层状分布。石炭二叠系煤层应力水平高于侏罗系煤层。石炭二叠系煤层中最大主应力为 5～6MPa,侏罗系煤层中为 2～3MPa,相比自重应力条件下,石炭二叠系煤层的应力大小提高了 2.9

倍,侏罗系煤层应力大小提高了 0.8 倍,升降运动对双系煤层应力环境影响明显。

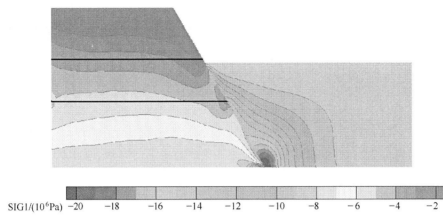

图 1-38 垂直升降条件下口泉断裂周围岩体最大主应力垂直方向分布图

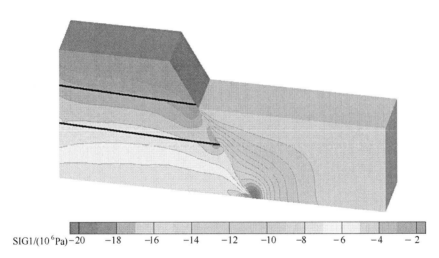

图 1-39 垂直升降条件下口泉断裂周围岩体最大主应力三维分布图

由于口泉断裂既有水平运动又有垂直运动,致使在进行数值模拟过程中两种情况下设置模型边界条件时发生冲突,因此将该断裂的运动分为两种情况进行模拟,从模拟的结果来看,无论是口泉的水平挤压还是垂直升降对大同矿区的"双系两硬"煤层的应力环境都有较大影响,实际中口泉断裂的运动更加复杂,对周围岩体的稳定性及应力场的影响将会更加显著,因此在进行"双系两硬"煤层开采时要着重考虑这一地质动力环境。

1.6.6 矿区活动构造划分与构造应力场分析

1.6.6.1 地质动力区划方法

板块构造学说的提出成果解释了地震、火山活动、造山运动等地质现象,矿山工程一定处于构造块体中,必然受到板块构造活动的影响,矿井生产与板块及构造块体的活动有密切联系。地质动力区划方法的提出建立了从板块构造尺度到矿区（井田）尺度的联系，成为研究矿井动力灾害的桥梁和纽带。

地质动力区划是地质动力学的一个新分支，它基于板块构造学说，根据地形地貌的基本形态和主要特征决定于地质构造形式的原理，通过对地形地貌的分析，查明区域断裂的形成与发展，综合应用地应力测量、数值分析、"3S"、人工神经网络和模糊推理等技术手段，查明影响煤与瓦斯突出发生的各种因素。以断裂的构造形式和活动性、最大主应力、应力梯度、顶板岩性、煤坚固性系数等综合因素作为预测矿井动力显现的主要判据，完成矿井动力显现多因素模式识别概率预测工作，为人类的工程活动提供地质环境信息和预测工程活动可能产生的地质动力效应。依据地质动力区划的原理，要求矿井的工程活动应当根据自然系统的活动特点来确定。这是控制地下地质动力状态、进行安全开采的主要条件。

用地质动力区划方法查明地壳的断块构造是根据由一般到个别的原则。即在大比例尺图上查明构造活动的"轮廓"，在小比例尺图区划时抽象出个别构造特征。这样做能够查明区域发展的一般规律，这一点对预报地质动力过程非常重要。地质动力区划断块所用地图比例尺见表1-4。

表1-4 地质动力区划断块划分比例尺范围

序号	查明断块构造所用的地形图比例尺		
	断块构造部分	断块级别	地形图比例尺
1	断块	Ⅰ	1：250 万
2	断块	Ⅱ	1：100 万
3	断块	Ⅲ	1：20 万～1：10 万
4	断块	Ⅳ	1：5 万～1：2.5 万
5	断块	Ⅴ	1：1 万

1.6.6.2 大同矿区构造断块划分

1）Ⅰ级断块构造划分

区域地质构造划分采用综合分析方法，使用方法越多、资料越全面，得出的结果就越翔实可靠。实际工作中，采用全部或几种方法综合进行。在同忻井田构造断块划分工作中，以绘图法为主，结合航卫片判读、地面和井下考察、地震及区域构造活动调查方法来进行。最终划分出Ⅰ～Ⅴ级断块，确定了各级断块构造的边界——活动断裂。

在 1：200 万比例尺的地形上查明的Ⅰ级断块图如图 1-40 所示。在研究区域内共划出Ⅰ级活动断裂 15 条，用罗马数字标明断裂的级别，用阿拉伯数字标明断裂的编号。将这张图与已知的资料对比，在地形中不仅显现出许多熟知的断裂，而且有新的正在形成的断裂。例如Ⅰ-3 断裂与乌拉山山前断裂、Ⅰ-10 断裂与六棱山山前断裂、Ⅰ-12 断裂与太行山山前断裂等都有密切联系。

2）Ⅱ级断块构造划分

Ⅱ级断块构造的划分在Ⅰ级断块构造划分的基础上进行。将已经确定的Ⅰ级断块边界转绘到 1：100 万比例尺的地形图上，进一步划分Ⅱ级断块构造，在研究区域内共划出

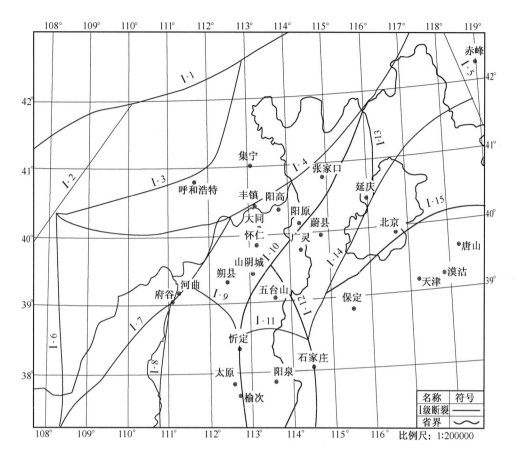

图 1-40 大同矿区 I 级区划图

II 级活动断裂 15 条（图 1-41）。其中 II-2 断裂与和林格尔断裂、II-5 断裂与清水河-偏关断裂、II-7 断裂与口泉断裂等都具有密切联系。

3）III 级断块构造划分

在 1∶20 万比例尺的地质地形图上查明 III 级断块构造，在研究区域内共划出活动断裂 14 条（图 1-42）。

标高在这些地形图上能足够地反映出来，然而经常会遇到一些标高值与周围的地貌相比偏高（可能是人为造成），这些标高值在地质动力区划工作时没有使用。为了弄清这些标高对这些地方进行现场考察，最后在此基础上对断块划分结果进行了调整。

4）IV 级断块构造划分

在 1∶5 万比例尺的地质地形图上查明 IV 级断块构造，划分出的 IV 级断裂共有 17 条，图 1-43 即为 IV 级断裂图。

5）V 级断块构造划分

在 1∶1 万的地质地形图上查明 V 级断块构造。同忻井田划分出的 V 级断裂共有 21 条（图 1-44）。在这些断裂中，NE、NW 向断裂以及 EW 向断裂构成了井田的构造格局。

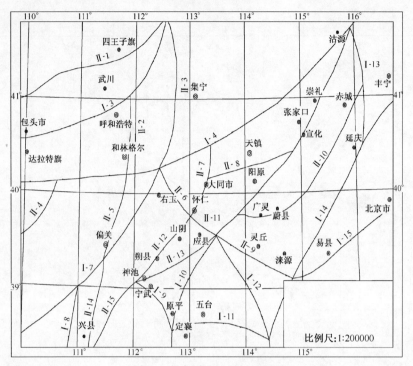

图 1-41　大同矿区Ⅱ级区划图

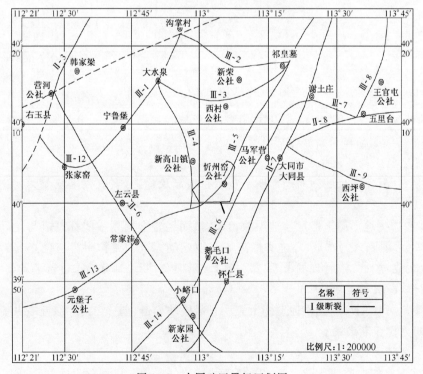

图 1-42　大同矿区Ⅲ级区划图

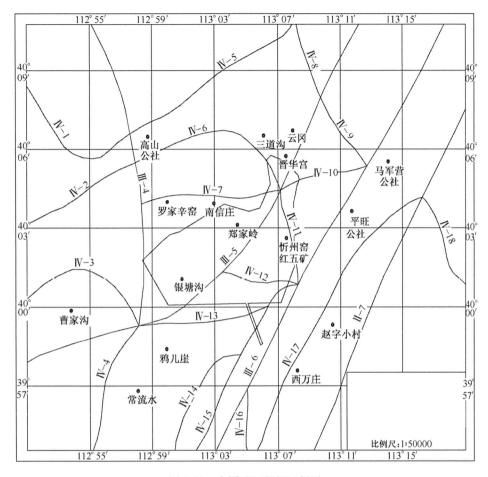

图 1-43 大同矿区 IV 级区划图

1.6.6.3 构造活动特征野外调查

在室内完成了断块构造的划分后,通过野外调查对内业工作进行实际检查和补充。野外调查主要有两个目的:一是修正不准确信息。在内业工作的条件下,根据地形图现有的信息进行活动断裂划分,会产生不确定性,因为地形图提供的信息既有天然地貌的信息,也包含了部分人类活动的结果。因此,通过野外考察,判定其是否为人工地貌,如为人工地貌,则不能够参与断块的划分,剔除这些高程点,然后调整断块划分。二是补充与判定断裂的活动信息。活动断裂在地貌上并不会显示出完整的、规则的形态,而是往往在某些地段表现出一定的片断特征。通过对这些地貌片断的调查,来确定活动断裂的空间形态和活动特征。

地质动力区划野外调查的内容包括地貌高程点检查、断裂地貌片断调查、水系分析、河流阶地变形调查、河流纵剖面调查、洪积扇调查、河流袭夺和改道调查、建筑物的调查、断裂构造的地球物理探测等。根据大同矿区的区划成果,确定了需要重点调查的活动断裂及重点调查的地貌片段,野外考察部分结果如图 1-45~图 1-49 所示。从考察结果来

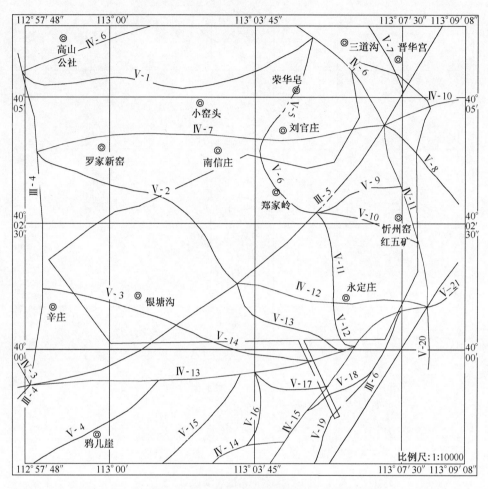

图 1-44　大同矿区同忻矿 V 级区划图

图 1-45　Ⅲ-6 断裂（口泉断裂）地貌形态

看,区划所确定的Ⅲ级、Ⅳ级断裂带在地貌上表现出较多的片断特征,它们具有较强的活动性。尤其是Ⅲ级断裂在地貌局部地带特征非常明显,如Ⅲ-6 断裂（口泉断裂）、Ⅲ-5 断

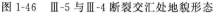

图 1-46　Ⅲ-5 与Ⅲ-4 断裂交汇处地貌形态

图 1-47　Ⅳ-13 断裂地貌形态

裂与Ⅲ-4 断裂交汇部位等(图 1-45～图 1-47)。部分 V 级断裂由于在井田内受到人类工程活动的扰动,地貌形态遭受破坏,难以观察到明显的地貌特征。大同矿区地质构造活动导致局部区域地面出现了裂隙,宽度为 0.1～0.9m,延展长度为 22～24m(图 1-48)。构造活动影响严重区域的岩层呈现出直立、倒转的现象(图 1-49)。野外考察结果表明,依据地形图划分的Ⅰ～Ⅴ级断裂是准确的,部分断裂都表现出一定的地貌特征,而且一些地面或是岩层形态也间接地反映了大同矿区地质构造活动的强烈程度。

图 1-48　地面断裂地貌

图 1-49　岩层直立倒转

1.7　大同侏罗纪煤层综采技术概况

1.7.1　5m 大采高综采技术

　　大同煤矿集团主采侏罗纪煤层,适合于 5m 左右一次采全高工业储量 2.47 亿 t,可采储量 1.75 亿 t,主要分布在永定庄、四老沟、晋华宫、燕子山等矿的 11 号、12 号和 14 号煤层。其赋存的主要特点为:煤层厚度变化大;煤层分叉合并的情况较多,局部夹石现象严重,夹石硬度较大;煤层节理裂隙发育,受采动影响,煤壁容易片帮;煤层顶板的结构、岩性、分层厚度等差异大。[5]

其中"两硬"大采高关键技术与难题主要有以下几个方面。

（1）适应大同坚硬顶板、坚硬煤层条件，5m 厚煤层一次采全高的综合机械化液压支架设计与开发。支架要具有足够的稳定性、工作阻力、抗冲击性能、对坚硬顶板的控制能力和适应能力等；

（2）"两硬"条件大采高高效综采的工作面设备配套技术研究。选择大功率强力采煤机、大运量工作面运输机等，保证工作面配套设备高效运转，实现高效开采；

（3）"两硬"大采高采场的孕灾机理、灾害控制模型、预防与控制技术体系、坚硬顶板处理技术研究；

（4）"两硬"条件大采高高效综采工艺与系统有效度研究。分析工作面实现高产、高效、高回收率开采时系统的运行状况与系统的有效度，最大限度地发挥系统能力。

1.7.2　分层综放开采技术

侏罗纪煤层分层综放主要集中在煤峪口、忻州窑、云冈等矿的 11 号-12 号合并煤层，煤层平均厚度为 8.4m。由于大同突出的"两硬"条件（$f_m = 3 \sim 4.5$，$f_y = 10 \sim 15$）和开采技术装备的制约，多年来 11 号-12 号合并煤层一直采用厚煤层分层开采。截至 2004年，上分层开采后剩余的下分层煤炭储量就有 3000 多万吨，厚度一般为 5～6m。同煤集团煤峪口矿现主采煤层厚约 8.0m，预采顶分层，下分层为网下放顶煤开采，顶分层采高设计一般为 3m 左右，开采时人工铺网，采空区顶板冒落压实后，形成下分层开采的人工假顶。下分层工作面采用放顶煤综采，采高 3m 左右，放顶煤高度平均 2.5m，回采巷道内错式布置，上下两巷中心距 7～9m，护巷煤柱 8～30m。

1.7.3　一次采全高低位放顶煤开采技术

该开采技术分别在忻州窑矿和云冈矿采用，大同矿区侏罗纪"两硬"条件厚煤层一次采全高低位放顶煤开采早在 1989 年开始研发"两硬"条件综放开采装备与技术，在煤峪口矿进行了高位放顶煤支架开采试验，硬质煤层破碎效果不好，又在 1993 年忻州窑矿 11号-12 号合并煤层 8920 工作面实施中位放顶煤液压支架开采试验，效果还不理想。真正意义上的成功开采是 1998 年 1 月在忻州窑矿西二盘区 11 号煤 8911 综采放顶煤工作面进行的放顶煤试验，采用了自主研发的低位磨炼液压支架和顶煤弱技术。达到了平均日产 3200t，平均月产 96200t，顶煤采出率 70.1%，工作面采出率 80.3%。实现了"两硬"条件下年产达百万吨、工作面采出率达 80% 以上的科研攻关目标，后来推广到煤峪口矿、云冈矿等。现今技术成熟，最高日产达到 7500t，平均月产在 13 万 t 以上，工作面煤炭采出率达到 83% 以上，实现了安全、高效开采。

其中"两硬"综放开采关键技术与难题主要有以下几个方面：

（1）顶煤"注水-爆破"联合弱化机理研究；

（2）顶煤"注水-爆破"联合弱化及顶板预裂爆破工艺参数设计；

（3）弱化后的顶煤运移和采场支承压力分布规律研究；

（4）工作面覆岩运动规律分析；

（5）"注水-爆破"联合弱化后顶煤可放性评价研究。

大同"两硬"条件下综放开采的难点在于坚硬顶板和煤层的处理,顶煤坚硬致使冒放性差、顶煤难以回收,顶板坚硬不易垮落且难以控制。通过研究与实践,采用了坚硬顶煤和顶板弱化、破碎控制技术,攻克了硬煤冒放和顶板控制的理论技术难题,实现了"两硬"特厚煤层低位放顶煤综采。坚硬顶煤和顶板弱化、破碎控制技术是在沿顶板掘进的两条工艺巷内超前工作面20m对顶板和顶煤实施预爆破。事先在煤岩体内产生裂隙,使煤岩体弱化,从而达到安全、高效放顶煤的目的。顶煤预爆破的炮孔深度一般为25m左右,顶板预爆破的炮孔深度一般为15m左右。采用普通硝胺炸药与瞬发雷管起爆,通过开采实践证明,效果较好。顶煤顶板预爆破炮孔布置示意如图1-50所示。

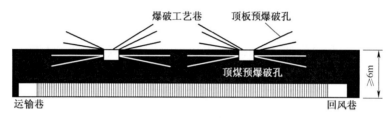

图 1-50　顶煤、顶板预爆破炮孔布置示意图

1.7.4　薄煤层综采技术

大同矿区薄煤层储量大,薄煤层现有可采储量近6.0亿t,约占总可采储量的10.0%。煤层属侏罗纪大同组7^2号煤,煤层平均厚1.09m。煤层赋存条件差异大,有的开采区域地质条件简单、有的开采区域地质条件复杂,薄煤层的厚度差异较大,煤厚在0.9～1.28m波动。大同矿区薄煤层为"两硬"条件,煤层及顶底板硬度较大,通常煤层的f值在3以上,顶底板的f值在8以上,所以,需要薄煤层开采设备的功率更大,对开采设备的要求更高。大同矿区通过多年经验积累,成功地在姜家湾与大斗沟等矿实现了"两硬"薄煤层综采技术体系,并且效果良好,单工作面年产约40万～50万t,提高了矿井资源回收率,延长了矿井服务年限;实现了"两硬"条件下1.1m以下薄煤层的综采设备配套,应用效果良好。

其中"两硬"薄煤层开采关键技术与难题主要有以下几个方面:

(1)开发研制国内外大功率先进技术采煤机及其配套设备;

(2)选择合理的采煤方法和回采工艺设计及优化;

(3)滚筒式采煤机的关键技术参数确定;

(4)"两硬"薄煤层开采覆岩移动模型建立。

1.7.5　侏罗纪极近距离煤层群开采技术

对于多煤层开采,随着煤层间距离的减小,上下煤层间开采的相互影响程度将越来越大。当煤层间距离很近时,受上覆煤层开采影响,下位煤层顶板将受到不同程度的损伤,顶板结构发生变化。多煤层开采工作面矿山压力显现特征、支架与围岩控制关系、巷道布置特点及支护方式、开采工艺、安全技术保障等均较单一,煤层开采具有特殊性。特别在煤层间距近且变化的条件下,下位煤层受到上覆煤层开采的超前支承压力及本层工作面覆岩运动、超前支承压力的影响,工作面和巷道顶板产生较大变形甚至破坏,极易冒、漏顶。当与上覆煤层采空区沟通时,造成工作面漏风,严重影响正常生产,多采空区下煤层安全高效开采是亟待解决的技术难题。

大同矿区下组煤可采煤层共有 8 层,分别为 11^1 号、11^2 号、12^1 号、12^2 号、14^2 号、14^3 号、15^1 号、15^2 号煤层。这些煤层层间距离很近,分叉合并频繁。随着煤层间距离减小,上下煤层间开采的相互影响会逐渐增大,当煤层间距很近时,下部煤层开采前顶板的完整程度已受上部煤层开采损伤破坏,其上又为上部煤层开采时的直接顶垮落矸石,从而使得下部煤层开采的矿山压力显现特征、支架与围岩控制关系、巷道布置特点及支护方式、开采工艺、安全技术保障等均具有特殊性。

其中“两硬”极近距离煤层群开采关键技术与难题主要有以下几个方面:

(1)上部煤层开采围岩破坏特征和集中载荷条件下底板应力传递规律;

(2)下部煤层采场矿山压力显现及围岩的运动规律;

(3)下部煤层回采工作面支架的主要技术参数确定;

(4)系统研究工作面支架-围岩关系,确定支架设计的基础理论;

(5)研究冲击地压发生机理与防治技术;

(6)研究自燃发火机理与防治技术。

1.7.6 “两硬”条件短壁开采技术

开发了适用于坚硬煤层小工作面(短壁)的交流变频电牵引采煤机解决硬质煤层的截割问题,经井下试验表明在短壁采煤机上选择的主要参数先进合理,总体结构简单可靠,技术和性能指标达到了设计要求和满足实际生产需求,综合技术指标达到了国际领先技术水平。

研究短壁配套技术,形成整套用于“两硬”条件的(短工作面)短壁开采工艺技术,实现了短壁综采直接进刀的开采工艺,创新开采工艺实现短壁的高效开采,加快了短壁工作面的开采速度。如在复杂地质构造和不良环境条件 50～80m 工作面短壁综采平均开采速度达到了 226m/月,是普采速度的 4 倍。这种工艺还可用于不适应普通综采开采的边角煤、小块工作面、“三下”压煤和急倾斜放顶煤的高效开采。在边角煤开采中变普采为短壁综采,提高开采效率和安全性。

1.8　大同石炭纪煤层综采技术概况

大同煤田石炭二叠系含煤地层面积 $1739km^2$,地质储量 308.3 亿 t;同煤集团开发的石炭二叠系煤田面积 $788km^2$,占用储量 138.77 亿 t,相当于侏罗系煤田储量的 3 倍。

大同煤田石炭系厚及特厚煤层主要有 3-5 号和 8 号两个可采煤层,各煤层均因不均匀沉积和冲刷以及后期煌斑岩的侵入,形成顶板起伏不平、煤层厚度变化大、夹矸较多、灰分较高的共同特征:

(1)3-5 号煤层:在大部分地区稳定可采,埋深 300～500m,煤层硬度中等以上,裂隙较发育。一般岩浆岩侵入煤层上部出现一层厚 2～4m 的变质煤带,可采厚度为 1.63～

29.21m,平均 9.65m。煤层夹矸 6～11 层,层厚一般 0.2～0.3m,最大 0.6m,平均总厚 2m;夹矸岩性多为中硬以下的砂质、高岭质、碳质泥岩。3-5 号煤层直接顶主要是高岭质泥岩、碳质泥岩、砂质泥岩,部分为煌斑岩互层,局部直接位于煤层之上;老顶为厚层状中硬以上的中、粗粒石英砂岩、砂砾岩及砾岩,厚度为 20m 左右;底板多为中软的砂质、高岭质、碳质泥岩、泥岩及高岭岩,少量粉、细砂岩。

(2)8 号煤层:与 3-5 号煤层间距平均 35m 左右,煤层厚度为 0.60～14.59m,平均厚 6.12m,煤层结构较简单,一般由 1～3 个分层组成,夹矸为砂质泥岩或高岭质泥岩,煤层含矸率平均 5.71%。直接顶多为单层结构,岩性为泥岩、砂质泥岩、粉砂岩;复合层结构的直接顶为泥岩、砂质泥岩、粉砂岩双层结构。厚度为 3.59～16.89m,属中等坚硬的岩石。老顶为稳定的中、粗粒石英砂岩,局部为砾岩,坚硬,属厚-巨厚层状。煤层瓦斯含量低,发火期 6～12 个月,地质构造简单,煤层倾角多在 5° 以内。

大同矿区石炭纪煤层埋藏较深,煤层厚度大,开采困难。以开采石炭纪煤层的第一个矿井塔山矿为例,主采煤层厚度为 11.1～20m(平均 13.9m),最厚 20m。煤层结构复杂,含有 6～11 层夹石,最大夹矸厚度达 0.6m。受火成岩侵入影响,煤层与顶板都受到不同程度的破坏,给开采带来了极大困难。通过产学研结合,形成了特有的大同矿区石炭纪特厚煤层综采技术,实现了安全高效高资源采出率开采,2009 年工作面单产突破 1000 万 t,综放工作面最高日产 5.8 万 t,最高月产 131.2 万 t。塔山矿 8105 综放工作面,埋深 347.1～448.3m,煤层厚 9.42～19.4m,平均 14.5m,机采高度为 4.2m。

大同矿区石炭纪特厚煤层的综放开采,已在塔山矿的 5 个工作面与同忻煤矿 8101 工作面进行了有益的尝试。

1.9 大同矿区采煤方法典型应用及分布

大同矿区采煤方法典型应用请见表 1-5。

表 1-5 大同矿区采煤方法典型应用及分布表

煤系	采煤方法	储量/亿 t	煤矿分布	主采煤层	煤层及顶底板岩性
侏罗系	大采高综采	2.47	四老沟 云岗 晋华宫 忻州窑等	11 号 12 号 14 号	煤层厚度变化大;煤层分叉合并的情况较多,局部夹石现象严重,夹石硬度较大;煤层节理裂隙发育,受采动影响,煤壁容易片帮;煤层顶板的结构、岩性、分层厚度等差异大
	预采顶分层综放	下分层 0.3	煤峪口	11 号 12 号 合并层	煤层和顶底板坚硬,煤层硬度系数可达 3～4.5,顶底板硬度系数为 10～15。合并层厚度大,顶煤不易冒落
	全厚综放		云冈 煤峪口 忻州窑	11 号 12 号 合并层	坚硬顶板和煤层的处理,顶煤坚硬致使冒放性差、顶煤难以回收,顶板坚硬不易垮落且难以控制。采用了坚硬顶煤和顶板弱化、破碎控制技术,实现了"两硬"特厚煤层低位放顶煤综采

煤系	采煤方法	储量/亿 t	煤矿分布	主采煤层	煤层及顶底板岩性
侏罗系	薄煤层综采	<6.0	姜家湾 大斗沟 永定庄 马脊梁 晋华宫	2 号 7 号 9 号 11 号 14 号 15 号	煤层平均厚 1.09m,煤层赋存条件差异大,有的开采区域地质条件简单,有的开采区域地质条件复杂,薄煤层的厚度差异较大,煤厚在 0.9～1.28m 波动。大同矿区薄煤层为"两硬"条件,煤层及顶底板硬度较大,通常煤层的 f 值在 3 以上,顶底板的 f 值在 8 以上
石炭系	特厚综放		塔山 同忻 增子坊 东周窑	3-5 号 5 号	在大部分地区稳定可采,埋深 300～500m,煤层硬度中等以上,裂隙较发育。一般岩浆岩侵入煤层上部出现一层厚 2～4m 的变质煤带,可采厚度为 1.63～29.21m,平均 9.65m。煤层夹矸 6～11 层,层厚一般 0.2～0.3m,最大 0.6m,平均总厚 2m;夹矸岩性多为中硬以下的砂质、高岭质、碳质泥岩。3-5 号煤层直接顶主要是高岭质泥岩、碳质泥岩、砂质泥岩,部分为煌斑岩互层,局部直接位于煤层之上;老顶为厚层状中硬以上的中、粗粒石英砂岩、砂砾岩及砾岩,厚 20m 左右;底板多为中软的砂质、高岭质、碳质泥岩、泥岩及高岭岩,少量粉、细砂岩
	综采		永定庄	4 号 8 号	煤层受到火成岩侵入的影响。与 3-5 号煤层间距平均 35m 左右,煤层厚度为 0.60～14.59m,平均厚 6.12m,煤层结构较简单,一般由 1～3 个分层组成,夹矸为砂质泥岩或高岭质泥岩,煤层含矸率平均 5.71%。直接顶多为单层结构,岩性为泥岩、砂质泥岩、粉砂岩;复合层结构的直接顶为泥岩、砂质泥岩、粉砂岩双层结构。厚度为 3.59～16.89m,属中等坚硬的岩石。老顶为稳定的中、粗粒石英砂岩,局部为砾岩,坚硬,属厚-巨厚层状。煤层瓦斯含量低,发火期 6～12 个月,地质构造简单,煤层倾角多在 5°以内
	大采高		白洞	C3 号	煤层最小厚度为 3.6m,最大厚度为 5.8m,平均厚度 4.43m,煤层倾角为 3.5°～7°,平均 5.5°,夹矸最小厚度为 0.1m,最大厚度为 0.7m,煤层结构简单,直接顶砂质泥岩,单轴抗拉强度为 49.73MPa,老顶为砂砾岩,单向抗拉强度为 108.56MPa,底板为粉砂岩,单轴抗压强度为 78.6MPa

2 大同矿区煤层开采技术体系

在大同矿区独有"双系两硬"复杂条件下，又呈现煤层赋存多样化的特点，薄、中、厚煤层与极近距煤层群并存，这就使得单一的开采技术不能满足大同矿区高产高效的要求，制约了经济的发展。大同煤矿集团在半个多世纪的煤炭开采过程中，通过产学研方式对各种技术难题进行了系统的攻关研究，通过多项技术创新，逐渐形成了能够满足"双系两硬"复杂煤层条件的开采技术，实现开采技术的多样化。针对大同矿区煤层赋存的特点，开采技术包括以下内容：侏罗纪煤系薄煤层开采技术、极近距离煤层群开采技术、综采放顶煤技术、大采高开采技术、短壁综采技术；石炭纪煤系特厚煤层综放开采技术、变质煤综采技术等。这些内容构成的大同矿区煤层开采技术体系如图 2-1 所示。

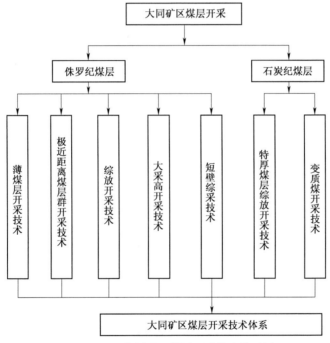

图 2-1 大同矿区煤层开采技术体系图

2.1 侏罗纪薄煤层开采技术

我国薄煤层分布地域广泛、资源丰富，国内薄煤层的可采储量约为 60 多亿吨，约占全国煤炭总储量的 19%，而产量只占总产量的 10.4%，远远低于储量所占比例，并且产量的比重还有进一步下降的趋势。煤炭资源合理利用是我国能源安全及经济社会可持续发展的战略选择，研究薄煤层的开采技术，提高煤炭资源利用率，提高矿井的回采率和延长矿井的服务年限,对我国煤炭资源的可持续发展具有重要意义。

　　大同矿区煤炭储量约 60 亿 t,其中薄煤层可采储量近 6.0 亿 t,约占总可采储量的 10.0%。薄煤层开采存在很多难点,如薄煤层受开采空间的限制,设备选型、安装及操作、工人作业和行走困难;薄煤层推进速度相对快,采掘接替紧张;薄煤层的产量低,开采效率低;采煤机装煤效果差,开采设备对地质条件变化的适应性差等,特别是大同矿区薄煤层"两硬"的特点增加了开采的难度。

2.1.1　薄煤层开采现状

　　薄煤层在我国分布较广,有些地区的煤质也比较好。而同煤集团经过多年开采,不少矿井中厚煤层已近枯竭,薄煤层的开采正规模化地进行,而且也得到了充分重视。就当前的资源情况看,发展薄煤层机械化开采对于开发利用煤炭资源,延长矿井开采年限和实现高效开采都具有十分重要的意义。

2.1.1.1　薄煤层开采研究现状

　　在原苏联,薄煤层缓斜煤层采煤法主要是走向长壁后退式或前进式综采及普采。原苏联薄煤层机械化程度已超过 85%,落煤主要采用浅截式采煤机,部分用刨煤机,其螺旋钻采煤机已成功用于前进式开采,液压支架已成系列[6]。苏联从 20 世纪 70 年代开始,做了很多的螺旋钻机试验,1979 年应用螺旋钻机开采薄煤层。在 20 世纪 90 年代末,乌克兰研制了 Billy-3 号螺旋钻机,现已广泛应用于美国、俄罗斯、乌克兰、中国等;在英国,大于 0.56m 的煤层均用机械化开采,大于 0.7m 绝大多数用综合机械化开采。薄煤层工作面主要用滚筒式采煤机及刨煤机。采煤方法由单一前进式长壁逐步过渡到前进、后退两种方式的结合。世界上主要使用刨煤机进行开采的国家有德国、美国、乌克兰等,刨煤机开采的产量占总煤炭产量的 50% 以上。美国将厚度小于 1.7m 的煤层统称为薄煤层,美国是使用刨煤机效率最高的国家,薄煤层刨煤机工作面的年产量可达 300 万 t 以上。德国是研制和使用刨煤机最早、产量最大、水平最高的国家,也是使用刨煤机数量最多的国家。刨煤机自 20 世纪 40 年代问世以来,很快得到推广和发展,成为薄煤层采煤机械化的强大支柱,德国在 1.6m 以下的煤层中几乎都用刨煤机。德国 DBT 公司刨煤机的技术水平已发展到了采高 0.6~3m,截深最大可达 300mm,可刨煤硬度 $f=4$,刨速最高可达 3m/s,装机功率最大可达 2×800kW,工作面已基本实现自动化和无人化。澳大利亚、南非的薄煤层工作面全部采用全自动化刨煤机,俄罗斯每年有超过 150 个工作面使用刨煤机,荷兰平均每年有 65 个工作面使用刨煤机,法国薄煤层刨煤机工作面产量占总产量的 30%。

　　我国薄煤层的开采经历了几个发展阶段,20 世纪 50 年代我国在薄煤层中主要使用炮采工艺。20 世纪 60 年代开始使用深截煤机掏槽爆破落煤,在鸡西、淄博等矿区出现了 MLQ-64 型爬底板薄煤层采煤机,工作面月产达 6 万~8 万 t,比炮采工作面提高了 0.51 倍,这些都属于第一代薄煤层机械化设备。20 世纪 70 年代以来,薄煤层机组得到了较大的发展,1974 年开始研制新型薄煤层采煤机。20 世纪 80 年代以来单体液压支柱的成功应用,促进了薄煤层机组的发展。BM-100、MLT-150、YRG 型等第二代薄煤层采煤机出现,并在鸡西、双鸭山、七台河、开滦等矿务局使用,取得了较好的技术经济效果,使产量和效率都有了很大提高。2007 年,西安煤矿机械有限公司研制的 MG200/456-AWD 型系列全机载电牵引薄煤层采煤机,适用于采高 1.1～2.3m,总装机功率 455.5kW,年可开采原煤 300 万 t。目前使用的滚筒式薄煤层综合机械化设备均以电牵引、故障自动诊断、支架电液控制等为核心技术。薄煤层综合机械化采煤经过多年的试验,已经取得了显著的开采效果。[7]

滚筒采煤机由于适应性强、效率高、便于实现综合机械化作业,因而发展迅速。它的整体结构、性能参数、适应能力、可靠性等诸方面,都有了较大创新和提高。薄煤层滚筒采煤机是在中厚煤层滚筒采煤机的基础上发展起来的,它也具有许多优点。

(1)积木式无底托架结构、液压螺母紧固、多台截割电动机横向布置、抽屉式部件安装等技术的应用,使得薄煤层滚筒采煤机结构更加简单,安装更为轻便。

(2)整体结构和传动方式的改进,使得滚筒采煤机的机身变得更窄、更低。

(3)采煤机功率的不断加大,以及电气调速行走和远程无线控制技术的应用,使得薄煤层滚筒式采煤机更能适应较复杂的开采地质条件。

(4)薄煤层采煤机比较适合小型煤矿的综合机械化开采。

刨煤机采煤自 20 世纪 40 年代在德国问世以来,很快就得到推广和发展,成为薄煤层采煤机械化的强大支柱。原欧洲的主要产煤国德国、俄罗斯、法国等,使用刨煤机开采的煤炭产量占总产量的 50% 以上,刨煤机的日产量可达到 5000t 以上。

我国刨煤机的研制工作始于 20 世纪 60 年代,1976 年制造了 MBI-1 刨煤机,随后的 30 年内,我国研制了功率从 2×30kW 到 2×200kW 的刨煤机。1993 年松藻矿业集团打通一矿使用从德国哈尔巴赫-布朗公司引进的 2×200kW 刨煤机,在平均厚度为 0.93m 的煤层中,取得最高月产量 23390t 的开采效果。2000 年 9 月,铁法煤业(集团)有限责任公司与德国 DBT 公司及国内科研院所合作,引进了我国第一套全自动化刨煤机综采系统,于 2001 年 1 月开始试生产,到 2002 年 4 月,除去检修时间,共生产 271 天,生产煤炭 106 万 t,最高日产量 6480t,小青矿全自动化刨煤机开采技术的成功极大地提高了国内煤炭行业使用刨煤机的积极性。铁法煤业(集团)有限责任公司刨煤机的应用为刨煤机综采系统在兖州矿业(集团)有限公司、西山煤电(集团)有限责任公司、沈阳煤业(集团)有限责任公司等矿区的推广应用做出了贡献。[8]

刨煤机的主要优点:

(1)能实现极薄煤层的综合机械化开采,便于实现开采过程中的自动化。

(2)采煤过程连续进行,工作时间利用率高。

(3)采出块煤率高,工作面煤尘量少。

(4)结构简单,维护方便。

螺旋钻采煤是原苏联顿巴斯矿区顿涅茨克矿业研究院开发的一种开采薄煤层的采煤方法。于 1979 年在顿巴斯矿区马斯宾斯克矿试验成功,并推广应用。该采煤法是一种新型的无人工作面采煤方法,也是一种开采缓倾斜薄煤层的新型采煤方法,可将煤层可采厚度由 0.6～0.8m 下延到 0.4m,对开采松软煤层有极高的推广应用价值。

螺旋钻采煤法的主要优点:

（1）投资较低。

（2）人员和机组设备全部在工作巷内，人员在宽敞支护良好的巷道内就可将煤采出，安全状况良好。煤的可采范围达总面积的 95％以上，可以多出煤，并充分释放瓦斯。

螺旋钻采煤法主要存在的问题：

（1）留设钻孔间煤柱和钻孔组间煤柱，降低了采出率。

（2）接长和缩短钻杆所用的时间占工作总时间的比重较大。

我国近几年引进了一些螺旋钻采煤机，取得了较好的经济效益。其中新汶矿业集团有限责任公司 2003 年从乌克兰引进的 2 台薄煤层螺旋钻采煤机（适用于 0.6～0.9m 的薄煤层），分别在潘西矿和南冶矿进行了前进式和后退式采煤工艺试验获得成功，单面单台钻机月产达到 5800t。2004 年 6 月 20 日，国家发展和改革委员会调研组在新汶矿区调研时得出如下结论："潘西煤矿螺旋钻采煤工艺的应用，效率高、安全系数高、资源开采率高，适应于目前我国传统的开采方法无法开采的薄煤层，该技术值得在全国推广应用。"大同煤矿集团也在尝试在采煤中使用，效果十分好。2006 年，我国自行研制生产的第一台螺旋钻采煤机，在徐州矿务集团有限公司韩桥煤矿投入使用，首次实现了国产薄煤层工作面无支护、无人采煤的新工艺。

不同赋存条件薄煤层采煤方法及工艺特征见表 2-1。

表 2-1　不同赋存条件薄煤层采煤方法及工艺特征表

采煤方法	巷道布置	工作面参数	巷道支护形式	工作面支护	适用条件	年产量/万 t
薄煤层爆破采煤法	走向布置	工作面长：80～120m；	锚杆梯形棚	单体液压支柱金属顶梁	地质构造复杂、煤层赋存不稳定，煤层厚度>0.6m，煤层倾角<35°	10～15
薄煤层普通机械化采煤法	走向布置	工作面长：120～150m	锚杆梯形棚	单体液压支柱金属顶梁	地质构造较复杂、煤层赋存较不稳定，煤层厚度>0.8m，煤层倾角<30°	15～30
综合机械化采煤法	走向布置	工作面长：120～180m	锚杆梯形棚	液压支架	煤层稳定，构造简单，不含坚硬夹矸；顶底板起伏不大；开采煤层厚度>0.1m，煤层倾角<25°	30～60
刨煤机采煤法	走向布置	工作面长：120～180m	锚杆梯形棚	液压支架	煤层断层及褶曲现象少；煤层厚度为0.6～1.3m，倾角<25°，煤层硬度 $f<$ 3；煤层黏性小	30～100
螺旋钻机采煤法	走向布置	向上钻深85m，向下钻深45m	锚杆梯形棚U形钢	无支护	煤层厚度为 0.4～0.8m，煤层硬度 $f<3$；煤层倾角<15°，煤层起伏较小	10～15

2.1.1.2　薄煤层开采中存在的问题

我国薄煤层开采主要采用长壁采煤法，但由于开采煤层厚度小（小于 1.3m），与中厚及厚煤层相比，薄煤层机械化长壁工作而主要有以下问题。

（1）采高低，工作条件差，设备移动困难。特别是薄煤层综采工作面，当最小采高降到 1.0m 以下时,人员出入工作面或在工作面内作业都非常困难。而且薄煤层采煤机械和液压支架受空间尺寸限制,设计难度大。液压支架立柱通常要双伸缩甚至三伸缩,增加了制造成本。

(2)采掘比大、掘进率高,采煤工作面接替困难。随着长壁机械化采煤技术的发展,工作面推进速度大大加快,但由于薄煤层工作面回采巷道为半煤岩巷,巷道掘进手段没有多大的变化,仍以打眼放炮、人工装煤为主,掘进速度很慢,造成薄煤层综采工作面接替紧张。

(3)煤层厚度变化、断层等地质构造对薄煤层长壁工作面生产影响比开采中厚及厚煤层工作面大,造成薄煤层长壁综采或机采工作面布置困难。

(4)薄煤层长壁机械化采煤工作面的投入产出比高,经济效益不如开采厚及中厚煤层工作面。一个薄煤层综采工作面的设备投资不比设备装机功率、支架工作阻力相当的中厚煤层综采工作面少,但薄煤层综采工作面的单产和效率一般只有中厚煤层综采工作面的一半,甚至更低。

可见,发展机械化、实现综合机械化采煤,是实现薄煤层开采高产高效的唯一出路,我国在这方面一直在不断努力探索。

2.1.1.3 薄煤层开采发展趋势

基于薄煤层开采高度小、顶板压力小的特点,薄煤层开采技术的发展趋势是,薄煤层的开采将以刨煤机采煤法、综合机械化采煤法和螺旋钻机采煤法为主,提高长壁工作面自动化程度。由于薄煤层工作面内作业困难,应减少工作面内的操作人员,发展无人采煤技术,减少工作面的作业工序,提高工作面顶板支护强度,降低顶板的运动空间。[9]

对于我国资源储量比较大的薄煤层来说,随着国内外采矿设备制造水平的提高,在采用大功率、高可靠性工作面设备的基础上,根据当地的煤层赋存情况,因地制宜地选择采煤机械,采用上述采煤方法均可以实现薄煤层高产高效开采。

2.1.2 大同矿区薄煤层开采特点

(1)大同矿区薄煤层储量大,薄煤层现有可采储量近 6.0 亿 t,约占总可采储量的 10.0%。煤炭是不可再生资源,也是我国的能源基础,为了大同矿区和我国煤炭资源的可持续发展,薄煤层必须开采。

(2)薄煤层赋存条件差异大,有的开采区域地质条件简单,有的开采区域地质条件复杂,薄煤层的厚度差异较大。

(3)大同矿区薄煤层为"两硬"条件,煤层及顶底板硬度较大,通常顶底板的 f 值在 8 以上,煤层的 f 值在 3 以上,需要薄煤层开采设备的功率更大,对开采设备的要求更高。

(4)大同矿区薄煤层的"两硬"条件,对薄煤层开采设备的能力提出更高的要求,要求液压支架支护阻力较大,要求采煤机的截割功率较高。由于采煤机功率与外形尺寸成正比,所以,"两硬"条件下薄煤层综合机械化开采的最低高度基本在 1m 以上(以目前薄煤层采煤机最大装机功率分析)。

2.1.3　滚筒采煤机综采技术

2.1.3.1　姜家湾矿薄煤层赋存条件

井田内可采煤层有 2 号、3 号、7^2 号（7^{2-3}）、7^3 号、8 号、9 号、11^1 号、11^2 号、12^1 号，计 9 层，其余仅零星赋存。目前，姜家湾矿井 2 号、3 号煤层已开采完毕，现开采 7 号、8 号、11 号煤层，姜家湾矿煤层综合柱状图如图 2-2 所示。

地层系统	煤层号	累深(m)	层厚(m)	岩芯长(m)	采取率(%)	岩层倾角(°)	岩石名称及岩性描述
侏罗系 中统 大同组		190.61	2.08	2.04	98		细砂岩：灰白色，以石英长石为主，暗色矿物，泥质胶结，粒度 0.22mm 碎石，分选中等。
		191.96	1.35	1.35	100		中砂岩：灰白色，以石英长石为主，暗色矿物及云母片，炭泥质胶结，含黄铁矿。
	3煤	196.11	4.15	3.90	94		煤：黑色，油脂光泽，半暗型，中条带状结构，断口平整，节理裂隙，面上有白色碳酸盐薄膜，煤芯为粉末状。
		196.51	0.40	0.40	100		粉砂岩：灰黑色，致密，贝壳状断口，具错动光滑面及植物化石碎屑。
		198.67	2.16	2.15	100		粉砂岩：浅灰白色，中粗分暗质，较致密，下部粒粗近细砂。
		199.50	0.83	0.82	99		中砂岩：灰白色，以石英长石、暗色矿物为主，含少许云母片，炭质物屑，沿线质胶结，下部较上部细。
		209.55	10.05	7.82	78		粉砂岩：浅灰色，上部为细粉砂，下部为中粗粉砂，致密，次贝壳状断口，夹煤线，含丰富的植物叶化石，具垂直节理，底部有 0.03m 煤线一条。
		211.97	2.42	2.42	100		细砂岩：灰白色，以石英为主，暗色矿物，泥质胶结，粒细近粗粉砂，含植物化石碎屑，夹砂质泥岩薄层。
		214.59	2.62	2.62	100		砂质泥岩与粉砂岩互层：砂质泥岩灰灰色，致密，含植物化石碎屑，粉砂岩灰白色，以细砂较致密，分层厚 20~80cm，错动光滑面发育有 0.10m 煤一层。
	煤	214.94	0.35	0.34	97		煤：黑色，油脂光泽，半暗型，具不明显条带状结构，质较硬，具错动光滑面，煤质有受热现象。
		221.51	6.57	6.57	100		砂质泥岩与粉砂岩互层：互层为砂质泥岩未注，砂质岩与粉砂岩及岩性同上，顶部有几米岩芯破碎杂乱，底部夹煤块及细砂岩碎块，累深 219.10m 处岩芯倾角 5 度，219.10m 之下岩芯倾角 6.3 度，底有 0.10m 的煤。
		222.41	0.90	0.90	100		破碎带：为煤块，砂质泥岩碎块杂。
		225.16	2.75	2.70	98		粉砂岩：浅灰色，从上往下粒度变为近细砂，局部有细砂岩及砂质泥岩薄层，夹镜煤碎块。
		226.04	0.88	0.85	97		细砂岩：灰白色，以石英长石为主，少许暗色矿物，泥质胶结，具小错动构造。
		227.81	1.77	1.75	99		粉砂岩：灰白色，以粉砂岩较致密，断口平整，夹砂质泥岩薄层，见错动光滑面及小错动构造。
	7煤	229.24	1.43	1.15	80		煤：黑色，上部碎块状，弱玻璃光泽，半亮型，中条带状结构，下部为粉状。
		231.49	2.25	0.61	27		细砂岩：灰白色，以石英长石为主，暗色矿物，少许云母片，泥质胶结为主，顶部有薄层粉砂岩。
		233.09	1.60	0.38	24		粗砂岩：灰白色，以石英长石少量暗色矿物及云母片，泥质胶结，具疏松，粒度 0.6mm 左右，分选中等，园圆粒度。
	7³煤	234.52	1.43	1.40	98		粉砂岩：灰灰色，致密，断口平整，中宽带型结构，下部为粉状。
		235.42	0.90	0.90	1		煤：黑色，玻璃关泽，光亮型，中宽条带状结构，断口平整，有炭盐薄膜。
		237.02	1.60	0.38	24		细砂岩：灰白色，岩性同上，中部粒度 0.2mm，上下部粒度较细。
		241.08	4.06	3.57	88		粉砂岩：浅灰黑色，以中细砂致密，密，断口平整，夹薄层砂质泥岩及细砂岩，下部较细，以细粉砂，度部为薄层灰黑色砂质泥岩。
		241.28	0.20				煤：黑色，玻璃光泽，半亮型，煤芯碎块状。
		241.88	0.60				粉砂岩：灰黑色，以中粉砂岩，含泥质成分较高，夹丝炭碎屑，上部有灰白色细砂岩。
	煤	242.24	0.36				煤。
		242.94	0.70	0.40	57		上部为浅灰黑色粉砂岩，下部为黑色砂质泥岩。
		246.64	3.70	3.31	89		粗砂岩：灰白色，以石英长石少量，暗色矿物云母片，泥质胶结，粒度 0.5~1mm，分选园度较差，夹细晶体，黄铁矿及煤线。
		250.07	3.43	3.30	96		砂质泥岩：灰黑色，断口次贝壳状，含植物，含粉砂岩灰黑色，较致密。
	8煤	251.49	1.42	1.41	99		煤：黑色，半暗型，中细条带状结构，断口平整，中下部煤芯为粉状。

图 2-2　姜家湾矿煤层综合柱状图

薄煤层赋存情况如下。

7³号煤层:赋存于井田北东部,煤层厚0.30~1.21m,平均0.77m,结构单一,井田南西部与7²号(7²⁻³号)煤层合并,合并后平均厚2.30m,井田大部可采,可采性指数86%,属较稳定煤层,顶板砂质泥岩、粉砂岩,底板为细砂岩。

8号煤层:赋存于全井田,可采范围分布于东西部和中部,属大部可采,可采性指数90%,煤厚0.20~1.50m,平均1.06m,结构简单,属较稳定煤层,其顶板为细砂岩,底板为粉砂岩。

11¹号煤层:赋存于井田大部,可采范围位于井田北、北东部,属局部可采,可采性指数73%,煤层厚0~2.25m,平均1.27m,含一层夹矸,该煤层属不稳定煤层,顶板为粉砂岩、砂质泥岩,底板为粉砂岩、砂质泥岩。

11²号煤层:为该矿主采煤层之一,赋存于全井田,大部可采,可采性指数92%,煤层厚0.40~3.17m,平均1.56m,局部含夹矸一层,属较稳定型煤层,其顶板为细砂岩、粉砂岩,底板为粉砂岩、砂质泥岩、细砂岩。

2.1.3.2 巷道布置方案分析

1)单巷布置方案分析

在瓦斯涌出量不大,煤层赋存较稳定,涌水不大时,区段平巷可以采用单巷布置。如图2-3所示,上区段的运输平巷和下区段的回风平巷均为单巷掘进,下区段的回风平巷一般在相邻工作面开采完毕,采空区上方一定范围内岩层活动基本稳定后再开掘。

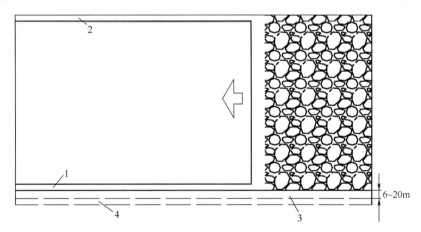

1.本区段运输平巷;2.本区段回风平巷;3.区段煤柱;4.待掘的下区段回风平巷

图2-3 区段平巷单巷布置示意图

区段平巷单巷布置与掘进可以使下区段的回风平巷避免受上区段工作面开采期间的采动影响,缩短了维护时间;但巷道较长时,掘进通风比双巷布置与掘进困难,且不利于区段间工作面的接替,同时需要增大巷道断面,以满足生产需要。

根据下区段回风平巷与上区段工作面采空区之间的距离,下区段工作面回风平巷单巷布置与掘进可以进一步分为留煤柱护巷和沿空留巷。

2) 双工作面巷道布置方案分析

A. 双工作面回采巷道布置方式

双工作面回采巷道布置方式是,利用三条区段平巷准备出两个同时生产的采煤工作面的布置方式,两个工作面生产的煤可以集中运输,也可以分别运输。利用中间平巷运煤时,称对拉工作面布置（图 2-4）,两个工作面分别利用中间平巷和下平巷运煤时,称顺拉工作面布置。

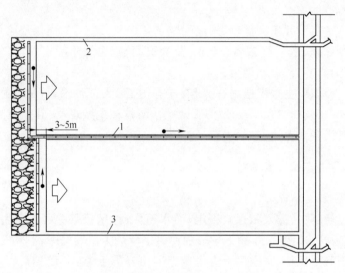

1. 运输平巷；2. 上轨道平巷；3. 下平巷

图 2-4　对拉工作面布置示意图

B. 双工作面生产系统

对拉工作面生产期间,上工作面的出煤向下运输,下工作面的出煤向上运输,由中间共用的运输平巷运出。随着煤层倾角加大,为有利于运煤,下工作面的长度要比上工作面的长度短一些。上下两条区段平巷内铺设轨道,分别为上下两工作面运送材料及设备服务。

顺拉工作面生产期间,上下工作面的出煤均向下运输,由各自的运输平巷运出,两工作面可以等长布置。

C. 双工作面布置的特点及适用条件

双工作面布置可以有效减少薄煤层工作面区段平巷的掘进量和维护量,增加了工作面储量,减少搬家次数,缓解了回采衔接的紧张局面;而且也减少了煤柱损失,提高了资源回收率;提高了生产集中程度,在人员增加很少的情况下大大提高了采面单产水平。

对拉工作面布置提高了运输平巷中的设备利用率,一般适用于煤层倾角小于 15°,顶板中等稳定以上,瓦斯涌出量不大的工作面。顺拉工作面缩短了准备巷道维护时间,多用在煤层倾角大于 15°,顶板中等稳定以上,瓦斯涌出量不大,进入深部开采的工作面。

D. 双工作面通风方式

双工作面采用 W 形通风,分两种通风方式。第一种是中间运输平巷进风,上下区段平巷回风;第二种是上下平巷进风,中间平巷回风（图 2-5）。生产期间上下工作面之间一般要保持一定的错距,通常小于 5m。采用 W 形通风方式有利于满足薄煤层较长工作面的开采,实现集中生产的要求。这种通风方式的主要特点是不用设置第二条风道;若上、下平巷进风,则在这些巷中回撤、安装、维修采煤设备等有良好作业环境;同时,易于稀释工作面瓦斯,使上隅角瓦斯不易积聚,且排放炮烟和煤尘的速度快。

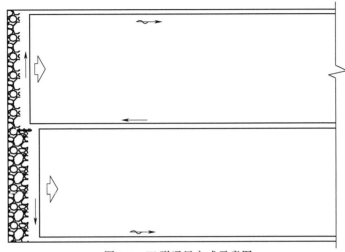

图 2-5　W 形通风方式示意图

2.1.3.3　回采巷道布置及支护

1)"两硬"薄煤层回采巷道布置方案

A. 单巷 U 形布置留煤柱护巷方式

回采巷道采用单巷布置、卧底掘进、U 形通风的方式,区段间留 10～12m 区段煤柱(图 2-6)。

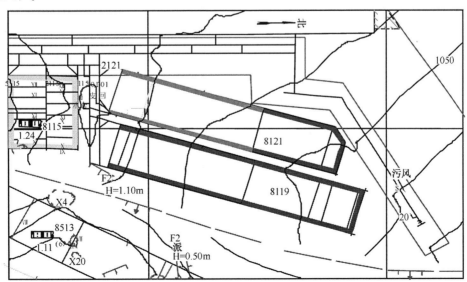

图 2-6　姜家湾矿 8121、8119 工作面巷道布置示意图

B. W 形巷道布置方案

薄煤层工作面开采,巷道掘进率高,通常一个综采队需配两个掘进队,掘进压力大,"两硬"条件降低了掘进速度,进一步增加了掘进压力。为了缓解薄煤层采掘紧张关系,考虑到薄煤层工作面不能太长,建议大同矿区"两硬"薄煤层开采时,当煤层赋存条件较稳定时,可以采用三巷两面的 W 形巷道布置方式。

C. "两硬"薄煤层回采巷道卧底布置

"两硬"条件下薄煤层回采巷道卧底掘进,有伪顶时,挑下伪顶掘进。薄煤层回采巷道掘进位置常采用卧底掘进或挑顶掘进的半煤岩巷。回采巷道卧底的优点是,有利于巷道掘进,有利于工作面回采时巷道的顶板管理,卧底掘进回采时工作面端头运输机机头不漂高,可以省去运输机机头清底的工作。薄煤层工作面回采巷道卧底布置的缺点是,工作面回采时需加强端头管理,卧底掘进通常回采巷道底板不平,造成端头支架和刮板输送机机头推移困难,增加了该工序操作时间,降低了开采效率。

姜家湾矿薄煤层工作面回采巷道采用的是卧底掘进,大斗沟矿薄煤层工作面回采巷道采用的是挑顶掘进。大斗沟矿和姜家湾矿的生产实践表明,回采巷道挑顶有利于薄煤层工作面回采时端头管理,不利于巷道的顶板管理。由于大同矿区薄煤层为"两硬"条件,坚硬的煤和顶板对巷道顶板管理要求较低,回采巷道挑顶掘进沿底板布置,降低了薄煤层工作面两端头的作业空间,对生产的影响较大,生产过程中常常由于工作面端头刮板输送机机头太高,影响工作面端头的割煤和运煤,必须人为地拉底或清底,增加了工作量,降低了开采效率。

总体分析,"两硬"条件下回采巷道卧底布置优势明显,"两硬"薄煤层回采巷道采用卧底方式掘进。

2) "两硬"薄煤层回采巷道支护方案

A. 运输巷道断面及支护参数

薄煤层工作面运输顺槽卧底掘进,断面为矩形,净宽 4.5m,净高 2.6m,采用锚杆+锚索联合支护方式。根据"两硬"条件支护参数设计为,锚杆间排距 800mm×1000mm,每排 5 根,锚索排距 3000mm,每排 2 根或"品"字布置;锚杆技术参数 ϕ18mm×1700mm,金属螺纹锚杆;锚索技术参数 ϕ15.24mm×6500mm;托盘采用砼托盘,尺寸为 600mm×150mm×100mm。运输巷道断面及支护参数如图 2-7 所示。

B. 回风巷道断面及支护参数

薄煤层工作面回风顺槽卧底掘进,断面为矩形,净宽 3.5m,净高 2.2m,采用锚杆支护方式。根据"两硬"条件支护参数设计为,锚杆间排距 800mm×1000mm,每排 3 根;锚杆技术参数 ϕ18mm×1700mm,金属螺纹锚杆;托盘采用砼托盘,尺寸为 600mm×150mm×100mm。回风巷道断面及支护参数如图 2-8 所示。

C. 开切眼断面及支护参数

薄煤层开切眼挑顶掘进,断面为矩形,净宽 6.0m,净高 1.8m,采用锚杆+锚索联合支护方式。根据"两硬"条件切眼支护参数设计为,锚杆间排距 800mm×1000mm,每排 5 根,锚索间排距 1600mm×3000mm,每排 3 根;锚杆技术参数 ϕ18mm×1700mm;金属螺纹锚杆;锚索技术参数 ϕ15.24 mm×6500mm;托盘采用砼托盘,尺寸为 600mm×150mm×100mm。

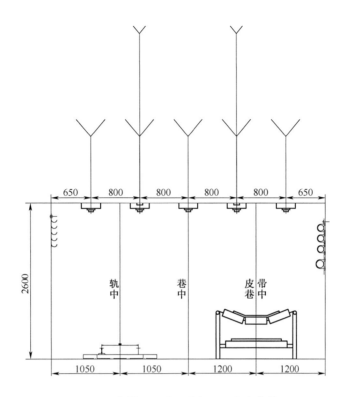

图 2-7 薄煤层运输巷道断面及支护参数

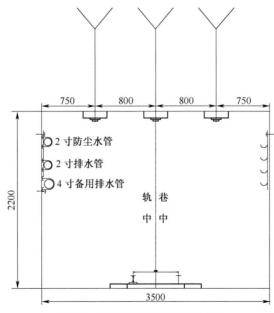

图 2-8 回风巷道断面及支护参数

开切眼断面及支护参数如图 2-9 所示。

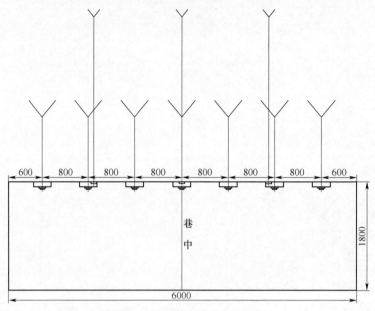

图 2-9　开切眼断面及支护参数

　　通过大斗沟矿和姜家湾矿的工业性试验表明,"两硬"条件下,现有薄煤层回采巷道的支护方案与支护参数选择合理,可以保证薄煤层安全开采。

2.1.3.4　工作面布置

　　"两硬"薄煤层综合机械化采煤工艺工作面布置,如图 2-10 所示,工作面配套设备实物如图 2-13 所示。

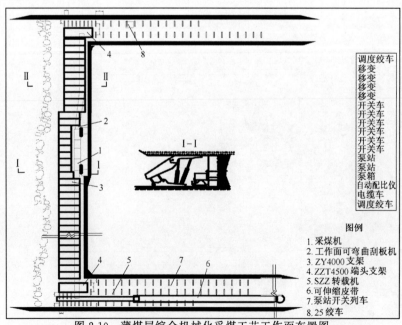

图 2-10　薄煤层综合机械化采煤工艺工作面布置图

工作面最大最小控顶距在Ⅰ-Ⅰ剖面和Ⅱ-Ⅱ剖面位置,工作面最大控顶距为4490mm,最小控顶距为3860mm,如图 2-11、图 2-12 所示。

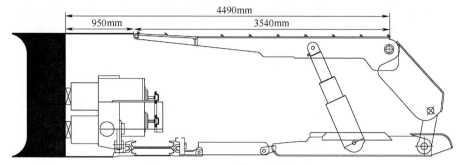

图 2-11　78119 工作面最大控顶距

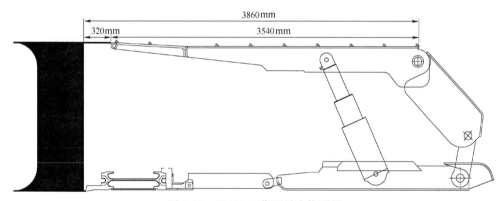

图 2-12　78119 工作面最小控顶距

2.1.3.5　主要设备

表 2-2 为国产薄煤层综采成套装备在大同大斗沟矿与姜家湾矿应用的设备型号。

表 2-2　国产薄煤层产成套综采装备主要设备型号及相关参数

使用地点	工作面编号	平均煤厚 /m	主要设备			
			采煤机	刮板输送机	支架	转载机
大斗沟矿	14 号层 422 盘区 82205	1.17	MG160/360BWD	SGZ630/220	ZYB4400/8.5/18	SZB764/132
姜家湾矿	7 号层断中盘区 78119	1.09	MG170/388BWD	SGZ630 /264	ZY4000/08/16	SZZ764/132

2009 年 7 月同煤集团组成联合调研组,到山东兖矿集团、辽源煤机厂等进行了调研。通过理论分析和现场调研,确定"两硬"条件下姜家湾矿薄煤层综采设备(图 2-13),其型号为,液压支架型号:ZY4000/08/16,采煤机型号:MG170/388-BWD,刮板输送机:SGZ630/264,ZZT4500/15/32 端头支架。主要技术参数见表 2-3～表 2-5。

设备特点:①适合煤层 f 值大于 3 以上的硬煤层开采;②"两硬"条件下最低采高为 1.05m。

图 2-13 姜家湾煤矿 78119 薄煤层综采工作面配套设备布置图

表 2-3 ZY4000/08/16 液压支架技术参数

参　数	参　数　值
重量	8.7t
初撑力	2530～3025kN（$P=31.5$MPa）
工作阻力	3904kN（$P=40.7$MPa）
支护强度	0.55～0.69MPa（$f=0.2$）
操作方式	邻架操作

表 2-4 MG170/388-BWD 采煤机技术参数

参　数	参　数　值
采高	0.9～1.6m
电机功率	388kW
截深	0.63m
牵引速度（工作/调动）	0～7.1/0～11.43m/min
最大技术生产率	212t/h
控制方式	PLC 控制
操作方式	中部、两端、遥控
牵引方式	机载式交流变频齿轮销排式无链电牵引
牵引力	254kN
供水压力	4MPa
供水量	120L/min

表 2-5 SGZ630/264 刮板输送机技术参数

参　数	参　数　值
电机功率	2×132kW
输送能力	250t/h
联接方式	哑铃销联接
紧链方式	闸盘紧链
链速	1m/s
中部槽尺寸	1500mm×630mm×200mm

（1）为降低采煤机机面高度，减小截割滚筒直径，MG170/388-BWD 型采煤机设计了摇臂行星减速器的中间布置方式。这些措施使机组机面高度较 MG200/456-WD 型机面高度减小约 160mm。

（2）为适应姜家湾矿综采布面方式，工作面输送机头尾设计了可调支承座，根据工作面底板与上下巷底板的落差变化进行自动调整，实现工作面输送机机头机尾与工作面段保持平直；输送机的头尾电机轴线与运输方向采用垂直布置，实现了行星减速机合理布置。

2.1.3.6 采煤工艺

1）落煤与装煤

工作面的落煤与装煤采用一台 MG170/388-BWD 型双滚筒采煤机配合 SGZ630/264 刮板运输机铲煤板装煤来完成。采煤机的工作方式采用双向割煤的方式。即运行中前滚筒在上沿顶板割煤，后滚筒在下沿底板割底煤并装煤，工作面往返一次进两刀，采煤机截割剩的浮煤在移溜时装入溜内。割煤过程中，司机一定要掌握好滚筒的升降位置，割顶要将顶煤割净，割底时要将底板割平，不得丢底，不得留有台阶伞檐。

2）进刀方式

采用端部割三角煤斜切进刀。当采煤机到尾，左滚筒进入顺槽后，然后降左滚筒升右滚筒，把采煤机右部的溜子移到煤壁，采煤机沿溜子方向截割进入煤壁。割过 30m 时，将采煤机左边的溜子推向煤壁，使溜子成一条直线，然后右滚筒在下，左滚筒在上向溜尾方向割三角煤。割到尾后，再左滚筒在下，右滚筒在上向溜头方向割煤。采煤机割到溜头后，进刀方式与溜尾相同。斜切进刀方式如图 2-14 所示。

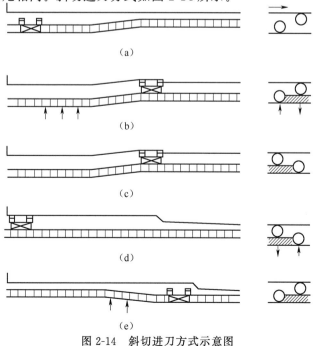

图 2-14 斜切进刀方式示意图

3）运煤

工作面落煤经转载机运至 1039 运输顺槽,使用一台 SSJ-800/80 带式输送机和一台 SZZ-764/132 中双链刮板转载机将煤运出至盘区大巷。

4）工作面顶板管理

工作面安装 ZY4000/08/16 型掩护式支架 64 架,两端头各安 ZZT4500/15/32 支架 1 架对顶板实行全支护垮落法控制,支架中心距为 1.5m,移架步距为 0.63m,最大控顶距 4490mm,最小控顶距 3860mm。

5）移架和推溜方式

采用追机移架的方式对顶板进行及时支护。在采煤机割煤后,先移支架,再移输送机;采用带压擦顶移架的方式移架,正常移架要滞后采煤机后滚筒 2～3 架,不得超过 4 架。采用单架依次顺序式,支架沿采煤机牵引方向依次前移,端头支架通过伸缩油缸推移刮板输送机溜头（溜尾）下的垫架,使溜头（溜尾）前移。工艺为:移架—割煤—移输送机,移架步距为 0.63m。推移工作面运输机采用顺序移溜的方式移溜。当采煤机割煤后推移运输机要在采煤机后滚筒不小于 15m 处进行,移溜过程必须平衡,溜子的弯曲段必须大于 15m,严禁出现急弯。移后的溜子要成一直线,每次推移必须推移一个步距,如机道有台阶、矸石等障碍物推不动溜子,应进行返空刀或人工清理。

2.1.3.7　开采效果

78119 工作面 2010 年 6 月 30 日正式生产,到 2010 年 11 月末停产,共回收煤炭资源 70553t,平均月产 14110t,最高月产 38300t。78119 工作面是姜家湾矿开采的第一个薄煤层工作面,工人首次接触薄煤层开采,对开采设备和作业环境不熟悉,导致设备故障频发,开采初期开采效率极低,随着工人对工作环境和开采设备的逐渐熟悉,开采效率逐渐提高。所以,初期开采效率较低的因素主要是工人操作不熟练和对作业环境的不熟悉。随着工人对开采设备和开采环境的熟悉,开采效率逐渐提高,最高月产达到 3.83 万 t。开采效果分析如表 2-6 所示。

表 2-6　78119 薄煤层工作面开采效果分析表

工作面名称	开采时间	月产量/t	共计/t
78119（96m）	2010.6.30	1030	70553
	2010.7	6681	
	2010.8	2432	
	2010.9	18750	
	2010.10	38300	
	2010.11	3360	

2.1.4　刨煤机综采技术

对于滚筒采煤机的应用,同煤集团有很长的历史。先后从国外引进当时先进的滚筒采煤机,有日本的 DR7575 薄煤层爬底板采煤机、英国的却盘纳钻削式滚筒采煤机、中波合作研制的 MG344-PWD 爬底板电牵引采煤机。其发挥了一定的作用,在使用中也暴露出一些问题,由于条件所限,此类采煤机已退役多年。随后又自行研制过 MG200 和 MG450 低煤层采煤机,起到了应有的作用。

对于普通地质条件的薄煤层综采开采问题,国际采矿业已经成功解决,如德国 DBT 公司研制的自动化刨煤机系统便是成功之例,该公司刨煤机及自动化系统已在许多国家采用,并取得较好效果。在国内外,刨煤机在薄煤层及中厚偏下煤层的应用已取得充分肯定,是一种经济性好、效率高的设备。国外先进刨煤机的刨煤速度已达到 3m/s,刨煤功率也逐步扩大,工作面输送机和刨煤机均采用了计算机网络控制系统,加上支架电液控制系统,工作面采煤完全自动化,实现了无人化开采。近年来,我国从国外(德国 DBT 公司)陆续引进了刨煤机综采设备,其中铁法煤业集团引进两套、西山煤电集团引进一套、晋城煤业集团引进一套。从已引进并投入生产的情况看,均取得了良好的经济效益。采用铁法集团刨煤机的工作面,在 2003 年 8 月生产原煤 165567t,同年 10 月 20 日生产原煤 9126t,分别创我国薄煤层的月产和日产最高纪录,取得了很好的经济效益。但原引进设备和技术远远不能满足大同矿区"两硬"条件的开采要求。

为了解决"两硬"条件下的薄煤层综采开采技术难题,丰富薄煤层开采技术。同煤集团进行了大量的调研论证,并于 2002 年年底与 2003 年 10 月实地进行了两次煤层可刨性试验,取得了大量的基础数据,德国 DBT 公司根据同煤集团的要求,对刨煤机进行了改造,提高了刨煤机功率。经过与国内生产厂家的设备进行配套设计,2005 年 4 月初完成了井巷工程施工、国外设备引进和国产设备配套等工作,根据总体配套要求对全部设备进行验收和地面配套联合试运转。2005 年 5 月下旬正式进入现场试验阶段。2005 年 5、6 月近两个月完成了设备下井及井下安装调试工作,2005 年 6 月 18 日刨煤机首采面试产,并一次试采成功。2005 年 7 月 2 日达到设计产量,2005 年 9 月 5 日开始拆除设备,第二个工作面 10 月 10 日投产,取得了较好效果。

2.1.4.1 煤层赋存与工作面布置

试验工作面定为同煤集团晋华宫矿 10 号煤层 301 盘区 8118 工作面,该工作面采用双巷布置,即 2118 机轨合一巷,和 5118 轨道回风巷,顺槽走向长 1070m,可采走向 1050m,工作倾斜长 200m,两巷均采用沿底挑顶式掘进,盘区巷道煤柱宽均为 20m,工作面位置及井上下关系见表 2-7,其煤层与顶底板状况见表 2-8、表 2-9,工作面综合柱状图

表 2-7 工作面位置及井上下关系表

水平名称	采区名称	地面标高/m	井下标高/m	地面相对位置
870	301	1133~1198	896~952	晋化宫矿东,对应东沙嘴沟及山地
回采对地面设施的影响	井下位置与四邻关系	走向长度/m	倾斜长度/m	面积/m²
无重大影响	西至盘区巷,东到变薄不可采区,北至 5118 巷,南到 2118 巷。南部相邻为 8116 工作面采空区,顺槽煤柱宽 20m;北部为实煤区。上覆 7 号煤层采空区,层间距为 45m 左右;下部为 12¹ 号煤层,正在开拓	1070	200	21400

煤层厚度/m	煤层结构	煤层倾角/(°)	开采煤层	煤种	稳定程度
1.12～1.5/1.31	简单	3°～12°/7°	10 号	弱黏煤	稳定
煤层情况描述					
本工作面煤层赋存稳定,变化不大,并且结构简单,局部煤层有一些薄,靠近切眼煤层可能变化					

见图 2-15。工作面地质构造简单,巷口往里 800m 处有一条落差为 0.4m 的正断层,对正常开采有一定的影响。

表 2-8　煤层情况表

煤层厚度/m	1.12～1.5/1.31	煤层结构	简　单	煤层倾角/(°)	3°～12°/ 7°
开采煤层	10 号	煤种	弱黏煤	稳定程度	稳定
煤层情况描述	本工作面煤层赋存稳定,变化不大,并且结构简单,局部煤层有一些薄,靠近切眼煤层可能变化				

表 2-9　煤层顶底板情况表

顶、底板名称	岩石名称	厚度/m	特征
顶板	粉细砂及砂页岩	17.30～29.44 20.87	波状层理发育,破碎
直接底	灰色细砂岩	1.76	

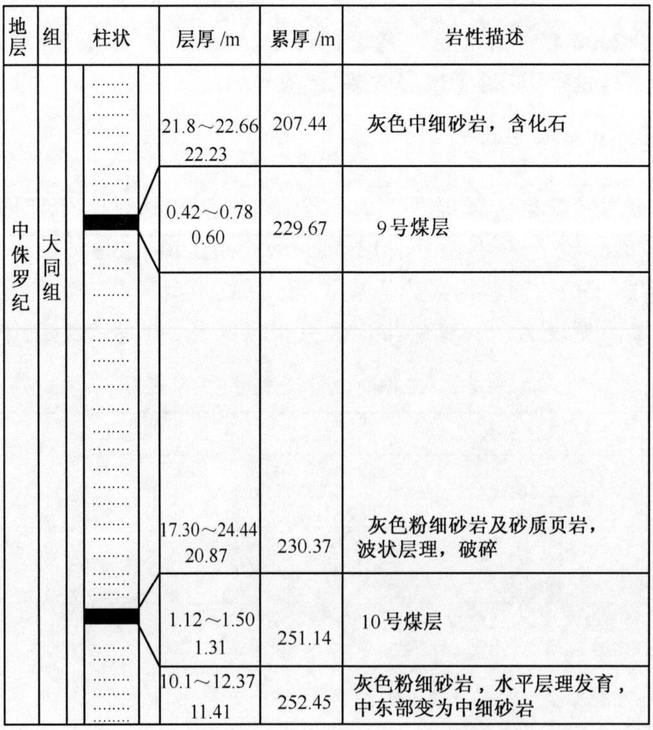

地层	组	柱状	层厚/m	累厚/m	岩性描述
中侏罗纪	大同组		21.8～22.66 22.23	207.44	灰色中细砂岩,含化石
			0.42～0.78 0.60	229.67	9号煤层
			17.30～24.44 20.87	230.37	灰色粉细砂岩及砂质页岩,波状层理,破碎
			1.12～1.50 1.31	251.14	10号煤层
			10.1～12.37 11.41	252.45	灰色粉细砂岩,水平层理发育,中东部变为中细砂岩

图 2-15　10 号煤层 301 盘区 8118 工作面综合柱状图

2.1.4.2 设备配套

自动化刨煤机工作面设备主要有刨煤机、刨头运行轨道（刮板运输机）、液压支架及顺槽运输设备、支架电液控制系统和全工作面电气自动化控制系统等。主控台（MCU）是刨煤机全自动化工作面的中枢，设在工作面的下顺槽，不但承担对全工作面的控制，而且还具有随时显示和监控工作面综采设备状况的功能，包括刨头的位置和速度、运输机的位置状态、支架立柱压力、推移千斤顶行程、支架的位置和状态等。刨头由主控台控制，沿工作面全长自动反复运行刨削。工作时，刨刀位置、运行速度、运行方向及运输机推移状态的主要参数均可通过刨头导轨上的接触开关持续反馈给控制台，并反馈给每台液压支架的控制器（SCU）。刨头通过后，推移千斤顶根据刨头的位置和运行方向设定推移运输机的区段和定量推移运输机的距离。当推移千斤顶的剩余行程小于刨煤机下一循环刨煤所要求的截深距离时，液压支架将按随机组合的方式前移。非异常的条件下，薄煤层刨煤机全自动化工作面内部不需要操作人员。

自动化刨煤机刨头运行速度快，如刨头运行到工作面端头时，刨头位置的传输数据稍有偏差，就可能造成刨头越出导轨而破坏驱动减速装置。为此，采用了双速电机，来满足刨头在端头区间慢速运行的需要。

刨头采用了积木式的结构，充分考虑了井下的工况，可以适应煤层厚度的变化，根据采高的不同可以通过增加或减少叠加块改变刀架与刨刀的高度，来实现调节开采高度。不同位置的刨刀作用不同：顶刨刀挑落顶煤；运行方向前面的掏槽刨刀预先在煤壁上掏槽，便于其他刨刀进行落煤和煤刨的稳定性；底刨刀要在两个平面进行刨削，水平刨刃割底控制刨削平面的位置，前部刨刃紧贴煤壁刨煤。刨刀刀头采用硬质合金制成，可刨削 $f=4$ 左右的硬煤。刨刀拆装方便，可以根据不同的煤质进行调节截深。

刨头以滑架为导向，工作面两侧的驱动传动装置带动牵引链，牵引链带动刨头沿工作面全长运动，并切割煤壁。滑架沿煤壁侧的导轨运动，滑架具有足够的强度，其上有限位结构与溜槽连接在一起，可保证刨头运行平稳。

为适应起伏不定的煤层，即小范围内的仰采或浮采，防止啃底或飘底，在运输机挡矸板侧（采空区侧）安装了调斜千斤顶。调斜千斤顶与支架推移框架、溜槽几何连接，并在不停机的情况下，通过控制调斜千斤顶的行程实现对刨煤机底刨刀高度的控制。否则，刨削下来的将是大量的顶底板岩石而不是煤，产生大量岩粉，加剧刨刀的磨损，造成不必要的功率浪费。

实现高效刨煤最主要的条件是截深遥控调整和工作面自动调直，液压支架电液控制则是保证实现这一目标的重要前提。工作面液压支架每三架安装一台 PM4 单片机控制器（MCU），每台液压支架都配有电液和手动控制阀及定量推移传感器，无论软煤或是硬煤，也无论含有夹矸还是没有夹矸，推移按照程序设置的距离推移运输机，从而保证刨煤机的刨削截深。当然，当电液控制系统或程序暂时出现问题时，可以手动操作控制。工作面液压支架的拉架，也是根据预先设置的程序自动实现。如果一台支架的推移千斤顶剩余行程小于一个完整的移架步距，支架将自动降架和前移（随机组合情况下），但不是一架接一架，而是根据立柱压力传感器由支架的控制器（SCU）控制。刨煤机系统组成如

图 2-16 所示。

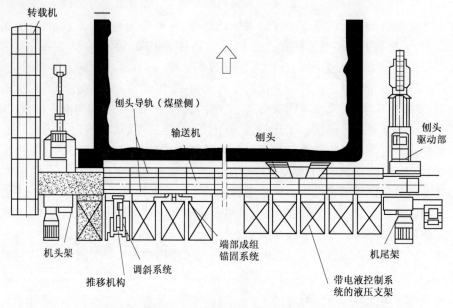

图 2-16　刨煤机系统组成示意图

1）液压支架

根据三维数值模拟计算和相似材料模拟试验结果，选择适用于"两硬"条件薄煤层开采的两柱掩护式液压支架，基本架为 ZY4600/7.5/16.5 型液压支架，端头支架为 ZZ5800/16/30 型液压支架，其主要参数如表 2-10 所示。

表 2-10　液压支架主要参数表

参　数	型　号	
	ZY4600/7.5/16.5	ZZ5800/16/30
支架高度/mm	750～1640	1600～3000
支架中心距/mm	1505	1500
初撑力/kN	3880	5040
工作阻力/kN	4600	5800
支护强度/MPa	0.42～0.66	0.72～0.75
支架重量/kg	11782	17522

2）转载机

选择交叉侧卸式转载机，其主要技术参数如表 2-11 所示。

表 2-11　转载机主要参数表

型号	长度/m	输送量/(t/h)	功率/kW	电压/V
SZZ800/200	42	1800	200	1140

3）其他设备

顺槽皮带输送机型号为 SSJ200/2×200，带宽 1200mm，运输能力 1800t/h。

破碎机型号为 PCM160,通过能力 2000t/h,最大输入块度 600×780mm,电动机功率 160kW,电动机电压 1140V,电动机转速 1470r/min,破碎锤头数 8 个,破碎锤头冲击速度 20m/s。

泵站型号为 BRW-400/31.5MPa,供液流量 400L/min,压力 31.5MPa,电压 1140kV; 高压回路采用 4D-32-30MPa 高压胶管,主回液采用 2D-50-11MPa 低压胶管。设备配套 如图 2-17 所示。

2.1.4.3　回采工艺

1) 刨煤机刨头受力分析

刨刀刨削煤壁过程中,刨头所受的主要阻力有:滑架支撑力、滑架横向反力、煤壁横向 反力、刨削阻力、各种摩擦阻力等。刨头的受力情况如图 2-18 所示。

通过对刨头的受力情况进行分析,我们得出了以下结论:

(1) 刨头受力的大小,主要在于刨头结构是否合理。

(2) 摩擦阻力对刨头运行阻碍非常大,应尽可能采取各种措施,降低摩擦力影响。

另外,根据国家采煤机检测中心整机试验室的截割假煤壁试验结果发现对于硬度相 同的煤层,减小截割深度则截割阻力也随之减小;对于硬度不同的煤层,减小截割深度则 能使截割阻力保持在一定的水平内。因此,适当地控制刨煤机每次截割深度便可有效地 提高现有刨煤机截割硬煤的能力。因此,刨煤机截深要控制在一定范围以内,根据试验工 作面情况,在实际开采时,一般控制在 30mm 以内。

2) 生产工艺过程

刨煤机刨煤、装煤→可弯曲刮板运输机运煤→推移运行轨道→电液控制阀控制拉移 支架。

(1) 刨煤:采用往返双向刨煤,刨头在主控的微机(MCU)控制下,沿工作面全长往 返式自动运行,把厚 30mm 的煤壁成条刨削下来。为适应工作面顶底板的变化,采用调 斜千斤顶和改变刨头档位进行飘刀啃底。

刨头由机尾向机头刨煤为下行,刨速为 1.47m/s;从机头向机尾刨煤为上行,刨速为 2.94m/s,上行与下行时刨深一样,一般情况下均为 30mm,两端头进刀时,刨速为 1.47m/s。

(2) 进刀方式:端部特殊刨深刨煤,即刨头由机头(尾)向机尾(头)方向运行,刨头通 过后,液压支架按 MCU 设定的推移步距进行推移运行轨道,工作面中部推移步距为上(下) 行刨深,机头(尾)推移步距为下(上)行和上(下)行刨深之和,当刨头运行至运行轨道机 尾(头)弯曲段时逐渐斜切进入煤壁直到将机尾(头)煤壁刨通,然后反向进行刨煤。

刨煤机进刀方式示意图如图 2-19 所示。

(3) 推移运行轨道和拉架:工作面每三架上使用一台 PM4 支架控制单元(SCU),每 个支架上配备有电控阀、压力传感器、测控杆,用以实现自动推移运行轨道、降架、拉架和 升架的工作,当刨煤机通过当前支架五个架后,PM4 电液控制支架进行各种动作,当推移 千斤顶剩余行程小于下次刨深时,液压架会以随机组合方式前移,拉架步距为 600mm (工作面所有支架完成拉架动作一次为一个循环),每次运行轨道推移量为下次刨深。

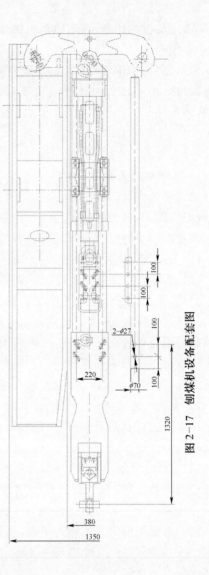

图 2-17　刨煤机设备配套图

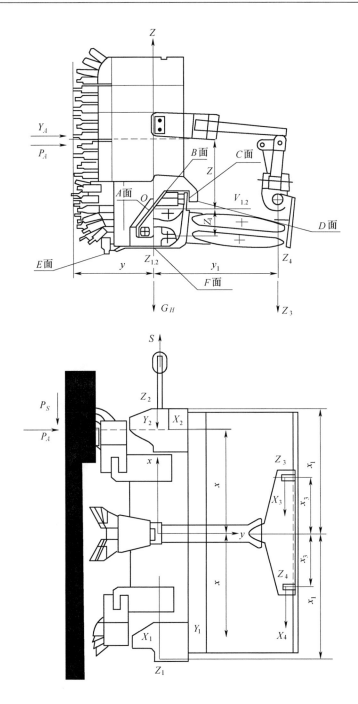

图 2-18 刨煤机刨头受力情况

G_H 为刨头自重, N; P_A 为煤壁对刨头横向反力, N; P_S 为刨削阻力, N; S 为刨链牵引力, N;

$Z_1(Z_2)$ 为下滑架对刨头支撑力, N; $Z_3(Z_4)$ 为输送机对支撑桥架支撑力, N;

$X_1(X_2)$ 为上滑架与刨头间摩擦阻力, N; $X_3(X_4)$ 为输送机与支撑桥架间摩擦阻力, N;

$Y_1(Y_2)$ 为输送机对刨头横向反力, N

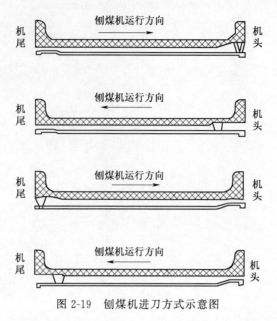

图 2-19　刨煤机进刀方式示意图

刨煤机减速箱内计数配合刨头导轨上的周步开关持续不断监控刨头运行方面和位置,计数器计数脉冲经 MCO 处理后将信息传递给工作面每一个支架控制单元(PM4)刨头实际位置与 PM4 显示刨头位置不一致时,需停机调整,使它们保持一致。主控台 MW 不仅完成以上动作,而且还在液晶器屏上显示和监控运行轨道位置、支架位置、立柱压力、推移千斤顶的行程、刨头位置及运行方向。工作面的刨深可以随时根据煤层硬度通过 MCU 进行设定与更改。

(4)推移转载机:运行轨道和转载机为一体立交搭接式,转载机和运行轨道由销轴固定为一个整体,端头支架在 MP4 电液控制系统控制下推移运行轨道同时,完成对转载机的自动推移。

(5)缩皮带尾:当转载机在皮带尾上面向前行走 1.5m 后,开始缩尾,缩尾时,通过人工操作阀,使皮带尾两侧的水平推移缸共同作用把皮带尾向前推移 1.5m。

(6)移动设备列车:工作面每推进 15m,移动一次设备列车,上坡时使用前部回柱车,下坡时使用后部回柱车,在变坡点时使用两部绞车进行对拉。

3)作业形式与劳动组织

采用三采一准作业形式,二班检修,其余各班按照正规定循环作业图表进行组织生产,本工作面采取以定检班检修为主,生产班为辅相结合的方法严格按照综采设备的操作规程、岗位责任制以及所定的检制度进行设备定检维护。

劳动组织表见表 2-12、正规作业图见图 2-20。

表 2-12　工作面劳动组织表

工种	班次				小计
	早班	二班	三班	四班	
跟班队长	1	1	1	1	4
工长	1	1	1	1	4

工种	班次				小计
	早班	二班	三班	四班	
主台司机	1	1	1	1	4
支架工	3		3	3	9
电工	1	4	1	1	7
装载机司机	1		1	1	3
皮带司机	2		2	2	6
端头维护工	4		4	4	12
支架维护工		3			3
刨煤机维护工		4			4
三机维护工		8			8
辅助运输工	5				5
验收员	1		1	1	3
合计	20	24	15	15	74

2.1.4.4 工作面搬家准备工艺

刨煤机工作面安拆所需主要设备有:液压起吊设备、平车、爬车、圆柱绞车、起重滑车及手拉葫芦、电钳工工具及设备所配套的专用工具。刨煤机工作面是集机电一体化、技术密集、关联性复杂、工艺先进、自动化程度高的装备。在搬家的过程中重点应搞好液压系统、喷雾系统和自动控制系统的管理工作。安装时,严格按各设备部件的编号顺序铺设安装,并按设计图纸进行各系统的连接。由于自动控制系统全部为进口件,备件数量少且价格昂贵,拆除时,要将各种设备及时分类保管,集中运输,并避免在潮湿或顶板条件差的地方保存,要使用有防护设施的包装箱集中装箱调运。

安装与拆除顺序:前端头主副支架及过渡架、形成变电列车、转载机及破碎机、运输机(在此过程中铺设运输机底链)、铺设上下刨链、工作面普通支架及连接头、锚固千斤顶、机尾支架、运输机尾二次延板、安装刨头、接运输机及刨煤机链、动力电缆及自动控制线路、设备完好检查、试生产。拆除时,先拆电气设备、动力电缆、液压系统,再拆刨煤机、运输机,最后撤出支架。

初采时,由于支架不接顶,采用每隔一架支架设一个木垛刹顶支护顶板,架子后方辅助用木柱、戗杠顶推支架座箱底部,推移运行轨道改为手动,当所有支架顶梁钻进煤壁3m后,结束初采,开始采用正常回采工艺。

2.1.4.5 矿压观测

工作面采用压力传感器对工作面进行矿压实时动态监测,每个PM4控制单元可以实时准确地显示各支架的压力,每个生产班由专人均匀选取10个测点,每班填写三次监测数据。

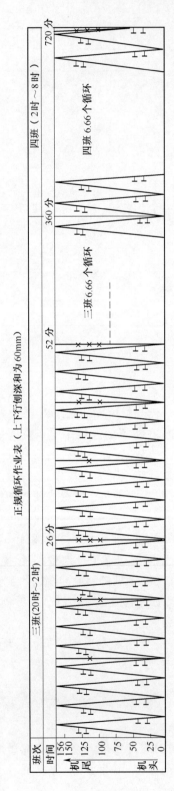

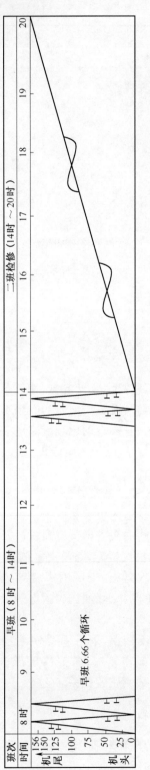

图 2-20 工作面正规作业图

图例

┬─┬ 刨煤和推移运行轨道

×─×─× PM4 控制的右架拉架

—— PM4 控制的左架拉架（面向 PM4）

—×— PM4 控制的木架拉架

～～ 检修

通过对工作面的观测及数据整理和统计分析,10 号煤层 8118 工作面在采空区下初撑力的分布多在 2500～3400kN,平均初撑力为 2966kN,为额定初撑力 3880kN 的 76.44%。工作面在开采过程中支架工作阻力有周期波动,工作阻力值多分布在 3500～4100kN,最大值为 4186kN,为额定工作阻力 4600kN 的 91%。平均工作阻力为 3800kN,为额定工作阻力的 82.6%,动载系数最大为 1.1,平均为 1.05。表 2-13 为 8118 工作面支架实测工作阻力统计结果。支架运行特性主要以一次增阻为主,表明薄煤层工作面上覆岩层的活动对工作面的开采影响比中厚煤层开采时的影响小。

表 2-13　8118 工作面支架实测工作阻力统计结果

测区	架号	平均值/kN	最大值/kN	与额定值之比/%	
				平均比	最大比
头	10 号	3650	3900	79.2	84.8
中	46 号	3870	4050	84.1	88.1
中	66 号	3900	4100	84.8	91.0
中	85 号	3880	4060	84.3	88.2
尾	120 号	3700	4000	80.4	87.0
平　均		3800	4022	82.6	87.4

从观测数据可以看出,由于全部是新设备,其支架的支护性能较好,工作阻力较稳定。另外也表明,所选支架完全能够满足两硬条件下薄煤层刨煤机开采的要求。

工作面从切眼开采至 20m 左右,支架后方 14m 左右直接顶开始从工作面中部呈贝壳状冒落,逐步向两端扩展;平均采至 56m 左右工作面开始初次来压,来压时呈现出分段来压现象;周期来压步距在 12～22m 左右,平均步距 18m,来压现象明显。

2.1.4.6　开采效果

达产后共生产 64 天,取得了平均日产 5060t,最高日产 6815t,平均月产量 151800t 的较好水平,提高了经济效益,达到了项目计划任务书的要求,共生产原煤 35.8 万 t。2005 年 9 月 3 日 8818 工作面开始停采搬家,截至 2005 年 10 月 10 日,接替工作面 8120 工作面开始生产。2005 年各月产量情况见表 2-14。

表 2-14　2005 年刨煤机工作面逐月产量统计

时间	月产量/t	生产天数/d	平均日产/t	最高日产/t
6.18～6.30	24100	13	1854	4050
7.1～7.31	163000	31	5258	6815
8.1～8.31	158700	31	5119	6030
9.1～9.3	12200	3	4067	5030

2.1.5　开采工艺与开采效率

2.1.5.1　"两硬"薄煤层回采工艺及参数设计

1）工作面几何参数

根据理论分析和现场开采实践，"两硬"条件下薄煤层综采工作面长度应设计为150m，工作面的推进长度根据地质条件和煤层条件设计在1000m以上。

2）回采工艺

首先，通过煤层复杂性评价与采煤方法选择系统对开采单元进行煤层及地质条件评价，根据评价结果和煤层特征选择相应的回采工艺。具体如下。

（1）当地质条件简单，煤层赋存条件稳定，煤层复杂性评价值＜25，煤层厚度＞1.0m时，选择薄煤层综合机械化采煤法。

割煤工艺：端头斜切进刀割三角煤，采煤机往返割两刀煤；根据采煤机装煤效果，若采煤机装煤效果差，割煤方式可以采用单向割煤，反向滚筒装煤。

装煤工艺：采煤机装煤。

工作面支护：液压支架支护。

采空区处理：全部垮落法处理采空区。

工作面运煤：采用刮板输送机运煤。

（2）当地质条件较简单，煤层赋存条件较稳定时，即煤层复杂性评价值为25～50，煤层厚度＞0.8m时，选择薄煤层普通机械化采煤法。

割煤工艺：端头斜切进刀割三角煤，采煤机往返割两刀煤。

装煤工艺：采煤机装煤。

工作面支护：单体＋铰接顶梁。

采空区处理：全部垮落法处理采空区。

工作面运煤：采用刮板输送机运煤。

（3）当地质条件较复杂，煤层赋存条件较不稳定时，即煤层复杂性评价值为50～75，煤层厚度＞0.6m时，选择薄煤层爆破采煤法。但是工人劳动强度大、开采效率低，此类煤层考虑到经济效益也可以暂不开采。为了提高机械化开采程度，可以参考选择薄煤层普通机械化采煤法。

破煤工艺：爆破落煤方式。

装煤工艺：人工。

工作面支护：单体＋铰接顶梁。

采空区处理：全部垮落法处理采空区。

工作面运煤：采用刮板输送机运煤。

（4）煤层地质条件复杂，煤层赋存不稳定时，即当煤层复杂性评价值＞75时，此类薄煤层暂不进行开采。

3）辅助生产设备管理特点

首次设计应用了刮板运输机头基座，通过液压油缸可调节基座的升降，解决了刮板运输机头与巷道底板（卧底巷）存在的高差问题；转载机实现了迈步自移。转载机在支撑缸、推移缸的作用下，可沿着本机导轨实现小阻力推移，往复循环，实现迈步自移；皮带机尾实现了自移。以转载机为支点，通过控制伸缩油缸和抬高油缸实现了皮带机尾的自移和皮带调偏（图 2-21）。

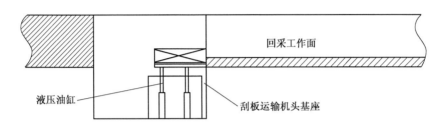

图 2-21 工作面端头辅助生产设备管理特点

4）"两硬"薄煤层开采工艺要求

（1）加强薄煤层工作面工人技术培训。薄煤层工作面工艺操作对工人要求高，如割煤时不能割底板，否则会给推溜、移架带来困难，影响开采效率。

（2）及时清理液压支架内的浮煤。薄煤层作业空间小，浮煤容易使支架漂高，相对降低工作面的高度，尤其是当工作面顶板有淋水时，这种现象更突出，不利于回采作业的进行。

（3）在工作面"三机"几何配套、外形尺寸合理的情况下，尽量选择可靠性高的设备，因为薄煤层工作面作业空间小，设备出现故障后维修困难，影响开采效率；设备功率方面可以根据薄煤层来压强度低、割一刀煤量小的特点，为了增加工作面的作业空间，液压支架可以选择工作阻力较小的轻型支架，刮板输送机可以选择运输能力较小的机型，"两硬"条件要求采煤机的功率要尽可能的大。

（4）加强薄煤层工作面煤层及地质条件分析，合理选择采煤工艺。薄煤层不同的煤层赋存条件，不同的地质条件，对采煤工艺的影响较大。如地质条件复杂、煤层厚度变化大或煤层厚度小于 1.0m 时，可以选择普采、炮采等工艺。因为，根据大同矿区薄煤层"两硬"的赋存条件，当煤层厚度小于 1.0m 时，作业空间小，目前采煤机在采高小于 1.0m 的两硬条件下功率达不到要求，不能应用综采。

2.1.5.2 开采效率影响因素分析

通过井下调研，确定了影响薄煤层综采工作面开采效率的主要因素有：煤层及地质条件、开采设备、辅助生产设备及辅助生产系统、工序操作水平及工序安排五类。

1）煤层及地质条件

综合机械化采煤工艺经过几十年的发展，对地质条件的适应性逐渐增强，但是薄煤层的开采实践表明，煤层及地质条件对综采工艺的开采效果影响较大，特别在"两硬"条件下，工作面过煤层变薄区、断层、陷落柱等地质变化带时，由于采煤机功率小，需要增加爆破工序，而且薄煤层作业空间小，辅助作业环境差，劳动强度大，对开采效率影响严重，如姜家湾矿 8213 工作面,开采条件复杂,这类地质条件工作面不能采用综合机械化开采技术,工业性试验也证明了这一点。

同煤集团经过产学研开发的"煤层复杂性评价与采煤方法选择系统"软件,实现了对煤层及地质条件的定量评价,当煤层复杂度评价值＞25 时,不选择综合机械化采煤工艺,从根本上降低了复杂地质条件对薄煤层综采效果的影响。

2)开采设备

薄煤层工作面作业空间小,开采设备出现故障时,对薄煤层综采工作面的开采效率影响较大,要求开采设备可靠性高。"两硬"条件及薄煤层变薄时,采煤机要割顶或割底,采煤机如果功率高的话,就可以直接通过,要求采煤机:功率大、体积小、截齿强度高,在外形尺寸满足生产的条件下,装机功率最好在 450kW 以上;对液压支架的要求:支架液压管路系统可靠、耐用,且容易更换;对刮板输送机的要求:采煤机摇臂与刮板输送机之间有一定的过煤高度,提高采煤机装煤效果。

综采设备对薄煤层能否安全高效开采起重要作用,特别是在"两硬"条件下,综采设备是薄煤层高效开采的关键。通过工业性试验过程中对开采设备的不断改进,总体分析 MG170/388-BWD 型双滚筒采煤机、SGZ630/264 刮板运输机和 ZY4000/08/16 液压支架,配套合理、可以满足"两硬"条件的要求,在煤层稳定及地质条件简单时开采设备保证了工作面高效开采(月产可达到 3.8 万 t)。工业性试验初期,采煤机对"两硬"条件表现出较多的不适应,如采煤机过载保护轴频繁折断、摇臂过劳损坏周期短、截齿更换频繁等,严重地影响了开采效率,通过生产试验过程中对采煤机的不断改进和工人对设备的逐渐熟悉,采煤机机械故障次数显著降低;工业性试验期间,液压支架的支护效果好、支护强度满足"两硬"条件薄煤层的要求,支架可靠性较好,生产试验期间故障率很低,对薄煤层安全高效开采起到了很大作用。

3)辅助生产设备及辅助生产系统

井下生产系统通常为串联系统,为了保证工作面能连续生产,提高工作面开机率,要求辅助生产设备可靠性高。如,大斗沟矿调研期间,有时候出现乳化液泵站的压力不满足生产要求、运输顺槽皮带故障等情况,导致工作面停机,影响了开采效率;辅助生产系统,特别是液压系统、运输系统可靠性要高,大斗沟矿调研期间煤仓满仓导致工作面停机,也降低了开机率,降低了工作面的开采效率。

4)工序操作水平

薄煤层工作面对工人的技术水平要求较高,特别是割煤、移架、推溜工艺,割煤要保证有效截深和正规循环,在煤厚时保证不能割顶,在煤层变薄时底板要割平整。加强工人的技术培训,保证工作面高效生产。

5)工序安排

薄煤层工作面作业空间小,工人劳动强度大,各个工序工人管理或工作的有效范围较小,建议适当增加工作人员,工作面合理安排工人的工作范围,降低工人的劳动强度,而且各工序要协调配合,保证工作面采煤工序与其他工序同时进行。建议薄煤层工作面安排专门清理液压支架内浮煤的工人。

2.2 侏罗纪极近距离煤层群开采技术

2.2.1 煤层群开采理论及技术研究现状

2.2.1.1 近距离煤层开采理论及技术研究现状

由于成煤条件不同,煤层的赋存情况(如煤层厚度、可采层数、煤层间距)变化很大。在各种赋存状态中,煤层间距是煤层开采相互影响的主要因素,近距离煤层开采的相互影响主要是下部邻近煤层的顶板结构和应力环境发生变化。所谓近距离煤层,我国《煤矿安全规程》(2004 年版)[10]中对近距离煤层定义为:"煤层群层间距离较小,开采时相互有较大影响的煤层。"原苏联学者(包基、斯列沙烈夫、库兹涅佐夫等)[11],将煤层间的距离作为确定能否采用上行顺序开采法的条件,主要是以煤层开采时顶板破坏带高度来定义"近距离煤层",并给出破坏带高度计算公式。葛尔巴节夫在总结上行顺序开试验的基础上[12],以开采下部煤层时对上部煤层是否产生影响以及影响程度确定出上行顺序开采煤层群的基本要素和条件。

近距离煤层开采时,根据各煤层群开采顺序可分为下行式开采和上行式开采两种,先采上部煤层后采下部煤层称下行式开采,反之称上行式开采。

国内外学者对上行式开采研究都是围绕煤层间距和采厚进行的,特别是把煤层层间距离作为决定能否采用上行式开采的主要衡量指标。一种观点认为上层煤应处于下部煤层开采形成的围岩弯曲下沉带,层间距为下层煤厚度的 40～50 倍以上;也有一种观点认为只要处于不规则垮落带上方即可,但垮落带高度的计算差异较大。

煤层群间能否采用上行式开采的判别方法主要有:实践经验法、比值判别法、三带判别法、围岩平衡法等。并给出了相应的判别基本准则,根据已有的研究成果,实现上行式开采的先决条件是:下部煤层开采不破坏上部煤层的完整性和连续性。从已有近距离煤层开采文献看,对上行式开采的机理和准则,国内外研究较少,且认识也不统一。当煤层间距离很小时,采用该开采方法不能够实现。

近距离煤层下行式开采研究成果主要围绕以避开煤柱集中压力为出发点进行巷道布置。由于以往研究近距离煤层下行式开采问题,大部分是煤层间距相对较远,实际生产中采场围岩控制方面与单一煤层开采变化不大。因此,以往近距离煤层下行式开采在此方面的岩层控制理论与技术研究主要是运用已有单一煤层开采的研究成果,关注的是下部煤层巷道的合理位置。陆士良等依据大量实测资料[13],总结出巷道与煤柱边缘间水平距离 S 与上部煤层间垂距 Z 的经验关系。

近距离煤层回采巷道布置主要有重叠布置、内错式布置和外错式布置三种形式。

一般认为在煤柱或煤体下方的一侧为增压区,应力高于原岩应力,在采空区下方一侧为卸压区,应力低于原岩应力,为了提高巷道稳定性,使下部煤层巷道处于低应力区,往往内错一定距离布置下部煤层巷道,内错水平距离常用的计算公式为

$$S \geqslant \frac{Z}{\sin(\alpha + \theta)} \sin\beta \tag{2-1}$$

式中，α 为煤层倾角，（°）；θ 为 β 角的余角，（°），$\theta = 90° - \beta$；β 为煤体影响角，（°），其值可在 25°～55°之间变化。

目前式（2-1）在实际生产中被普遍运用，成为选择下部煤层巷道位置及巷道围岩控制的主要依据。对于煤层间距离较大时，煤层相互开采影响程度相对较小，其对确定比较合理的开采煤层群的方法具有重要的意义。[14]

2.2.1.2　极近距离煤层开采理论及技术研究现状

煤层开采引起回采空间围岩应力重新分布，不仅在回采空间周围的煤柱上造成应力集中，而且该应力会向底板深部传递。随着煤层间距离减小，上下煤层间开采的相互影响会逐渐增大，特别是当煤层间距很近时，下部煤层开采前顶板的完整程度已受上部煤层开采损伤影响，其上又为上部煤层开采时直接顶冒落的矸石，且上部煤层开采后残留的区段煤柱在底板形成的集中压力，导致下部煤层开采区域的顶板结构和应力环境发生变化，从而使极近距离煤层开采出现了许多新的矿山压力现象。

史元伟等采用解析法、数值分析方法对近距离煤层开采的相互影响、开采层及煤柱下方的底板岩层应力分布以及跨越上山开采、上部宽巷开采、分层垮落法开采、条带开采等的围岩应力分布规律等作了许多卓有成效的工作，为下部煤层开采设计优化及围岩控制设计起到了积极的作用[15]。郭文兵、刘明举等应用相似理论和光弹性力学模拟实验方法[16]，对平顶山煤业集团有限责任公司八矿井田内多煤层同采条件下采场围岩应力场特点以及相互影响关系进行了研究，得出了三组四层煤开采时采场围岩应力分布规律、应力集中程度及其相互之间的影响范围和影响程度。模拟结果对合理确定煤层群开采顺序以及回采巷道和区段煤柱合理布置具有一定的理论和实际意义，为多煤层同采生产实践提供了一定的参考依据。

在我国生产实践中极近距离煤层的开采方式主要有联合开采、单层逐层开采和含夹矸煤层的综放开采。过去，由于我国采煤机械化程度较低，尤其是综采的比重不大，回采工艺落后，采煤工作面的单产普遍不高，一个大中型矿井数个采区、多个工作面同时开采才能保证要求的产量，于是通常需对煤层群中的数个煤层实行联合开拓与准备，联合开采主要是集中在联合开采合理错距的研究。根据岩层移动理论，给出上部煤层工作面超前下部煤层工作面的错距应满足以下经验公式：

$$X_{\min} = M \cdot \cot\delta + L + b \tag{2-2}$$

式中，M 为煤层间距，m；δ 为岩石移动角，（°）；L 为安全距离，m；b 为上部煤层回采面的最大控顶距，m。

林衍等采用相似模拟试验和有限元计算方法[17]，对式（2-2）进一步完善，提出了确定合理错距应考虑工作面初次来压和周期来压步距，并给出了确定的经验计算公式为

$$\left. \begin{array}{l} X_{\min初} = S_初 + 2 \cdot S_周 \\ 3S_周 < X_正 < L_2 \end{array} \right\} \tag{2-3}$$

式中，$X_{\min初}$ 为初采合理错距，m；$S_初$ 为上工作面初次来压步距，m；$X_正$ 为正常回采的合

理错距,m;$S_周$为上工作面周期来压步距,m;L_2为上煤层单独开采时,在下煤层水平剖面处底板应力曲线中后支承压力前边缘到上工作面煤壁处的水平距离,m。

随着综采技术的应用,工作面单产大幅度提高。显然,在这种情况下已没有必要同时在数个煤层中进行开拓与准备。为简化矿井的生产系统,减少用于开拓与准备的投入,提高矿井的技术经济效益,完全有条件在煤层群中的一个煤层进行开拓与准备,使煤层群实行单层开采变为可行。颜宪禹等从矿井生产的时间集中、空间集中及经济效益三个方面较充分地论述了煤层群采用单层开拓与准备是实现矿井生产集中化的一个有效途径[18]。可见随着综采技术的应用,采用单层开采是极近距离煤层群开采的主要发展趋势。

近年来,放顶煤技术在我国得到迅速发展和广泛普及,使得极近距离煤层群采用综放开采成为可能。为此我国学者从理论和实践上进行了有益的探索,对夹矸层顶煤冒放性进行了研究。并结合现场实际提出了解决含夹矸厚煤层综放开采的技术措施。张顶立在力学性能试验的基础上[19],对煤矸组合系统的力学特性进行了较为深入的分析,确定矸石层块度、载荷层厚度及软化系数对夹矸极限厚度的关系。贾永军采用材料力学的方法确定了顶煤中夹矸层的极限厚度为[20]

$$h_g < \frac{3r_g + \sqrt{9r_g^2 + 12r_m h_m R_t}}{2R_t} \tag{2-4}$$

式中,h_g为夹矸层厚度,m;r_g为夹矸层密度,MN/m^3;r_m为顶煤密度,MN/m^3;h_m为夹矸层上方顶煤厚度,m;R_t为夹矸层抗压强度,MPa。

已有的研究结果表明,煤层夹石对顶煤冒放性的影响比较复杂,其影响程度取决于夹石层的岩性(即强度)、层厚、层数及空间位置。夹石层较厚且强度较高时,一方面,可能出现夹矸层的悬露或破碎后块度较大而影响放煤效果;另一方面,放煤含矸率大,影响煤质,因此对于极近距离煤层采用放顶煤开采受一定客观条件的限制,不能完全解决极近距离煤层群开采存在的问题。特别是对于"两硬"条件下(顶硬、煤硬)采用综放开采更不适合。

极近距离煤层群采用单层开采方式是实现大型集约化矿井生产的必由之路,随着综采技术的应用,工作面单产大幅度提高,已成为目前各矿区开采极近距离煤层群主要的开采方式。目前,极近距离煤层群开采无特别说明均指单层开采方式。然而与其广泛应用极不相称的是,极近距离煤层的开采理论系统研究尚不完善。主要是极近距离煤层开采实践和经验的定性总结。到目前为止,"极近距离煤层"还没有专门的定义与解释,只是近年来各矿区对层间距很小的煤层的习惯性统称。开采实践表明,无论采用普采,还是综采,在开采过程中均发现顶板破碎,不易管理,常出现机道漏顶事故造成低产低效。煤层开采的巷道布置和支护方式往往盲目性较大,巷道支护主要靠生产经验采用锚杆、锚索、金属网与可缩性U形钢支架等联合支护,支护成本高,掘进效率低。

2.2.2 极近距离煤层开采存在的主要问题

单一煤层开采围岩活动规律和控制的理论和实践研究近年来有了很大进展,然而对近距离煤层开采研究相对较少,特别是极近距离煤层的开采技术研究的系统研究更少。

目前极近距离煤层的开采技术系统研究在我国乃至世界煤矿开采技术研究的一个空白,有关极近距离煤层开采研究主要是实践性和经验性的定性总结。

由于煤层层间距离不同,相互间开采的影响程度各异,对于煤层群开采当煤层层间距离较大时,上部煤层开采后对下部煤层的开采影响程度很小,其矿压显现规律,开采方法不受上部煤层开采影响,与普通单一煤层开采基本相同。但是,随着煤层间距离减小,上下煤层间开采的相互影响会逐渐增大,特别是当煤层间距很小时,下部煤层开采前顶板的完整程度已受上部煤层开采影响而遭到损伤,且因上部煤层开采方法的不同,使得下部煤层开采顶板的整体力学环境亦不同:如当上部煤层采用长壁全部垮落法管理顶板时,下部煤层开采时的顶板为受上部煤层开采影响而遭到损伤的层间岩层和上部煤层开采已垮落的岩石,下部煤层开采时的顶板边界条件为散体边界条件;若上部煤层开采为刀柱采煤法,上部煤层开采后采空区残留的诸多煤柱在底板形成集中压力,下部煤层开采时的顶板边界条件为集中载荷边界条件。这些不同的边界条件,必然使下部煤层开采出现了许多新的矿山压力现象,表现在顶板的活动规律、支架承载特征、压力传递规律及矿压显现程度等各方面,而现有单一煤层开采和近距离煤层开采工作面顶板岩层控制的经验和理论,不能很好地解释这种矿压现象及机理,使得在极近距离煤层开采的过程中,存在许多技术难题。生产实践表明,上部煤层采出后,进行下部煤层开采时,工作面极易发生顶板冒、漏事故,进而造成与上部煤层采空区沟通,工作面漏风,严重影响着矿井正常生产和生产能力的发挥。

极近距离煤层在下部煤层开采的巷道布置和支护方式往往盲目性较大,对支护的力学原理、支护原则与支护对策等一系列理论方面的问题尚没有系统的认识,极近距离下部煤层开采巷道合理位置确定的认识还是初步的。上部煤层开采以后,采空区残留煤柱产生的集中压力在下部煤层开采围岩形成复杂的应力场和位移场,巷道维护困难,采掘接替紧张,煤炭损失严重。一般认为,下部煤层开采时,在上部煤层残留的区段煤柱边缘形成一个应力降低区,将下部煤层回采巷道布置在此区域内以避开煤柱压力集中区是合适的,易于维护。而生产实践表明即使布置在应力降低区内,巷道压力显现还是十分明显,变形和破坏严重,维护十分困难。

综上所述,极近距离煤层开采主要存在的问题是:①工作面矿山压力显现规律及支架-围岩关系不清晰,支护选型设计缺乏科学依据,下部煤层顶板受上层采动损伤,易漏冒顶,严重时造成支架压埋,漏风严重,形成火灾隐患;②开采方法缺乏有效的理论指导,工作面巷道变形和破坏严重,生产成本高,经济效益低,煤炭回采率低,资源浪费严重。

极近距离煤层开采在以下方面尚需进行研究:①极近距离煤层采场的覆岩结构及运动规律研究;②极近距离下部煤层开采矿压显现规律研究;③极近距离煤层开采采场围岩控制理论和技术研究;④极近距离下部煤层开采合理巷道布置形式及支护方式研究;⑤极近距离煤层采煤工艺方式及其系统可靠性和开采技术保障体系的研究。

2.2.3　侏罗纪下组煤层群赋存条件

大同矿区侏罗纪煤层,含煤地层总厚度 74～264m,平均 210m,可采煤层 21 层,单层最大厚度 7.81m。从煤层沉积特征上看,自上而下分为三组煤层,上组煤层主要为中厚煤层段,即 2 号、3 号、4 号、5 号煤组;中组煤层为薄煤层段,即 7 号、8 号、9 号、10 号煤组;下组煤层为厚煤层段,即 11 号、12 号、14 号、15 号煤组。

但随着开采规模日益增大,加之矿区地方小煤矿的开采破坏,侏罗纪煤炭可采储量日趋减少,各矿井相继转入下组煤层的开采。

大同煤田下组煤为 11 号、12 号、14 号、15 号煤组,这些煤层层间距离很近,分叉合并频繁,可采煤层共有 8 层,分别为 11^1 号、11^2 号、12^1 号、12^2 号、14^2 号、14^3 号、15^1 号、15^2 号煤层。根据煤层对比研究,各煤层赋存地质条件如下。

1) 11 号煤组

此煤组含可采煤层两层,上部为 11^1 号煤层,下部为 11^2 号煤层。

11^1 号煤层与 10 号煤层间距 0~19m,一般 12m。其间岩性以中、粗砂岩为主,中夹细砂岩、粉砂岩。11^1 号煤层赋存面积较大,无煤区零星分布在云冈沟各井田。可采区局部分布在大巴沟、挖金湾、雁崖、井儿沟、燕子山等井田和杏儿沟煤矿,以及晋华宫井田南部和上深涧煤矿,其他井田均为零星分布。分布的特点往往是靠近 11 号煤组合并区的边缘。煤厚一般为 1.00~1.50m,全层煤厚 0~2.90m,一般 1.00m。11^1 号煤层与 10 号煤层合并区主要分布在晋华宫井田中部、云冈井田北部、大巴沟井田南部、王村井田北部。在燕子山井田北部及雁崖井田中部也有零星分布。煤厚 0.89~4.48m,一般 2.50m。11^1 号煤层结构简单,局部含一层夹石,个别含两层夹石。属不稳定煤层。

11^2 号煤层与 11^1 号煤层间距 0~18.0m,一般 8m。11^2 号煤层赋存面积大,无煤区在云冈沟各井田和大巴沟井田。王村井田、马口煤矿等处有零星分布。本层除与其他煤层合并外,单层出现的面积不大。煤厚 0~3.47m,一般为 2.00m。可采区各井田均有分布,煤厚一般为 1.80~2.50m。

11^2 号煤层与 11^1 号煤层合并范围较大,口泉沟中雁崖以东的各井田,11 号煤组合并几乎占全部面积,并往北东延伸到煤峪口,忻州窑井田和云冈、晋华宫井田的南部。此外云冈沟各井田的北部,也存在 11 号煤组的合并区。煤厚 1.35~5.25m,一般 3.50m。11^2 号煤层,结构比较简单,局部含 1~2 层夹石;可采面积大;煤厚变化不大。属比较稳定煤层。

11 号煤组与 10 号煤组合并区主要分布在晋华宫、云冈、四老沟等井田的北部;同家梁、白洞、四老沟、雁崖等井田的东南部。在王村井田西南部,也有局部分布。煤厚1.00~7.07m,一般 5.00m。

2) 12 号煤组

此煤组含两个可采煤层,12^1 号煤层为上部煤分层,12^2 号煤层为下部煤分层。12^1 号煤层与 11^2 号煤层间距 0~28m,间距变化极大,一般 12m。其间岩性为细砂岩、粉砂岩或中、粗砂岩。

12^1 号煤层赋存面积较大,无煤区主要分布在雁崖井田及王村、大巴沟井田东南一带。此外在燕子山、四台沟、云冈井田也有分布。本层煤大部分与其他煤层合并,单层出现一般不可采,煤厚 0~4.02m,一般 0.90m。可采区主要在王村、大巴沟、井儿沟井田一带,以及四台沟井田西南部与燕子山井田东南部一带。可采区煤厚一般为 1.50m。

12^1 号煤层与 11^2 号煤层合并区主要分布在云冈、四台沟井田南部一带。在燕子山井田与杏儿沟矿也有局部分布,其他井田只有零星分布。煤厚 0.70~5.72m,一般 3.00m。

12^1 号煤层与整个 11 号煤组合并区分布在煤峪口、忻州窑井田与云冈、四台沟井田交界一带,井儿沟井田有局部分布。煤厚 2.56~8.87m,一般 6.00m。

12^1 号煤层往上合并到 10 号煤组,分布在煤峪口井田西北部,煤厚 7.00m 左右。

12^1 号煤层结构复杂,煤厚变化大。属不稳定煤层。

12^2 号煤层与 12^1 号煤层间距 0~17m,在煤田南部间距大,北部间距较小,一般 7m。本层煤赋存面积比上分层小一些。无煤区有较大面积出现,主要分布在四老沟、雁崖井田和云冈井田北部,四台沟井田西部,燕子山井田南部一带。本层除与其他煤层合并外,单层出现大部分不可采。煤厚 0~3.40m,一般 0.79m,可采区集中分布在王村、井儿沟一带与四台沟井田中部。煤厚一般为 1.50m。

12 号煤组合并区主要分布在晋华宫、云冈井田及四台沟井田北部。在忻州窑到同家梁井田、井儿沟井田北部;燕子山井田西北部等地区也有局部分布。大部分可采,煤厚 0~7.54m。井儿沟井田北部煤厚较大,一般 4.00m;其他地区煤厚较小,一般 2.00m。

12 号煤组与 11^2 号煤层合并区主要分布在晋华宫井田南部。煤厚 3.20~8.54m,一般 5.00~7.00m。

12 号煤组与 11 号煤组全部合并区分布在云冈井田南部;忻州窑、煤峪口井田西北部一带。煤厚 5.25~12.55m,一般 8.00m。

12 号煤组往上合并到 10 号煤组,分布在煤峪口井田 48363 孔附近,煤厚 8.00m 左右。

12^2 号煤层,煤层结构复杂,大多含一层夹石;煤厚变化大。属不稳定煤层。

3) 14 号煤组

此煤组含两个可采煤层。上部为 14^2 号煤分层,下部为 14^3 号煤分层。14^2 号煤层与 12^2 号煤层间距 0~25m,煤田东北部间距小,西南部间距大,一般 5m。其间岩性为细砂岩、粉砂岩互层或中、粗粒砂岩。

14^2 号煤层赋存面积较大,无煤区局部分布在燕子山井田西北部,以及云冈、晋华宫井田北部。在井儿沟、四台沟井田有零星分布。不可采区主要分布于云冈沟各井田。煤厚 0~3.97m,一般 1.70m。可采区面积较大,煤厚一般 1.50~2.00m。

14^2 号煤层与 12^2 号煤层合并区主要分布在燕子山井田。在晋华宫、四台沟、同家梁等井田也有局部分布。煤厚 0.86~7.60m,一般 3.00m。

14^2 号煤层与 12 号煤组整个合并区主要分布在燕子山井田中部,同家梁井田西北部。晋华宫井田有零星分布。煤厚一般 4.00m。

14^2 号煤层往上一直合并到 11^2 号煤层,煤田中可见到三处:一是晋华宫井田中部;二是燕子山井田北部;三是同家梁井田西北部。面积都不大。煤厚大多 7.00m 以上。

14^2 号煤层普遍含一层夹石。属比较稳定煤层。

14^3 号煤层与 14^2 号煤层间距 0~17m,一般 6m。本层赋存面积比上分层差一些。无煤区集中在煤田的东部;如四台沟、晋华宫、云冈、忻州窑等井田。无煤区大面积成片分布。其他井田只有零星分布。14^3 号煤层单层主要分布在四台沟、燕子山井田,煤厚 0~7.21m,厚度变化极大,一般 1.60m。14^3 号煤层结构复杂,普遍含一层夹石,局部含 2~3

层夹石。煤层厚度变化极大。属不稳定煤层。

14 号煤组整个合并区大部分在口泉沟各井田。四台沟井田北面也有较大面积分布，井儿沟井田只有局部分布，大部分可采。煤厚 0～8.84m，一般 3.50m。

14 号煤组与 12² 号煤层合并，主要分布在挖金湾井田与雁崖井田南部一带。在燕子山、同家梁、永定庄、四台沟等井田有零星分布。煤厚 2.59～7.06m，一般 4.50m。

14 号煤组往上一直合并到 10 号煤组，煤层高度合并，共四个煤组，七层煤分层，分布在煤田北部、刘家窑矿一带。煤厚达 10.20m。

4) 15 号煤组

此煤组含煤分层 2～3 层，但可采煤分层大面积分布的只有一层，个别地点有二层，因此只划分一个可采煤层为 15 号煤层。它与 14³ 号煤层间距 0～23m，一般 9m。其间岩性为细砂岩、粉砂岩互层，局部夹中、粗砂岩。15 号煤层距永定庄组杂色岩层 0～20m，一般 4m。

15 号煤层赋存面积不大，无煤区与不可采区大面积分布。可采区主要分布在煤田的东南部。从白洞井田起，可采区呈北东方向延伸经口泉沟外各井田到晋华宫井田东南部。煤厚一般 2.00～4.00m。全层煤厚 0～10.20m，厚度变化极大，一般 1.70m。

15 号煤组与 14 号煤组整个合并区分布在永定庄、煤峪口井田的东南部，煤厚 1.38～4.46m，一般 3.00m。

15 号煤层结构复杂，普遍含 1～2 层夹石；可采面积小；煤厚变化极大。属极不稳定煤层。

11 号、12 号、14 号、15 号煤层，煤层层间距离大多很近，分叉合并频繁，在开采过程中下部煤层顶板受上部煤层开采的影响很大。大同矿区 11 号～15 号煤层柱状图如图 2-22 所示。

2.2.4　近距离下部煤层开采巷道布置

近距离下部煤层开采巷道布置形式有内错式、外错式、重叠式，巷道布置形式的选择决定着工作面在整个开采期间巷道支护的难易程度，而巷道支护的难易又取决于上部煤层煤柱上的支承压力在其底板岩层中的传递情况。

煤柱载荷在底板中的传递受煤柱尺寸、煤柱和围岩性质的影响，煤柱宽度的大小不同，煤柱和围岩的强度和结构不同，所产生的应力集中程度不同，由此造成传递到底板中的应力分布各异。因此，应通过研究上部煤层的煤柱导致的底板岩层中的应力分布，确定下部煤层的巷道形式。

1) 上部煤层护巷煤柱宽度分析

煤柱在受到回采引起的支承压力作用后，煤柱一般可分为破裂区、塑性区（一侧宽度为 x_0）和弹性区。若弹性区的宽度等于零，即煤柱完全处于塑性屈服状态，煤柱所受的压力就会有一部分发生释放转移，煤柱上的垂直应力集中程度降低，相应煤柱在底板煤（岩）层中的影响范围和程度也会降低。这对下分层巷道布置是有利的。煤柱整体进入塑性屈服状态时的煤柱宽度为

$$B \leqslant 2x_0 \tag{2-5}$$

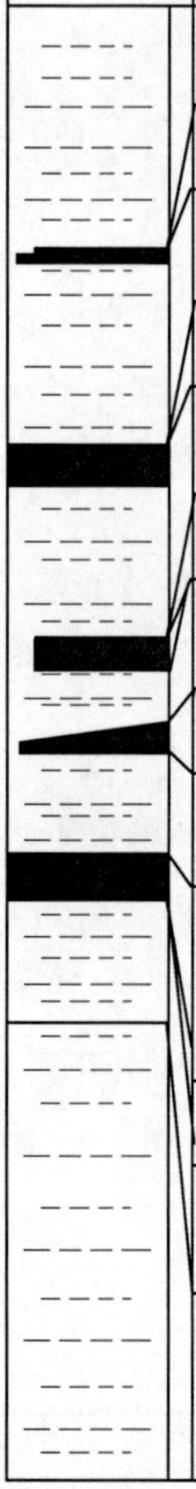

岩性	煤层号	标志层	层厚 平均 最小~最大	煤厚 平均 最小~最大	岩性描述
			$\dfrac{13.87}{11.84\sim29.07}$		灰白色，灰色，深灰色粉砂岩、细砂岩
	10 号			$\dfrac{0.57}{0\sim1.69}$	井田大部分赋存，零星可采
			$\dfrac{25.54}{2.60\sim38.60}$		上部以粉、细砂岩为主，中部以中粗粒砂岩为主
	11 号			$\dfrac{4.29}{1.15\sim10.44}$	全井田可采，井田西部是12号煤层合并区，煤层为4.55~10.44m
			$\dfrac{21.40}{0.80\sim33.20}$		上部以粉砂岩、细砂岩为主，夹煤1~6层，下部为中粗砂岩
	12 号			$\dfrac{2.47}{0\sim5.16}$	局部无煤，大部分可采
			$\dfrac{6.83}{0.70\sim12.40}$		以粉细砂岩为主，中部局部为中粗砂岩，含煤1~2层
	14 号			$\dfrac{2.11}{0\sim4.77}$	全井田赋存，局部不可采
			$\dfrac{14.18}{6.20\sim25.50}$		以粉砂岩、细砂岩为主，中下部夹中粗砂岩，底为粗砂岩
			$\dfrac{1.70}{0.75\sim5.50}$		深灰色，灰色粉砂岩，灰黑色碳质泥岩
	15 号			$\dfrac{2.21}{0\sim9.27}$	井田中部赋存，大部分可采，西部局部赋存
			$\dfrac{20.34}{1.93\sim41.87}$		上部粉细砂岩，中下部中粗砂岩，底部为含砾粗砂岩
			$\dfrac{53.26}{53.90\sim72.99}$		上部为杂色粉砂岩 细砂岩，中部为灰白色中粗砂岩，下部为灰色中粗砂岩，底为灰色砾岩

图 2-22　11~15 号煤层柱状图

根据岩体极限平衡理论，煤柱的一侧塑性区宽度 x_0 为

$$x_0 = \frac{M}{2\xi \cdot f} \ln \frac{K\gamma H + c \cdot \cot\phi}{\xi(p_1 + c \cdot \cot\phi)} \tag{2-6}$$

式中，M 为煤层开采厚度，m；γ 为煤层上覆岩层平均容重，kN/m^3；K 为应力增高系数；H 为煤层埋藏深度，m；c 为煤体的黏聚力，MPa；ϕ 为煤体的内摩擦角，(°)；f 为煤层与顶底板接触面的摩擦系数；ξ 为三轴应力系数，$\xi = \dfrac{1 + \sin\phi}{1 - \sin\phi}$；$p_1$ 为支架对煤帮的阻力，MPa。

考虑煤柱的稳定性，稳定煤柱的最小宽度为

$$B_x = 2x_0 + (1 - 2)M \tag{2-7}$$

即
$$B_x = \frac{M}{\xi \cdot f} \ln \frac{K\gamma H + c \cdot \cot\phi}{\xi (p_1 + c \cdot \cot\phi)} + (1-2) M$$

由式（2-6）可知，煤柱的塑性区宽度 x_0 主要取决于开采深度 H、回采引起的应力增高系数 K、煤层的开采厚度 M、煤柱的内摩擦角 ϕ 和黏聚力 c 以及支护阻力 p_1 等。

根据大同矿区"两硬"近距离煤层一般赋存条件，由式（2-6）计算的 x_0 值为 3m 左右，即煤柱整体进入屈服状态时的宽度为 6m 左右；由式（2-7）确定稳定煤柱的最小宽度在 9～12m。即大同矿区上部煤层开采的煤柱宽度大于 10m 左右时能够形成稳定煤柱。

对于存在上、中、下三个层位的近距离煤层，当中层采过后，上部煤层煤柱整体进入屈服状态煤柱的宽度为：$B \leqslant 2x_0'$。煤柱一侧塑性区宽度 x_0'，方程为

$$x_0' = \frac{M_u + h_r + M_m}{2\xi \cdot f} \ln \frac{K\gamma H + c \cdot \cot\phi}{\xi (p_1 + c \cdot \cot\phi)} \tag{2-8}$$

式中，M_u 为上煤层开采厚度，m；M_m 为中煤层开采厚度，m；h_r 为上、中煤层间岩层厚度，m。

上部煤层稳定煤柱的最小宽度为

$$B_x' = 2x_0' + (1-2) \times (M_u + h_r + M_m) \tag{2-9}$$

即

$$B_x' = \frac{M_u + h_r + M_m}{\xi \cdot f} \ln \frac{K\gamma H + c \cdot \cot\phi}{\xi (p_1 + c \cdot \cot\phi)} + (1-2) \times (M_u + h_r + M_m)$$

根据大同矿区"两硬"近距离煤层一般赋存条件，由式（2-8）计算的 x_0' 值为 9m 左右。则当近距煤层群第三层开采时，上部煤层煤柱宽度小于 18m 时，会进入塑性屈服状态，当煤层煤柱宽度为 27～36m 时能够形成稳定煤柱。大同矿区上部煤层煤柱宽度一般为 10m 左右，则在开采近距离煤层群第三层时，上部煤层煤柱为塑性屈服状态，这时采用外错布置效果良好，巷道压力、变形等均不大。

2）上部煤层稳定煤柱载荷在底板中的应力传递规律

视煤（岩）体为均质的弹性体，应用弹性理论，集中载荷在半无限平面体内任一点 (θ, r) 的应力可用极坐标表示为

$$\sigma_z = \frac{2p\cos^3\theta}{\pi \cdot r}, \sigma_{zx} = \frac{2p\sin\theta\cos^2\theta}{\pi \cdot r}, \sigma_{zy} = \frac{2p\sin\theta\cos^2\theta}{\pi \cdot r} \tag{2-10}$$

通过叠加原理推广到自由边界上受均布载荷作用的情况（图 2-23），即均布载荷作用下底板岩体内的应力计算公式为

$$\sigma_z = \frac{q}{\pi} (\sin\theta_2\cos\theta_2 - \sin\theta_1\cos\theta_1 + \theta_2 - \theta_1)$$

$$\sigma_y = \frac{q}{\pi} [-\sin(\theta_2 - \theta_1)\cos(\theta_2 + \theta_1) + \theta_2 - \theta_1] \tag{2-11}$$

$$\tau_{xy} = \frac{q}{\pi} (\sin^2\theta_2 - \sin^2\theta_1)$$

式中，q 为作用于底板岩体上的均布载荷。

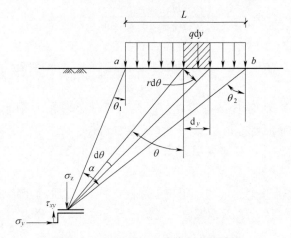

图 2-23　底板受均布载荷作用的计算

从上面的理论推导可知,煤柱上支承压力向底板岩体内传递,其应力传递有以下规律。

(1) 在底板不同深度各水平面上以载荷中心点下部轴线处的 σ_z 为最大,σ_z 随深度增加而减小,其影响范围可达 $6.25L$(L 为载荷作用宽度)。而 σ_y 的影响范围较浅,约为 $1.5L$。τ_{xy} 的影响范围较浅,约为 $2L$,且最大剪应力出现在载荷作用的边缘。

(2) 深度不同的各水平上的应力不同,而且同一深度水平上各点的应力也不相同。在集中载荷作用线上的应力最大,应力向两侧扩散并逐渐减小。

(3) 距载荷作用点越深,应力分布范围越大。在同一垂直线上应力随深度而变化,超过一定深度后,应力随深度增加而迅速衰减。

采用数值模拟方法,可得出不同煤柱宽度条件下底板煤岩体应力传递影响角 δ,见表 2-15。

3) 下部煤层巷道布置形式的确定

通过上述理论分析,确定下部煤层巷道布置有以下形式。

A. 两层近距离煤层下部煤层巷道布置形式

表 2-15　不同煤柱宽度对底板煤岩体应力传递影响角 δ

煤柱宽度/m	传递影响角 δ/(°)	煤柱宽度/m	传递影响角 δ/(°)
10	36.09	30	23.13
15	30.35	35	19.66
20	29.14	40	19.46
25	27.788		

(1) 当煤柱宽度 $B \leqslant 2x_0$ 时,煤柱整体进入屈服状态,煤柱的垂直应力集中程度明显降低。无论采用外错式、内错式和重叠式巷道布置形式,对巷道围岩压力影响均不大。

(2) 当上部煤柱宽度在 $2x_0 \leqslant B \leqslant B_x$ 范围内,煤柱虽不能形成稳定煤柱,但整体未完全进入屈服状态,宜采用内错式或重叠式布置形式。

(3) 当上部煤层的煤柱宽度 $B > B_x$ 时,能够形成为稳定煤柱,其传递的集中载荷在底板形成较大范围的应力增高区。巷道布置宜采用内错式布置形式,内错距离为

$$S \geqslant \frac{h_r + M_b}{\sin(90 + \alpha - \delta)} \sin\delta \tag{2-12}$$

式中,S 为巷道与煤柱边缘的水平距离,m;h_r 为煤层间岩层厚度,m;M_b 为下部煤层厚度,m;α 为煤层倾角;δ 为煤柱支承压力影响传播角。

根据大同矿区两硬近距离煤层一般赋存条件,计算得:当煤柱宽度小于 6m 时,可采用外错式、内错式和重叠式巷道布置形式;当上部煤柱宽度在 6~9m,可以采用内错式或重叠式布置形式;当上部煤层的煤柱宽度大于 10m 时宜采用内错式布置形式,内错距离为 6~8m。

B. 对于存在上、中、下三个层位的近距煤层群下部煤层巷道布置形式

(1) 当上部煤层开采的煤柱宽度 $B \leqslant 2x_0'$ 时,煤柱整体进入屈服状态,煤柱的垂直应力集中程度明显降低。可采用外错式、内错式和重叠式巷道布置形式,巷道围岩压力影响均不大。

(2) 当上部煤层开采的煤柱宽度在 $2x_0' \leqslant B \leqslant B_x'$ 范围内,煤柱虽不能形成稳定煤柱,但整体未完全进入屈服状态,可采用内错式或重叠式布置形式。

(3) 当上部煤层的煤柱宽度为 $B \geqslant B_x'$ 时,能够形成为稳定煤柱,其传递的集中载荷在底板形成较大范围的应力增高区。巷道布置宜采用内错式布置形式。

根据大同矿区“两硬”近距离煤层一般赋存条件,对于存在上、中、下三个层位的近距离煤层群下部煤层巷道布置形式计得:上部煤层开采的煤柱宽度小于 18m 时,第三层煤层可采用外错式、内错式和重叠式巷道布置形式;当上部煤层开采的煤柱宽度在 18~27m 内,第三层煤层可采用内错式或重叠式巷道布置;上部煤层开采的煤柱宽度在 27m 以上,下部煤层开采时巷道内错布置为宜。

2.2.5 “两硬”近距离煤层群开采定量判据

对于近距离煤层从定性分析的角度,根据煤(岩)层的赋存条件和煤层层间距离的不同,煤层层间距对开采的影响程度不同,随着煤层层间距离的减小,煤层间的影响程度增大,特别当煤层层间距离小到一定程度时,邻近煤层间开采的相互影响将非常显著,严重影响到采区巷道布置方式和回采工艺的选择。故此,将煤层层间距离很近,开采时相互间具有显著影响的煤层划分为极近距离煤层。

由于上部煤层的开采,引起其底板中应力的重新分布,应力集中程度随底板深度的增加而衰减,当应力衰减至底板岩层的承载能力时,此时底板岩层深度定义为损伤深度,以作为划分极近距离煤层的依据,定义当煤层间距足够小时,该煤层群为极近距离煤层群。

1) 运用弹塑性理论确定极近距煤层间距

运用弹塑性理论,可以推导出下层煤层顶板损伤深度 h_σ 为

$$h_\sigma = \frac{1.57\gamma^2 H^2 L}{4R_{\rm rmc}^2} \qquad (2\text{-}13)$$

式中，γ 为采场上覆岩层的平均容重，$\rm kN/m^3$；H 为煤层埋藏深度，m；L 为工作面长度，m；$R_{\rm rmc}$ 为岩体单轴抗压强度，MPa。

2）运用滑移线场理论确定极近距离煤层间距

运用滑移线场理论，可以推导出下层煤层顶板损伤深度 h_σ 为

$$h_\sigma = \frac{M \cdot \cos\phi_f \cdot \ln\dfrac{K\gamma H + c \cdot \cot\phi}{\xi\,(p_1 + c \cdot \cot\phi)} e^{(\frac{\phi_f}{2}+\frac{\pi}{4})\tan\phi_f}}{4\xi \cdot f \cdot \cos\left(\dfrac{\pi}{4}+\dfrac{\phi_f}{2}\right)} \qquad (2\text{-}14)$$

式中，ϕ_f 为底板岩层内摩擦角，(°)。

利用式（2-13）和式（2-14）计算，取二者较大者作为判断极近距煤层的 h_σ 值。

式（2-14）表明，采场边缘底板岩体最大塑性屈服深度与煤层采高、煤层强度、上覆岩层容重、应力增高系数、底板岩层强度等变量有关，煤层采高、上覆岩层容重越大；底板塑性屈服深度越大；底板岩层强度越大，底板塑性屈服深度越小。就大同矿区而言，近距离煤层之间的岩层多为砂岩类，通过实验室煤岩力学测试，得到此类岩石块体的单轴抗压强度在 55.2～65.63MPa，煤层内摩擦角取 28°煤黏聚力 c 取 6MPa，煤岩层的节理裂隙影响系数一般为 0.30～0.55，支护阻力 P_1 取 0，煤层与顶底板接触面的摩擦系数 f 取 0.2，底板岩层内摩擦角 ϕ_f 取 33.6°，煤层的开采厚度 M 取 3m，工作面长度平均在 150m，回采引起的应力增高系数 K 取 3.6，煤层平均埋深取 210m，上覆岩层平均容重为 25kN/m³。

按照极近距离煤层的定义，极近距离煤层煤层层间距离 h_j 依据式（2-13），计算大同矿区"两硬"条件下极近距离煤层的最大间距为 4.18～5.92m。依据式（2-14）计算大同矿区"两硬"条件下极近距离煤层的最大间距为 2.25～5.11m。

通过应用上述两种理论分析计算，考虑煤矿开采的不利因素，确定大同矿区"两硬"条件下极近距离煤层的间距 $h_j \leqslant 6m$。

极近距离煤层下部煤层开采时，上部煤层底板即为下部煤层开采的直接顶，它的力学性质和运动特征对下部煤层开采时的支护设备选型和顺槽支护方式及参数选择至关重要。根据极近距离煤层的定义以及下层煤开采时工作面顶板管理和顺槽稳定性维护的难易程度，用下面的指标作为"两硬"极近距离煤层下部煤层顶板分类的评判标准。

（1）近距离煤层间岩层厚度 h_r。

（2）屈服比 ψ：即上部煤层开采引起的底板岩层屈服深度与上部煤层底板岩层厚度之比。

$$\psi = \frac{h_y}{h_r} \qquad (2\text{-}15)$$

式中，h_y 为上部煤层开采引起底板岩层的屈服深度，m。

当岩层中的应力水平达到或超过岩块的屈服极限（其值大于岩层的单轴抗压强度）时，h_y 范围内岩层会产生次生裂隙，使得应力水平作用下的岩层区域成为碎裂体。h_y 由下式确定。

$$h_y = \frac{1.57\gamma^2 H^2 L}{4\beta_y^2 R_c^2} \tag{2-16}$$

式中，R_c 为被研究岩层的岩石单轴抗压强度；β_y 为岩石屈服极限与 R_c 的比值。

h_y 描述的是上层煤开采后屈服区在底板岩层中所占的比例。在工程实践中，如果两层煤之间的岩层厚度不超过 0.5m，则视之为夹石假顶。另外，对于某些岩层，尽管可能其比较小（$0.5\text{m}<h_r\leqslant 2\text{m}$），考虑到下层煤开采时对支架初撑力的要求，也把它归入碎裂顶板之列。

确定顶板的屈服比 ψ 后，按照表 2-16 进行顶板分类。

表 2-16 极近距离煤层开采顶板分类表

分类指标	类别		
	夹石假顶	碎裂顶板	块裂顶板
屈服比 ψ	$\psi\geqslant 1$	$\psi<1$	$\psi<1$
厚度 h_r/m	$h_r\leqslant 0.5$	$0.5<h_r\leqslant 2$	$2<h_r\leqslant h_\sigma$

2.2.6 大同侏罗纪近距离煤层群开采技术

目前，大同矿区各矿煤层间距在 10m 以下的可采储量共有 3.5 亿 t。随着煤层间距离减小，上下煤层间开采的相互影响会逐渐增大，当煤层间距很近时，下部煤层开采前顶板的完整程度已受上部煤层开采损伤破坏，其上又为上部煤层开采时的直接顶垮落矸石，从而使得下部煤层开采的矿山压力显现特征、支架与围岩控制关系、巷道布置特点及支护方式、开采工艺、安全技术保障等均具有特殊性。

极近距离煤层开采的技术难点在于：①下层顶板受上层采动损伤，易漏冒顶，严重时造成支架压埋，漏风严重，易形成火灾隐患。②开采方法的确定缺乏有效的理论指导，生产成本高，经济效益低，煤炭回采率低，资源浪费严重。③工作面矿山压力显现规律及支架-围岩关系不清晰，支护选型设计缺乏科学依据。④回采巷道的矿山压力显现十分明显，巷道支护困难，掘进速度慢。

大同矿区极近距离煤层具有独特的"两硬"条件，通过近几年的立项研究，在确定极近距离煤层的定义和分类基础上，总结了"两硬"极近距离煤层开采矿山压力显现特点，得出了相应的顶板控制理论与技术，解决"两硬"极近距离煤层在煤矿开采中存在的实际问题，为今后极近距离煤层的开采、设计、计划、决策、管理提供了科学依据。

2.2.6.1 工作面概况

大同侏罗纪 15 号煤层在大同矿区为不稳定煤层，永定庄矿为大同矿区进行大同侏罗纪 15 号煤层开采矿井。永定庄矿位于大同市南西约 23.5km 处。边界范围：东西长约 9.2km，南北宽 2.15km，井田面积 19.8561km²，矿井设计能力 120 万 t。在永定庄矿 15 号煤层可采储量约 900 万 t。工作面位置、煤层赋存与顶底板情况见表 2-17～表 2-19。

表 2-17　工作面位置及井上下关系

水平名称	采区名称	地面标高/m	工作面标高/m	走向长度/m
985	309	1252～1292	934～940	1020

倾斜长度/m	面积/m²	地面相对位置	回采对地面设施的影响	井下位置及四邻采掘情况
150	153000	本工作面地面位于小洞梁沟、杏树沟及大香水沟	地面无建筑物,回采会造成地面裂隙及塌陷	本工作面东部未采,南部为 8916 回采工作面(正采),西部为 309-2 巷,北部未采

表 2-18　煤层赋存

煤层厚度	煤层结构	煤层倾角	煤层硬度 f	开采煤层
$\dfrac{3.07}{2.2\sim4.6}$	单一	$\dfrac{1°}{1°\sim2°}$	3.0～4.0	15 号

煤种	稳定程度	煤层情况描述
弱黏结煤	稳定	本工作面煤层稳定,无夹石,煤层厚度在 2.2～4.6m,平均 3.07m,煤层在 2914 巷距切巷 240～295m,5914 巷距切巷 244～313m 处,受冲刷影响,煤层变薄达 2.2m,影响范围 55～69m

表 2-19　煤层顶底板

顶底板名称	岩石名称	厚度/m	特　征
老顶	粉细砂岩互层、中砂岩、砂质页岩	9.58	层理发育、致密、性脆,以石英长石为主
直接顶	细砂岩、中砂岩、碳质页岩	4.09	层理发育、性脆
伪顶	黑灰色碳质页岩	1.5	性脆
直接底	细砂岩	5.5	层理发育、致密、性脆

工作面综合柱状图和工作面煤层及其覆岩岩石物理力学性质见图 2-24 与表 2-20。

本工作面 5914 尾,切 2 号点前 40m 处受煤层变薄影响,煤层变为 2.2～2.5m,影响范围 5914 尾部 30m,切巷 42m。本工作面 2914 巷距切巷 240～295m 处,5914 巷距切巷 244～313m 处,受冲刷影响,煤层变薄为 2.2m,影响范围 55～69m,影响工作面正常生产。

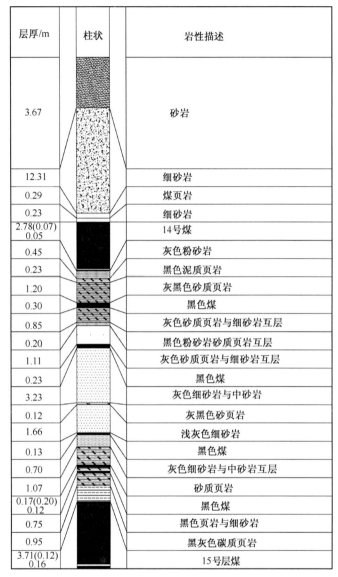

图 2-24　工作面综合柱状图

表 2-20　工作面煤层及其覆岩岩石物理力学性质简表

序号	岩层名称	厚度/m	抗压强度/MPa	抗拉强度/MPa
m22	砂岩	3.87	106.3	3.20
m21	细砂岩	14.31	61.6	3.08
m20	煤页岩（含灰岩等）	0.29	26.3	2.3
m19	细砂岩	0.23	26.3	2.3
m18	14 号煤	2.78	18.9	1.1
m17	粉砂岩	0.45	33.6	7.4

续表

序号	岩层名称	厚度/m	抗压强度/MPa	抗拉强度/MPa
m16	泥质页岩	0.23	26.3	2.3
m15	砂质页岩	1.20	26.3	2.3
m14	黑色煤	0.30	18.9	1.1
m13	细砂岩	0.85	81.8	9.1
m12	粉砂岩	0.20	33.6	7.4
m11	细砂岩	1.11	81.8	9.1
m10	黑色煤	0.23	18.9	1.1
m9	中砂岩	3.23	81.8	9.1
m8	灰黑色砂页岩	0.12	18.9	1.1
m7	浅灰色细砂岩	1.66	81.8	9.1
m6	黑色煤	0.13	18.9	1.1
m5	中砂岩	0.70	81.8	9.1
m4	砂质页岩	1.07	26.3	2.3
m3	黑色煤	0.17	18.9	1.1
m2	细砂岩	0.75	81.8	9.1
m1	黑灰色碳页岩	0.95	26.3	2.3
m^{-1}	15 号煤	3.07	18.9	1.1
	细砂岩	5.5	31	6.1

1）工作面涌水量

正常涌水量：$0.003\text{m}^3/\text{min}$；

最大涌水量：$0.005\text{m}^3/\text{min}$。

2）其他水源的分析

本工作面上覆为 14 号煤层西一盘区 8216、8218、8226、8228、8230 综采工作面和 8402 仓房式采空区，在该工作面掘进时设计并由巷维队施工井下探放水孔 24 个，施工地面探放水孔 1 个。根据《煤矿安全规程》《煤矿防治水规定》，在回采时两巷铺设 4 寸管路各一趟及配备 37kW 以上水泵两台（一台备用），并在工作面配备一台 37kW 以上泥沙泵一台，以备排水，保证该工作面正常回采。

2.2.6.2　巷道布置

1）采区设计、采区巷道布置概况

永定庄煤矿开采大同侏罗纪 15 号煤层。大同侏罗纪 15 号煤层在大同矿区为不稳定煤层，采区采用三巷平行两进一回布置，其巷道与 14 号煤层回采工作面"空间交错垂直"，如图 2-25 所示。

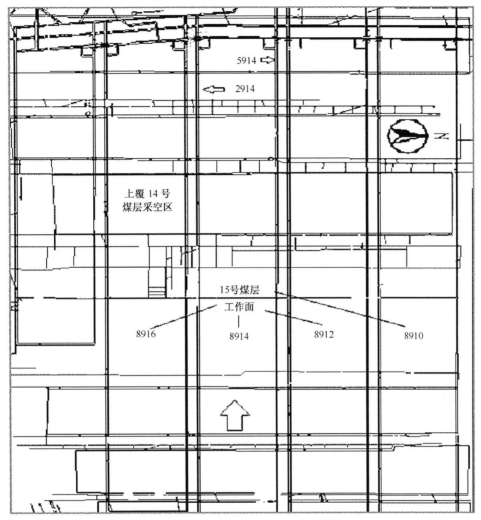

图 2-25　永定庄矿开采大同侏罗纪 15 号煤层采区巷道布置图

2) 工作面运输巷

2914 巷为机轨合一巷,矩形断面。巷宽 4.2m,巷高 2.8m,断面面积为 11.76m²。顶板采用锚栓、钢带、锚索钢梁、铺顶网联合支护,采用四排锚栓和两排锚索支护,锚栓排距为 1m,间距为 0.9m,锚索排距为 1.6m,间距为 1.8m。局部巷道因压力大顶板破碎采用钢腿钢梁进行二次维护。两帮采用护帮网支护,采用五花布置支护。2914 巷非人行道侧由于顶板压力大,多处架设木单点支护。用途为运煤、进风兼行人。

3) 工作面回风巷

5914 巷为工作面运料、回风巷,矩形断面。切巷至 198m 处此段巷宽 3.6m,巷高 2.8m,断面面积为 10.08m²,顶板采用锚栓、钢带、锚索钢梁、铺顶网联合支护,采用四排锚栓和两排锚索支护,锚栓排距为 0.9m,间距为 0.9m,锚索排距为 1.4m,间距为 1.8m,切巷向外 200m 处至盘区回风巷此段巷宽 3.2m,巷高 2.8m,断面面积为 8.96m²,顶板采用锚栓、钢带、锚索钢梁、铺顶网联合支护,采用三排锚栓和两排锚索支护,锚栓排距为

0.9m,间距为 0.9m,锚索排距为 1.4m,间距为 1.8m,两帮采用护帮网支护。采用五花布置支护,局部巷道因压力大顶板破碎采用钢腿钢梁进行二次维护。5914 巷距切巷 30m处巷道由原 3.6m 断面变为 4.2m,作为车场使用。用途为回风、运料兼行人。

4)工作面开切眼

切巷宽 6.0m,高 2.8m,顶板采用锚栓、钢带、锚索、铺顶网联合支护,采用六排锚栓和两排锚索支护,锚栓为 Φ22mm,2.2m 长,锚栓排距 1m,间距 0.9m,第一排锚栓挂在距古塘侧 0.6m 直线上,同时在距古塘侧 1.3m、2.9m 和 4.5m 处直线上,分别再挂上一排Φ15.24mm,6.0m 长的锚索管理顶板。在扩帮至 6m 时,距工作面一侧 1.8m 及 2.8m 直线上各支设一排带帽单体支柱(工字钢梁为 1.2m 和 0.5m),柱距 0.9m。

2.2.6.3　采煤方法

1)采煤机落、装煤

采煤机割刀应严格按正规循环作业,采用工作面两端头斜切割三角煤进刀方式进刀(图 2-27),采煤机往返一次割两刀,见顶留底开采,滚筒直径 2.0m,宽 0.63m,有效截深0.6m,割刀时,前进方向的前滚筒割顶刀,后滚筒割底刀,两滚筒旋转方向相背,与顶底板垂直。伞檐长度超过 1m 时,其最大突出部分,不超过 200mm。伞檐长度在 1m 以下时,其最大突出部分不得超过 250mm。摆线轮销轨无链牵引,采煤机在工作面头尾斜切进刀长度为 30m(图 2-26)。

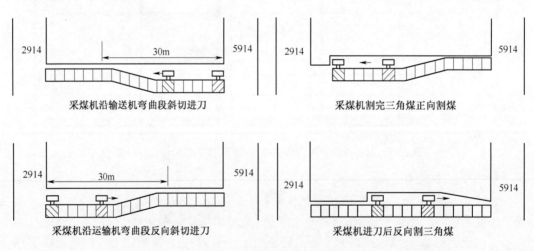

图 2-26　采煤机进刀示意图

2)移架工作

按采煤机前进方向顺序依次进行,且滞后采煤机后滚筒 3～5 架,移动步距 0.6m,支架移过后要将支架顶梁升平、升紧,接顶严密,且呈一条直线,偏差不超过 ±50mm,支架中心距 1.5m,偏差不超过 ±100mm,支架顶梁与顶板平行支设,其最大仰俯角 <7°,相邻支架不能有明显差错,高度差不超过顶梁侧护板高的 2/3,支架不挤、不咬,架间空隙不超过 200mm,端面距不超过 340mm,移架前,应将支架里外的浮煤、浮矸、杂物及支架顶梁上的浮煤、浮矸清理干净,并要处理因拉架可能掉下的矸石煤块,并注意电缆、管路及过往

行人的安全,移架过程中,必须随时调整支架,移架后及时升紧支架,使初撑力不小于规定值的 80%,且立柱有压力表显示,支架操作完毕后,要把操作手把打至"零"位。

3) 推移运输机

推溜滞后采煤机 10～15m,推溜距不少于 0.6m,移过运输机后,铲煤板至煤壁的距离不超过 200mm,推溜要在运输机运行中进行,如底板不平,应用机组割平后再移,禁止强行推移,以防损坏设备。

2.2.6.4 设备配置

1) 液压支架主要参数

工作面装备 102 架 ZZS6000/1.7/3.7 型支撑掩护式液压支架。支架额定初撑力5105kN,额定工作阻力 6000kN,主要技术参数见表 2-21。

表 2-21 综采液压支架主要技术参数

型 号	ZZS6000/1.7/3.7
工作高度/m	1.7～3.7
初撑力/kN	5105
工作阻力/kN	6000
支护强度/(kN/m²)	933
宽度/m	1.45

2) 配套设备主要参数

工作面配套设备主要技术参数如表 2-22 所示。

表 2-22 主要设备技术参数

名 称	型 号	数 量
采煤机	MG300/700-WD	1 台
支 架	ZZS6000/1.7/3.7	102 架
工作面运输机	SGZ830/630	1 部
转载机	SZB-764/132	1 部
破碎机	PCM-110	1 台
乳化液泵站	BRW-400/31.5	两泵一箱
皮带运输机	DSP-1080/1000	1 部
移 变	KBSG-630/6	1 台
移 变	KBSG-800/6	1 台
移 变	KBSG-1000/6	1 台
移 变	KBSG-1250/6	1 台

名　称	型　号	数　量
综　保	BXZ₁-2.5KVA	2 台
	XzX₈-4KVA	1 台
馈　电	BKD-400	2 台
低压开关	QBZ-80	13 台
低压开关	QBZ-225	6 台
低压开关	QJPR-400/1140V	4 台
低压开关	QZJ-4×400/1140V	3 台
高压开关	BGP₉L-630/6AK	2 台
潜水泵	ZDA8-4	7 台
绞　车	JD-25	10 台
	JH3-7.5	1 台

2.2.6.5　矿压观测

工作面支架压力观测采用 KBJ60Ⅲ型煤矿在线连续顶板动态监测系统,该综放工作面长 150m,沿工作面布置 10 个压力分机,分别布置在 5 号、15 号、25 号、35 号、45 号、55 号、65 号、75 号、85 号、95 号支架。每个分机可监测支架前后柱的工作压力。10 个压力分机连线组成一监测分站,通过光纤将数据传到地面接收主机,后接计算机进行数据处理。

通过获取的综放工作面矿压实时变化数据,研究工作面来压状况、支架阻力状况及支架工作状况,测定液压支架有关参数,分析支架与围岩的相互关系,评价支架对工作面顶板条件的适应性,为以后工作面液压支架的选型提供决策依据。

1) 工作面支架工作阻力

实测 10 组液压支架工作阻力最大值见表 2-23,图 2-27 为支架工作阻力综合分布直方图。图表中 P_0 为支架初撑力,P_m 为支架工作最大阻力,P_t 为支架时间加权平均阻力。

从图表数据分析,初撑力平均值 3994kN,为额定值的 78.24%,分布在 3800~4700kN 之间的占 69.9%,最大值 5120kN;最大工作阻力平均值 4502kN,为额定值的 75.03%,分布在 3800~5000kN 之间的占 70.6%,最大值 6000kN;时间加权平均阻力平均值 4243kN,为额定值的 70.72%,分布在 3800~4700kN 之间的占 70.5%,最大值 5385kN,相当于额定阻力的 94.76%。

因液压支架瞬间作用,支架初撑力、最大工作阻力有短时达到或超过额定值。但支架工作阻力总体符合正态分布,支架工作状态合理,初撑力满足了支架及时护顶需要,支架负荷饱满,支架阻力得到了充分发挥。

2) 工作面来压步距及强度

通过对支架工作阻力观测结果整理出的支架周期来压步距及增载系数见表 2-24,部分支架支护阻力分布见图 2-28。

表 2-23 支架工作阻力

工作阻力	初撑力		最大工作阻力		时间加权平均阻力	
	P_0 (kN/支架)	比额定值 /%	P_m (kN/支架)	比额定值 /%	P_t (kN/支架)	比额定值 /%
平均值	3994	78.24	4502	75.03	4243	70.72
最大值	5120	>100	6000	100	5385	89.75

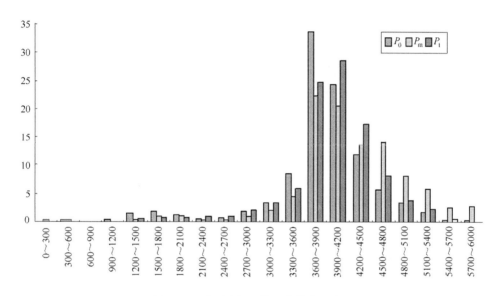

图 2-27 液压支架工作阻力综合分布图

分析和整理大量观测数据，永定庄矿 15 号煤层开采 8914 工作面初次来压步距 31m，周期来压步距为 17m，来压时支架加权工作阻力的平均值为 4243kN，增载系数为 1.09~1.21，顶板来压强度较大，工作面矿压显现强烈。

3）工作面矿压实测分析

大同矿区永定庄矿 15 号煤层 309 盘区 8914 综采工作面煤层厚度为 2.2~4.6m，煤层倾角 1°~2°，距 14 号煤层 13~15m，工作面装备 102 架 ZZS6000/1.7/3.7 型支撑掩护式液压支架。支架额定初撑力 5105kN，额定工作阻力 6000kN。工作面支架压力观测采用 KBJ60Ⅲ型煤矿在线连续顶板动态监测系统，工作面长 150m，沿工作面布置 10 个压力分机，分别布置在 5 号、15 号、25 号、35 号、45 号、55 号、65 号、75 号、85 号、95 号支架。10 个压力分机连线组成一监测分站，通过光纤将数据传到地面接收主机，后连接计算机进行数据处理。

对于近距离煤层群多采空区多层相似顶板结构单层块体结构失稳引起的工作面矿压特征值差别不大，而多层顶板结构同时失稳时，工作面矿压显现又较为剧烈，故在对矿压实测数据进行分析处理时，对支架支护阻力进行频率分布分析，即以支架初撑力和支架额定工作阻力作为区间的上下限特征值，根据实测阻力的分布特征进行区间分布分析，数值相近且分布较为集中的划分为一组。

表 2-24　支架周期来压步距及增载系数

支架位置	周期来压步距 /m	增载系数	支架位置	周期来压步距 /m	增载系数
5	18.41	1.16	75	17.40	1.21
35	17.11	1.17	85	16.10	1.14
45	16.53	1.14	95	17.23	1.15
65	16.41	1.09	平均	17.02	1.16

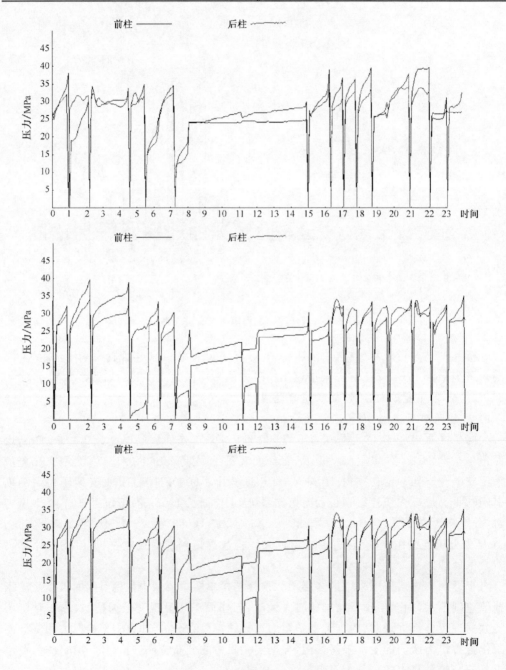

图 2-28　液压支架工作阻力图

　　针对大同矿区永定庄矿 15 号煤层工作面矿压实测数据结果,对工作面端头和中部两组支架矿压观测值进行分析处理,得到坚硬厚层顶板多采空区条件下工作面矿压显现特征如图 2-29 所示。

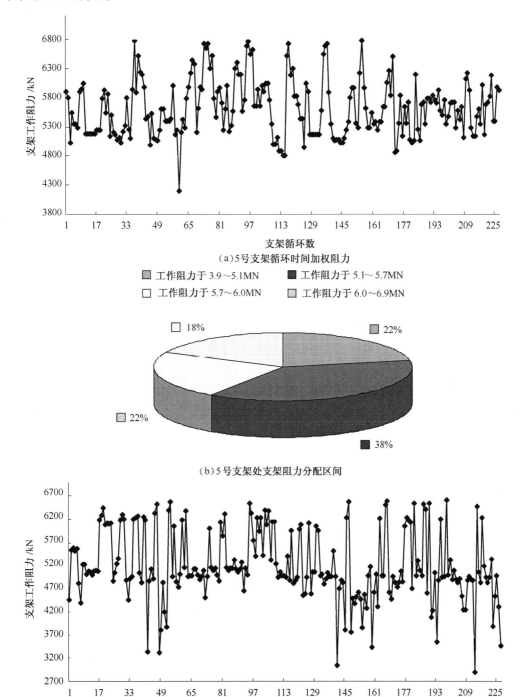

(a)5 号支架循环时间加权阻力

図 工作阻力于 3.9~5.1MN　　■ 工作阻力于 5.1~5.7MN
□ 工作阻力于 5.7~6.0MN　　図 工作阻力于 6.0~6.9MN

(b)5 号支架处支架阻力分配区间

(c)55 号支架时间加权阻力

图 2-29　工作面顶板矿压显现规律

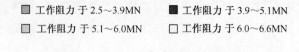

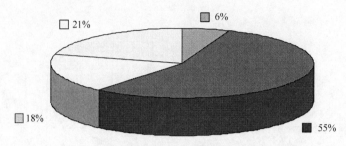

(d) 55 号支架处支架阻力分配区间

图 2-29　工作面顶板矿压显现规律(续)

15 号煤层工作面端头区和中部两组支架工作阻力分布不规则,其主要原因在于多层破断坚硬厚层顶板应力分布的不规则导致了上部破断顶板群结构的失稳呈现出一定的随机性。但从工作面两支架阻力区间分布特征可以看出,工作面 5 号与 55 号支架位置处顶板矿压显现具有如下特征。

(1) 端头 5 号支架工作阻力位于 3900~5700kN 区域的比率约占 60%,最接近于 15 号煤层顶板单层失稳几率 64%,由此可见工作面端头矿压显现规律并不十分明显,且主要由工作面上方 15 号煤层顶板单层失稳形式引起,原因在于端头边界效应的影响,多层上位顶板仍受到边界煤体的部分承载支撑作用,上位采空区顶板失稳相对滞后;工作阻力位于 5700~6000kN 区域的比率约占 22%,接近于 12 号煤层顶板Ⅲ级结构单层失稳率 28%,可认为上位Ⅲ级顶板结构受到扰动并处于失稳状态,但此时多层破断顶板结构仍处于单层逐次失稳状态;工作面端头支架工作阻力位于 6000~6600kN 高于其额定工作阻力区域的比率占 18%,最接近多层顶板加权平均失稳率 17.3%,由此可认为造成工作面端头来压较高的主要影响因素来自多层顶板的同步失稳状态。

(2) 中部 55 号支架工作阻力位于 3900~5100kN 区域的比率约占 55%,最接近于煤层顶板单层加权失稳几率 53%,由此可见工作面中部矿压显现规律主要由煤层顶板群单层失稳形式引起;工作面端头支架工作阻力位于 5100~6000kN 高于其额定工作阻力区域的比率占 18%,最接近多层顶板加权平均失稳率 17.3%,可认为造成工作面中部来压的主要影响因素为多层顶板的同步失稳;工作阻力位于 6000~6600kN 区域的比率约占 21%,接近 12 号煤层顶板单层失稳率 28%,可认为上位Ⅲ级顶板结构受到扰动并处于失稳状态。

4) 工作面巷道观测

永定庄矿多层采空区下回采工作面、上下顺槽安装监测和量测测站,测站布置位置如图 2-30 所示。

8914 工作面回采巷道围岩观测包括围岩表面位移、绝对位移和相对位移。巷道表面位移观测包括顶板下沉位移、两帮相对移近位移、底鼓位移及顶底板相对移近位移,如图 2-31 所示。表面位移采用带有 mm 刻度的米尺。

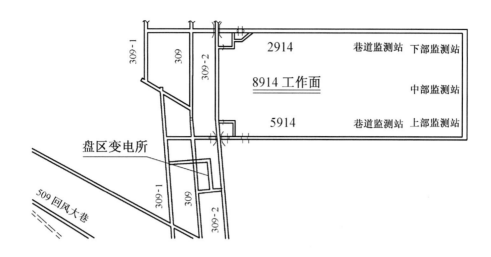

图 2-30　永定庄矿多层采空区下回采工作面测站布置图

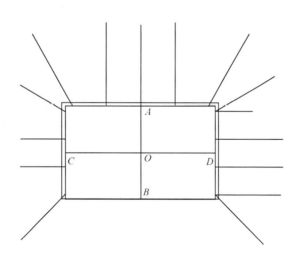

图 2-31　试验巷道收敛位移观测

掘进期间下 15 号煤层上顺槽围岩变形曲线如图 2-32 所示,回采期间下 15 号煤层上顺槽围岩变形曲线如图 2-33 所示。

永定庄矿多采空区下 15 号煤层上顺槽掘进期间和回采期间围岩变形曲线见图 2-32 和图 2-33,由图中可以看出,在上顺槽开挖初期巷道围岩变形较大,且速度快,前 10 天累计变形量为 39.8mm,占掘进期间总变形的 88.4%,最大变形速度为 7.2mm/d。掘进期间,下位煤层巷道围岩变形中,顶板和底板围岩变形量明显高于两帮变形量,顶板岩层变形明显高于底板岩层变形。表明在上覆煤层开采形成后形成了稳定的顶板结构,而且该层顶板结构承担上覆岩层的重量。在顺槽掘进过程中,顶板形成的稳定结构块体发生了转动产生了运动,导致顶板岩层变形较大。由图 2-33 可以看出,在回采期间,巷道围岩变

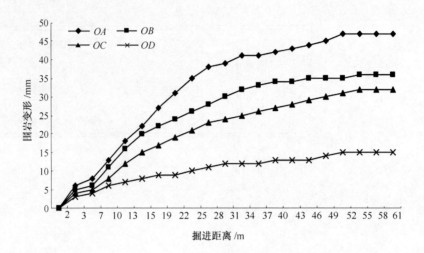

图 2-32　永定庄煤矿多采空区下 15 号煤层上顺槽掘进期间围岩变形曲线

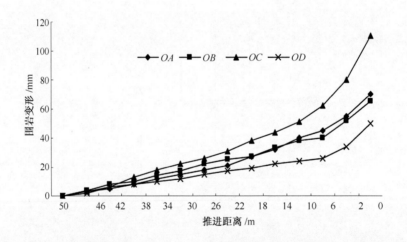

图 2-33　永定庄煤矿多采空区下 15 号煤层上顺槽回采期间围岩变形曲线

形较为一致,在通过上覆煤柱时,变形急剧加大。表明在回采过程中,上覆岩层结构发生破坏,上覆岩层发生了较大的下沉,使得顺槽围岩同时发生了较大的位移。

(1)永定庄矿 15 号煤层开采时,分析和整理大量观测数据,永定庄矿 15 号煤层开采 8914 工作面初次来压步距 31m,周期来压步距为 17m,来压时支架加权工作阻力的平均值为 4243kN,增载系数为 1.09~1.21,顶板来压强度较大,工作面矿压显现强烈。

(2)永定庄矿 15 号煤层开采时上顺槽掘进期间开挖初期巷道围岩变形较大,且速度快,前 10 天累计变形量为 39.8mm,占掘进期间总变形的 88.4%,最大变形速度为 7.2mm/d。掘进期间,下位煤层巷道围岩变形中,顶板和底板围岩变形量明显高于两帮变形量,顶板岩层变形明显高于底板岩层变形。

(3)回采期间,巷道围岩变形较为一致,在通过上覆煤柱时,变形急剧加大。表明在回采过程中,上覆岩层结构发生破坏,上覆岩层发生了较大的下沉,使得顺槽围岩同时发生了较大的位移。

2.2.6.6　瓦斯防治

1）瓦斯检查

严格执行瓦斯检查制度,因本工作面采用负压通风,要求每班瓦斯检查员必须每班按规定要求对工作面六个点:头、中、尾上隅角、回风巷、回风巷中部、回风绕道口以里 15m 处进行检查,每班不得少于三次,将检查结果写在记录牌板上,坚持"一对一"交接班。

2）瓦斯监测

工作面安装四台甲烷传感器、一台一氧化碳传感器、一台温度传感器、两台机组、皮带开停传感器、两组风门开关传感器和一台机载式甲烷报警断电仪。

3）均压通风

为了防止在 15 号煤层 309 盘区 8914 工作面回采期间,上覆采空区的有毒有害气体下泄至本工作面,确保 8914 工作面正常回采,在回采前必须设置均压通风系统,保证均压系统可以随时启动。

2.2.6.7　综合防尘系统

1）防尘管路系统

山头水仓静压水→副井→915 大巷→15 号煤层 309 巷→工作面上、下顺槽→工作面

2）煤层注水

在工作面回风巷（5914）沿煤层倾斜方向平行于工作面打钻孔。距工作面切眼 30m 处打第一钻孔,然后依次向外每隔 20m 打一个钻孔,如图 2-34 所示。

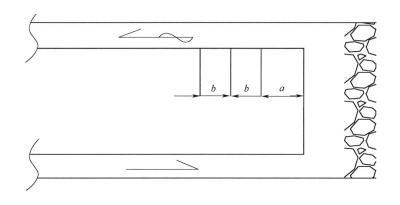

图 2-34　煤层注水施工示意图

3）静压注水

用 Φ25mm 塑胶管将注水孔与该巷的洒水管连接起来,其间要装有水表和阀门,干管上安装压力表,见图 2-35。

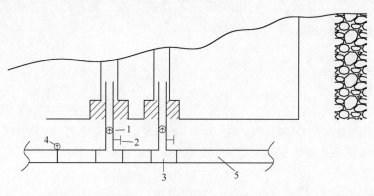

图 2-35　静压注水系统图

2.2.6.8　防灭火系统

1）监测系统

在工作面上隅角设置一台一氧化碳传感器和一台温度传感器，以监测回风流中一氧化碳的浓度和气体温度。

2）综合防灭火措施

A. 外因火灾的防范措施

（1）严禁任何人将火种带入井下，严禁明火作业，电气设备要消灭失爆；

（2）井下和峒室内不得存放汽油、煤油，井下用的抗磨油、齿轮油、乳化液必须放在通风良好的地方，且要放在盖严的铁桶内；

（3）井下使用后的油脂、棉纱必须放在盖严的铁筒内，并由专人定期送往地面处理，不得乱扔乱放，严禁将剩油和废油洒在井巷内；

（4）在皮带头 20m 范围内应使用不燃性材料进行维护顶板，将灭火器材设置齐全，回风巷用不燃性材料进行支护；

（5）工作面上下顺槽必须设置消防洒水系统，皮带巷、回风巷每隔 50m 设三通阀一个。

B. 内因火灾的防治措施

（1）每班对可能自燃发火的地方，至少检查一次一氧化碳气体情况；

（2）凡因片帮掉入工作面或运输机溢运出的煤，都必须清干净；

（3）在开采时期，通风区应对工作面上下隅角的气温、水温及各种气体的浓度定期检查，并取样化验；

（4）工作面停采后，及时撤出设备，由通风区密闭。

2.3　侏罗纪煤层放顶煤开采技术

目前，我国煤炭地下开采对特厚煤层的开采方法较多采用综合机械化放顶煤技术，但是，对于大同矿区坚硬顶板、坚硬煤层的"两硬"条件下，采用综放先进技术却在装备、工艺技术方面受到极大的制约。基于最大限度地利用有限的资源提高资源采出率和企业可持续发展的需要,大同矿区进行了十余年的综放开采技术攻关。鉴于大同侏罗纪煤层坚硬顶板在开采活动中对采场造成强破坏性的特点,从 20 世纪 90 年代初开始进行了高位、中位放顶煤试验研究。初步得出对坚硬顶煤弱化方法和对综放开采坚硬顶板的破坏运动规律有一定认识,1998 年又开始了对低位放顶煤的试验研究,最终探索出适用于大同矿区"两硬"条件下一整套综放开采综合技术,实现了对大同矿区特厚煤层的高产高效及高采出率开采。

在侏罗纪煤层的坚硬顶板和坚硬煤层组成的"两硬"采场中进行综放开采,其特点是破煤困难,顶煤垮落角小,仅为 $45°\sim65°$。综放开采时顶煤垮落不及时、不充分,在支架切顶线后面常出现宽 $1\sim3m$、长 $20\sim30m$ 的悬板,顶煤很难滚落到支架内的运输机内。同时,冒落的顶煤块度在 $1.3m$ 以上,造成回收与运输的双重困难。大同矿区煤层顶板岩体多为砂岩和沙砾岩,坚硬致密,其单向抗压强度为 $60\sim160MPa$,即 $f = 6\sim16$。由于顶板坚硬,不能及时冒落,不能及时充填采空区,在采空区形成悬顶。采后矸堆跟不紧,顶煤不能够沿着冒落岩石斜面顺畅地滑入后部运输机中,所以顶煤回收率很低,是综放开采的一个难题。

近几年,同煤集团针对大同矿区坚硬顶板、坚硬煤层的特殊条件,在已有研究成果的基础上,进一步研究顶煤弱化机理,对顶煤进行"注水-爆破"联合弱化,同时对顶板进行爆破预裂的复合措施,克服单一弱化措施的不足,发挥各种弱化措施的优点,形成一套对提高"两硬"厚煤层综放工作面顶煤可放性行之有效的顶煤弱化技术及放顶煤工艺,对提高大同矿区综放面的顶煤放出率、提高煤炭资源回收率、实现高产高效具有重要的意义。

2.3.1 放顶煤开采技术的发展与现状

2.3.1.1 国外放顶煤开采的发展与现状

在 20 世纪初,欧洲就试用了放顶煤开采方法,当时只是作为在复杂地质条件下的一种特殊采煤方法。20 世纪 40~70 年代,法国、南斯拉夫、苏联等一些欧洲国家试验研究了综采放顶煤开采技术。

1957 年,苏联研制出了 KTY 型掩护式放顶煤液压支架,并在库兹巴斯煤田的托姆乌辛斯克使用,在 9~12m 特厚煤层铺底网预采顶分层,然后沿煤层底板放顶煤开采,并在工作面中间向煤体打眼放炮,崩酥顶煤,从支架顶梁天窗放煤;虽然苏联是最早进行综放开采试验的国家,但开始由于液压支架技术不过关以及不能控制软煤层顶煤严重局部冒落的问题而未取得成功,而后又因未能解决回采率低的问题而受到指责,20 世纪 80 年代以后,综放开采逐步消失。

1962 年前南斯拉夫开始引进综放设备,并逐渐实现放顶煤机械化开采,先后在施塔拉矿、玛雅矿、韦莱涅矿、特尔博夫莱矿、蒂乌尔戴维克矿、维雷耶矿、博戈维纳等矿运用,其主要架型为:维斯特伐利亚、道梯、玛雷、赫姆夏特、贝考里特及 KTY 液压支架。

1963 年法国研制成功了"香蕉"型支撑掩护式放顶煤液压支架,1964 年在布朗齐矿区使用并获得成功;随后又研制出四柱支撑掩护式支架,20 世纪 70 年代末,法国玛雷公司又研制出 FB21-305 型掩护式放顶煤支架,取得了较好的经济效益,工作面采出率达到了 90% 以上。

20 世纪 70 年代,捷克斯洛伐克在诺瓦基、齐盖尔、汉德洛瓦等煤矿运用放顶煤开采厚煤层,其架型有 DVP-5A 型、1K70/900HD 型、MHW4500-20/30 型、2MKE 型、BME-2.0/3.0 型放顶煤液压支架。

20 世纪 80 年代初,匈牙利研制成功单输送机前开天窗式放顶煤液压支架,先后在多罗戈、梅茨赛克、塔塔巴尼、韦什普雷姆、博尔索德、阿尔米姆、尤卡伊、达克西等矿采用放顶煤,使用的架型有 VHP-421 型、YHP-720 型、MVDD-120 型、MVDD-120/2 型,其中前两种为高位放煤,后两种为中位放煤。

从 20 世纪 70 年代开始,综放开采支架沿两个方面发展,一条是苏联、南斯拉夫、波兰、匈牙利等东欧国家在 KTY 支架基础上逐渐改进,把放煤口位置由顶梁前部改在顶梁后部,使用液压支柱控制放煤口开关,工作面采煤机采煤和放煤共用一部输送机,支架尾梁封闭,属支撑掩护式支架,如匈牙利的 VHP 系列支架;另一条思路是法国、西德、英国等西欧国家,在法国“香蕉”型支架基础上不断发展,工作面布置前、后两部输送机,放煤口用千斤顶带动开闭,如英国道梯公司的 400t 掩护式综放支架等。

此后,波兰、印度等国都使用过综放技术,但效果不够理想,加上国际能源结构变化等原因,20 世纪 80 年代后国外综放技术开始萎缩,受到多种因素影响,此项技术当时在国外没有得到进一步的发展,单产水平和效率等主要技术经济指标都没有明显提高,使用综放技术开采的工作面也越来越少,到 90 年代初在国外只有法国和南斯拉夫等极少数矿井使用,而且从此以后难以见到国外有关放顶煤开采方面的文献报道。

国外对放顶煤开采技术的理论研究主要集中在对放顶煤工作面矿压的研究,具有代表性的是法国皮凯对布朗齐煤田达尔西矿放顶煤工作面的矿压研究[21]。其主要结论为:①认为顶底板移近量很大,在采空区内垂直位移达 1m,水平位移为垂直位移的 1/2;②在煤壁后方顶煤的水平位移量是垂直位移的 23%,以垂直位移为主;③在采动影响下,顶煤水平移动实际上是使整个煤层向采空区滑动,整个煤层向采空区倾倒;④煤层厚度是控制放顶煤机理的重要参数;⑤在厚煤层中的放顶煤开采,作用在支架上的载荷等于支架顶梁上部煤体的重量,说明放顶煤开采支架载荷不大。

综上所述,国外对于放顶煤开采的研究体系性较差,理论研究较少,集中在为数不多的现场顶煤运移实测方面,对采场矿压、顶煤冒放性、顶板控制、巷道支护、煤尘、瓦斯等方面更深层次的研究较少,我国对放顶煤开采的理论研究处于世界领先的地位。

2.3.1.2　国内综采放顶煤技术的发展与现状

1) 综放开采在我国发展的两种类型

长期以来,我国普遍采用长壁分层的办法开采厚煤层,大部分取得了较好的经济效益。但是对一些特殊条件下的厚煤层,如急倾斜特厚煤层,赋存不稳定煤层,顶板、底板、煤层都软的“三软”煤层,地质构造复杂煤层以及边角煤、小块段煤等,用长壁分层的办法很难做到连续地机械化生产,劳动强度大、不安全、效益差。例如辽源矿务局梅河三井、四井在 20 世纪 70 年代投产后,根据急倾斜特厚煤层的特点,曾先后试验金属网假顶斜切分层、柔性掩护支架、滑移支架和巷道长壁等采煤方法,均没有解决生产和安全的根本问题。1986年开始试验综放技术,取得了明显的经济效益。属于同类条件的还有郑州矿务局、靖远矿务局等十几个局矿,在郑州矿务局、靖远矿务局等难采厚煤层又相继取得了突破性的进展,通过综放开采取得了很大成功。

20世纪80年代中期开始,世界煤炭工业的总体结构及技术状况发生了重大变化,发达国家在70年代实现综采机械化的基础上,迅速向矿井生产集中和工作面高产高效方向发展,涌现出了一批日产万吨、超万吨的综采工作面,最高月产60万t以上。这些高产高效的综采面,主要靠采用新一代生产技术装备来实现,当时我国煤炭工业正处在现代化建设阶段,生产技术水平提高很快,但是与先进采煤国家比,差距仍然很大,要想达到国际水平,最重要的是采用机电一体化的重型设备,提高工作面的电压等级等生产技术。在我国当时的情况下,煤矿都采用这些先进技术和设备是不可能的,甚至在相当长的一个时期内也难以实现。因此急需找到既不需要大量投入,又能达到高产高效的方法,综放开采技术正好适应了这种要求。我国煤炭开采的实践证明,在我国设备能力相对较差、资金又不充足的条件下,综放技术是厚煤层高产高效的最便捷的方法,从长远来看,也是一条适合中国国情的高产高效之路。

综放技术与分层开采比,优势明显,在市场经济大潮下,煤炭企业要自负盈亏,从而激发了企业采用适合自身地质条件、技术条件的高效高产技术的主动性,因此,广大煤炭企业对综放技术有强烈的要求,从而促进了综放开采在我国的发展。

可见综放在我国的发展可以分为两种发展类型:一类是为了解决难采或难以实现机械化的厚煤层的需要而发展综放开采,这也是国外发展综放技术的路子,而我国是经试验探索,首先在急倾斜特厚煤层中取得了成功。现在综放技术已经成为这一类厚煤层开采最有效的采煤法,甚至成为唯一的采煤方法。第二种类型则是为了达到高产高效,在综合机械化有较好基础的矿区,把综放开采技术作为实现厚煤层开采方法改革、大幅度提高工作面单产和矿井集约化生产的核心技术对待。20世纪80年代后期至90年代初期,潞安、阳泉矿务局取得了成功。以后推广至兖州、邢台矿务局等十几个局矿。20世纪90年代中期我国综放产量大体上以每年增长15%左右的速度发展。

2)综放开采在我国发展的三个阶段

我国综放的发展始于20世纪80年代,1982年开始研究引进综采放顶煤开采技术,1984年6月,在沈阳矿务局蒲河矿用我国自行研制的FY400/14/28综放支架开始试验,后因支架稳定性差,四连杆强度不足损坏严重,加之设备的配套性不好,支架不能前移,中止试验;1987年,平顶山矿务局一矿引进了匈牙利VHP-732型高位插底式放顶煤液压支架,取得了平均月产44206t,最高月产55000t,回采率79.6%,平均工效25.5t的初步成绩;1988年阳泉矿务局、1989年潞安矿务局开始试验,试验取得良好的效果,显示了明显的优越性。与此同时,在窑街、靖远、晋城、郑州、兖州、辽源、乌鲁木齐、平庄等矿务局推广使用。从1984年第一个试验工作面开始,到1994年的10年间,我国综采放顶煤技术的试验获得成功,综放技术迅速发展。1994年,全国综放开采的总产量达到3680×10⁴t,有28个矿务局,62个综放面在生产。其中,年产量超过百万吨的21个,6个综放队单产超过200万t,综放技术日趋成熟。在设备、工艺、安全保障等方面做了大量的理论研究和现场试验,为以后的发展打下了坚实的基础。1998 年,通过煤炭工业"九五"科技攻关,取得了"两硬"条件下综放开采的工业试验成功,彻底冲破了硬煤综放开采的"禁区",在硬煤中实施预注水、预爆破弱化技术取得了明显的效果。2002 年 11 月,兖矿集团兴隆庄煤矿综放工作面创出了日产 2.24 万 t 的历史最好水平,而今塔山煤矿又创新的记录,达到了日产 4 万 t,最高日产突破 5 万 t 的最好历史水平,进一步提升了我国综放技术在国际上的领先地位[22]。

综放开采技术在两种不同类型的情况下都得到了长足的发展:大型、特大型矿使用综放开采的条件好,工作面单产、效益大幅度增长;大量矿井井型较小(＜150 万 t/a),矿井各环节设备能力较小,地质条件相对复杂,特别是一些难采煤层,如"三软""两硬""大倾角""高瓦斯(甚至有突出)""易燃""边角煤""块段""较薄厚煤层"等的综放开采技术有了较大发展,并在技术上形成了各自的典型模式。

目前,我国综放技术使用的数量、范围、技术的先进性和取得的效果,均居世界领先地位。近年来,我国正在努力拓展外部市场,向国外输出综放技术及成套装备,将对该技术的发展和提高产生积极的推动作用。

在放顶煤液压支架方面,我国研制出双输送机、低位放顶煤液压支架,针对散落顶煤自然面接触块体拱,我国设计的放顶煤支架都有强力的二次破煤机构和破坏散煤面接触块体拱的机构,其中包括利用摆动尾梁和插板破煤及破坏顶煤二次面接触块体拱;为了适应后部输送机机头机尾部外形尺寸较大的特点,我国特别研制了各种邻近工作面两端的过渡支架,满足了生产的要求,而且具有放煤功能。

纵观长壁综放开采(Longwal Top-Coal Caving)技术在我国的成长与发展,从时间发展上大体上可以分为三个时期:探索阶段(1982～1990 年)、逐渐成熟阶段(1990～1995 年)、技术成熟和推广阶段(1996 年开始)。我国引进综放开采技术初期,这种技术在国外也是不成熟的、不肯定的,要使它在我国煤矿生根、开花、结果,除了需要借鉴国外技术以外,更多地依靠自我创新。进入 21 世纪,我国综放开采进入了技术和理论全面创新的发展阶段。

2.3.1.3　国内综放开采理论研究现状

1)顶煤活动规律研究

胡伟、吴健分别通过在通化道清矿急倾斜水平分段放顶煤工作面观测[23],将顶煤移动过程分为冒落前(Ⅰ)和冒落后(Ⅱ)两个阶段,在Ⅱ阶段又分为冒落过程、压实过程和放出过程,顶煤移动开始点在煤壁前方 3～10m,平均 6m,工作面前方以水平位移为主,后方以垂直位移为主。高明中通过对"三软"煤层及阳泉硬煤顶煤位移实测,将顶煤分为三个阶段:微动区、显动区、滑动区[24]。

山东科技大学郭忠平、樊克恭等[25]对顶煤位移观测认为,对顶煤采取松动爆破并不能改变顶煤始动点的位置。

吴健根据损伤力学原理将顶煤分为弹性区、塑性区和散体区[26]。高明中用数值模拟的方法,研究了顶煤的变形特征、顶煤变形与支承压力和支架工作阻力的关系[27],表明支承压力有一形成过程,它对顶煤及夹矸的移动、破碎有着十分重要的影响,工作面前方顶煤变形分为三个区:初始变形区(从顶煤初始移动点至距煤壁 15m 的区域内),变形量较小(占工作面前方总变形量的 10%);稳定变形区(在工作面前方 5~15m 的区域内),其变形主要以塑性变形为主,变形相对稳定(占总变形量的 25%);加速变形区(在工作面前方 5m 区域内),表现为顶煤变形速度加剧(占工作面前方总变形量的 75%)。

靳钟铭、张惠轩、宋选民通过在顶层巷对顶煤破断与裂隙发育状况进行的直接观测研究表明:在前方支承压力的作用下,顶煤在工作面前方 8~10m 处开始张裂,4m 处裂缝条数增多,且出现 X 形张裂和沿层面的张裂,随着工作面邻近,裂缝宽度由 10mm 增至 100mm,裂缝倾角由 70°变为 50°,煤壁上方呈大块状塌落[28]。工作面前方顶煤的垂直位移为 384mm,水平位移 643mm,约为垂直位移的 2 倍。

根据支承压力峰值点,认为顶煤可划分为四个变形区域,即明显变形区(变形区)Ⅰ、压裂强化区(压裂区)Ⅱ、松动破碎区(松动区)Ⅲ、冒落放出区(冒放区)Ⅳ,其变形破化规律如下。

(1)变形区Ⅰ位于峰值点向煤体一侧,无明显裂隙产生,似弹性变形特征,符合广义胡克定律。

(2)压裂区Ⅱ位于峰值点至煤壁处,呈水平张裂状态,水平位移大于垂直位移,由下而上垂直位移增大。

(3)松动区Ⅲ位于支架控顶区上方,由于支架的反复卸载前移,顶煤逐渐破碎松动,垂直位移大于水平位移,由下而上垂直位移减小,顶煤中上部水平位移最大。

(4)冒放区Ⅳ位于支架顶梁尾部和放煤口的上方,顶煤在此冒落,下位顶煤冒块小,上位顶煤冒块大,打开放煤口下位松散顶煤首先放出,上位顶煤在运动中往往挤压面接触块体拱,通过摆动尾梁等方式破坏拱脚,可使顶煤进一步松动而放出,故有初放区Ⅳ₁和终放区Ⅳ₂的区别。

冯国才等通过对梅河三井等八个综放面的观测数据及数值模拟研究,急倾斜顶煤移动规律为:急倾斜或倾斜煤层综放面的顶煤移动比缓倾斜近水平煤层综放面顶煤移动要剧烈得多;顶煤移动的剧烈程度往往取决于顶煤的整体强度,强度低的顶煤,移动量大[29]。顶煤的移动可明显地划分为三个阶段。第一阶段为顶煤的小变形移动阶段。水平分段开采综放面的该阶段范围大致在煤壁前方 5~20m;缓倾斜长壁开采综放面该阶段范围大致在煤壁前方 3~25m。该阶段为顶煤内原有裂隙闭合、扩展阶段,发生的移动是以向煤壁方向的水平膨胀为主,煤体变形以弹性变形为主。第二阶段为顶煤移动加剧阶段。水平分段开采综放面该阶段范围大致在煤壁前 5.0m 至煤壁后方 2.0m 之间;缓倾斜长壁开采综放面的该阶段范围大致在煤壁前后 3.0m 范围内。在这个阶段内,顶煤内的裂隙分叉并会合,顶煤内产生很多肉眼可见的竖向断裂。该阶段顶煤变形以不可逆的塑性变形为主。第三阶段为顶煤的破裂破碎阶段。水平分段开采的阶段范围大致在煤壁后方 2.0m 直至冒落处;缓倾斜长壁开采综放面的该阶段范围大致在煤壁后方 3.0m 直至冒落处。该阶段顶煤在顶煤顶板自重应力作用下,由破裂变为破碎,失去结构强度,一旦失去下位煤岩体支撑便可冒落。

耿村矿顶煤运移与破碎特征表明[30]:

(1)工作面前方 15m 以外超前支承压力峰值外区域,为顶煤的初始移动区,顶煤所

受的应力低于顶煤的极限应力,深基点位移主要为原生裂隙的闭合、孔隙压密、弹性变形以及部分损伤变形,但总量较小;

（2）工作面前方 5～15m,为顶煤的稳定移动区,顶煤所受的应力超过了顶煤所能承受的极限应力,顶煤产生新的裂隙并迅速发展和贯通,表现出明显的强度软化特征,其基点位移以塑性变形为主,但由于距煤壁还有一定的距离,水平应力相对较大,所以移动相对稳定;

（3）工作面前方 0～5m,为顶煤的加速移动区,顶煤一方面受顶板破断后回转力矩的作用,另一方面随着与煤壁距离逐渐减小,水平应力下降,承载能力降低,原生裂隙扩张,采动裂隙剧增,主要表现为顶煤基点位移速度加剧;

（4）顶煤经历上述三个区域的运移过程后,进入支架上方,中硬及以上的煤层条件,移架过程中支架的反复支撑对顶煤由裂隙煤到放煤口上方成为松散流动煤、顺利放出具有重要作用。

上述表明,通过现场观测,结合理论分析和数值模拟等手段,对顶煤在支承压力作用影响开始到放出的运移活动有不同的分区方式,其差异在于分区数目不同、分区名称不同,反映了不同开采条件和不同地质条件下顶煤活动的差异,但是揭示的是同一个本质的规律和事实:顶煤从实体煤到成为炭块放出的过程是采动支承压力作用的结果,该过程中伴随着裂隙的演化,支承压力的大小对顶煤运移和破碎有重要影响。但以上研究大都是定性研究,对裂隙发展、发育及其与支承压力的关系没有进行定量的研究。

2）煤压裂破碎机理及破碎块度特征研究

在现场试验和观测的基础上,应用矿压理论,对急斜煤层巷道放顶煤法顶煤的破碎过程进行分析,通过煤梁极限跨度模型研究得出,煤梁在矿山压力作用下的不断垮落过程就是顶煤的破碎过程。显然,矿山压力越大,煤梁断裂、破碎效果越好。

阎少宏等[31]通过分析放顶煤工作面顶煤运移实测结果,并结合顶煤破坏与非破坏的概念,认为顶煤运移特点和过程符合损伤力学基础,顶煤的压裂破碎是损伤积累的过程。顶煤损伤统计力学模型研究认为,煤体微元强度服从韦伯分布,顶煤以压剪形式破坏,其随机分布变量满足库仑准则;在此基础上分析了支承压力、煤层倾角、煤体力学性质对急倾斜放顶煤开采水平分段高度的影响,结论认为,顶煤变形破坏是一个复杂的过程,与煤层的赋存条件、力学性质等因素有关,而且在更大程度上依赖于矿山压力作用。支承压力作用下,顶煤原损伤场区域微裂隙发生发展,顶煤逐步损伤积累,最终导致破坏。

放顶煤开采顶煤应力有限元分析通过工作面应力场的变化,阐述了采动支承压力水平对顶煤压裂的重要作用,揭示了顶板初次来压、周期来压顶煤破碎块度小、放煤效果好的原因。

急倾斜煤层放顶煤顶煤变形与破碎机理研究表明,由于煤体裂纹、裂隙的发展,产生极限平衡区、塑性区、破碎区,这三个区的发展,破碎区内的煤体完全丧失承载能力而在自重的作用下垮落,三个区不断向煤体上部发展的过程就是顶煤的破碎垮落过程,煤体破碎区大小与应力极限平衡区（塑性区）的应力水平等因素有关。

"三硬"煤层顶煤破碎机理的探讨表明,顶煤的破碎取决于工作面前方支承压力、老顶回转（下沉）及支架反复支撑这三个因素,因此,在顶板来压期间,顶煤块度明显减小,放煤较顺利；周期来压刚过，顶煤破碎效果最差，是最难放煤期。

赵伏军[32]利用断裂力学模型分析煤体裂纹的失稳扩展，揭示了顶煤断裂应力强度因子与煤层埋深、厚度、倾角等因素的关系，得出了放顶煤开采的较为理想的条件是：埋深大、煤层厚、倾角大（70°左右）。

王家臣[33]基于现场节理调查结果，运用泊松圆盘模型，生成了煤体的三维节理网络，基于拓扑学中的单纯同调理论，建立了顶煤破裂块度的三维预测模型，用于顶煤原始破裂块度的预测，其预测结果受弱面统计分布模型的影响较大。

宋选民等[34]用相似材料模拟顶煤，在压力机上进行了受载煤体的破碎机理研究，得出顶煤压裂后加权平均块度可表示为

$$d_{cp} = 63.88922 + 0.80439\sigma_c - 0.51672\sigma_t \tag{2-17}$$

式中，d_{cp} 为加权平均块度，m；σ_c 为煤体强度，MPa；σ_t 为支承压力，MPa。

顶煤压裂机理及块度特征研究表明，综放开采支承压力是顶煤压裂破碎的原动力，但对顶煤压裂过程中裂隙的演化、破碎的效果及其对顶煤回收率的影响研究有待于进一步深入。

鉴于目前有关放顶煤开采理论方面的研究多限于在假定煤体已破碎成松散体的情况下，引入放矿学和松散介质力学理论和方法进行顶煤放出规律的研究，而对顶煤破坏机理、破碎效果的研究较少，不深入研究放顶煤开采时顶煤的破坏规律和机理，不仅限制了放顶煤开采的适用条件，而且选择合理的放顶煤支架，确定合理的放煤、破煤工艺和参数就没有依据，顶煤的回收率就没有保障。到目前为止，对顶煤压裂机理的研究，并没有具体到压裂块度对放煤效果的影响研究，而是简单地停留在"顶煤块度越大，越难放出"的认识层次；更未涉及不同大小的块度在顶煤中不同层位对放煤效果的影响规律研究。

3）煤冒放性与放出规律的研究

顶煤冒放性是对顶煤在支承压力作用下冒落与放出难易程度所做的一种评价和特征度量，是可冒性和可放性的总和，影响顶煤冒放的因素众多且相互制约，分类指标的确定存在着不确定性和等级界限的非明确性问题，所以，在相似模拟试验、数值分析的基础上，模糊系统聚类分析方法或神经网络技术成为顶煤冒放性分类的一种行之有效的方法，按样本聚类趋势，参照我国综放开采的实践，将顶煤冒放性由好到差分为四个或五个类别。顶煤冒放性分类一致认为，冒放性差的顶煤，冒落块度大，回收率低，必须采取有效的顶煤弱化措施，减小顶煤块度，提高顶煤放出率。

通过顶煤冒放性的研究表明，顶煤块度大小是影响回收率的关键，但是还无法反映顶煤块体空间位置对顶煤放出率的影响规律。

对顶煤放出规律的研究，张海戈、吴健、于海勇[35]引入金属放矿椭球体理论，把顶煤抽象为理想松散颗粒介质，提出了放煤椭球体的概念，对放煤步距、放煤高度、放煤顺序等进行了系统的研究，有效地指导了对放煤规律的认识，特别是对松软厚煤层的高位放顶煤理论与实践有重大意义。

随着放顶煤开采的进一步深入，液压支架放煤口位置发生了变化，由高位转向中位、低位，以及综放采场和金属矿山崩落采矿法放矿的性态、方式存在差异，从而引发了对放

顶煤的新思考。

首先是放矿椭球体理论对放顶煤的适应性。椭球体放矿理论是针对金属矿有底柱崩落采矿法（分段崩落和阶段崩落法）的放矿实际提出来的，其主要特征为：放矿口固定，不发生移动；放矿口为水平布置的漏斗；矿石的崩落高度一般在 15～70m。而放顶煤开采的放煤过程与金属矿崩落采矿法的放矿过程有很大区别，椭球体放矿理论在放顶煤开采中的适用性会受到许多限制。

对于目前广泛使用的低位放顶煤综放开采而言，由于尾梁的作用支架在放煤口呈倾斜布置，同时支架要分阶段的向前移动，这与金属矿崩落采矿法的放矿过程有本质差异，因此椭球体放矿理论不再适用。由此，王家臣[36]基于模拟试验、数值计算和现场观测，提出了低位综放开采顶煤放出的散体介质流概念，描述低位综放开采中顶煤流动与放出的过程，指出综放放顶煤与椭球体放矿存在差异。

由于椭球体放矿理论推导（甚至包括最小放出高度的确定）是建立在放出口的尺寸，甚至于整个放煤支架的尺寸可以忽略，进而简化为数学意义上抽象的点的基础上完成的，综放面顶煤厚度小，放煤口尺寸相对较大，对放出体的影响较大。富强等[37]考虑放煤口位态的影响，研究认为，对于高位支架单口放煤而言，当放出高度较小时，顶煤基本上呈类似拱形冒落；此时仍采用传统椭球体理论将产生较大的误差。

其次是随放顶煤开采在中硬及坚硬厚煤层的推广应用，顶煤块体增大，引发了对采场采动压裂（包括顶煤预注水或预松动爆破弱化）顶煤介质特性的再认识，即使对坚硬顶煤进行松动预爆破，但顶煤是支架支护的直接对象，必须具备一定的承载能力，所以具有相对完整性，和散体有明显的区别。

靳钟铭等[38]通过研究指出，由于上位顶煤比下位顶煤松动差，块度相对大，当下位顶煤放出后，上位顶煤在松动和下落过程中容易形成压力平衡拱，阻碍顶煤放出。

目前关于顶煤放出规律的研究，多限于在假定煤体已经破碎成理想松散体的情况下，利用均匀散体材料模拟顶煤进行放煤试验，或将顶煤离散为理想均匀块体进行数值分析，并引入金属矿山放矿学和松散介质力学理论和方法进行顶煤放出规律的研究，而忽视了顶煤破坏机理、过程及由此造成的顶煤块体大小、空间分布差异，特别是不适合于中硬和中硬以上顶煤的模拟，中硬以上综放采场顶煤块度大、各种块体所占比例不同、所处层位不同，顶煤介质的特性和均匀散体有明显的区别，实践证明，顶煤介质的块度和分布特点对顶煤放出率有明显的影响。杨永辰等[39]曾经在放煤相似材料模拟试验中考虑了顶煤块度大小及其比例的影响，研究顶煤可放性与顶煤块度及其所占百分率和放煤口短边尺寸的关系、顶煤可放性与松散煤体中水分的关系，但未能考虑不同块体在顶煤中不同高度对顶煤放出效果的影响，而且其块度的组成依据不充分。由于缺乏对顶煤破坏规律和机理的深入研究，进行放煤模拟实验和（离散元）数值模拟的依据不充分，所以难以正确认识放煤规律，不能正确选择放煤工艺和参数，顶煤的回收率没有可靠的保障。

4）工作面放煤工艺的研究

放煤工艺按工作面走向和倾向分为放煤步距和放煤方式。放煤步距受采煤机截深限制，一般取截深的整倍数，放煤方式有单轮顺序放煤、多轮顺序放煤、单轮间隔放煤、多轮间隔放煤和移架放煤五种方式。就顶煤回收率而言,顺序放煤比隔架放煤较优,影响煤岩移动规律的因素还有"面接触块体拱现象",顶煤成面接触块体拱式结构时,拱结构下方的煤岩容易出现混流;谢耀社等[40]在实验过程中证明了放煤过程中拱的存在,并探讨激振破拱的机理。研究表明,应采用依次连续跟进顺序放煤,以保证尽可能地扩大已经启动的放煤口宽度和已启动的顶煤顺向流动的连续性,如果单口放煤不能满足运输机运出能力的要求,可以采用分段同时工作方案,应当避免采用随意间隔开口分点放煤的工作程序。

2.3.2 "两硬"条件下放顶煤开采的技术特点

综放开采煤层破碎来源于两种不同的动力。一是采煤机对工作面煤壁的切割;二是开采活动造成的矿山动力对支架上方顶煤的破坏。这种破坏使支架上部的煤体破碎靠其重力落入输送机内而完成煤的破运。

一般特厚煤层在综放开采过程中,顶煤放出可分为两个过程:一是顶煤松动、破坏、垮落的过程,即在底分层煤采出后顶煤在矿山压力、支架反复支撑以及自重的作用下,产生节理、裂隙,随后破坏形成松散煤体;二是顶煤放出过程,即支架放煤口打开以后,已破碎的松散煤体,靠自重和垫层流入放煤口。从宏观上讲,煤体的流动可看作是连续流动体,具有松散介质特征,然而对于坚硬煤层而言,上述两个过程难以实现顶煤的顺利放出。

根据长期的现场试验结果表明,坚硬煤岩体活动规律主要有以下特征。

(1) 煤硬、整体性强(线节理裂隙度 1.12 条/m)、顶煤垮落角小($\alpha = 45° \sim 65°$),顶煤垮落不及时不充分,有悬顶现象,在支架切顶线后面常出现,宽 $1 \sim 3m$,长 $20 \sim 30m$。

(2) 顶煤块度大,不具备松散介质特征,不服从放煤椭球体规律,煤体的流动介质是散体加块体,不可视为连续流动体,因块体的参与,堵放煤口现象严重,块体间相互挤压、咬合,易形成相对稳定结构。

(3) 顶板活动规律是超前工作面周期性断裂,呈分层分次悬顶式倒台阶垮落,因每次断裂的层位及几何尺寸不同,具有明显的大小周期来压显现特征。小周期来压步距 $11 \sim 28m$,大周期来压步距 $45 \sim 100m$,来压动载系数一般为 $K = 1.2 \sim 1.9$ 或更大,K 值与顶煤的稳定性有关。

由于大同矿区现采侏罗系煤层坚硬($f > 3.5$)且结构完整,致使工作面煤壁需大功率采煤机方可破碎;而对于支架上方的顶煤,由于其结构完整,硬度大,顶板作用只能使其大块度断裂垮落却不能破碎成小块,使之从放煤口或从支架后部落入输送机,达不到回收顶煤的目的。在放顶煤条件下,如何有效地控制顶板使之既不对工作面产生较大的来压影响正常的生产,也能充分破碎顶煤保证顶煤的高采出率?工作面支架要有良好的支护强度及支护性能,有较好的放煤功能既有助于破煤又适于大块煤落入刮板输送机,同时要有足够的过煤空间便于块煤运输。

工作面全套设备要有良好的总体配套性,使采、支、放、运通畅协调可靠。尤其是在工作面两个端头与输送机机头、机尾部,前部运输机、转载机之间配套,以及割煤、放煤、推移、支护各工序间关系协调。

2.3.3 "两硬"条件下放顶煤开采技术

对于大同矿区坚硬顶板、坚硬煤层的"两硬"条件下,采用综放先进技术却在装备、工艺技术方面受到极大的制约。基于最大限度地利用有限的资源提高资源采出率和企业可持续发展的需要,大同矿区进行了20余年的综放开采技术攻关。鉴于大同侏罗纪煤层坚硬顶板在开采活动中对采场造成强破坏性的特点,从20世纪90年代初开始进行了高位、中位放顶煤试验研究。在初步得出对坚硬顶煤弱化方法和对综放开采坚硬顶板的破坏运动规律有一定认识,1998年又开始了对低位放顶煤的试验研究,最终探索出适用于大同"两硬"条件下一整套综放开采综合技术,实现了对大同矿区特厚煤层的高产高效及高采出率开采。

大同矿区"两硬"条件下综放开采从高位、中位发展到低位放顶煤,不断成熟与发展,据开采条件又实施了分层开采的下分层网下放顶煤技术。目前基本定位在一次采全高低位放顶煤开采技术与装备上。虽然下分层网下放顶煤技术现在应用较少,但也作为大同矿区放顶煤开采技术加以介绍。

2.3.3.1 一次采全高综放开采

1) 工作面概述

一次采全高低位综放开采技术分别在忻州窑矿和云冈矿使用,以忻州窑矿12号煤层8911工作面和云冈矿12号煤层8826工作面为例,两个工作面生产地质条件相似,煤层平均厚度大于6m,顶板以中粗岩为主,厚度相近,且均呈整体连续性的岩体,工作面具有强冲击性地压属性。煤层坚硬($f>3.5$),节理裂隙不发育,顶煤的破碎是"两硬"条件下综放技术的关键。综放工作面自然条件见表2-25。

表2-25　综放工作面自然条件

工作面	工作面长度/m	工作面宽度/m	煤层厚度/m 平均值/m	普氏系数	直接顶厚/m	基本顶厚/m	相对瓦斯含量 /[m³/(t·d)]
忻州窑矿8911	522	150	$\dfrac{5.2\sim9.3}{7.06}$	3~4.5	1~2	16~30	8.77
云冈矿8826	1631	130	$\dfrac{4.0\sim7.6}{6.03}$	>4	3.3~31.1	与直接顶连续	9.0

2) 巷道布置与设备配套

忻州窑矿12号煤层8911工作面(图2-36)和云冈矿12号煤层8826工作面(图2-37)开采工艺和设备配套基本相同(表2-26)。根据瓦斯含量的不同其巷道布置有差异。

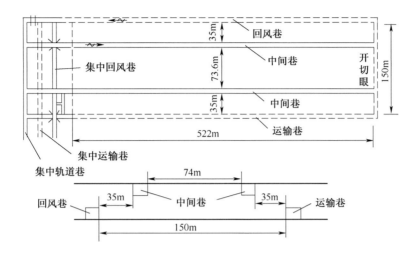

图 2-36　忻州窑矿 12 号煤层 8911 工作面平面示意图

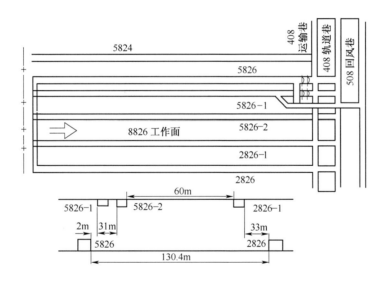

图 2-37　云冈矿 12 号煤层 8826 工作面平面示意图

表 2-26　综放工作面设备配置

工　作　面		忻州窑矿 8911	云冈矿 8826
液压支架	型号	ZFS6000/22/35	ZFS7500/22/35
	支护阻力/kN	6000	7500
	支护强度/MPa	0.38～0.87	1.04～1.09
	质量/t	20.6	22.5
	过渡支架	ZFSG6000/22/33	ZFSG6800/22/35
	端头支架	ZFSD5600/22/35	ZFSD5600/22/35

工　作　面		忻州窑矿 8911	云冈矿 8826
采煤机	型号	MGXA600	MGT/300/700-1.1
	切割功率/kW	2×300	2×300
	牵引功率/kW	牵引力 400 kN	2×40
前输送机	型号	SGZ764/400	SGZ764/400
	能力/(t/h)	800	800
后输送机	型号	SGZ764/630	SGZ830/630
	能力/(t/h)	1200	1200

在大同矿区,忻州窑矿和云冈矿的两个工作面的瓦斯涌出量较大,属高瓦斯矿井,开采中工作面上隅角瓦斯常出现超限现象。由于综放工作面放顶煤后空间较大,若出现瓦斯超限问题难处理。在 8826 工作面采取 5 巷布置(图 2-37)形成三进二回的通风方式,即在上层布置 3 条中间巷,除 2 条进行顶煤顶板预爆破外,兼作进风之用。同时在工作面回风巷上方内错布置 1 条专用回风巷。即 2826、2826-1 和 5826-2 巷进风,5826、5826-2 两巷回风,这使 1650m³/min 风较均匀地分布,回风巷瓦斯浓度为 0.3%,有效地解决了瓦斯超限和积聚问题,排除了有害气体隐患。

2.3.3.2　下分层网下放顶煤开采

由开采技术的进步和地质条件的不同,导致在未完成大同矿区"两硬"条件下综放开采技术研究前,在一些矿井已经对厚煤层进行了上分层的开采,剩下的下分层有很大部分煤层厚度为 4~6m,并厚度变化较大。这些煤层往往由于赋存条件所限不能再进行分层开采,而一次采全高又受到设备的限制,因此研究开采这一条件煤层的开采技术成为提高企业经济效益,提高资源回收率的又一重大课题。

2002 年经过多次反复论证,研究设计开发了用于金属网下开采的 ZF4600/19/30 支撑掩护式轻型低位放顶煤液压支架。从 2003 年 6 月始在煤峪口矿 11 号煤层 408 盘区 8810 下工作面开始网下低位放顶煤开采试验。

1)轻型放顶煤支架开采的特点

一是放顶煤液压支架为轻型,这一轻型是相对于大同矿区其他放顶煤液压支架相比较而言的,其质量仅为其他支架的 2/3。质量轻这一特点除制造成本低外,而且还有容易操作、动作灵活、配套性好、推移方便、搬家工程量小等优点,更重要的是它还具备适应大同矿区坚硬顶板开采条件的特性。

二是对顶煤的弱化松动爆破技术工艺实施可在工作面内进行,减少了工艺巷,简化了开采工序,降低了成本。

2)网下轻型放顶煤开采工艺

煤峪口矿 8810 下放顶煤工作面,采高 2.8m,放煤高 1.2~3.4m,平均 2.5m,其开采工艺是采煤机斜切进刀→割煤→移架→推前部输送机→放顶煤(单轮顺序放煤)→拉后部输送机。每进 2~3 刀,打顶煤孔爆破顶煤,爆破及放顶煤如图 2-38 所示。

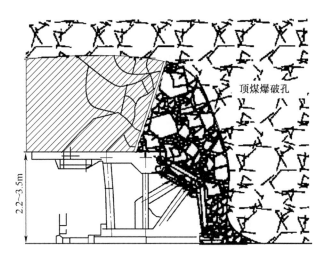

图 2-38 煤峪口矿 8810 工作面网下放顶煤示意

采用顶煤预爆破轻型放顶煤支架网下放顶煤,顶煤采出率达到 88%,较一次采全高放顶煤高 10%,最高日产量达 4500t,月产 70095t。比同采区原网下放顶煤日产高 1000 多吨,提高效率 80%。提高了资源回收率,经济效益明显。

2.3.4 "两硬"条件下放顶煤开采关键技术

1) 顶煤弱化技术

顶煤弱化的原则:一是要使顶煤在到达支架后部时,破碎块度适中,能顺利地垮落到后部运输机内,提高顶煤的采出率;二是更要保证顶煤在进入支架前立柱之后再加速破碎,避免工作面在割煤过程中发生冒顶而影响安全生产。

经过多次试验研究得出在顶煤中开掘工艺巷,用顶煤松动破煤的技术实现了这一生产技术要求。

在数学力学模型分析、三维模拟材料试验和现场反复实践优化出较成熟的在中间巷顶煤爆破预松动方案。顶煤预松动爆破参数见表 2-27,工作面顶煤预松动爆破示意图如图 2-39 所示。

表 2-27 顶煤预松动爆破参数

项目	孔间距 /m	排距 /m	孔径 /mm	药卷直径 /mm	结构	封孔长度/m	装药量 /(kg/m)	每米孔爆破量 /(m³/m)	炸药单耗量 /(kg/m)³
参数	2.0	0.7	60	50	轴向连续	6.0	2.0	4.77	0.34

经过顶煤预松动爆破,使顶煤在工作面前产生裂隙,采动过程中由于矿压的作用,使煤层破碎块度适中,顺利垮落到后部输送机中,顶煤采出率超过 70%,顶煤预松动爆破的技术是成功的。

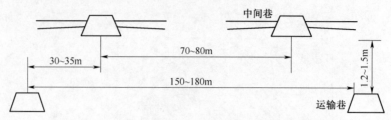

图 2-39　忻州窑矿 8911 工作面顶煤松动爆破示意图

2）放顶煤综采中的坚硬顶板控制技术

放顶煤开采时其直接顶实质上就是顶煤,当顶煤被冒放运走之后,顶板产生二次运动,基本顶在工作面开采时内移位移增大。因此支架在工作面将受到较大的载荷。为满足大同矿区坚硬顶板特性和放顶煤的技术要求,研发了 ZFS6000/22/35 和 ZFS7500/22/35 放顶煤液压支架。同时,为减少坚硬顶板对工作面支架的冲击作用,采取在中间巷进行顶板爆破的技术,其炮孔布置如图 2-40 所示。

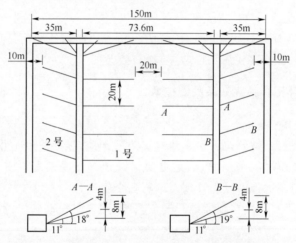

图 2-40　忻州窑矿 8911 工作面顶板预爆破示意图

通过这样预处理的顶板改善了顶板性质,使平均来压步距减小到 20.6m,来压最大载荷 5624kN/架,平均动载系数 1.32。虽然来压时带有明显的坚硬顶板的动载特征。但未对工作面造成较大影响,最大载荷在支架设计参数之内。说明其支架设计、顶板预处理技术是合理可行的。对坚硬顶板的综合治理与控制技术成功地为工作面的综放开采提供了设备技术保证。

2.3.5　顶煤可放性综合评价

2.3.5.1　顶煤可放性综合隶属度值

顶煤可放性有七种影响因素,每个因素对顶煤可放性的影响程度是不一致的,就某一具体放顶煤工作面地质采动条件而言,有的因素利于放顶煤开采,有的因素则不利于放顶煤开采。为了综合分析各种因素对顶煤可放性的影响,又便于现场工程技术人员对顶煤可放性进行整体评价,采用模糊数学方法分别对各个因素的可放性隶属度进行研究,最终提出顶煤可放性评价的综合指标——综合隶属度值。

1) 各影响因素对顶煤可放性的隶属度值

据已有研究成果和现场实测结论,结合上述分析,对各因素的隶属度值研究结果见表2-28~表2-34。

表 2-28　采深与煤层强度的比值与隶属度值

H/R_C	μ_1	H/R_C	μ_1
<5.5	0.2	20.1~30	0.85
5.6~10	0.3	30.1~40	0.8
10.1~15	0.7	>40	0.9
15.1~20	0.9		

注:R_C 为煤层单轴抗压强度,MPa。

表 2-29　直接顶类别与隶属度值

直接顶类别	初次垮落步距/m	μ_2
Ⅰ 不稳定	≤8	0.9
Ⅱ 中等稳定	9~18	0.8
Ⅲ 稳定	19~25	0.7
Ⅳ 坚硬	>25	0.4

表 2-30　老顶级别与隶属度值

级别	来压显现指标	μ_3
Ⅰ	不明显 $N>3$	0.4
Ⅱ	明显 $0.3<N\leqslant3$ $L=25\sim50$	0.6
Ⅲ	强烈 $0.3<N\leqslant3$ $L>50$ $N\leqslant0.3$ $L=25$	0.7
Ⅳ	极强烈 $N\leqslant0.3$ $L>50$	0.8

表 2-31　采放比与隶属度

煤层强度 f	采放比	μ_4
	1:0.5	0.5
	1:0.5~1:1	0.7
≥2.5	1:1~1:1.5	0.9
	1:1.5~1:2	0.8
	1:2~1:4	0.6

煤层强度 f	采放比	μ_4
	1∶0.5	0.4
	1∶0.5~1∶1	0.5
<2.5	1∶1~1∶1.5	0.7
	1∶1.5~1∶2	0.9
	1∶2~1∶4	0.8

表 2-32　煤层节理裂隙间隙 d 与隶属度

煤体强度/MPa	间距 d	μ_5
≤10	<0.18	0.8
11~15	0.19~0.3	0.85
16~20	0.31~0.4	0.9
20~30	0.41~0.4	0.5
>30	>0.47	0.3

表 2-33　夹矸厚度与隶属度

夹矸层厚/mm	<100	100~200	200~300	>300
μ_6	1	0.8	0.5	0.1

表 2-34　夹石强度与可放性隶属度

夹矸强度/MPa	μ_7
<10	1
10~20	0.8
20~30	0.4
>30	0.2

2）顶煤可放性综合隶属度 μ

以上七种影响因素对顶煤可放性的影响程度是不一样的。据已有研究成果和多元线性回归分析,各影响因素的重要程度由大到小排列为:采深与煤层强度之比>夹石层强度>采放比>节理裂隙发育程度>夹石层厚>直接顶板岩性>老顶岩性。各影响因素重要性程度以"权重"表示,见表 2-35。

表 2-35 顶煤可放性影响因素权重分配

因素	权重 A_i	因素	权重 A_i
H/R_C	0.23	夹矸厚	0.12
夹石 R_C	0.15	直接顶岩性	0.12
采放比	0.14	老顶岩性	0.1
节理间距	0.14		

根据表 2-28~表 2-35，即可确定顶煤可放性综合隶属度 μ：

$$u = \frac{\sum_{i=1}^{7} A_i u_i}{\sum_{i=1}^{7} A_i} = \sum_{i=1}^{7} A_i u_i \tag{2-18}$$

根据隶属度值不同范围，可将顶煤可放性分为五大类，见表 2-36。

表 2-36 顶煤可放性分类

μ	可放性	μ	可放性
0.9~1	很好	0.5~0.65	差
0.8~0.9	好	<0.5	极差
0.65~0.8	一般		

对某一具体放顶煤条件，如果计算出的 μ 值小于 0.65，即可放性在"一般"以下时，应具体分析造成 μ 值低的主要原因，一旦改善这一主要因素，可能会大幅度提高顶煤可放性，这种情况属"采取措施后仍具有良好放煤效果"的放顶煤条件，比如顶煤强度过大时，可采取工作面超前注水、超前煤壁松动爆破及工作面架间松动爆破等措施以提高顶煤可放性。

2.3.5.2 云冈矿 12 号煤层弱化后可放性应用评价

根据前述顶煤可放性的定量测评指标分析方法，依据云冈矿 12 号煤层弱化后具体力学结构条件，可以得到 12 号煤层的顶煤可放性指标如下。

1）开采深度与单轴抗压强度比值 H/R_C

开采深度 $H=80\sim357m$，平均 332.5m，煤层强度为 R_C 为 15MPa，$H/R_C=22.6$，故取其隶属度值为 $\mu_1=0.85$。

2）初次垮落步距

根据矿压观测资料，直接顶初次垮落步距 10m，属 II 类中等稳定顶板，得 $\mu_2=0.8$。

3）弱化后老顶初次来压步距

根据云冈矿提供环矿压实测资料和理论分析，12 号煤层工作面老顶弱化后初次来压步距 30m，直接顶厚度为 27.62~26.17 m，割煤高度为 3.0m，老顶来压不明显，故 $\mu_3=0.4$。

4）采放比

设计割煤高度 3.0m，放煤高度 3.48m，采放比为 1:1.16，煤层强度 $f<2.5$，得 $\mu_4=0.7$。

5）煤层节理裂隙间距

煤层强度 15~18MPa，节理裂隙间距 0.35cm 左右，故得 $\mu_5=0.9$。

6）夹矸层厚度

夹矸厚度一般为 100~200mm，得 $\mu_6=0.8$。

7）夹矸强度

根据岩石力学参数实测，夹矸强度小于 10MPa，由表 2-34 得出 $\mu_7=1$。

$$u=\dfrac{\sum\limits_{i=1}^{7}A_iu_i}{\sum\limits_{i=1}^{7}A_i}=\sum\limits_{i=1}^{7}A_iu_i=0.812 \tag{2-19}$$

根据以上各因素的隶属度及每一因素对顶煤可放性影响的权重分配，计算得到顶煤综合隶属度为 0.812，见表 2-36，由于其综合隶属度值接近分类指标上限 0.8，因此，云冈矿 12 号煤层顶煤弱化后可放性最终定性为好，即工作面经过"注水-爆破"联合弱化后，可放性大幅度提高，达到预期实验目的。

2.3.6　放顶煤优化工艺

通过支架反复支撑，使顶煤进入支架摆梁上方时基本成散状的破碎体，根据配套的后部运输机功率大、运煤能力强的特点，采用两人单轮间隔顺序放煤的方式反复摆动大摆梁进行放煤，工作面采用割一刀煤放一茬顶煤的作业方式，循环进度为 0.5m。放顶煤采用单轮间隔顺序放煤的方法，两个放煤工相距五架支架，第一个人放偶数架（4 号、6 号、8 号……）第二个人放奇数架（5 号、7 号、9 号……），放顶煤工序与割煤工序采用平行作业方式。当有大块煤卡在放煤口影响放煤时，则反复动作回转梁，使大块煤破碎，当发现矸石时，及时将回转梁伸出，防止矸石混入煤中。坚持"见矸关窗"专人负责巡回检查的方式，强化放煤，提高煤炭回收率。

2.4　侏罗纪煤层大采高开采技术

2.4.1　大采高综采技术发展状况

2.4.1.1　国外大采高综采技术发展状况

俄罗斯、德国、波兰、捷克、英国、日本等国从 20 世纪 60 年代开始就采用大采高综采。60 年代，日本曾设计了一种 5m 采高并带中间平台的液压支架，获得了日本国家设计奖。德国早在 1970 年使用贝考瑞特垛式支架成功地开采了热罗林矿 4m 厚的 7 号煤层。70 年代末，波兰利用三年的时间在七个采煤工作面装备了 DOMA-25/45 型两柱掩护式支架，另外还设计开发了 PLOMA 系列两柱掩护式大采高支架。1980 年德国赫母夏特公司开发出 G550-22/60 掩护式支架，最大采高 5.8m，在威斯特伐伦矿使用并取得了成功。

美国 1983 年开始在怀俄明州卡帮县 1 号矿采用长壁大采高综采技术开采厚煤层,工作面采高达 4.5～4.7m,日产达到 6200t,实现了高产高效。1987 年年底,苏联煤矿有 43 个采煤工作面装备 KM130-4 型大采高支架,另外还研制了 KM142 型、YKM-4 型、YKM-5 型大采高支架;澳大利亚在已经探明的煤矿储量中有 60 亿 t 以上储量的煤层厚度在 4.5m 以上,其中至少三分之一的储量在昆士兰州,主要采用长壁一次采全高综采。Goonyella Riverside 煤矿、Moranbah North 煤矿、West Wallsend 煤矿和 Dartbrook 煤矿为澳大利亚典型的采用长壁大采高综采工艺的煤矿。其中 Moranbah North 煤矿是澳大利亚最先进的厚煤层开采煤矿。

目前国外综采成套设备的生产能力已经达到 3000t/h 以上,在适宜的煤层及地质条件下,采煤工作面可实现年产 800 万～1000 万 t,出现"一矿一采区,一个面,一条生产线"的高效集约化生产模式。为最大限度地占领市场,世界主要采矿设备制造商在综采设备方面展开了激烈竞争,加快了煤机企业的兼并重组,形成了以美国 JOY 公司,德国 DBT 公司、Eickhoff 公司为代表的国际采矿设备供应商,这些公司基本垄断了国际大采高综采高端产品市场。

国外当前大采高综采技术与装备的主要技术特点如下。

(1) 新型大功率电牵引采煤机,总功率可达 2000～3000kW,并采用先进的信息处理技术和传感技术。德国 Eickhoff 公司生产的 SL1000 系列采煤机采高范围 2.0～7.1m,最大牵引力可达 1000kN,最大牵引速度可达 37m/min。美国 JOY 公司生产的 7LS7 系列采煤机采高范围 2.0～6.3m,装机总功率 2450kW 以上,最大牵引力可达 1042kN,最大牵引速度可达 30m/min。

(2) 大运量、软启动、高强度、重型化刮板输送机。目前世界上运量最大的刮板输送机运输能力达到 6000t/h,装机功率 4×1000kW,工作面刮板输送机最大工作长度可达 430m,最大槽宽可达 1332mm。重型刮板输送机多采用交叉侧卸式机头,中部槽为铸造槽帮,中板为耐磨合金钢,链环直径最大已达到 52mm。刮板链的张紧方式,除传统的机械张紧装置外,还增加了伸缩机尾的液压自动张紧装置。

(3) 大采高液压支架。国外综采液压支架的架型主要为高工作阻力的两柱掩护式支架,其支护阻力多为 6000～10000kN,最大 12000kN,支护高度 3～6m,支架立柱缸径 320～440mm。

(4) 长距离、大运量、高带速的大型工作面带式输送机。目前,煤矿井下用带式输送机装机功率可达 4×970kW,运输能力已达 5500t/h,带速达 5m/s 以上。应用动态分析技术和计算机监控等高新技术动态设计及动态过程监测、监控等,确保了带式输送机运行的可靠性。采用 CST、变频等先进的大功率软启动技术、自动张紧技术、高寿命高速托辊、快速自移机尾等先进技术提高设备开机率。

(5) 综采工作面自动化生产技术。在综采工作面单机工况实时监测的基础上,研究开发了采煤机滚筒自动调高技术、液压支架电液控制技术,顺槽计算机集中控制中心通过采用位置红外传输、速度检测和计算机集中软件程序,使采煤机、刮板输送机、液压支架等设备自动完成割煤、运输、液压支架移架和顶板支护等生产过程,实现了工作面自动化生产。并通过矿井通讯光纤等介质经 Internet 网络和矿井及上部管理层实现信息交流与通信控制。

（6）综采工作面中高压技术。国外采煤发达国家先后将工作面输送机和采煤机等机械的供电电压从原来 1.14kV 等级提高到 2.3kV、3.3kV、4.16kV 和 5.0kV 等级并大量采用高集成度的配电变压器等一体化新型设备，改善了采区电网和工作面大功率电器设备的运行状况，提升了工作面装备的生产能力和可靠性。

2.4.1.2　国内大采高综采技术与装备现状及发展趋势

我国 1978 年引进德国赫姆夏特公司 G320-23/45 型掩护式液压支架及相应的采煤运输设备，在开滦范各庄矿 1477 综采工作面开采 7 号煤层，开始试验厚煤层大采高一次采全厚开采方法，取得了良好的效果。1985 年，首次使用国产 BC520-25/47 型支撑掩护式 4.5m 采高液压支架在西山矿务局官地矿试验开采 8 号煤层，煤层平均厚度 4.5m，倾角小于 5°，综采工作面 3 个月产煤 11.2 万 t。1986 年，我国在邢台东庞矿使用 BY320-23/45 型掩护式支架，在倾角高达 38°的条件下试验成功。1988 年，首次突破煤炭年产量百万吨的邢台矿务局东庞矿和义马矿务局耿村矿采用 4.4m 采高综采技术，处于当时综采技术的较高水平。20 世纪 80 年代到 90 年代中期，全国累计有 359 个年产超百万吨的综采队，其中 3.5～4.5m 采高综采队有 19 个，占 5.3%。20 世纪末，年产逾百万吨的大采高综采队已达 8 个，平均效率最高达 218t/工时。例如神东矿区的大柳塔矿全套引进设备，于 2000 年 7 月份产量达到 90 万 t，全年产量为 860 t。活鸡兔矿也采用全套引进设备，于 2000 年 8 月 5～25 日产量取得 57 万 t 的好成绩。

随着大采高工作面的发展，其优势越来越得到认可。在 21 世纪之初，大采高开采技术发展到一个新的阶段，国内个别工作面的产量及效率达到并超过国际水平。例如 2003 年，神华神东煤炭集团有限责任公司补连塔矿大采高综采工作面年产原煤 924 万 t，采高达到 4.8m。2004 年，神华神东煤炭集团有限责任公司上湾矿大采高工作面年产原煤 1075 万 t，实际采高 5.4m。晋城煤业集团寺河矿在高瓦斯矿井条件下，采高达到了 5.5m。同煤集团四老沟矿使用国产 ZY9900-29-5/50 液压支架在"两硬"条件下，实际采高达到 4.5m。2006 年，晋城煤业集团寺河矿在近水平煤层中，使用国产先进的 ZY9400-28/62 支架，采高达到 6.0m。2007 年，中国首个 6.3m 大采高综采工作面在神华神东煤炭集团有限责任公司上湾矿"诞生"，大幅度提高了回采率及工效。2009 年 12 月 31 日世界首个 7m 大采高综采工作面在神东补连塔矿 22303 综采工作面投入试生产。该综采工作面长 301m，推进长度 4971m，煤层平均厚度 7.55m。

为适应我国煤矿综采机械化的发展，国内综采设备科研设计和制造企业已研制开发出具有独立知识产权和先进技术水平的大功率电牵引采煤机、重型刮板输送机、电液控制强力液压支架和多点驱动大运力带式输送机，配套设备的生产能力达到 1500～2500t/h，在适宜的煤层条件下，综采工作面可实现年产 500 万 t。例如鸡西煤矿机械有限公司研制的 MG800/2040-WD 型电牵引采煤机，总装机功率达到 2040kW，西安煤矿机械有限公司研制成功的 MG750/1910-WD 型和 MG900/2210-WD 型交流电牵引采煤机，总装机功率分别达到 1910kW 和 2210kW。张家口煤矿机械制造有限责任公司、西北奔牛实业集团有限公司研制成功的 SGZ1200/1575 型刮板输送机，输送能力最大达到 2500t/h，总装机功率达到 1575kW。郑州煤矿机械集团股份有限公司继研制成功

ZY9400/28/62 两柱支撑掩护式支架后,为补连塔矿研制成功了 ZY12000/32/70 两柱支撑掩护式支架,调高范围 3.2~7.0m,支护高度最大可达到 7.0m,工作阻力 12.0MN,立柱缸径 500mm,采用电液控制技术,寿命实验达 5 万次以上。我国新研制开发的大采高综采装备技术参数已接近国外先进水平,综采工作面年产能力达到 500 万 t 以上。国内典型大采高工作面开采矿井如表 2-37 所示。与国际先进水平相比,我国综采成套设备生产能力和技术性能还存在较大差距。可喜的是,经过十余年的努力,这种差距在逐渐缩小,我国自主研发的综采设备目前已具备 5.00Mt/a 成套生产能力。我国大采高液压支架、工作面带式输送机、重型刮板输送机、破碎机等设备加工制造技术与国外相比差距不大,但是这些设备的元部件可靠性、软启动技术、在线实时监测和自动控制技术与国外设备相比存在较大差距。国产采煤机工作的可靠性、交流变频电牵引技术、工况检测与故障诊断、自动控制技术以及整机可靠性方面与国外设备相比也均存在一定差距。随着我国大采高综采装备技术的稳步发展,国产设备已得到广泛应用,目前采用全引进设备的大采高工作面不多,大多采用采煤机引进,其余设备为国产的半引进装备或全国产设备装备模式。

表 2-37　国内典型大采高开采矿井统计

序号	矿井或工作面名称	煤层厚度/m	煤层倾角/(°)	开采高度/m	支架型号
1	神东上湾矿 51202 面	6.0~8.3	1~3	6.3	DBT 公司
2	山西晋城寺河矿	4.4~8.86	<5	5.8	ZY9400/28/62
3	神东上湾矿 51101 面	6.08~8.33	0~3	5.3	ZY8600/25.5/55
4	邢台东庞矿	4.8	13	4.7	BY3600-25/50
5	平煤集团八矿 12170 面	9~12		4.2	ZY2400/23.5/45
6	山西沙曲矿 24101 面	4.2	8	4.2	ZZ5200-25/47
7	淮南集团张集矿	3.9	5-9	4.0	ZZ6000/21/42
8	神东公司补连塔矿	7.5	1~3	6.8	ZY12000/32/70

特厚煤层一次采全高高效综采技术是世界煤炭井工开采技术主要竞争领域。随着矿井集约化生产的发展,大功率、高性能的设备必不可少:装备大型化、配套化、机械化程度高;装备无轨化、液压化、自动化程度高;装备技术性能成熟,可靠性高。主要表现在以下几个方面。

(1)采煤机装机功率提高到 2000kW 以上,单台电机截割功率要达到 750kW 以上,牵引速度提高到 25m/min 以上,牵引力达到 800kN 以上。元部件可靠性大幅提高。采用新技术新工艺,提高检测控制水平。

(2)带式输送机向大型化、高运输能力、高可靠性方向发展。输送机的运量要达到 3000~4000t/h,带速要提高到 6m/s 以上。要不断研究高性能可控软启动技术、动态分析与监控技术、高效储带装置、快速自移机尾、高速托辊等,使输送机性能进一步提高。

（3）对液压支架参数、结构适应性、高强材料、配套元件和制造工艺等关键技术进行攻关，解决电液控制系统与支架配套适应性问题。

（4）发展工作面生产工艺优化与自动化控制技术，研究综采工作面作业方式和配套工艺，研制液压支架的自动化控制系统，提高移架速度、优化采煤机作业自动控制方式，提高综采工作面的全面自动化水平。

2.4.1.3　大采高采场支护理论的现状及发展

1916 年，德国人 Stock 提出悬臂梁假说[41]，得到了英国的 Friend、苏联的格尔曼的支持。1928 年德国人 Hack 和 Gilicer 提出了压力拱假说[42]。20 世纪 50 年代初，苏联人库兹涅佐夫提出了铰接岩块假说[43]，比利时学者拉巴斯提出了预成裂隙假说[44]。我国钱鸣高院士在 20 世纪 60～80 年代，提出了"砌体梁"力学模型[45]。随后在 1994 年，钱鸣高院士又在"砌体梁"基础上建立了"S-R"稳定理论[46]。在"砌体梁"力学模型提出的同时，宋振骐院士提出了"传递岩梁"理论[47]。随后国内众多学者根据不同煤层条件下的开采实践，提出并丰富了采动引起采场上覆岩层运动规律的理论。石平五[48]教授针对一些矿山压力问题提出能量原理，靳钟铭[49]教授提出了坚硬顶板的采场"悬梁结构"，贾喜荣[50]教授提出了采场"薄板矿压理论"。这些基础理论是研究大采高综采工作面采场顶板岩层的运动规律和采场压力显现规律的基石。原苏联曾对 2～8m 采高围岩运动规律及控制原理进行初步研究，全苏矿山测量研究院在实验室对开采厚度为 2m、4m、6m、8m 煤层进行相似模拟实验，实验与现场研究表明：来压步距不取决于开采煤层厚度，而取决于岩层的特性及其结构；煤层厚度增加，顶板下沉量增大，必须先规定支架的可缩量；随煤层厚度增加，工作面内顶板下沉量、由于岩层断裂而引起的来压强度都将增大，实质上是一些大采高岩层运动规律。

赵宏珠[51]教授通过对我国 3.5～5m 采高综采设备初期使用情况进行研究，初步阐述了大采高支架与围岩相互作用关系，初步给出了大采高支架设计和支架选型主要参数。主要结论是：①采高加大对上覆岩层断裂、垮落后产生的自由空间影响最大，采空区内自由空间高度随采高增大而增大，采高为 3.5m、4.5m、5.5m、6.5m 时，自由空间高度分别为 2m、3m、4m、5m。工作面上覆岩层断裂垮落后自由空间高度随采高加大而增高，采高达 6.5m 时，整个回采过程中自由空间始终存在，且大于 3m。②决定大采高支架阻力的主要因素是由于采高加大而导致的老顶来压加剧，工作面上覆岩层断裂范围加大，而靠加大支架工作阻力改变围岩应力分布，从而阻止上覆岩层断裂的作用不大。因此大采高支架合理工作阻力应首先按岩层自重法确定，并定量地指出采高和支护强度的关系。③大采高支架工作面煤壁片帮是有规律的，其片帮程度与采高、支架工作阻力、老顶来压、工作面推进方向、顶梁接顶程度、梁端距和煤壁暴露时间有关。中国矿业大学郝海金等[52]通过工作面上位岩层移动实测、模拟实验及工作面矿压观测，对 3.5～5.2m 采高综采工作面上覆岩体破断位置及其平衡结构进行了研究。结果表明：大采高综采工作面基本顶断裂的位置在工作面前方、上覆岩层存在着比分层开采层位更高但和放顶煤开采相似的平衡结构，结构的活动是一个逐渐变化的过程，在这一过程中，平衡结构与其下的直接顶相互作用，这种作用方式与直接顶的多次破裂有关；传递到支架的载荷主要取决于支架上方直接顶的岩性和破碎的程度。平衡岩梁的变形对支架产生的影响受直接顶的岩性和其损伤后的强度影响。

太原理工大学靳钟铭、弓培林等通过研究 3.5～6.0m 采高采场覆岩结构特征及运动规律、支承压力分布规律、直接顶变形破坏规律及工作面矿压显现特点，提出了以下结论：①覆岩的垮落断裂受关键层的特征、层位及分布控制，在不同采高时"三带"范围的确定与关键层位置有关。当一次性开采高度大于 3m 时，垮落带高度受关键层特征控制。采高加大，直接顶厚度与采高比值 N 大于 2.9，采高越大，N 值越大，大采高采场覆岩破坏呈"梯形台体结构"，各个区域变形特征不同程度地影响采场围岩控制。②大采高近煤壁支承压力峰值低，峰值点距煤壁远，远离煤壁的支承压力随采高增大而增大，影响范围远，支承压力分布及大小与覆岩结构、煤层厚度有关。③大采高综采一般开采高度在 3.5m 以上，垮落带及断裂带的范围要远大于同厚度煤层分层开采相应的范围，因而大采高综采的采场矿压显现及控制、覆岩运动、地表沉陷都有其特点，应用关键层理论研究大采高下覆岩层运动是解决上述问题的可行途径。

总体上，国内学者对大采高围岩控制的研究认为，大采高综采的采高加大，造成采空区空间较大幅度的增加，使得只有更高的垮落带才能维系整个采场岩体的平衡，工作面顶板活动空间与老顶悬臂梁结构的弯矩加大，采场采动影响具有较大的波及范围，并且采空区空间加大易造成岩体结构失稳破坏及衍生灾害，采空区失稳及衍生灾害是复杂地层结构承受复杂环境作用的演化过程，这一过程能够通过现场监测进行预警，并得到有效控制。上述认识，丰富了我国大采高岩层控制理论。

2.4.2　大同矿区"两硬"条件下大采高开采技术

大同矿区"两硬"条件下 5m 厚煤层可采储量达 1.75 亿 t。因这一厚度煤层变化幅度大，厚度不足以实施沿煤层顶板布置工艺巷进行顶煤弱化预处理来实现放顶煤开采。另外由于大同矿区坚硬顶板的特殊条件，对于 5m 厚煤层采用分层开采，顶板垮落块度大，开采后不能形成再生顶板，分层开采亦难以实现。如果用普通综采开采这一厚度的煤层就会造成 35% 的煤层厚度损失，浪费大量资源，因此研究该厚度煤层的安全、高效、高资源回收率开采技术意义重大。

目前大采高一次采全厚开采应用相对较多，但是在"两硬"条件下一次全厚开采在国内外较少，已经开采的 5m 以上大采高工作面主要集中在神东矿区、晋城矿区、宁东矿区，但与大同矿区"两硬"开采条件均有本质的区别。随着矿井资源的日渐减少，平均 5m 厚的煤层逐渐成为大同矿区侏罗纪的主采煤层。由于上覆煤层开采遗留采空区并且采高增大，上覆岩层的运动规律和支承压力分布变化规律必将发生显著的变化，特别是煤壁片帮、支架可靠性（稳定性）及顺槽超前支护等问题更加突出，给工作面安全生产形成了新的困难。因此，经过近几年的探索与研究，同煤集团研制并成功运用了适应"两硬"条件的大采高液压支架，有效对坚硬顶板进行控制，研制出强力采煤机，并解决瓦斯不均匀涌出等主要的技术难题。保证了"两硬"大采高煤层的安全、高效、综合机械化开采，实现了矿井可持续发展。具有代表性的为 2002 年四老沟矿"两硬"大采高开采技术试验成功，以及 2011 年晋华宫矿 5.5m"两硬"大采高开采试验成功。

2.4.2.1　地质条件

1) 四老沟矿

所采煤层为 14 号煤层，工作面煤层顶板自下往上依次为：伪顶，深灰色砂质页岩，厚 0.27m；直接顶，深灰色砂质页岩与粉砂岩互层，厚 4.48m；老顶，灰色粉细砂岩，厚 10.94m（图 2-41）。本层上覆 2 号、3 号、4 号、7 号、9 号、10 号、11 号煤层，除 2 号、11 号煤层开采外，其余煤层厚度均小于 0.8m，未开采，2 号煤层与本层的间距为 192m，11 号层距本层 27.2m。

2) 晋华宫矿

所采煤层为 12 号煤层，矿区内主要含煤地层为中侏罗统云冈组和下侏罗统大同组，云冈组含煤一层（1 号煤层）；大同组共含 25 层煤，可采煤层 16 层。其中 12 号煤层属于中侏罗系统大同组可采煤层，其煤层赋存稳定，结构较简单，只在西中部发育 1～2 层夹

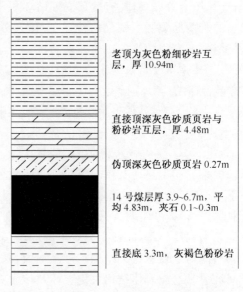

老顶为灰色粉细砂岩互层，厚 10.94m

直接顶深灰色砂质页岩与粉砂岩互层，厚 4.48m

伪顶深灰色砂质页岩 0.27m

14 号煤层厚 3.9~6.7m，平均 4.83m，夹石 0.1~0.3m

直接底 3.3m，灰褐色粉砂岩

图 2-41　煤层综合柱状图

石，夹石单层最大厚度 0.6m，总体为一单斜构造。煤层中间薄两边厚，中部发育一层 2.1m 煤层变薄区，煤层厚度为 1.4～3.0m，平均煤厚 2.2m。东部煤层较厚 3.0～6.9m，平均煤厚 5.6m，西部煤层变薄区 3.0～7.3m，平均 5.8m。煤层倾角为 1°～10°，平均为 6°。

矿井属于高瓦斯矿井，相对瓦斯涌出量为 5.76m³/(t·d)，煤层爆炸指数为 28.45%～35.72%，自然发火期 6～12 月。

工作面煤层顶底板情况见表 2-38，柱状图见图 2-42。

表 2-38　工作面煤层顶底板情况

名称	岩石名称	厚度/m	岩性特征
基本顶	中粗砂岩	13.57～21.06/18.2	灰白色中粗砂岩，含 FeS_2 煤条
直接顶	细砂岩	0～4.61/2.3	深灰色细砂岩，夹薄层粉砂岩
伪顶	砂质页岩	0.8～1.05/0.9	深灰色砂质页岩，夹薄层细砂岩
直接底	细类砂岩		含煤质线显出、层理清楚、底部变为深灰色砂质页岩、有滑面

2.4.2.2　工作面基本情况

1) 四老沟矿

四老沟矿设计能力为 270 万 t。试验工作面为 404 盘区 8402 工作面和 8404 工作面，位于 404 盘区巷道的西侧，所采煤层为 14 号煤层，平均埋深 320m。

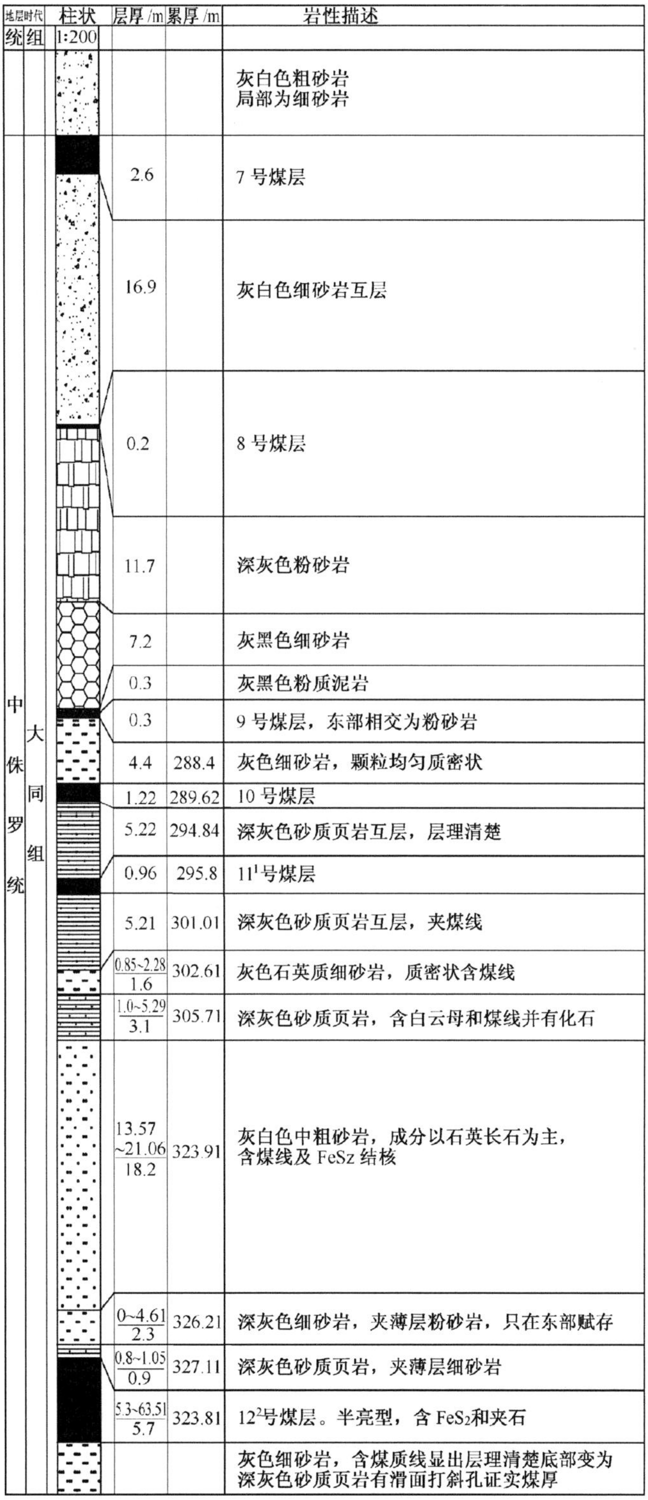

地层时代		柱状	层厚/m	累厚/m	岩性描述
统	组	1:200			
					灰白色粗砂岩 局部为细砂岩
			2.6		7 号煤层
			16.9		灰白色细砂岩互层
			0.2		8 号煤层
			11.7		深灰色粉砂岩
			7.2		灰黑色细砂岩
			0.3		灰黑色粉质泥岩
			0.3		9 号煤层,东部相交为粉砂岩
中	大		4.4	288.4	灰色细砂岩,颗粒均匀质密状
侏	同		1.22	289.62	10 号煤层
罗	组		5.22	294.84	深灰色砂质页岩互层,层理清楚
统			0.96	295.8	11^{1}号煤层
			5.21	301.01	深灰色砂质页岩互层,夹煤线
			$\dfrac{0.85\sim2.28}{1.6}$	302.61	灰色石英质细砂岩,质密状含煤线
			$\dfrac{1.0\sim5.29}{3.1}$	305.71	深灰色砂质页岩,含白云母和煤线并有化石
			$\dfrac{13.57\sim21.06}{18.2}$	323.91	灰白色中粗砂岩,成分以石英长石为主,含煤线及 FeS$_2$ 结核
			$\dfrac{0\sim4.61}{2.3}$	326.21	深灰色细砂岩,夹薄层粉砂岩,只在东部赋存
			$\dfrac{0.8\sim1.05}{0.9}$	327.11	深灰色砂质页岩,夹薄层细砂岩
			$\dfrac{5.3\sim63.51}{5.7}$	323.81	12^{2}号煤层。半亮型,含 FeS$_2$ 和夹石
					灰色细砂岩,含煤质线显出层理清楚底部变为深灰色砂质页岩有滑面打斜孔证实煤厚

图 2-42　综合柱状图

8402 工作面可采长度 967m,工作面长度 181.5m,煤层厚度为 4.10～6.70m,平均 4.75m;8404 工作面可采长度 1300m,工作面长度 181.5m,煤层厚度为 4.10～6.3m,平均 4.83m。两工作面普遍含有一层 0.1～0.3m 夹石,煤层倾角 2°～5°。在 8404 工作面揭露一条宽 6～8m 的火成岩墙,岩性为黄斑岩,岩墙周围煤层变质呈焦炭。工作面北部未采,西部为 8406 工作面,南部为 303 盘区集中巷道,东北部为 404 盘区大巷,见图 2-43。

　　2)晋华宫矿

　　开采 12 号煤层 402 盘区 870 水平 8210 工作面。工作面顺槽走向设计长度 1740m,可采走向长度 1700m,工作面倾斜长度设计为 163m,采高为 1.4～7.3m,平均 5.5m,停采位置至盘区回风巷 40m,盘区巷道煤柱宽均为 20m。工作面位置及井上下关系见表 2-39,煤层赋存情况见表 2-40。

表 2-39　工作面位置及井上下关系表

水平名称	采区名称	地面标高/m	工作面标高/m	地面相对位置
870 水平	402 盘区	1155.1～1243.1	814～916	校尉屯村焦炭厂南部,晋华宫矿火药库北部
回采对地面设施的影响	井下位置及与四邻关系	走向长度/m	倾斜长度/m	面积/m²
对五九公路和晋华宫服务公司兴旺庄矿工业广场	东至 870 大巷,南邻 8712 工作面,西至盘区辅助皮带巷,北部为主体	1700	163	282200

表 2-40　煤层赋存情况表

煤层厚度/m	煤层结构	煤层倾角/(°)	开采煤层	煤种	稳定程度
1.4～7.3	5.7	1～10	12 号煤层	RN32	稳定
可采指数	变异系数/%	煤质硬度	煤层情况描述		
1	19.6	3～4	为中侏罗统大同组 12 号煤层,属结构简单、煤层稳定可采的近水平煤层。基本上呈一单斜构造,煤层中间薄两边厚		

2.4.2.3　工作面巷道布置与支护方式

　　四老沟矿大采高与晋华宫矿大采高工作面的巷道布置相同,见图 2-43。工作面采用双巷布置,巷道沿倾向布置,切眼沿走向布置。回风巷兼用于运送材料。运输巷为机轨合一巷,用于运煤、进风兼存放设备列车。四老沟矿大采高工作面两巷均沿底掘进,晋华宫矿大采高两巷采用沿顶方式掘进。运输巷、回风巷、工作面切眼均采用矩形断面。

　　巷道支护方式为锚杆＋锚索联合支护方式,两排锚索呈三角形布置,锚杆、锚索的参数见图 2-44～图 2-46。

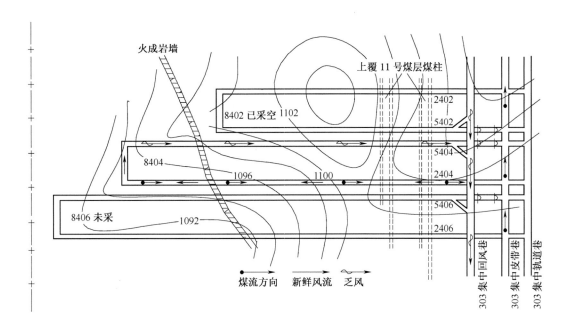

图 2-43 四老沟矿大采高工作面布置图

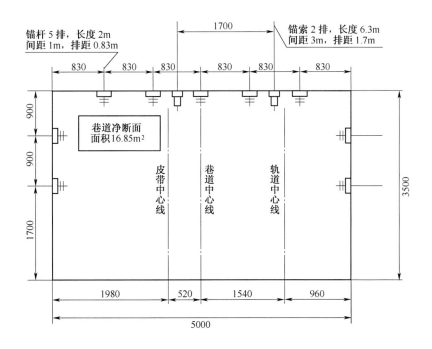

图 2-44 运输巷道（2402、2404）几何尺寸与支护图（单位：mm）

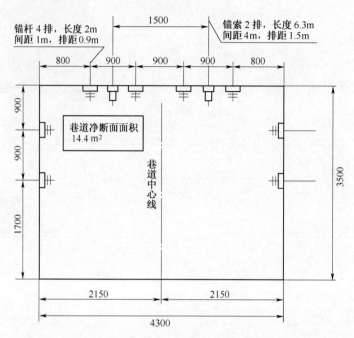

图 2-45　回风巷道 (5402、5494) 几何尺寸与支护图(单位:mm)

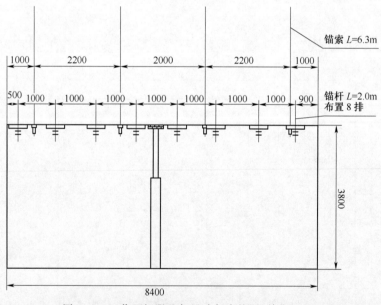

图 2-46　工作面切眼几何尺寸与支护图(单位:mm)

切眼采用两次掘进成巷工艺,与传统施工工艺相比减少了开邦准备工序,缩短了准备时间。巷道支护采用锚杆、锚索加单体支柱的联合支护方式,解决了 14 号煤层复合顶板条件下超大断面切眼的成巷关键技术,确保了超大断面切眼安装设备的安全有效实施。

2.4.2.4 工作面设备布置

工作面主要设备配置见表 2-41。

表 2-41 "两硬"大采高工作面主要设备配置表

序号	设备名称	四老沟矿设备型号	晋华宫矿设备型号
1	液压支架	ZZ9900/29.5/50	ZZ13000/28/60
2	采煤机	SL500	MG1100/2760-WD
3	刮板输送机	SGZ1000/1050	SGZ1000/1400
4	转载机	SZZ1000/375	SZZ1000/375
5	皮带运输机	SSJ1200/3×250MG	SSJ1200/3×250MG
6	破碎机	PCM-250	PCM-250
7	乳化液泵站	LRB-400/31.5	LRB-400/31.5
8	喷雾泵站	KPB315/16	KPB315/16
9	移动变电站	2500KVA	KBSGZY-630KVA KBSGZY-800KVA
10	负荷中心	AW2000	AW2000

1) 采煤机

四老沟矿使用 SL500 型双滚筒电牵引采煤机,晋华宫矿使用 MG1100/2760-GWD 型大采高电牵引滚筒采煤机,其主要技术特征见表 2-42。

2) 液压支架

开发适应大同矿区坚硬顶板条件 5～6m 厚煤层一次采全高强力液压支架是坚硬顶板与坚硬煤层条件下大采高综采的技术关键。为此,同煤集团与科研院所共同开发研制了新型四柱支撑掩护式支架。其技术特征见表 2-43。

3) 刮板输送机

SGZ1000/1050 与 SGZ1000/1400 为"两硬"大采高开采大运输能力的刮板输送机,采用交叉侧卸方式,输送机过渡段前伸,实现了工作面全长液压支架支护,保证了采煤机割通煤壁。

2.4.2.5 采煤方法及采煤工艺

1) 采煤方法

A. 采煤方法的选择

根据煤层赋存条件,工作面采用倾向长壁后退式综合机械化采煤法,并采用自然垮落法结合人工强制放顶管理采空区顶板。

表 2-42　大采高电牵引滚筒采煤机主要技术特征表

采煤机类型	采高/mm	截深/m	滚筒直径/mm	滚筒转速/(r/min)
四老沟矿 SL 500 型	2500~5205	0.865	2500	29
晋华宫矿 MG1100/2760-GWD 型	3300~6000	0.865	3200	25.5

采煤机类型	最大牵引速度/(m/min)	牵引机功率/kW	截割电机功率/kW	装机总功率
四老沟矿 SL500 型	39.9	2×90	2×75	1815
晋华宫矿 MG1100/2760-GWD 型	25	2×150	2×1100	2760

表 2-43　大采高液压支架主要技术特征表

型号	高度/mm	中心距/mm	初撑力/kN	工作阻力/kN	支护强度/MPa
老四沟矿 ZZ9900/29.5/50	2950~5000	1750	7734	9900	0.85~0.94
晋华宫矿 ZZ13000/28/60	2800~6000	1750	10128	13000	1.24~1.28

B. 采高的确定

根据所选的支架支护高度和采煤机采高等因素,确定工作面平均采高 5.0m,煤层厚度低于 5.0m 时见顶见底开采,高于 5.5m 时按 5.5m 见顶留底开采。

C. 循环进度

由采煤机最大截深 865mm,确定循环进度为 865mm。

2) 采煤工艺

A. 采煤机的截割方式

采煤机割煤采用双向割煤法,前滚筒(以采煤机行走方向为前)割顶煤、后滚筒割底煤。

B. 循环方式

工作面采用正规循环作业方式,采煤机进刀采用在工作面头、尾割三角煤的斜切进刀方式,其工艺过程为:头尾部斜切进刀→正常割煤→移架→移溜。

C. 工作制度及劳动组织

该工作面采用"四六制"作业方式,三班生产一班检修,日生产时间为 18 小时。

2.4.2.6　显现规律

采用 ZYCD-Ⅲ型综采支架连续记录仪观测顶板压力,工作面中部矿压观测结果见表 2-44。

表 2-44　工作面中部矿压观测结果

初次来压步距/m	初次来压时动载系数	周期来压步距/m	周期来压动载系数	平均初撑力/(kN/架)	平均末工作阻力/(kN/架)	来压时最大工作阻力/(kN/架)	支架一次增阻占百分比/%
57.8	1.38	19.2	1.31	6249	7425	9496	72.7

2.4.2.7　工作面超前支承压力分布

工作面超前支承压力是矿山压力研究的重要内容之一,也是巷道超前支护和煤柱留设大小的主要依据。超前支承压力观测站设在工作面回风巷道,通过在煤帮安设 ZHC 型钻孔油压枕进行观测。它主要由油枕、管路和压力表组成,油泵将油通过注油阀压满整个油枕和管路,排气阀放出枕内空气,油压驱动压力表显示初始读数。

根据实际需要以及工作面的开采情况,油压枕安设在工作面回风巷距开切眼 360m 处的煤帮内,距回风顺槽煤帮 3m 处。在安设前,首先在垂直距煤层底板 2m 和 1m 处,用 Φ45mm 的煤电钻垂直煤帮分别打 5m 和 3m 深的钻孔(图 2-47)。打孔时,尽量保持垂直煤帮,而且尽量使孔壁光滑,打完后,吹出孔内煤粉,然后再进行安装。

油压枕在钻孔中的安装方式有充填式、预包式和双楔式三种。如用充填式安装油压枕时,把搅拌好的砂浆加适量水玻璃或速凝剂(三乙醇胺 5%,食盐 5%),用送灰器送入孔内,然后插入油压枕,待砂浆达到凝固强度后即可加初压。使用预包式安装油压枕时,一般要求孔径比包体外径只能大 2mm。使用双楔式油压枕时,钻孔直径为 Φ36～54mm。

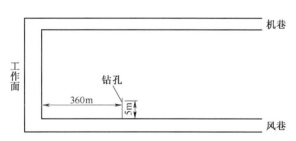

图 2-47　油压枕钻孔布置示意图

根据所采用的试验仪器,本观测采用充填式安装法,由于该仪器不能自动加压,所以安装好后,立即记录压力表的读数,读数为 0,在随后的开采过程中,每隔一定时间观测连通到油压枕上压力表的变化情况,随着工作面推进,可详细记录压力表的数值,见表2-45。

表 2-45　压力表读数与到工作面距离的关系

到工作面距离/m	0	3	6	9	12	15	18	21	24	27	30	33	36	39	42
压力表读数/MPa	0.9	1.7	2.5	2.3	2	1.6	1.3	1.0	0.8	0.5	0.3	0.1	0	0	0

由于使用油压枕的过程中,难以施加初始压力,使其达到原始应力状态,因此量测的数值为支承压力变化的相对值,而不是绝对值,不能完全反映出煤体中实际支承压力的大小,但可以反映出其变化趋势和应力的集中程度。这并不会影响对工作面前方支承压力的分析。工作面超前支承压力大约在工作面前方 35m 处开始增加,随工作面的逐步推进,其增幅也逐步增加,当工作面推进到距离煤壁 6m 左右时,达到了增值的峰值,随后,又逐渐减小趋向于原岩应力。8402 工作面所在位置的原岩应力大约为 6MPa,而支承压力的增值大约为 2.5MPa,可以计算出应力集中系数大约为 1.42。即 8402 工作面的超前

支承压力分布范围为 30m,峰值位于煤壁前方 6m 处,应力集中系数为 1.42,如图 2-48 所示。

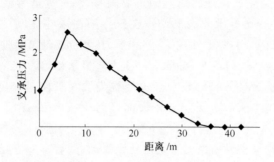

图 2-48　工作面超前支承压力分布

2.4.2.8　工作面煤壁片帮

工作面采高增大后,煤壁片帮是生产过程中常遇见的问题之一,掌握煤壁片帮规律和有效控制是本项观测的主要目的。对于煤壁片帮来说,可用两个指标来衡量,一个为煤壁片帮深度,另一个为煤片帮长度。

煤壁片帮深度 c 是端面顶板破碎度和冒落灵敏度统计分析中的一个参数,直接反映煤壁前方支承压力的大小以及煤壁的稳定性,并可作为矿压统计观测的一个单独指标。煤壁片帮破坏形式主要有剪切滑移和张性断裂。不论哪种情况,片帮深度都是指煤帮塌落的最大深度。

煤壁片帮长度 L 往往不受重视,但它反映了煤壁前方支承压力的波及范围,也可作为矿压统计观测的一个单独指标。片帮长度是指从开始发生片帮到片帮终止位置的横向延展距离。

片帮程度与采高、煤体性质、裂隙分布与发育程度、工作面推进速度等密切相关,通过统计四老沟矿 8402 工作面从开始初采到整个工作面采完大约 800m 长的推进距离上的煤壁片帮情况,进一步掌握"两硬"条件下煤壁片帮规律。分别按照设置液压支架的 10 条测线做了统计,根据每天的观测记录,结果发现在工作面头部地段,并没有出现明显的片帮,只是偶尔出现轻微的片帮现象,这也说明工作面头部上覆岩层比较稳定,岩层是较为完整的,没有出现破碎地段,对煤壁压力不大,并且与支架及时的移架升架有密切关系,避免出现较长的空顶时间。在日常的观测中发现,工作面尾部的顶板比较破碎,并且随采随冒,但是也没有出现明显的片帮现象,仅仅偶然出现轻微的片帮,这与工作面尾部煤柱对顶板的支撑作用、缓解煤壁的压力,回风顺槽有计划、有针对性地阶段放顶,预松动顶板、提前释放顶板的压力有很大关系。而在工作面中部,片帮现象比较明显,但是总体片帮程度并不十分严重。8402 工作面采用一次采全高方案,采高为 5m,开采空间加大,对煤壁的稳定性不利。但只要工艺、技术和管理得当,在"两硬"条件下实施 5m 采高工作面开采,可以保证工作面正常推进,煤壁片帮不会制约工作面的正常推进。实际的片帮程度不十分严重。

　　图 2-49～图 2-52 为 58 号支架和 78 号支架处片帮深度和长度与推进速度之间的关系图。由图上可以清楚地看出,加快工作面推进速度,煤壁的片帮深度和长度都大大减小。58 号支架测线在推进速度为 5m/d 时,其片帮平均深度达到了 0.39m,片帮平均长度达到了 6.65m;工作面的推进速度加快时,片帮程度明显减弱,当推进速度达到 9m/d 时,其片帮平均深度减小到 0.19m,而片帮平均长度也减为 1.43m。可见加快工作面推进速度可以大大地减弱煤壁的片帮程度,是避免煤壁片帮最有效的措施。

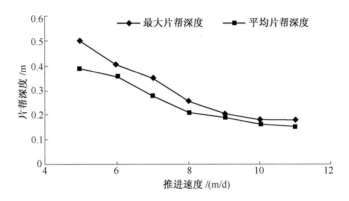

图 2-49　58 号支架测线煤壁片帮深度与推进速度的关系图

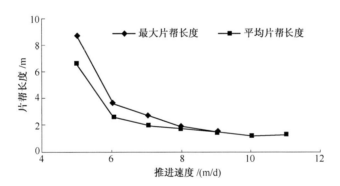

图 2-50　58 号支架测线煤壁片帮长度与推进速度的关系图

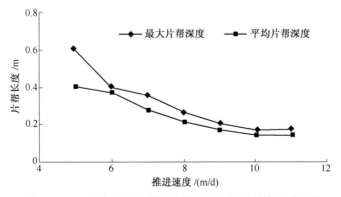

图 2-51　78 号支架测线煤壁片帮深度与推进速度的关系图

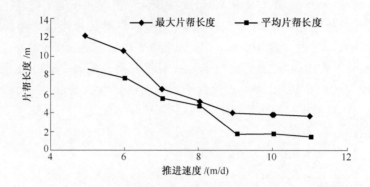

图 2-52　78 号支架测线煤壁片帮长度与推进速度的关系图

图 2-51 和图 2-52 表明 78 号支架测线的片帮深度和长度均随推进速度增加而减小。也显现出减弱趋势,推进速度为 5m/d 时,其片帮平均深度达到了 0.39m,片帮平均长度达到了 8.75m,工作面推进速度增加到 9m/d 时,其片帮平均深度减为 0.15m,片帮平均长度减为 1.75m。由此可见,工作面正常的推进速度,既能保障矿井的生产产量,同时也是维持矿井正常生产的有利因素。因此,尽量排除一切可能的干扰因素,维持合理的工作面推进速度 9m/d,是实现矿井高产高效的有利保证。

虽然"两硬"条件下大采高开采煤壁片帮并不严重,但在实际操作中也应注意以下几点,保证煤壁的稳定性。

(1) 工作面片帮深度一般在 0.3m,长度为 4～6m,工作面推进速度对煤壁片帮有重要影响,片帮程度与工作面推进速度成反比,加快工作面推进速度,并且形成正常作业循环,煤壁的片帮深度和长度都大大减小。

(2) 工作面因故停产或者检修期间,煤壁片帮的程度比较严重,因此,在检修期间不要出现太长的空顶时间。支架移架不及时,产生较长的空顶时间,或者由于支架使用出现故障,未能及时有效地支撑顶板,会产生严重的片帮。

(3) 工作面来压前,由于煤壁前方支承压力的加剧,会出现较大的片帮。或者由于顶板比较破碎,可能造成局部的冒顶、漏顶事故,支架不能有效地支撑顶板,而出现较严重的片帮。

2.4.2.9　顶板运移规律

针对四老沟矿大采高 8402 首采工作面的实际开采情况,深基点孔口安设在工作面回风巷距开切眼 394m 处,设置一个顶板观测站,测站中布置四个钻孔,四个测点,每个钻孔中安设一个深基点,利用深基点跟踪法对顶板变形和运移情况进行观测,钻孔布置示意图如图 2-53 所示。

深基点观测时对钻孔和基点参数(孔口倾角、孔深、基点位置)进行了严格设计与设工,以保证观测效果。当基点进入支架尾梁上方附近将冒落时,孔口距煤壁的超前距离大于 5m,深基点深入工作面长度大于 10m,以消除边界效应。钻孔布置的基本参数见图 2-54 所示,其基本几何关系如下:

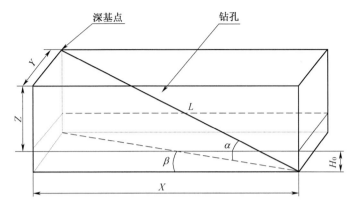

图 2-53 深基点钻孔在巷道断面上的布置示意图

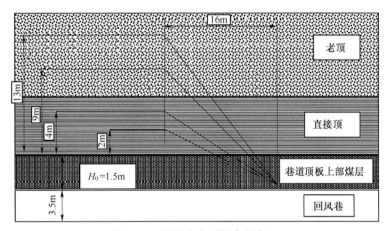

图 2-54 深基点在顶板中的布置

$$X = L\cos\alpha\cos\beta \qquad (2\text{-}20)$$

$$Y = L\cos\alpha\sin\beta \qquad (2\text{-}21)$$

$$Z = L\sin\alpha - H_0 \qquad (2\text{-}22)$$

式中，α 为钻孔的仰角；β 为钻孔与回风巷的水平夹角；X 为从孔口至深基点处平行于回风巷的水平长度；Y 为从孔口至深基点处垂直于回风巷轴向的水平长度；Z 为直接顶底板至深基点处的铅垂高度；H_0 为孔口到直接顶的铅垂高度。

图 2-55 为深基点在顶板中的具体层位，四个深基点分别跟踪直接顶 2m 和 4m 层位，老顶 9m 和 13m 层位。深基点的具体参数见表 2-46。

表 2-46 深基点设计方案表

钻孔	水平夹角/(°)	仰角/(°)	钻孔深度 /m	垂直深度 Z/m	水平长度 X/m
1	60	26	34	13	16
2	60	20	31	9	16
3	60	11	30	4	16
4	60	7	30	2	16

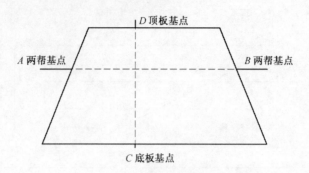

图 2-55　巷道围岩位移测点布置图

当深基点设置完毕后,立即进行了初次测量,量测记录了深基点距钻孔的距离。在随后开采过程中,工作面每推进 4m 就进行一次观测,当工作面推进到煤壁附近时,共观测了 10 次,其详细的观测数据见表 2-47 和图 2-56。

表 2-47　8402 工作面顶板位移观测数据 　　　　　　　　　　（单位:cm）

到工作面的距离/m	Z 值/m			
	2	4	9	13
−16	76	149	101	110
−12	51	111	81	93
−8	39	87	76	79
−4	27	69	53	66
0	16.4	45	46	50
4	9.7	13	17	43
8	5.3	5.8	7	18
12	3.3	2.6	1	9
16	1.6	1	0	1
20	1	0	0	0

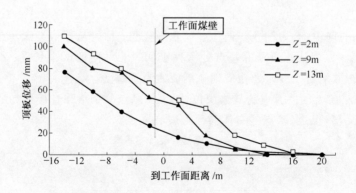

图 2-56　8402 工作面顶板位移与到工作面距离的关系

从直接顶和老顶运移实测结果,可以得到如下一些结论。

（1）直接顶明显发生离层现象,下位直接顶大约在距工作面煤壁 20m 左右的位置开始运移,上位直接顶随后也开始发生移动,下位直接顶随工作面的推进随采随冒,而上位直接顶在进入采空区后位移急剧增加,并且在工作面推过大约16m的距离全部垮落。

(2)上位直接顶随采随冒是由顶板比较破碎,再加上阶段性放顶造成的。而上位直接顶由于顶板比较坚硬,工作面推过一段距离后,才开始全部垮落。

(3)老顶岩层大约在距工作面煤壁12m的位置开始移动,并且移动的速率增加很快,而且老顶中的两个深基点移动的变化趋势是一致的,上部老顶的位移要大于下部老顶的位移,说明老顶岩层之间没有发生离层现象。

(4)老顶的位移明显没有上位直接顶的位移大,说明老顶与直接顶之间发生了离层或者相互错动。老顶本身形成了大型结构,该结构的破坏会产生大的来压,会造成工作面煤壁的严重片帮。

2.4.2.10 巷道变形和破坏

采用SYC-2C型非金属超声波测试仪观测巷道变形和破坏。观测结果表明,随着工作面的推进,顶底板与两帮的移近量都逐步增加,但由于顶板坚硬,总体巷道变形都不大。松动圈测试结果为:顶板采动影响前为1.0m,采动影响后为1.7m;煤帮采动影响前为0.9m,采动影响后为1.6m。

四老沟矿8402工作面两巷道的净断面较大,面积为5m×3.5m,并且沿底留部分顶煤掘进,对巷道的顶板采取了加强支护措施,两巷在成巷时采取锚杆、锚索、挂金属网联合支护,巷道两帮上网加固,其具体规格为2402机巷五排锚杆,间距1.0m,排距0.85m,两排锚索,间距3.0m,排距1.7m;5402风巷四排锚杆,间距1.0m,排距0.9m,两排锚索,间距4.0m,排距1.5m,锚索长度4.5m。

工作面开采过程中超前支承压力及范围将随着采动空间的增高而增大,为了保证矿井的安全、稳定生产,保证两巷道随工作面平稳推进,特设计两顺槽超前50m范围内,使用DZ-40单体液压支柱配合1.2m的钢梁进行支护,柱距1.7m,顶梁与巷帮垂直,皮带巷超前支护在距转载机溜槽边缘0.5m处,运料巷的超前支护在巷道中心线两侧1.0m处。

为了测量超前支承压力在开采过程中对巷道变形的影响,在回风巷道距离开切眼120m和130m处布置两个测站,采用单十字布点法进行观测,具体的测点布置见图2-57。在安设测点时要保证直线CD垂直顶底板,保证直线AB垂直两帮。由于机巷在超前支护段安设液压泵站,同时还铺设运输机及皮带,所以没有设置测站。

120m处基点距离工作面煤壁40m,而130m处基点距离工作面煤壁50m,待基点布置好后,立即量测顶底板和两帮的距离,随后随工作面的推进,每隔一天观测一次,并做了详细的记录,有关数据见表2-48和表2-49。

表2-48 8402工作面回风巷120m处测站巷道变形量

距离煤壁距离/m	顶底板移近量/m	两帮移近量/m
4	31	18
14	24	13
21	17	11

续表

距离煤壁距离/m	顶底板移近量/m	两帮移近量/m
27	13	9
30	9	5
37	3.4	1.6
40	0	0

表 2-49　8402 工作面回风巷 130m 处测站巷道变形量

距离煤壁距离/m	顶底板移近量/m	两帮移近量/m
5	37	27
9	27	23
14	17	13.4
19	11	7.5
24	7	3.5
34	4	2.1
37	1	1.0
39	0	0
40	0	0

　　图 2-57 和图 2-58 分别为两个测站测得巷道移近量变化情况。从图中可以看出,巷道测点顶底板与两帮移近量变化趋势基本一致,即随着工作面的推进,顶底板与两帮的移近量都在逐步增加,但总体巷道变形量都不大。不管是哪一个测站,两帮移近量都要大于顶底板移近量,其原因在于,巷道比较大,而且顶底板比较坚硬。

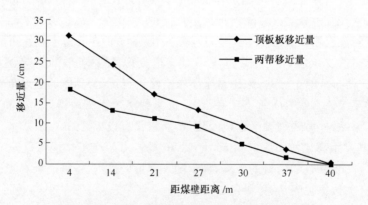

图 2-57　8402 工作面 120m 处风巷移近量曲线

2.4.2.11　采高对顶板活动的影响分析

　　由于采高的增大,采空区充填的程度降低,直接顶和基本顶垮落和运移的空间增大,使得基本顶悬臂长度、回转角度和活动程度加强。因而大采高相对于普通采高而言,来压

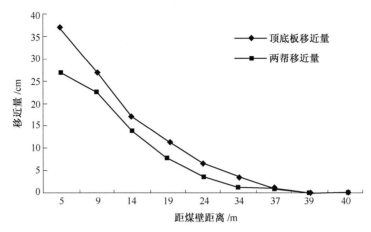

图 2-58 8402 工作面 130m 处风巷移近量曲线

强度相应加大。工作面煤壁前方破坏范围、最大主应力、支架上方围岩应力集中区域范围都相应增大。

2.5 侏罗纪煤层短壁开采

同煤集团由于多年来大力实施高产高效综合机械化开采,其工作面的布置是以加大工作面长度和可采长度为基础,造成边角剩余煤量增多;小煤窑越层、越界乱采,大块完整煤层严重破坏,也使边角煤层和小块工作面增多。同煤集团现有矿井多为建国初期建成的,已经进入了开采末期,因此依靠精细开采来提高矿井资源回收率、增大剩余边角煤层的开采工作量已是当务之急。同时建筑物下、铁路下等的煤炭储量很大,要合理开发利用这部分资源,就必须解决"三下开采"的采煤方法和配套设备。然而,因现有小块工作面和剩余边角煤层开采装备与技术手段较落后,不仅导致煤炭产量低、生产效率低、安全状况差。同时由于工作面开采速度慢,严重影响着下覆煤层的开采接替,制约了矿井正常生产和资源回收率的提高。采用短壁综合机械化开采是解决这一难题的有效技术途径。鉴于大同矿区"两硬"的开采条件,进行短壁工作面的综合机械化开采,在技术上难度大,国内外又无现有设备与技术。因此,通过新型大功率短壁采煤机和顶板控制方面的研究解决上述问题。

2.5.1 短壁开采现状

2.5.1.1 国外短壁开采的发展现状

短壁机械化开采技术始创于美国,它的主要设备有连续采煤机、锚杆钻机、运煤车等。经过 50 多年的不断研究与改进,已形成了自行体系的短壁机械化采煤方法。在美国,采用短壁机械化采煤法的产量在井工采煤中一直领先,近年来,由于长壁综采的发展,连续采煤机开采的产量有所回落。目前,除美国外还有澳大利亚、南非、印度及加拿大等国均广泛采用短壁机械化采煤,取得了较好的经济效益,但是采空区煤柱回收没有得到很好地解决,回采率一般为60%左右,有自移支护设备的回收率可达80%以上。

2.5.1.2　国内短壁开采的发展现状

房式、柱式和房柱式等短壁采煤方法,20世纪50～60年代,在我国使用的比较普遍。70年代初,随着长壁机械化采煤工艺在国内的兴起和推广普及,短壁采煤方法除地方小煤窑采用外,国有大型矿井基本上不再使用这种方法。主要原因是这种采煤工艺的煤炭回收率低,机械化程度低、通风条件较差、工效低,无法保证安全生产。图2-59是传统的房式采煤工作面回采工艺图。它的回采工艺是:在采区内开掘平巷,将煤体切割成方形煤柱,然后在方形煤柱中开掘劈柱巷,并由劈柱巷向两侧再开煤房。开掘平巷和劈柱巷时用锚杆管理,而在煤柱中掘煤房时不再打锚杆。这种回采工艺的最大缺点是通风系统复杂,通风管理困难;回采率低,回采率仅为30%左右。

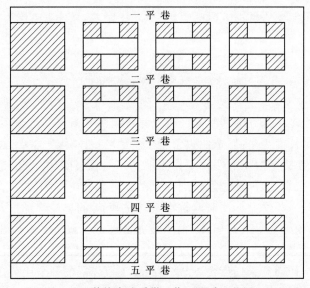

图 2-59　传统房式采煤工作面回采工艺图

但是,相对而言,这种采煤方法,投入较低,煤炭生产成本低廉,因而小煤窑仍然采用这种采煤方法。

从1979年开始,我国先后引进了多种型号的连续采煤机,并在条件适合的矿区进行了试验。大同矿务局大斗沟矿使用JOY12CM型连续采煤机进行刀柱式开采,年产量达35万t,曾创造了月进2187m单巷掘进的全国纪录;山西雁北地区马口矿使用连续采煤机在小窑破坏区回收煤柱,年产达7万t;山西大同市姜家湾矿使用连续采煤机条带式采煤法开采,月产达2.5万t,发挥了连续采煤机采掘合一、机动灵活的优点。但当时只是采用了房式采煤方法进行回收,仅解决了落、装、运的机械化,并没有实现回收煤柱时的支护机械化问题。因此,在回收煤柱时只能采用部分回收法,在采空区留有大量残余煤柱。不仅煤炭回采率低,给井下煤炭自燃造成了安全隐患,而且残留煤柱的支承压力在底板传播易造成应力集中,给下层煤的开采带来不利影响。由于上述影响因素未能得到很好地解决,目前国内大部分使用过连续采煤机的矿井已将连采机退役。而神东矿区根据现代化矿井建设的需要和目标,采用现代化的管理手段,在生产实践中研究、探索和总结经验,在连续采煤机短壁机械化开采技术的研究和应用方面,取得了成功,使连续采煤机短壁开采技术在神东矿区全面推广应用,并为国内连续采煤机短壁机械化采煤探索出了一条新路子[54]。

2.5.2　短壁机械化开采技术及其适用条件

目前世界主流采煤技术的代表分为长壁综合机械化开采技术和短壁机械化开采技术。长壁式开采技术基本成熟,而作为长壁综合机械化采煤方法重要补充的短壁式开采方法及工艺仍处于起步推广阶段。同煤集团也不例外。在不规则块段、煤柱回收、残采区、"三下"压煤等煤炭资源的开采技术上,应用短壁式采煤方法是主导发展方向。

现代短壁机械化采煤法有三种模式。

(1) 连续采煤机短壁机械化开采技术,它是以连续采煤机为龙头,配以连续运输系统等先进设备的较为先进的短壁开采技术,神东矿区采用。

(2) 采掘一体机短壁机械化开采技术,是采用采掘一体机进行掘进和采煤,该技术已在山西潞安矿业(集团)有限责任公司五阳矿试验,使用的是煤炭科学研究总院太原分院研制的 EBH/J-132 型采掘一体机。

(3) 短机身单滚筒采煤机短壁机械化开采技术,这种开采技术与前两种开采技术在工作面装备、巷道布置、回采工艺等方面有着本质的区别,它是采用短机身单滚筒采煤机割煤,工作面布置方式及设备与长壁综采工作面基本相同,只是工作面长度较短而已,大同四台矿、王坪矿采用。

2.5.2.1　连续采煤机短壁机械化开采技术的适用条件

(1) 适用于埋藏深度小于 500m 的煤层。一般说来上覆岩层厚度越大,顶板压力越大,5.0~6.0m 大断面巷道支护就越困难。在大深度条件下,支护成本高,成巷速度慢,连续采煤机及配套设备的效能难于发挥。

(2) 适用于煤层厚度为 2.0~4.5m 且结构简单的煤层。连续采煤机及配套设备在2.0m 以下的煤层中使用时,锚杆机操作受到较大的影响,锚杆机打孔和安装锚杆机不方便,需要换钎杆才能完成钻孔,极大地降低了支护工效,延长了支护时间。当煤层含有较厚且硬度较大的夹矸时,连续采煤机不能截割,需要人工辅助处理,降低了煤质,增加了工人劳动强度。

(3) 适用于煤层倾角小于 8°的近水平煤层。由于连续采煤机的横向防滑性能较弱,且连续采煤机及配套设备多为自移式,爬坡能力受限,只适用于倾角较小的煤层。当倾角大于 10°时,设备的自移会出现困难,工作效率就会大大降低,因而适宜布置在 8°以下的近水平煤层。

(4) 适用于顶底板中等稳定的煤层。连续采煤机短壁机械化开采时巷道采用锚杆支护,中等稳定及稳定顶板有利于锚杆支护。由于连续采煤机尤其是运煤车等设备,在巷道中往返运行极易造成对底板的破坏,当底板岩石强度较小时,底板极易泥化,妨碍设备运行。因此,煤层底板比较坚硬,遇水不易膨胀的岩石较为理想。

(5) 适用于低瓦斯煤层及不易自燃的煤层。连续采煤机短壁机械化开采工作面巷道布置与长壁式开采差别较大,工作面通风系统复杂,通风效果差,独头巷道多,因此适用于在低瓦斯煤层中应用。如果在高瓦斯矿井中使用,则要另行采取专门的安全措施。连续采煤机短壁开采工作面采空区遗留煤较多,浮煤多,易引起煤层自燃。所以最好用于无自然发火威胁的煤层中。如果有发火危险,也应采取专门措施。

(6) 适用于"三下"开采及不适宜布置长壁综采区域的开采。由于连续采煤机及配套设备具有行走自如、能快速移动的特点,工作面布置比较灵活,适用于"三下"开采及不适宜布置长壁综采面的区域回采。

2.5.2.2　采掘一体机短壁机械化开采技术的适用条件

(1) 煤层埋藏深度小于 800m;

(2) 煤层厚度 2.0～4.0m;

(3) 煤层倾角小于 12°;

(4) 煤层顶底板中等稳定;

(5) 低瓦斯及不易自燃煤层;

(6) 适用于"三下"开采及矿井边角煤、残采区和大巷、采区边界煤柱的回收。

2.5.2.3　短机身单滚筒采煤机短壁机械化开采技术的适用条件

短机身单滚筒采煤机短壁机械化开采技术的适用条件与长壁综采相同,适用范围广。由于受采煤机爬坡能力的限制,目前适应煤层倾角在 16° 以下。

2.5.3　短壁机械化开采在我国煤矿的使用前景

我国煤田分布十分广泛,煤层赋存条件多种多样,许多矿区具有与美国、澳大利亚等国相似的煤层赋存条件,十分适宜使用连续采煤机,如大同、黄陵、榆神等矿区。地质构造复杂而无法布置正规综采或普采的不规则地段或边角地段的煤层以及大巷煤柱等,适合于连续采煤机及采掘一体机的机动、灵活开采。

我国煤炭资源分布甚广,一些城市和村镇的建筑物下、铁路下、水体下压煤量也很大,据不完全统计,仅我国煤矿生产矿井"三下"压煤量就达 137.9 亿 t,其中建筑物下压煤约 87.7 亿 t,占"三下"压煤量的 60% 左右,可供 28 个年产量 500 万 t 的大型矿井开采 100 年。在人口密集、工业发达的河北、河南、山西、山东、辽宁、黑龙江、陕西及安徽八省建筑物下压煤约 64.7 亿 t,占全国"三下"压煤量的一半。山西省所属七个矿务局井田内压煤近 10 亿 t,潞安矿区现生产的五个矿井压煤近 3.7 亿 t。其中五阳矿有 36 个村庄压煤约 0.92 亿 t,占全矿储量的 23.4%。"三下"压煤问题造成回采工作面接续紧张、缩短矿区煤炭生产服务年限,使矿区过早地进入衰老报废期,不仅给国家造成极大浪费,还必将引发资源城市可持续发展的社会问题。三种短壁机械化开采技术解决"三下"采煤问题是一条很好的技术途径之一。

除"三下"压煤外,矿井内还有很多的不规则块段以及残采区,不能采用正规长壁综采开采,包括正规综采工作面回采后局部留下一些不规则区段,位于矿井边界以及断层等地质构造附近的煤炭。随着矿区生产的不断进行,煤炭资源总量和适宜长壁开采的储量比例在不断减少。

因此,三种短壁机械化开采技术模式基本适合我国当前煤矿开采的需要,根据各自的煤层赋存条件择优选用。三种短壁开采技术作为长壁开采技术的重要补充,代表了我国短壁机械化开采技术的发展方向。适合我国煤矿特点的短壁机械化开采技术及成套设备在实际应用中将逐步完善和提高,最终将形成具有中国煤矿特色的短壁机械化开采技术体系。

2.5.4 "两硬"条件下短壁开采关键技术

首先通过开发适用于坚硬煤层小工作面(短壁)的交流变频电牵引采煤机解决硬质煤层的截割问题,经井下试验表明在短壁采煤机上选择的主要参数先进合理,总体结构简单可靠,技术和性能指标达到了设计要求和满足实际生产需求,综合技术指标达到了国际领先技术水平。

再通过研究短壁配套技术,形成整套用于"两硬"条件下的(短工作面)短壁开采工艺技术,实现了短壁综采直接进刀的开采工艺,创新开采工艺实现短壁的高效开采,加快了短壁工作面的开采速度。如在复杂地质构造和不良环境条件 50~80m 工作面短壁综采平均开采速度达到了 226m/月,是普采速度的 4 倍。这种工艺还可用于不适应普通综采开采的边角煤、小块工作面、"三下"压煤和急倾斜放顶煤的高效开采。在边角煤开采中变普采为短壁综采,提高开采效率和安全性。

2.5.5 "两硬"条件下短壁开采技术

四台矿是一个地质构造非常复杂,小窑破坏又比较严重的矿井,随着开采年限的增长和开采范围的逐年扩大,小块段煤量的开采逐年增加,应用短壁综采有助于提高煤炭资源回收率,保障安全生产,保证下层煤开采的正常接替,具有较高的经济和社会效益。

四台矿井田位于大同煤田北部,南北长约 13km,东西长约 7.5km,面积 82.5km²;主要开采的煤层为 10 号煤层、11 号煤层、12 号煤层、14 号煤层。井田内的地质构造复杂。现全矿共有五个生产盘区,即 307、402、404、303、410 盘区。矿井年设计生产能力为 500 万 t,1991 年 12 月 13 日建成投产以来,矿井产量逐年上升,2004 年矿井产量达到 480 万 t。

短壁综采采煤法是一种不同于房柱式的采煤方法,其基本特征接近于长壁式开采,只是工作面较短,其核心技术是短壁采煤机。该机具有机身短,单滚筒,摇臂布置在机身中部,可带机推溜进刀、不用斜切进刀等特点。2002 年,四台矿 11 号煤层 307 盘区 8722 工作面进行了短壁综采的开采试验,在安全、技术、经济效益等方面都取得了较好的效果。

307 盘区 11 号煤层北翼,由于受地质构造及小窑破坏的影响,只能布置可采走向长度在 270~350m、工作面长度在 50~80m 的工作面,不宜采用长壁综采,但可采储量较大,约为 270 t;如果沿用刀柱式炮采回采,不仅产量效益低、安全可靠性差、回收率低,而且开采速度慢,不能满足矿井生产接替的要求,影响下部 12 号煤层的开拓准备。为加快开采速度,提高煤炭回收率,经过调研,确定采用短壁综采采煤法开采此处煤层,用天地科技股份有限公司上海分公司国内首创的 MG250/300-NWD 型短壁交流电牵引采煤机进行试验性开采。

2.5.5.1　工作面概况

11 号煤层 307 盘区 8722 短壁综采工作面走向长度 420m,可采走向长度 330m,倾向长度 75.5m;煤层厚度 3.36m;工业储量 14 万 t,可采储量 13 万 t,可采出煤量 10.4 万 t;地质条件较简单,无褶曲、断层、冲刷等地质构造。10 号煤层与 11 号煤层本区大部分合并由里向外逐步分叉变薄,煤层厚度为 5.11m,其中含有 0.65m 厚的夹矸;倾角 4.3°～5.8°。顶板岩性:老顶为粉砂岩,厚 11.16m,浅灰色致密块状,胶结较硬;直接顶为粉细砂岩,厚 5.77m,灰白色长石为主,胶结结实;无伪顶。直接底为粉细砂岩,厚 4.14 m。采用两条顺槽巷道沿走向布置方式,沿 11 号煤层与 10 号煤层夹矸留底掘进,矩形断面,净断面宽×高为 4.0m×3.0m,采用锚杆、锚索联合支护。

2.5.5.2　工作面设备

工作面采用单一走向长壁倾向短壁后退式全部垮落法开采。沿 11 号煤层与 10 号煤层夹矸见顶留底煤开采,采高 3.2m。选用设备见表 2-50。

表 2-50　工作面使用设备

设备	型号	功率/kW	厂家	备注
采煤机	MG250/300-NWD 300	300	天地科技股份有限公司 上海分公司	采高 2.3～3.1m
液压支架	ZZ6000-2.1/3.5 (53 架)		郑州煤矿机械集团 股份有限公司	工作阻力 6000kN
刮板输送机	SGZ764/200	200	忻州通用机械有 限责任公司	单机驱动
皮带机	SJ-80	2×40		运输能力 400t/h
乳化液泵	MRB-200/31.5	90	徐州煤矿机械厂	$p = 31.5$MPa

2.5.5.3　生产工艺

采煤机尾部进刀(摇臂顺时针旋转 225°以上)—采煤机向头割顶刀! 移架! 采煤机向尾割底刀(采煤机在头部摇臂逆时针旋转 180°以上)—推溜。工作面采用机尾进刀工艺,即:采煤机从轨道巷向运输巷割顶刀,采煤机滚筒在前;跟机拉移液压支架;采煤机爬上输送机机头,割完顶煤后,采煤机摇臂落下并换向,采煤机滚筒仍然在前;采煤机爬下输送机机头,割底煤;采煤机从运输巷向轨道巷割底刀;跟机推输送机;采煤机爬上输送机尾,割完底煤,采煤机先换向后举起摇臂,把滚筒放在轨道巷断面之内,推输送机机尾进刀,完成一个循环割煤工艺。

采用尾部直接进刀方式,当采煤机滚筒全部进入尾顺槽时,通过带机移溜实现滚筒切入煤壁,达到进刀目的(图 2-60)。

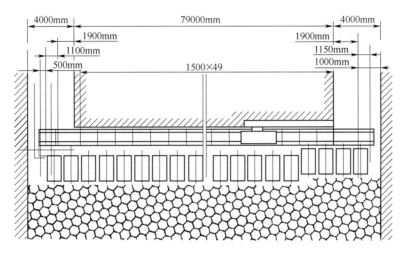

图 2-60　进刀方式示意图(单位:mm)

采煤机采用单向割煤,往返一次进一刀,以截齿旋转破煤,螺旋叶片旋转装煤。割顶煤时,滞后采煤机滚筒 4～6m 移架,保证工作面机道顶板的及时支护。割底煤时,滞后采煤机滚筒 10～15m 开始移溜,刮板输送机弯曲段不得小于 15m,移过的溜子要成一直线。

2.5.5.4　矿压显现规律及顶板控制

1)矿压显现规律

在 8722 工作面,观测到的最大工作阻力为 5647kN,最小工作阻力为 4650kN,其平均值为 5149kN,非周期来压时支架平均工作阻力为 4484kN,周期来压时支架平均工作阻力为 5149kN,因此来压强度平均为 1.15,历次来压强度最大为 1.26,最小为 1.07。

工作面支护阻力呈初撑、一次增阻、二次增阻和多次增阻,其中初撑、一次增阻频率分布为 28.3%、67.5%,在该工作面支架运转特性类型比率最高,表明该支架在该工作面使用运转性能是良好的。实测初撑力平均为 3820kN/架,其中大于 3984kN/架的占 21.4%,初撑力平均值相当于额定初撑的 81%,最大初撑力为 4318kN,比额定初撑力 5209kN/架低 891kN/架(表 2-51)。

实测最大工作阻力平均为 4983kN/架,相当于额定工作阻力的 81.8%,最大工作阻力为 5647kN/架,这说明此支架在该工作面是完全可以支撑顶板的,老顶来压时,仍可富裕 18.2%。

表 2-51　支护阻力数据统计表

支护阻力	指　　标			
	最大值/kN	最小值/kN	平均值/kN	均方差
初撑力	4318	2657	3820	332
工作阻力	5647	4650	5149	415

2) 坚硬顶板控制

工作面放顶采用强制放顶,初次放顶步距为 30m,步距放顶每隔 6m 进行一次浅孔步距放顶,两顺槽各打 3 个眼,眼深 6m,眼距 1m,仰角 75°,每孔装药量 6kg,炮眼呈扇形布置。同时采取以下措施控制顶板。

(1) 加强对复合顶板管理,由于此工作面为复合顶板。周期来压期间,从原图压力记录纸上看,工作阻力较高,工作面煤壁片帮比平时严重,达 0.30m 以上,机道上方顶板破碎度稍有增加,但总的来说对生产影响不大。这时加快工作面推进速度,及时移架,减少机道空顶时间和面积,另外移架时带压移架,提高支架的初撑力,加强放顶管理,可以预防垮漏顶事故。在移架时,先降前后柱(每次不大于 300mm),然后开始移架,支架移到位后(每次 0.6m),升起前、后柱,并将把手停在升柱位,保持几秒钟,目的是保证达到支柱的初撑力。顶板(煤)破碎时,可带压擦顶移架。

(2) 此工作面顶板为复合顶板,机道和风巷超前支护范围内的顶板比较破碎,对生产有一定的影响。这就要求在掘进时,尽可能不破坏复合顶板,及时支护,防止顶板下沉离层,另外要加强端头支护和超前支护管理,保证超前支护距离,保证支护质量和数量,可以防止巷道漏顶事故。

(3) 头尾落三角冒落不好,经常出现 10m×10m 悬板,根据情况采用拆除巷道锚杆锚索和进行人工强制放顶相结合的办法。

(4) 在移架时,支架顶梁与顶板平行支设,其最大仰角<5°,支架前梁要接顶严密,支架垂直底板,歪斜<5°。若出现倒架,要及时操作侧护板千斤顶或调架千斤顶进行调整,在必要时可用单体液压支柱扶正。

(5) 相邻支架间不能有明显错差,支架不挤不咬,若支架之间出现空顶,要及时调整侧护板,使其紧靠相邻的支架,当架间间隙大于 300mm 时,要在架间打一梁三柱抬棚,进行顶板管理。

2.5.5.5　效果评价

四台矿 11 号煤层 307 盘区短壁综采工作面 2002 年 5 月 16 日投产至 2004 年 9 月,共采出 6 个工作面,累计生产原煤 813748t/工时;平均日产 1178t,平均月产 35340t;最高日产 3200t,最高月产 74124t;工效达 23.85t/工(一个班生产,且与综采三队在一个盘区生产,属综采三队配采队);煤炭回收率达到 87.5% 以上;万吨掘进率 66.06m/万 t;安全无事故,在安全、技术、经济效益等方面都取得了预期效果。

短壁综采具有以下几个方面的优点。

(1) 适应性、灵活性强。短壁综采工作面长度一般为 20~80m,故可因地质条件灵活布置工作面,可在地质构造带的中间布置短壁综采工作面,避开地质构造对开采的影响;另外,多层开采时更有利于上下煤柱的对齐。

(2)安全程度高。短壁综采工作面同长壁综采工作面一样使用自移液压支架支撑顶板维护开采空间,较普炮采、高档普采对顶板的管理更有利,且工作面长度较短,矿压显现不强烈,回采空间安全程度高。

(3)进刀工艺简单,生产能力较高。短壁综采工作面采用端部直接进刀方式,进刀工艺简单。在工作面长度小于60m的情况下,与长壁双滚筒采煤机相比,可缩短头尾进刀作业时间,从而增加纯生产时间,生产能力平均达1200t/d,比同煤集团的双滚筒采煤机工作面和炮采、高档普采都要高。

(4)煤炭资源回收率高。现边角煤回收一般采用炮采刀柱式采煤法,回收率为50%左右,而短壁综采的回收率可达到90%。

(5)投资少、搬家费用低。短壁综采开采整套设备的投资约为960万元,比长壁综采和房柱式开采的设备投资都少,投资比为1:2.34:3.85;且工作面搬家准备速度快,一般为10~15天,用工少,而长壁综采工作面搬家时间一般为30天左右,经济效益显著。

2.5.6 短壁综采在开采中存在的问题

(1)短壁综采的万吨掘进率较高,为70.9m/万t,而长壁综采为39m/万t。短壁综采日消耗巷道约15m,煤巷掘进速度较难满足其接替的要求。

(2)两顺槽的断面大,上下顺槽断面尺寸(宽×高)必须大于4.0m×3.0m,才能保证采煤机在上下端头运行割煤。

(3)采煤机装煤效果不佳,机道留浮煤厚度为200~300mm。机头一般留浮煤0.5t,机尾一般1.4~2.0t,给推移溜子及输送机机头、机尾增加阻力,容易损坏液压支架的推移千斤顶。特别是在机头、机尾需由人工清理浮煤,加大了工人的劳动强度。

(4)由于机身短、重量轻,机身的稳定性差,在遇到简单构造时易损坏摇臂。

2.5.7 短壁综采在大同矿区的发展前景

短壁综采开采在四台矿307盘区的试验取得了较好的经济效益,为大同矿区边角煤的开采开辟了新的途径。根据四台矿已开采的几个工作面的经验和短壁综采存在的问题,结合同煤集团目前的开采实际,把短壁综采应用在回收盘区煤柱、边角煤或地质构造复杂带、"三下"条带式开采上,将会取得更好的经济和社会效益。

2.5.7.1 短壁综采回收盘区煤柱

同煤集团所属各矿盘区设计走向长度一般在1000~2000m,三巷布置(盘区轨道巷、盘区皮带巷、盘区回风巷),单翼或双翼开采,隔离煤柱一般20~25m,巷道规格一般为3.6m×2.8m,采用前进式或后退式开采。过去回收盘区煤柱一般采用炮采刀柱式方法,或由于巷道压力大无法回收,不仅效率低、安全程度低,而且造成资源丢失多。采用短壁综采回收盘区煤柱,可直接利用原有盘区巷道及运输设备形成生产系统。通风系统为"两进一回",即盘区轨道巷和盘区皮带巷进风,盘区回风巷回风。用本盘区工作面开采的液压支架,配套短壁采煤机和单驱动刮板运输机进行后退式开采,既克服了短壁开采万吨掘进率高的弊端,又实现了安全、快速回收盘区煤柱的目的,经济效益将十分显著(图2-61)。

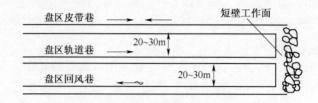

图 2-61　短壁综采回收盘区煤柱开采方案示意图

2.5.7.2　边角煤或地质构造区煤炭的回收

充分利用短壁工作面布置灵活的优势,在断层或其他地质构造分割区间布置短壁综采进行开采,既提高了煤炭资源回收率,又解决了在较短的工作面配套长壁综采设备存在的效率低、投入大、费用高的问题。在边角孤岛区布置短壁综采,可利用短壁工作面短、矿压显现不强烈的优点,进行短壁条带式开采,不仅可多回收煤炭,而且也消除了孤岛区应力集中现象,为下层开采创造有利条件。

2.5.7.3　"三下"压煤的开采

到2002年年底,同煤集团"三下"压煤总量约为5亿t,如利用煤柱支撑原理和采空区上覆岩层减沉控制技术可解决顶板控制问题,那么在"三下"压煤中利用短壁综采进行条带式开采,将是实现"三下"压煤机械化开采最有效的手段。结合同煤集团已有的"三下"开采经验,经合理地煤柱计算,认为"三下"条带式开采是较为理想的采煤方法。"三下"短壁采煤机条带式开采布置方案见图2-62。

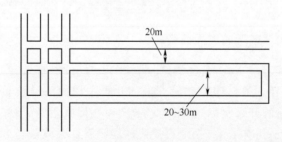

图 2-62　"三下"短壁采煤机条带式开采布置方案示意图

短壁综采在四台矿的成功应用,为低投入高效开采边角煤或进行条带式开采开辟了新的途径。大同矿区各类煤柱及"三下"压煤量多,应用短壁综采开采,是实现安全、高效、机械化开采的有效方法,具有显著的社会、经济效益,推广应用前景十分广阔。

2.6　石炭纪特厚煤层综放开采技术

我国放顶煤开采的理论与技术在10m以下厚煤层开采中已经成熟。但在塔山矿特厚煤层开采前,对于厚煤层特别是厚度在 20m 左右的特厚煤层的综放开采围岩运移规律的研究依然是空白。

大同煤矿集团有限责任公司是全国煤炭行业的特大型企业之一,其长期主采的是侏罗纪煤层,截至 2011 年年末,同煤集团所属井田范围内侏罗纪煤层可采储量不足 4 亿 t,仅可继续开采 6~10 年。石炭二叠纪煤层赋存在大同、宁武、朔南、河东四个煤田,煤炭储量高达 900 亿 t,仅塔山井田面积达 174.2km²,矿井可采储量达 31 亿 t。

加速二叠系井田的开发建设是同煤集团可持续发展的紧迫任务。首采矿井塔山煤矿,设计生产能力为 15Mt/a。主采煤层厚度为 11.1~20m(平均 13.9m),最厚 20m,变化幅度较大,含有 6~11 层夹矸,最大厚度达 0.6m,煤层多有火成岩侵入,煤层与顶板都受到不同程度的破坏,开采难度极大。

塔山矿综放开采均厚为 13.9m 的特厚煤层在国内外尚属首次,因此综放工作面上覆岩层运移规律研究不仅对于实现石炭二叠纪煤层安全、高效开采使大同矿区实现可持续发展具有重要的战略意义,而且对于发展国内外特厚煤层综放开采理论及技术、拓展综放开采厚度范围具有重要的理论与实践意义。

2.6.1 地质条件

2.6.1.1 煤层赋存

塔山井田位于大同煤田东翼中东部边缘地带,口泉河两侧,鹅毛口河以北,七峰山西侧,距大同市约 30km,距离同煤集团所在地 17km。塔山井田走向长 24.3km,倾斜宽 11.7km,面积约 170.91km²。全井田地质储量 50.7 亿 t,工业储量 47.6 亿 t,可采储量 30.7 亿 t,按设计生产能力 15Mt/a 计算,矿井服务年限为 140 年。

塔山井田现开采的石炭系太原组 3 号~5 号煤层,埋深 300~500m,与侏罗纪煤层间距约 200m。上部侏罗纪煤层大部分已被挖金湾、王村、雁崖、白洞、四老沟和马口等矿采空。也有近百个小煤窑对侏罗纪和石炭纪煤层进行开采。

塔山井田一盘区石炭系太原组 2 号煤层不可采,2 号煤层与 3~5 号煤层间距 3~8m。8 号煤层与 3~5 号煤层间距 20.35~46.46m,煤层稳定。

3~5 号煤层厚度较大,沉积环境不稳定,结构复杂,分岔合并现象频繁。煤层由 6~35 个分层(一般 10~15)组成,含矸率 2%~33%,平均 16%。夹矸累厚 0.15~1.4m,单层最厚 0.6m,一般由高岭岩、高岭质泥岩、砂质泥岩和碳质泥岩组成。煤层节理较为发育,硬度中等以上。

塔山井田石炭系太原组厚 86~95.86m,一般厚 88.67m,岩石组成包括砂岩、砂砾岩、粉砂岩、砂质泥岩、泥岩、高岭质泥岩和煌斑岩。

顶板为不同岩性薄层互层型复合结构。在火成岩侵入区,直接顶主要为煌斑岩和高岭质泥岩等,在非火成岩侵入区,直接顶主要为高岭质泥岩、碳质泥岩、泥岩和砂质泥岩等,直接顶厚度一般为 2~8m。老顶岩性则均为厚层状中硬以上粗粒石英砂岩和沙砾岩,厚度为 20m 左右。顶板岩层的单向抗压强度一般为 31~67MPa。底板多为砂质高岭质碳质泥岩、泥岩和高岭岩,含少量粉砂岩和细砂岩。底板岩层的单向抗压强度一般为

10～34MPa。火成岩主要为煌斑岩,以岩床侵入煤层为主,火成岩垂向侵入范围最小0.24m,最大80.79m,侵入岩层最多达15层,单层最小厚度0.15m,最大厚度4.60m。岩浆由上部依次侵入2号和3-5号煤层,到8号煤层已基本无影响。

塔山井田一、二盘区3-5号煤层合并,厚度为11.1～20m,受火成岩侵入影响,侵入煤层处发生变质甚至硅化而使煤层在垂向上由原来单一的正常煤形成了包含煌斑岩、硅化煤、混煤和正常煤等多种成分的非常复杂的结构。

井田内赋存有侏罗系和石炭二叠系两个煤系。塔山矿井开采煤系为石炭系太原组3-5号煤层,发热量4857～5778cal/g,灰分26%,硫含量<1%,挥发分37%。埋深300～500m。厚度大,层理、节理发育。煤层沉积环境不稳定,结构复杂,分岔合并现象频繁,一般由10～15个分层组成,含矸率平均16%。单层夹矸最厚为0.6m,夹矸累厚0.15～1.4m。夹矸为高岭岩、高岭质泥岩、砂质泥岩、碳质泥岩等。3-5号煤层顶底板为高岭岩、高岭质泥岩、砂质泥岩和碳质泥岩,局部为粉砂岩或细砂岩。3-5号煤层钻孔柱状图如图2-63所示。

2.6.1.2　煤层结构

依据地质资料和现场揭露的煤层情况,煤层由下向上依次为4m厚垂直节理发育煤层、6m厚倾斜节理发育煤层、5m厚层理发育煤层、2m厚破裂煤层和不到1m的破碎煤(图2-64)。根据对煤的物理力学性质实验,抗压强度达27～37MPa,平均32MPa。各种层理、节理发育,而上部煤层一旦失稳,冒落性较好,预计整个煤层冒放性较好。从结构复杂程度和煤厚变化特点看,定为较稳定煤层。

2.6.1.3　顶底板岩性

首采区3号～5号煤层顶板为不同岩性的薄层岩石互层的复合结构,层位结构变化大。顶底板岩性及力学参数见表2-52。底板多为砂质、高岭质、碳质泥岩,泥岩及高岭岩,少量粉砂岩、细砂岩,$f=4～6$。顶板为复合结构,多为不同岩性的薄层岩石互层的相间结构。

直接顶主要是高岭质泥岩、碳质泥岩、砂质泥岩,局部为煌斑岩石层,直接顶厚度为6～12m,平均厚8m。

基本顶层位、岩性不稳定,岩性主要为厚层状中硬度以上粗粒石英砂岩、砂砾岩,厚度为20m左右。碳质泥岩、高岭质泥岩的单向抗压强度为10.3～34.5MPa,平均21.0MPa;砂质泥岩的单向抗压强度为31.3～34.4MPa,平均32.5MPa;火成岩的单向抗压强度为51.3～56.5MPa,平均54.4MPa(表2-53)。

煤层顶底板条件见表2-52,工作面柱状图见图2-63。

2.6.1.4　瓦斯、煤尘

根据地质资料确定矿井为低瓦斯矿井,但在施工过程中,掘进工作面多次出现瓦斯超限,最大达到7%,其中一条巷道在封闭三个月后,瓦斯浓度达到80%以上。煤层(受煌斑岩影响者除外)挥发分大于37%,灰分10%～30%,有煤尘爆炸的危险性。自然发火期6～12个月。

地层时代 界	系	统	组	层厚平均 最小~最大	分层厚度平均 最小~最大	累计	柱状	标志(煤)层号	岩性描述
新生界	第四系			9.67 0~31.75			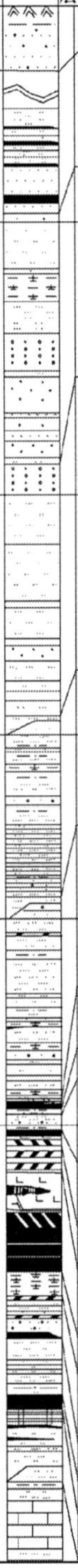		为风积层,冲洪积层及土壤,主要由砾石砂、亚砂土、亚黏土组成
中生界 Mz	侏罗系 J	下侏罗统 J₁	大同组 J₁d	0~146.4					由灰白色灰黑色陆相碎屑组成,为侏罗系主要含煤段,本井田只赋存中下段,其上部以细砂岩、粉砂质泥岩、粉砂岩为主,中上部以细砂岩至粗砂岩为主,颗粒由下而上变细,含星点状黄铁矿;下部以砂质泥岩、细砂岩为主,惶房悫灾写至砂岩为主,局部有砂砾岩,本段共含7号~15号煤层,其中11号、14号煤层为主要可采层。14号煤为本区大同组底部的较稳定煤层,赋存范围内大部可采
					4.12 0.55~27.3	156.1		K2	灰白色细砂-砂砾岩,镜下特征为:主要成分石英及少量岩屑石颗粒支撑,次棱角-次圆状,填隙物为黏土杂基
			永定庄组 J₁y	116.89 61.7~178.9					上部以紫红色,灰绿色粉砂岩为主,薄夹层细-粗粒砂岩,砂质泥岩中含植物碎片化石和完整植物化石;下部以厚层状灰白色砂砾岩粗中粒砂岩为主夹薄层粉砂岩细砂岩,镜下鉴定砂岩多为石英杂砂岩,砂屑成分为石英石及岩屑,次棱角状为主,孔隙式胶结
					14.61 1.4~56.24	272.96		K8	灰白色砂砾岩中粗粒长石石英杂砂岩夹透镜状层间砾岩,底部局部发育底砾岩,其成分主要为石英,部分为石英岩屑石岩屑及火山岩屑及泥质岩屑杂基,主要为黏土质颗粒支撑孔隙式胶结部分基底式胶结次棱角-次圆状,与下覆地层平行不整合接触
上古生界	二叠系 P	上二叠统 P₂	上石盒子组 P₂s	3.93 0~13.64		373.8		K5	上部为紫红色,局部灰绿色、杂色菱铁质砂质泥岩、泥岩质粉砂岩、粉砂岩细砂岩夹含菱铁质石英长石杂砂岩,灰绿紫红相间呈花斑状、砾岩砂砾岩多呈灰白色,浅灰色砾石多呈灰白、灰绿、紫红色,次圆状为主,植物化石少见;中部为不稳定的K6标志层,主要为含砾长石石英砂岩,成分以石英、砂质岩屑为主;下部为紫红色菱铁质泥岩夹灰色、灰白色岩屑石英杂砂岩,长石石英杂砂岩及浅灰色薄层泥岩粉砂岩,含植物化石。灰白色中粗粒长石石英杂砂岩,局部为砂质岩,砾岩,主要成分有石英岩屑、石英岩屑,颗粒次棱角 次圆状,孔隙式胶结,楔形层理发育,与下伏地层冲刷接触
		下二叠统 P₁	下石盒子组 P₁x	77.6 32.5~148.8	3.02 0.45~1203	451.4		K4	中上部为紫红色,局部为灰绿色砂质泥岩,泥质粉砂岩互层,夹砂岩、砂砾岩透镜体和少量深灰色砂质泥岩,下部灰-深灰色粉砂岩,砂质泥岩为主,夹浅紫红-灰绿色砂质泥岩、粉砂岩,在深灰色岩层中含大量植物化石。灰白色中粗粒长石石英杂砂岩,主要为石英,少量长石,硅质岩屑,分选中等,棱角-次圆柱,基底式胶结为主,黏土杂基已重结晶为水云母及高岭石,楔形层理发育,与下伏地层冲刷接触
			山西组 P₁s	81.34 68.4~95.4	0.57 0~1.13			山2	灰-深灰色砂质泥岩、粉砂岩及浅灰色灰白色细砂岩夹透镜状、似层状中粗粒砂岩砂砾岩,以及不稳定煤层山2、山3号,砂岩中楔形层理发育,含大量植物化石
					3.01 0~7.28			山3	为复杂结构煤层,较稳定,一般可采,但受煌斑岩侵入影响,分层对比困难,局部变为变质煤,硅化煤及煌斑岩脉的混合体
					4.69 0.85~14.6	532.8		山4	灰-深灰色粉砂岩,砂质泥岩及灰白色中细粒石英杂砂岩,含丰富的植物化石
								K3	灰色砂砾岩,粗-细粒石英杂砂岩,局部地段砂岩不发育而变为砂质泥岩
	石炭系 C	上石炭统 C₃	太原组 C₃t	77.6 32.5~148.8	4.90 0~1257				深灰色灰黑色砂质泥岩,含植物化石碎片
					27.33 16.3~42.4			2	煤喝层赋存局部缺失灰分较高因有煌斑岩侵入而结构煤质变为极复杂无法分层对比局部与常得汉喜
				81.3.4 68.4~95.4	0.79 0~3.14				灰、灰黑色砂质泥岩,高岭岩粉砂岩,局部含有高灰煤,含植物化石
					1.06 0~3.92			3-5	煤喝区发育煤层稳定结构复杂夹矿多为高岭岩、碳质泥岩等,中上部有煌斑岩侵入结构,煤层变复杂程度不一,下部基本保存完好
									深灰色砂质泥岩,浅灰色含砂高岭岩、粉砂岩,夹不稳定煤层,含植物化石
					5.98 3~10.26			7	灰白色中粗粒石英杂砂岩,含透镜状砂砾岩,大型斜层发育,含大型硅化木。中部局部夹砂质泥岩和不稳定的7号煤层
				81.34 68.4~95.4					深灰色菱铁质泥岩,含大量菱铁矿结核,上部渐变为砂岩泥岩,全区稳定
							8	煤:全区稳定,未见有岩浆岩侵入
									灰-深灰色砂质泥岩,粉砂岩互层,顶部上含砂高岭石,含不稳定煤层9号和10号煤层

图 2-63 3号~5号煤层钻孔柱状示意图

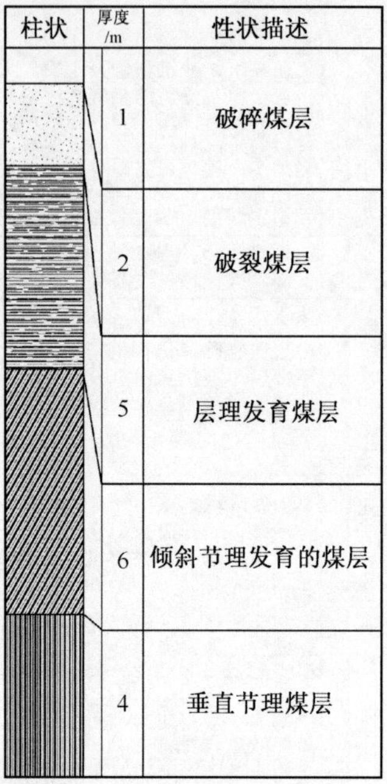

柱状	厚度/m	性状描述
	1	破碎煤层
	2	破裂煤层
	5	层理发育煤层
	6	倾斜节理发育的煤层
	4	垂直节理煤层

图 2-64　煤层结构分布

表 2-52　煤层顶底板情况表

名称	岩石名称	厚度/m	硬度(f)	特性
基本顶	粉砂岩	大于30	11.6	下部为深灰色粉砂岩及砂质泥岩,局部赋存岩浆岩,厚0.4~1.8m,中夹1~2层煤线。上部以深色及灰白色中、粗砂岩及细、粉砂岩为主,局部地段有细砾岩1~2层,厚度在3.0~5.0m,以及砂质泥岩
直接顶	细-中砂岩	0.51~30.00	10.7	下部以深灰色及灰黑色高岭岩为主,2号煤层局部赋存,中夹岩浆侵入体,局部分叉2层以上。中部为灰白色、粗砂岩及含砾岩细砂岩,局部夹薄层粉砂岩或多层煤线。上部为山西组4号煤
伪顶	无	0.01~0.5		灰黑色碳质泥岩、高岭质岩,局部为白色煌斑岩
直接底	细砂岩	0~5.52	10.7	棕色高岭质泥岩南部较薄,局部相变为深色粉砂岩
老底		5.2~10.90		灰白色中或粗砂岩,以石英长石为主,及少量暗色矿物

表 2-53 顶底板岩性及力学参数一览表

名称	主要岩性	厚度/m	单轴抗压强度 / MPa	抗拉强度 /MPa	弹性模量 /GPa	容重 /(g/cm³)
基本顶	含砾中砂岩		33.67	3.83	19.63	2.52
	含砾粗砂岩	1.15~3.15	31.33~59.50	3.63~5.37	14.93~15.21	2.49~2.58
	粗砂岩	0.9~2.1	40.67~48.33	3.60~4.80	14.12~14.37	2.43~2.53
	粉砂岩	0.3~1.25	49.67~67.00	3.90~6.10	21.31~23.62	2.62~2.73
直接顶	中砂岩	0.9~4.5	63.00	7.37	18.15	2.67
	砂质泥岩	0.1~3.15	45.33	5.87	22.43	2.63
	火成岩	0.15~0.5	86.67	6.77	43.93	2.66
	硅化煤	0.2~0.65		2.37		
煤层	3 号~5 号	11.1~20	27~37			1.36~1.56

2.6.1.5 水文地质

含水类型为砂岩裂隙承压水,含水性弱。地层单位涌水量 0.0008~0.001L/(s·m),渗透系数 0.006~0.008m/d。矿井水 pH7.09~7.5,最高为 9.01,属中性或弱碱性水。

2.6.1.6 地质构造

井田内断裂构造发育,有两组断层群。共有断层 60 多条,绝大多数为正断层,但在首采工作面范围内无大的地质构造。

2.6.2 工作面概况与巷道布置

塔山矿 8102 工作面为一盘区第一个特厚煤层综放工作面,工作面长 231m,采高 3.5m,走向长 1700m,煤层厚 11.1~20m,煤层均厚 13.9m,采放比约为 1∶2.9。

8102、8103、8104、8202、8206 五个工作面,开采条件大致相同,工作面两巷布置一进一回,并在煤层顶板中布置一条瓦斯高抽巷。工作面长度为 231m 或 207m,机采高度均为 3.5m,采煤工艺为头尾端头斜切进刀,双向割煤,循环进度 0.8m,采放工艺为一刀一放多轮顺序放煤,头尾过渡支架不放煤。

一盘区 8105 工作面为塔山矿第 6 个特厚综放工作面,与上覆 15 号侏罗纪煤层间距为 314~320m,盘区煤层厚度为 9.42~19.4m,平均 14.5m,机采高度为 4.2m。可采走向长 2722m,倾斜长度为 207m,煤层密度 14.5kg/m³。工作面可采储量为 120.99 万 t。采煤工艺同样为头尾端头斜切进刀,双向割煤,循环进度 0.8m。

2.6.2.1 首采 8102 工作面巷道布置与支护

1)采区巷道概况

盘区位于 1070 大巷北侧,矿井采用集中大巷条带式布置方式。盘区直接利用三条 1070 大巷作为盘区巷道。三条 1070 大巷平行。1070 辅助运输巷与 1070 皮带巷间距

46.55m,1070 皮带巷与 1070 回风巷间距 45m。1070 辅助运输采用胶轮车运输。

2）工作面巷道概况及用途

首采 8102 工作面为一进两回三巷布置（图 2-65），三条顺槽均垂直于 1070 大巷向北。其中 2103 皮带顺槽、5103 辅助运输顺槽沿 3 号～5 号煤层底板布置；2103 皮带顺槽与 1070 皮带巷相连接，5103 辅助运输顺槽通过联络巷与 1070 辅助运输巷连接，顶回风顺槽沿 3 号～5 号煤层顶板布置，与 1070 回风巷连接；2103 巷靠东帮一侧稳设转载机、皮带机，吊挂两趟 4 寸管，分别为液压水和三相泡沫灭火水管；两趟 2 寸管，分别为净化水管和排水管，另一侧铺设轨道，移动变电站、各部开关、自动控制站、乳化液泵站、喷雾泵站等稳设在该轨道上，组成串车。两趟 1 万 V 电缆，一趟 660V 吊挂巷帮上。

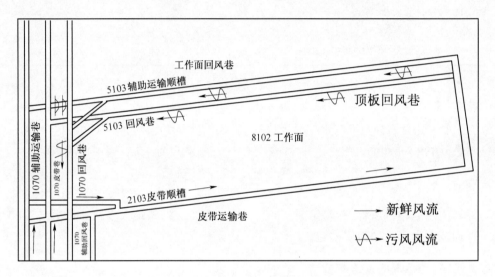

图 2-65　8102 工作面巷道布置图

5103 巷回风兼作材料、设备的运输巷。底板铺设厚 150～200mm 混凝土作路基，靠东帮吊挂 660V 电缆一趟，另一侧吊挂一趟 2 寸洒水管，一趟 3 寸排水管。切眼位于工作面北部，工作面由北向南推进。

3）巷道支护材料与支护形式

2103 皮带运输巷为矩形断面，巷道掘进宽 5500mm，高 3500mm，净断面 18.5㎡。见图 2-66，巷道顶板正常段采用 6 排左旋无纵筋螺纹钢锚杆、3 排锚索、塑料网联合支护，距巷道两帮 500mm 各打一排锚杆，其他各排锚杆排距 900mm，间距 900mm，直径 22mm，长 2500mm，锚索排距 1600mm、间距 2700mm，直径 17.8mm，长 8300mm。巷道两帮用 4 排左旋无纵筋螺纹钢锚杆、塑料网联合护帮，距巷道顶 300mm 打第一排锚杆，其他锚杆排距 900mm，间距 900mm，直径 22mm，杆长 1800mm。巷道顶板破碎段支护比正常段支护多采用工字钢棚，工字钢棚棚距为 900mm，其他支护同巷道正常段。

5103 回风巷为矩形断面（图 2-67），巷道掘进宽 5300mm，高 3600mm，净断面 16.5㎡。见图 2-70，巷道顶板正常段采用 6 排左旋无纵筋螺纹钢锚杆、3 排锚索、塑料网联合支护，距巷道两帮 350mm 各打一排锚杆，其他锚杆排距 900mm，间距 900mm，直径 22mm，长 2500mm；锚索排距 1600mm、间距 2700mm，直径 17.8mm，长 8300mm。巷道

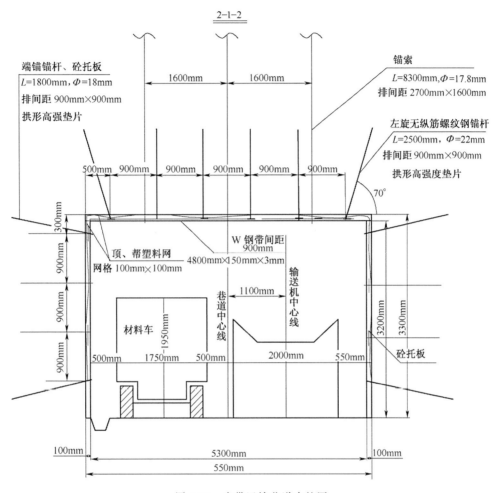

图 2-66 皮带运输巷道支护图

两帮用 4 排左旋无纵筋螺纹钢锚杆、塑料网联合护帮,距巷道顶 300mm 打第一排锚杆,其他各排锚杆排距 900mm,间距 900mm,直径 22mm,杆长 1800mm。巷道顶板破碎段支护比正常段支护多采用工字钢棚,工字钢棚棚距为 900mm,其他支护同巷道正常段。

8102 工作面顶回风巷:断面为矩形,巷道掘进宽 3.2m,高 2.5m。采用锚杆支护,顶锚栓四排,排距 900mm,杆距 900mm,并在巷顶中打一排锚索,索距 2700mm。破碎段采用锚栓和工字钢棚联合支护,棚距 700mm。

工作面切眼宽 8800mm,高 3610mm;见图 2-68,采用两排锚索组、锚索吊挂两根 3.5m 工字钢一字排开垂直于工作面、十一排锚杆、两排液压单体金属柱、一排木垛,一排木点柱混合支护。两排锚索组在切眼巷中心线两侧 2500mm 各打一排,间距 5250mm,锚索吊挂 3.5m 工字钢垂直于工作面,3.5m 工字钢在切眼巷中心线两侧各吊挂一根,在垂直切眼巷中心线两侧 400mm、2000mm、3600mm 各打一根锚索用来吊挂工字钢,工字钢间距 1750mm,十一排顶锚杆距切眼巷两帮 400mm 各打一排锚杆,其他几排排距

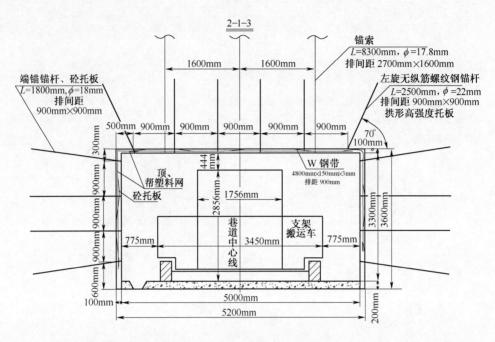

图 2-67　工作面回风巷道支护图

800mm,间距 875mm,两排液压单体金属柱,第一排靠古塘侧煤壁,第二排距第一排5000mm,一排木垛距采煤侧煤壁 1600mm,一排木柱靠采煤侧煤壁。

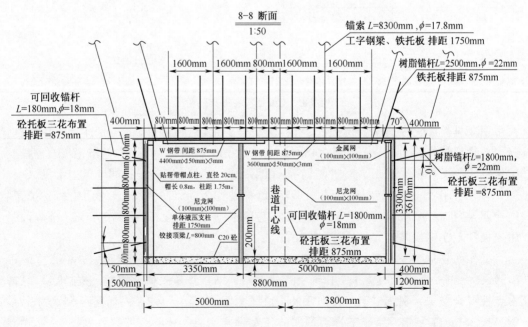

图 2-68　工作面切眼支护图

4）峒室及其他巷道

①工作面切眼绞车窝规格为：长×深×高＝5000mm×5000mm×3610mm，支护同切眼。②工作面回风巷回风绕道规格为：宽×高＝5200mm×3300mm。③皮带运输巷和工作面回风巷中每间隔500m在采煤帮侧打一错车硐室，规格为：宽×深×高＝5000mm×5000mm×3500（3610）mm。

2.6.2.2　8105工作面巷道布置

8105高抽巷沿2号煤层底板掘进，8105工作面为一进一回一抽三巷布置，巷道布置见图2-69，三条巷道与1070大巷的夹角为82°35′44″向北。其中2105皮带巷、5105回风巷沿3号~5号煤层底板布置；8105顶板高抽巷沿3号~5号煤层顶板布置。2105皮带巷与1070皮带巷，2105皮带巷与1070辅助巷通过斜巷相连接，5105回风巷与1070辅助运输巷连接。

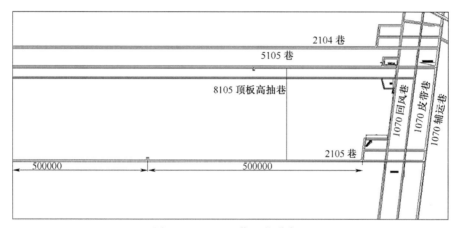

图2-69　8105工作面巷道布置

2105巷为进风、运煤巷，在非采煤帮侧稳设转载机、皮带机，吊挂六趟管路，分别为6寸注氮管、4寸注浆管、4寸供水管、4寸排水管、3寸供水管、2寸排水管各一趟；在采煤帮侧铺设轨道，在该轨道上稳设移动变电站、各部开关、自动控制站、乳化液泵站、喷雾泵站等组成移动串车。两趟10kV电缆，一趟660V及各种监测监控线吊挂在巷帮上。小型运输车可进入巷内。

5105回风巷兼作材料、设备的运输巷。底板铺设厚200mm混凝土作路基，在采煤帮吊挂10kV、660V电缆各一趟及各种监测监控线，其中10kV电缆吊挂至巷道距1070回风巷口1500m位置处；与移变相连接，660V电缆全巷布置。在非采煤帮吊挂6寸注氮管、4寸注浆管、3寸供水管、4寸、2寸排水管各一趟及Φ500mm瓦斯抽放管两趟。

8105工作面顶板高抽巷，主要解决工作面上隅角瓦斯超标和古塘瓦斯涌入工作面。切眼位于工作面北部，距1070回风巷平均2965.9m，与皮带巷、回风巷垂直连通，形成采场，工作面由北向南推进。

2.6.3　设备配置

　　8102、8202 两工作面使用 ZF10000/25/38 低位放顶煤液压支架,8103、8104、8206 工作面使用 ZF13000/25/38 支架,五个工作面使用的其他机电设备基本相同。

　　塔山矿综放首采工作面主要设备配置见表 2-54,液压支架技术参数见表 2-55。

表 2-54　塔山矿综放首采工作面主要机电设备配置

序 号	名 称	型 号	功率/kW	能力/(t/h)	电压/V	数量
1	采煤机	艾柯夫 SL-500	1815	2700	3300	1
2	前溜子	PF6/1142	2×750	2500	3300	1
3	后溜子	PF6/1342	2×850	3000	3300	1
4	转载机	PFG/1542	450	3500	3300	1
5	破碎机	SK1118	400	4250	3300	1
6	皮带机	DSJ1400/3300	2×500	3000	3300	1
7	乳化液泵	EHP-3K200/53	200	150L	3300	4
8	喷雾泵	EHP-3K125/80	132	516L	3300	2
9	喷雾泵	KMPB320/23.5	22	320	660	2

表 2-55　塔山矿综放首采工作面液压支架技术参数

名 称	型 号	初撑力/kN	工作阻力/kN	高度/mm	长×宽/mm×mm	数量/架
普通支架	ZF10000/25/38	7730	10000	2500～3800	5420×1750	127
过渡支架	ZFG10000/25/38	7730	10000	2500～3800	6055×1750	7
端头支架	ZTZ20000/25/35	15464	20000	2500～3800	11755×3340	1

　　ZF10000/25/38 支架用于工作面实际生产中,当工作面来压时,ZF10000/25/38 支架多次发生严重的顶板下沉压架事故,开采期间累计损坏立柱 98 根。处理压架事故,造成工作面推进缓慢,严重影响正常安全生产,同时在处理压架时,也带来安全隐患。因此,研发了工作阻力为 13000kN 的 ZF13000/25/38 型液压支架,在塔山矿特厚煤层综放开采的第二个工作面 8103 综放面进行了使用。

　　而 ZF13000/25/38 支架在 8103 工作面应用时,顶板来压显现仍较强烈,仍然经常造成支架前移困难,并多次发生压架事故(开采期间顶板来压共计 160 次,压架事故共发生 36 次,均发生于 2007 年 10 月～2008 年 6 月),严重威胁工作面的安全生产,处理压架既费时又不安全。

　　根据工作面顶板来压压坏支架现象,需要进一步加强支架的支护较低,原支架支护强度一般为 1.05～1.24MPa,会带来工作面压架问题。因此研制了新型 ZF15000/28/52 支架,支护强度加大到 1.41MPa,会极大改善或消除压架难题。同时机采高度增大到 4.2m。ZF15000/28/52 支架初撑力高达 12778kN,较 ZF13000/25/38 支架的 10096kN 的初撑力有较大提高,使支架与顶煤的相互作用力大大增加,增大了采场矿山压力的破煤作用,有利于改善顶煤冒放性,提高顶煤回收率;加大了支架后部放煤空间,可布置大功率

运输机,有利于快速放煤,加大了工作面通风断面,将采高从 3.0～3.5m 增大到 4.5～
5.0m,通风断面从 17.6～20.5m² 增大到 26.5～29.4m²,有利于瓦斯的稀释,可以将瓦斯
浓度从 1% 以上降低到 0.3%～0.7%,解决了工作面瓦斯超限问题。

8105 工作面主要机电设备如表 2-56 所示。

表 2-56 8105 工作面主要机电设备配置

名　称	型　号	功率/kW	电压/V	生产能力/(t/h)
采煤机	MG750/1915-GWD	1915	3300	2000
前部刮板输送机	SGZ1000/2×855	2×855	3300	2500
后部刮板输送机	SGZ1200/2×1000	2×1000	3300	3000
转载机	PF6/1542	450	3300	3500
破碎机	SK1118	400	3300	4250
带式输送机	DSJ140/350/3×500	3×500	10000	3500
输送带巷头转载机	AFC	600	10000	—
输送带巷头破碎机	MMD706 系列 1150mm	400	10000	—
中部液压支架	ZF15000/28/52	—	—	—
过渡液压支架	ZFG15000/2815/45H	—	—	—
端头液压支架	ZTZ20000/30/42	—	—	—

2.6.4 开采工艺

1) 采煤机进刀方式

采煤机进刀采用在工作面端头斜切进刀法,其进刀过程如下。

(1) 采煤机开至头或尾部。

(2) 升起前滚筒,降下后滚筒,推移运输机于工作面端头大约 21m 处。

(3) 采煤机斜切进刀,直至滚筒完全切入煤壁。

(4) 对调前后滚筒上下位置,推移端部 21m 处运输机,采煤机开向端部,移架,推前
溜,放顶煤,拉后部运输机。

(5) 对调采煤机前后滚筒上下位置,沿牵引方向,用后滚筒将三角煤段未割部分
扫掉。

(6) 将采煤机反向牵引,来回 2～3 次,将三角段浮煤扫清之后,采煤机正常割煤至尾
部,尾部斜切进刀与头部斜切进刀方式相同。

2) 割煤、装煤

机组前滚筒割顶煤,后滚筒割底煤,依靠后滚筒旋转自动装煤,剩余的煤在推溜过程
中由铲煤板自行装入前部刮板输送机。

对于 8105 工作面,由于采高上升为 4.2m,2105 巷、5105 巷净高分别为 3.5m、3.6m,
造成工作面高,两巷低,为防止工作面与两巷、工作面内出现留台阶,工作面割至距两巷
15m 开始由 4.2m 过渡到 3.5m、3.6m。

3) 移架

工作面采用追机作业方式及时支护。拉移支架的操作方式为本架操作,拉架滞后采

煤机后滚筒 3～5 架,如顶煤破碎,拉架超前采煤机后滚筒进行移架。移架程序:收回前伸梁→收回护壁板→降前探梁→降主顶梁→移支架→升主顶梁→升前探梁→伸护壁板→伸出前伸梁。同时要将支架移成一条直线,其偏差不得超过±50mm。

4) 推前部刮板输送机

工作面前部输送机以支架为支点,由支架推移千斤顶整体推移,推移前部输送机滞后采煤机后滚筒 21m 以上距离,溜槽在水平方向的弯曲度不得大于 1°,弯曲段长度不小于21m,该段保持多个推移千斤顶同时工作,移过的输送机必须达到平、稳、直要求,移溜过后,支架的操作手柄打到零位。

5) 放顶煤

按"一刀一放"正规循环作业。放煤时采用两轮顺序放煤,放煤工前后分成两组,每组一人,一组在工作面前半部放煤,一组在工作面后半部放煤,两组放煤工分别从头、尾开始向工作面中部放煤,然后再从工作面中部向工作面头、尾放煤。放煤工根据后刮板运输机煤量,控制放煤量。放煤工严格执行"见矸关窗"的原则。

6) 拉后部刮板输送机

放煤结束后,顺序将后部刮板输送机拉前,要求和推前部刮板输送机相同。

2.6.5　运输设备及运输方式

1) 运煤设备及装、转载方式

采煤机(落煤)和支架(放煤)→刮板输送机→转载机(经破碎机破碎)→皮带机(经皮带头破碎机破碎)→皮带头转载机→+1070m 皮带→主皮带→1002 皮带→1001 皮带→地面落煤塔。

2) 辅助运输设备及运输方式

日常运材料、设备使用防爆胶轮车运输,运大型设备用 ED40 铲车、LWC-40T 支架搬用车、多功能车。

3) 移前、后刮板运输机(转载机、破碎机等)方式

工作面支架与前部运输机采用拉条与千斤顶连接,与后部运输机采用链条与千斤顶连接。支架与前、后刮板运输机前移互为支点,推移前部运输机工作滞后机组后滚筒21m 外进行,拉后部运输机工作在放完煤后分段拉回。工作面头部割通后,机组反向牵引,距工作面头部 21m 之外停机,移过前部运输机机头后,通过端头支架推移千斤、自移尾推移千斤顶及转载机滑道将转载机(破碎机)前移。

4) 运煤路线

工作面→运输巷→1070 皮带巷→主皮带→1002 皮带→1001 皮带→地面落煤塔。

5) 辅助运输路线

地面←→副平硐←→1070 辅助大巷←→5105 回风巷(或 2105 运输巷)←→工作面。

6) 工作面及两顺槽行人路线

皮带头←→皮带巷行人侧←→跨越前部刮板输送机←→支架内前后柱之间←→5105回风巷行人侧←→风门。工作面运输系统如图 2-70 所示。

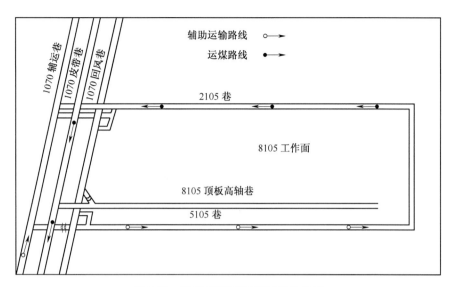

图 2-70 8105 工作面运输系统示意图

2.6.6 矿压显现规律

采用 YHY-60 型矿用液压支架测力仪,该测力仪主要是通过红外线抄表系统每隔 5 分钟记录一次数据,数据主要是支架前后柱的工作阻力。每 2 天抄表一次,将数据通过红外线抄表系统输入计算机,然后利用计算机软件进行数据分析。画出装有测力仪支架的工作阻力变化曲线,以此获取综放工作面矿压实时变化数据,用以研究工作面来压状况,支架阻力状况及支架工作状况。测定液压支架有关工作参数,分析支架与围岩的相互关系,评价支架对工作面顶板条件的适应性,为以后工作面液压支架的选型提供决策依据。

沿综放工作面共安置上、中、下三个测站,每个测站布置 3～4 条测线,测力仪与液压支架连通,测区布置及方法如图 2-71 和图 2-72 所示。

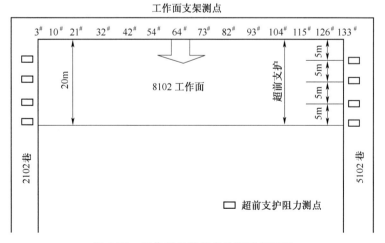

图 2-71 工作面及超前支护测区布置图

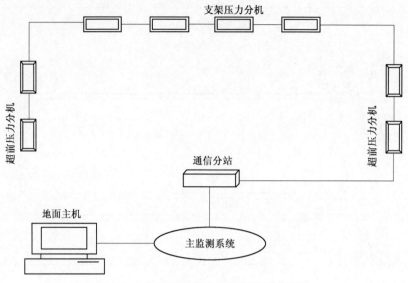

图 2-72　支架监测系统组成和线路连接图

2.6.6.1　塔山矿 8102 工作面矿压观测结果

8102 工作面在回采期间,共计来压 77 次,其中包括基本顶初次破断以及 76 次基本顶周期破断。

当工作面推进 11m 左右时,50 号~60 号支架后上方顶煤开始垮落,初次垮落高度为 2.0m 左右;随着工作面的继续推进,顶煤垮落范围逐渐扩展到 45 号~67 号支架,垮落高度为 5~6m;工作面平均推进 15m 时,顶煤的垮落范围扩展到 32 号~82 号支架,垮落高度估计达到 10m 左右;当工作面平均推进 21.75m 时,顶煤基本全部垮落。

根据现场矿压记录情况,分析得到顶煤初次垮落步距约为 12m,直接顶初次垮落步距约为 35m,基本顶初次破断步距为 50m;工作面推进过程中,由于地质构造、回采工艺以及推进速度等原因,基本顶周期来压步距变化较大,变化范围为 18~21.7m。工作面每次来压时支架压力较大,可达到 10000kN 以上,而且工作面中部压力显现比较明显。

当工作面来压时,一般工作面中部首先破断,然后向两端头扩展;而且工作面中部压力较大,有时其至出现连续来压的现象;当工作面两端头不平行推进时,工作面中部靠前一侧首先破断,然后再向两端头扩展。

根据工作面来压强度,可将工作面分三个区域:30 号~70 号支架范围为来压强烈区,其特点为来压强度大,持续时间长,安全阀开启频繁,来压时每小时 4~6 次;17 号~30 号、70 号~105 号两个支架区域为来压强度相对较小区,其特点为持续时间相对较短,安全阀开启来压时每小时 2~3 次;工作面上下两端头附近为来压不明显区,其特点为来压时表现为持续增阻,但安全阀开启较少,时间短,来压时短时间开启后,相对增阻时间长。

根据现场监测结果分析,工作面顶板超前煤壁 21m 左右产生裂隙,超前煤壁 15m 产生错动位移,超前煤壁0~5m左右产生断裂位移;顶板活动层位较高,可达到60~70m。

顶板未出现冲击来压现象,以缓慢地回转运动为主。当工作面具有合理的推进速度(≥4.0m)时,顶板运动向采空区方向缓慢下沉,循环内活柱下缩量为20~60mm,后柱阻力明显高于前柱;当工作面推进不正常或停产时间长时,顶板一般向煤壁方向回转下沉,造成机道顶板台阶下沉,支架阻力急增,安全阀开启,支架活柱下缩速度最大为320mm/h,显现为工作面整体来压。

在回采过程中,工作面推进速度直接影响工作面的来压强度和来压步距。当工作面推进速度超过4.0m/d时,工作面来压时压力比较平稳;当工作面推进速度小于3.0~4.0m/d时,工作面来压时压力比较明显;当工作面推进速度小于3.0m/d时,工作面来压时容易出现压架事故。(工作面在回采期间,由于推进速度过慢,共发生3次严重的压架事故,共损坏43根后立柱。)

工作面推进过程中,揭露多条小断层及侵入体构造。在地质构造区,煤层节理和裂隙发育,煤层松软。在破碎区发生多次机道漏顶事故,冒落高度在2.0m左右,最高可见火成岩顶板,使得支架不接顶,给顶板管理造成一定影响。

在回采过程中,工作面没有发生严重的煤壁片帮现象。这是由于顶煤厚度较大,直接顶岩层在煤壁后方垮落后易形成一个堆砌角,在放顶煤的条件下,顶煤和直接顶破断的受力支撑点在支架顶梁上方顶煤破断处,使得顶煤上部岩层折断位置向采空区方向偏移,折断后的基本顶岩梁倒转压到支架的后方,所以煤壁受力较小,工作面煤壁较稳定;而且支架后立柱比支架的前立柱在来压时承受的压力大。

2.6.6.2 塔山矿8103工作面矿压观测结果

8103工作面是塔山矿一盘区第二个工作面,8103工作面东为盘道回风联巷,南以1070回风巷为界,西为8104工作面,西北邻塔山矿界。

当工作面来压时,一般工作面中部首先破断,然后向两端头扩展;而且工作面中部压力较大,有时甚至出现连续来压的现象;当工作面两端头不平行推进时,工作面中部靠前一侧首先破断,然后再向两端头扩展。

由于工作面长度较大,顶板来压呈现分段来压的特征;工作面来压时间较长,一般影响2天左右,最短20小时。根据工作面来压强度,可将工作面分三个区域:40号~90号支架范围为来压强烈区,其特点为来压强度大,持续时间长,安全阀开启频繁,来压时每小时4~6次;17号~40号、90号~110号两个支架区域为来压强度相对较小区,其特点为持续时间相对较短,安全阀开启来压时每小时2~3次;工作面上下两端头附近为来压不明显区,来压时表现为持续增阻,但安全阀开启较少,时间短,来压时短时间开启后,相对增阻时间长。

根据现场监测结果分析,工作面顶板超前煤壁21m左右产生裂隙,超前煤壁15m产生错动位移,超前煤壁0~5m左右产生断裂位移;顶板活动层位较高,可达到60~70m。通过分析老顶初次来压步距为55.6m,周期来压步距工作面正常推进时为15~19m;推进不正常、速度缓慢时,周期来压步距缩短,为9~14m。由于工作面倾斜长度大,顶煤厚度大,因此每次来压时工作面支架压力较大,压力集中区可以达到13000kN以上,由于工作面倾斜长度较大,中部压力显现比较明显。在工作面来压时,工作面机道顶板开始断裂,工作面支架受力增大,然后随工作面的向前推进逐步通过来压位置;在顶煤破碎地带,会出现每割一刀顶板折断一次,持续带压现象。

顶板未出现冲击来压现象,以缓慢地回转运动为主。当工作面具有合理的推进速度(≥4.0m)时,顶板运动向采空区方向缓慢下沉,循环内活柱下缩量为20~60mm,后柱阻力明显高于前柱;当工作面推进不正常或停产时间长时,顶板一般向煤壁方向回转下沉,造成机道顶板台阶下沉,支架阻力急增,安全阀开启,支架活柱下缩速度最大为320mm/h,显现为工作面整体来压。

工作面推进过程中,揭露多条小断层及侵入体构造。在地质构造区,煤层节理和裂隙发育,煤层松软。在破碎区发生多次机道漏顶事故,冒落高度在2.0m左右,最高可见火成岩顶板,使得支架不接顶,给顶板管理造成一定影响。

2.6.6.3　同忻矿8100工作面矿压观测结果

8100工作面采用单一走向长壁后退式综合机械化低位放顶煤开采的采煤方法,主采石炭系 3^5 号煤层,煤层平均厚度为15.3m。采高为3.9m,放煤厚度为11.4m,采放比约为1:2.9,工作面倾斜长度193m,可采走向长度1406m。

工作面支架最大工作阻力分布直方图如图2-73所示。

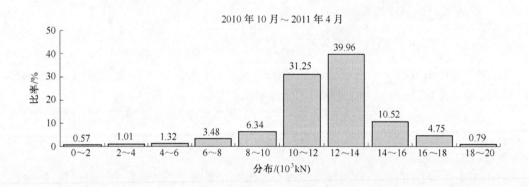

图 2-73　工作面支架最大工作阻力分布直方图

8100工作面支架整架最大工作阻力主要分布在10000~14000kN,所占比率为71.21%;支架额定工作阻力为15000kN,占额定工作阻力的67%~93%,支架在较富裕工作阻力下运行,整架工作阻力可以满足工作面实际开采的要求。

根据统计的矿压记录数据得知,工作面初次来压步距为129m,来压时48号~78号支架增阻明显,立柱安全阀开启,采空区大面积垮落并伴有响声。工作面周期来压步距为11.48~44.6m,周期来压时部分支架工作阻力增大,并伴有安全阀开启现象;周期来压强度呈现规律性的变化,每间隔1~2次一般强度的周期来压,工作面就会出现一次强烈的周期来压显现,表现为工作面迅速增阻,支架数量增多,煤壁片帮,工作面顺槽超前支护段有闷墩响动,个别钢梁压弯,单体折损,顶板下沉,并有帮鼓和底鼓现象。

2.6.6.4　同忻矿 8101 工作面矿压观测结果

8101 工作面埋深最大 501.4m，最小 396m，平均 488.7m；位于北一盘区 2101 巷与 5101 巷之间，南为 8100 面正开拓，东为边界煤柱，工作面西为盘区大巷，北为实煤区。工作面主采石炭系 3^5 号煤层，煤层倾角为 0°～4°，平均 1°；煤层结构较复杂，为一巨厚煤层，层厚 11.0～23.64m，平均为 14.13m。该煤层为半暗型煤层，中夹半亮型煤，性脆易碎。煤层中夹矸 5～10 层，岩性一般为高岭岩、砂质泥岩和碳质泥岩，偶见粉砂岩或细砂岩，夹矸总厚度 2.75m。工作面综合柱状图如图 2-74 所示。

柱状图	层号	累计 /m	层厚 /m 最小～最大 平均	岩性名称
	23	24.45	$\dfrac{0.35\sim3.00}{1.25}$	碳质泥岩
	22	23.2	0～1.14/0.66	火成岩
	21	22.54	0.8	煤
	20	21.74	0.15	夹石
	19	21.59	2.9	煤
	18	18.69	0.4	夹石
	17	18.29	3.2	煤
	16	15.09	0.3	夹石
	15	14.79	1.2	煤
	14	13.59	0.2	夹石
	13	13.39	1.6	煤
	12	11.79	0.6	夹石
	11	11.19	0.9	煤
	10	10.29	0.1	夹石
	9	10.19	1.8	煤
	8	8.39	0.3	夹石
	7	8.09	0.9	煤
	6	7.19	0.3	夹石
	5	6.89	0.8	煤
	4	6.06	0.4	夹石
	3	5.69	0.85	煤
	2	4.84	$\dfrac{0.5\sim5.0}{2.31}$	高岭岩
	1	2.53	$\dfrac{0.5\sim7.6}{2.53}$	碳质泥岩

图 2-74　8101 工作面综合柱状图

工作面走向长度为 1678.05m,倾斜长度为 199.5m;采用综采放顶煤开采工艺,一刀一放双轮顺序放煤;工作面采用 ZF15000/27.5/42 型液压支架。

当工作面推进 6.6m 时,33 号~66 号支架处顶煤开始垮落,垮落高度为 1.5~2.0m;当工作面推进 8.6m 时,20 号~70 号支架处顶煤垮落高度为 2.5~3.0m;当工作面推进 11.1m 时,采空区顶煤全部垮落,最大垮落高度大于 6m。

工作面回采过程中,记录工作面 50 次顶板来压;其中工作面基本顶初次来压步距为 133.5m,周期来压步距为 12.4~48m。工作面正常推进时,工作面顶板周期来压步距为 25~35m;当推进不正常、速度缓慢时,周期来压步距缩短,为 15~20m。工作面每次来压时支架压力较大,最大可达 14000 kN 以上,有时出现连续的来压现象。当工作面低位岩层的煌斑岩厚度达到 1.0m 以上时,工作面的来压步距和来压强度明显增大。

多数来压首先发生在工作面中部,然后向两端头扩展;两端头不平行推进时,靠超前侧的中部先来压;呈现分段来压的特征,造成工作面来压时间较长,一般影响 2 天左右。正常情况下,工作面来压步距基本保持一长一短的现象。

根据来压强度,可将工作面可分三个区域:35 号~85 号支架为来压强烈区,其特点为来压强度大,持续时间长,安全阀开启频繁;34 号~21 号支架、86 号~100 号支架两个区域为来压强度相对较小区,其特点为持续时间相对较短,来压时安全阀个别开启;两端头附近为来压不明显区,来压时表现为持续增阻,但安全阀开启较少,来压时短时间开启,相对增阻时间长。

通过现场宏观观测,在工作面来压时,工作面机道开始断裂,工作面支架受力增大,然后随工作面推进逐步通过来压位置;当顶煤破碎时,会出现每割一刀顶板折断一次,支架持续带压现象。

顶板未出现冲击来压现象,以缓慢地回转运动为主。当工作面推进速度大于等于 4.5m/d 时,顶板运动向采空区方向缓慢下沉,循环内活柱下缩量为 10~60mm,后柱阻力明显高于前柱;当工作面推进不正常或停产时间长时,顶板一般向煤壁方向回转下沉,造成机道顶板台阶下沉,支架阻力急增,安全阀开启,显现为工作面整体来压,甚至发生工作面压架事故。

当工作面推进速度大于 5.0m/d,活柱下缩量为 10~60mm/h,推进速度小于 3.0m/d 时,活柱下缩量为 100~300mm/h。工作面端头及超前范围应力显现不明显,单体液压支柱阻力变化不大,巷道煤壁没有发生片帮现象。

工作面来压时机道顶板完整度相对较好,煤壁片帮也较少。当工作面工程质量较差、端面距大或受到断层破碎带的影响时,机道易发生漏冒事故。在破碎区发生机道漏顶,冒落高度约为 1.0m,最高见火成岩顶板,造成支架不接顶,给顶板管理造成一定影响。

2.6.6.5　同忻矿 8105 工作面矿压观测结果

8105 工作面埋深最大 519m,最小 377.6m,平均 448.3m;位于北一盘区,东部为实煤区;北部为 8106 工作面,已采空;西部为三条盘区大巷,南部为 8104 工作面。工作面主采石炭系 3^5 号煤层,煤层倾角为 1°~3°,平均 2°;煤层结构复杂,为一巨厚煤层,层厚 13.12~22.85m,平均为 16.85m。该煤层煤为半亮型,半暗型煤次之,弱玻璃-玻璃光泽,块状,参差状或阶梯状断口,内生裂隙发育,夹有镜煤条和薄层暗煤,少量镜煤呈宽条状分布,较破碎,易塌落,为复杂结构,煤层含 6 层夹矸。

工作面走向长度为 1757.1m,倾斜长度为 200m;采用综合机械化低位放顶煤开采工艺,一刀一放多轮间隔顺序放煤;工作面采用 ZF15000/27.5/42 型液压支架。

工作面架后顶煤初垮步距为:轨顺 17m,运顺 13.6m,平均 15.3m(不包括切眼宽度9.0m)。初次来压步距:下部(轨顺侧)初次来压距切眼约 83m,影响范围距切眼 83～89m;中部初次来压距切眼约 77m,影响范围距切眼 77～87m;上部(运顺侧)初次来压距切眼约 75m,影响范围距切眼 75～85m。

8105 工作面实测周期来压步距平均为 24.8m 左右。8105 工作面采取水压致裂的技术措施,观测结果表明:工作面上中下部基本同时来压,分段来压特征不明显;周期来压步距基本保持恒定,未出现一长一短的现象及连续来压现象;工作面来压时间相对较短,一般影响 1 天左右;回采过程中,支架安全阀开启率较低,支架最大工作阻力约为 13000kN。说明通过注水压裂与软化减小了顶板的来压强度,有利于减小顶板来压对工作面生产的影响。

煤壁片帮深度的分布如图 2-75 所示。片帮深度小于 600mm 的比例为 70.19%,片帮深度小于 600mm 时对生产没有影响不需要特别的处理。其次为 600～1000mm,占统计总数的 24.23%,这种情况下一般及时采取超前支护减少空顶面积,不需要进行专门处理。而大于 1000mm 的频率占 5.58%,如果片帮长度小于 2.0m,采用及时超前支护即可;如果片帮长度过大,则需要采取专项措施。现场观测表明片帮深度在 1000mm 以上的情况主要发生在老顶来压、顶板较为破碎或者断层影响区等,情况严重时片帮可达1.20m 以上。

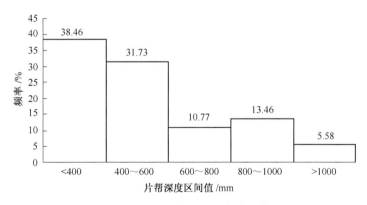

图 2-75　煤壁片帮深度的频率分布

煤壁片帮深度反映了工作面局部片帮的程度大小。为评价工作面煤壁的整体稳定性情况在此引入煤壁片帮率的概念,即片帮沿工作面倾向的累计总长度与工作面长度的比值。现场统计煤壁片帮率的分布如图 2-76 所示。片帮率主要分布在 0～15%,占统计总数的 93.9%。现场实践证明煤壁片帮率小于 15% 的情况下,未发生因煤壁失稳引起的冒顶事故及生产的中断。片帮率大于 15% 的频率为 6.1%,在该条件下易发生片帮引起的大于 1000mm 的局部冒顶。总体上看工作面整体稳定性较好,未发生正常生产中片帮引起的停机情况。

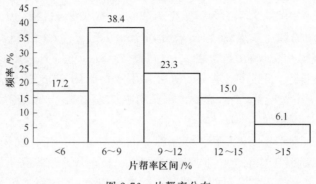

图 2-76　片帮率分布

　　工作面端面冒顶高度的分布规律如图 2-77 所示。工作面冒顶高度主要分布在小于 600mm 范围内,占总次数的 91.4%;冒顶高度小于 600mm 时,工作面端面冒顶对生产影响较小,不需要专门处理。冒顶高度在 600~900mm 的端面冒顶,所占比例为 5.5%;只需加强对支架初撑力的监测,保证支架支顶不要过大地抬头,就可控制冒顶的进一步发展并逐步改善端面顶煤的稳定性。端面冒高大于 900mm 时,一般需要将顶梁用木料刹顶再升柱,使其严密接顶,该情况的比例仅占 3.1%。

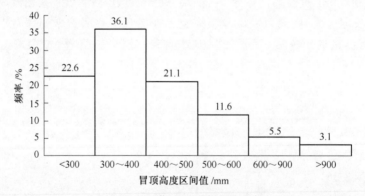

图 2-77　工作面冒顶高度的分布

　　工作面顶板破碎度反映了工作面端面顶板的整体稳定性及工作面顶板管理的整体效果。对 8105 工作面冒顶区顶板破碎度的统计表明:冒顶区的端面破碎度最大 6.80%,最小 0.34%,平均 1.56%。图 2-78 所示为工作面顶板破碎度的分布情况。端面顶板破碎度小于 3% 的比例为 90%。现场实践发现对工作面生产影响较大的是局部冒顶高度,即使顶板破碎度较大,如果冒顶高度普遍较小,则对生产影响不大。但如果顶板破碎度较大,则易引起较大的端面冒顶影响移架操作。

2.6.7　顶煤破坏及冒放性研究

　　岩石力学是固体力学的一个分支,岩石材料的力学行为具有不确定性和不规则性,不同层次的岩石材料,其力学行为具有相似性。面对岩石力学行为的不规则性,经典的数学

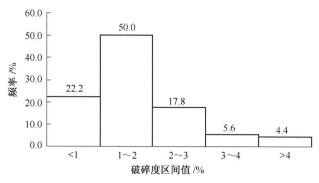

图 2-78　工作面顶板破碎度分布图

力学模型显得无能为力。在综放采场支承压力作用下顶煤的破裂过程是极其复杂的,其几何形状和压裂活动周期极不规则,顶煤压裂在时空上的这种复杂性,给定量研究顶煤块体的分布特点带来了极大困难。

2.6.7.1　煤层的结构及构造特点

(1) 煤层试样的强度值较高,其单向抗压强度一般在 25MPa 以上,并且通常具脆性;

(2) 煤层呈弱玻璃-玻璃光泽,碎块-块状,参差不齐阶梯状断口,加有镜煤条带,发育有内生裂隙;

(3) 节理面充填有方解石脉,结构疏松,性脆易碎。煤层节理间距在 15～25cm,主节理间距 1.0～1.2m,节理倾角 55°。

2.6.7.2　影响顶煤冒放性的主要因素

1) 开采深度

从赋存条件看,决定顶煤冒放性的关键是在前方支承压力 KrH 作用下顶煤能否在压裂区破碎及其破碎程度。塔山矿所采煤层厚度接近 400m,其自身强度已经能够压碎所采煤层,因此塔山矿采用放顶煤开采是合适的。

2) 煤层厚度

煤层厚度对顶煤冒放性的影响,实质上是顶煤厚度与采高之比,即放采比的影响。直观看,一方面,过薄的顶煤属于伪顶,随采随冒,亦可能超前漏顶。此时支架不能有效地控制直接顶,导致直接顶超前破碎到放煤口时,与顶煤混矸一起放出;不仅煤质受影响,且在控制一定灰分时易丢失大量顶煤。另一方面,过厚的顶煤在控顶区内,由于支架反复支承对顶煤的挤压作用,其挤压范围有限,尤其是上部顶煤很难得到充分松动,未经松动的顶煤在冒放区内也是难以冒落的,放煤过程中刚开始松动和变形的上部顶煤往往滞后冒落,这种冒落会与直接顶的冒落混在一起,从而使放煤含矸率增大。因此,放顶煤开采的最大煤层厚度和最小煤层厚度应当有一定范围,以保证较高的顶煤回收率。

3) 煤层强度

煤体强度是抵抗破坏能力的主要指标。单轴抗压强度 σ_c 在一定程度上代表了煤体对应力的反应能力。考虑到煤体没有弱面的情况，煤体 σ_c 的大小对在压力作用下发生破坏的影响是线性的，即 σ_c 越大，顶煤被压裂或破坏的效果越差，冒放性也越差。σ_c 是影响顶煤冒放性的关键因素，对于塔山矿，煤体抗压强度为 25MPa，冒放性中等。

4）夹矸

厚煤层中存在夹矸的现象是较普遍的。夹矸的层位、层数、厚度和岩性不同，对顶煤冒放性的影响也不同。一般距煤层顶板 1.0～1.5m 内的上部夹矸层和距煤层底板 1.5～2.0m 内的下部夹矸层对顶煤冒放性影响不大；而位于整个厚度的中部夹矸对顶煤冒放性具有较大的影响。当顶煤中夹矸层厚度较大，强度比煤层大时，该层夹矸对顶煤冒放性有影响。研究资料表明：在夹矸层下方的顶煤因离层或冒落将与夹矸失去接触，而其上方的顶煤将因超前变形与直接顶离层，成为夹矸层的载荷。

5）顶板岩层

对采场矿压活动和顶煤冒放性有显著影响的煤层顶板，包括直接顶和老顶两部分。塔山矿就直接顶而言，能随采随冒，并具有一定的厚度，是综放开采顶煤破碎冒落后顺利放出的基本条件；否则，将造成部分顶煤的丢失。老顶岩性和厚度在初次来压期间，对顶煤冒放性影响较大，但可形成较高的超前支承压力，利于顶煤体的预破坏；但在初次来压过去后和周期来压期间影响不大；从宏观来看，老顶除来压期间对顶煤冒放有一定影响外，平时影响不大。

2.6.7.3　煤体裂隙分布对顶煤冒放性影响的一般规律

煤体裂隙分布对顶煤冒放性的影响主要表现在两个方面：一是裂隙面的存在降低了煤体的强度；二是裂隙的密度、组数和贯通性等的增大使煤体冒落的块度减小，易于放出。

相关研究结果表明，煤体内裂隙尺度分布的分形规律遵循：

$$n(L) = a_0 L^{-D} \tag{2-23}$$

式中，L 为裂隙尺度；a_0 为比例系数；D 为裂隙分形维数。

根据在无标度区内随尺度不变性的分形几何基本原理，可以得到成倍于初始分形测量尺度 $L_0 \times L_0$ 的工程尺度 $L_E \times L_E$ 范围内的贯通裂隙条数 $n(L_E)$ 为

$$n(L_E) = m_0 a_0 L_E^{-D} \tag{2-24}$$

式中，$m_0 = (L_E/L_0)^2$。

相关研究结果表明，对煤的裂隙分形维数 D 和单轴抗压强度 σ_c 的数据进行回归分析，得回归方程为

$$D = 1.3674 e^{1.6626/\sigma_c}$$

该式的相关检验系数 $r = 0.8035$，显著相关。

将煤体表面 1m×1m 范围内的贯通裂隙条数 N_{1m} 与单轴抗压强度 σ_c 的数据进行回归分析，得回归方程为

$$N_{1m} = 3.925 e^{5.924/\sigma_c} \tag{2-25}$$

该式的相关检验系数 $r = 0.393$，故 N_{1m} 与 σ_c 之间有近似的负指数关系。

研究表明：D 和 N_{1m} 分别从两个侧面反映顶煤冒放性，D 表示裂隙贯通性随尺度变化的速度，N_{1m} 反映 1m 范围内贯通裂隙密度，与冒块大小直接相关。为了表征裂隙对

冒放的影响,将 D 与 N_{1m} 的乘积 DN_{1m} 值作为裂隙分形特征值,经统计得

$$n = 23.34 + 43.42 \lg DN_{1m} \tag{2-26}$$

该式的相关检验系数为 0.67,函数关系见图 2-79。

由图 2-79 可见,当 DN_{1m} 值超过 20 时,其影响趋势减弱;当 DN_{1m} 值小于 7 时,顶煤放出率低于 60%,其冒放性差。

对于塔山矿 3 号~5 号煤层裂隙分布特征及其对顶煤冒放性的影响,为了便于研究,将煤层节理、裂隙发育程度分为以下等级并进行量化处理。

(1) 很发育。煤层呈碎块状,较松散。

(2) 较发育。有多组裂隙,节理面微张,局部有充填物,间距多小于 0.4m。

(3) 中等发育。节理分布较规则,节理面闭合,间距多在 0.4m 以上。

(4) 不发育。局部有闭合节理,节理间距多在 1.0m 以上。

从井下实地观测、现场工程技术人员的反映和实验室钻取煤心时试样的损坏率来看,3 号~5 号煤层的层节理与裂隙发育中等。由

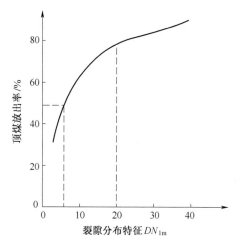

图 2-79 放出率与节理及裂隙分布的关系图

实验室对煤样表面裂隙的统计与计算结果表明:3 号~5 号煤层的裂隙尺度-数量分布的分形维数 $D = 2.64$,$1m^2$ 煤体表面上贯通裂隙的条数为 $N_{1m} = 5.98$ 条,则裂隙分布指标 $DN_{1m} = 15.78$,属于中等裂隙发育煤层。单就裂隙分布特征来说,根据式(2-26)计算得塔山矿 3 号~5 号煤层的顶煤放出率为 $n = 75.36\%$。

综上所述,影响顶煤冒放性有六大因素,然而就单个因素而言并不能够度量顶煤本身冒落、放出及其难易程度,它是由多个因素共同决定的综合指标,以上有的评判指标仅是定性地去描述。所以,就单个因素来讲,很难判断顶煤冒放性的好坏。下面通过模糊数学的方法,判定顶煤的冒放难易程度。

2.6.7.4 塔山矿顶煤的破碎规律

顶煤自煤壁前方的完整煤体到由支架后方放出的散体煤,其间经历了复杂的力学过程。一般认为,顶煤先后经历了支承压力、顶板回转、支架反复支撑及顶煤自重四个方面的作用,但这四个方面作用的程度是不同的。

(1) 在采场推进形成的支承压力作用下超前(煤壁)破坏,显然超前支承压力越大,受压力挤压的顶煤厚度越大,超前破坏的顶煤范围将越大;

(2) 在采场顶板(直接顶和老顶)沉降来压过程中二次挤压破坏,显然这一破坏作用只有在顶板来压时刻才能发生,也就是说有周期性的,只有在顶煤超前煤壁破坏实现和老顶来压作用期间发生,在采场支架有限制老顶沉降的足够阻抗力前提下才能实现;

（3）在采场支架反复支撑作用下剪切破坏，即三次破坏，显然支架初撑力越大，反复支撑强度越高，顶煤三次破碎的程度越大；

（4）放煤过程中在自重力的作用下被摔碎，即四次破碎，显然由放煤程序差异决定的放煤高度即顶煤的厚度和悬跨面积越大，破碎过程的效果越好。

通常情况下，顶煤依次在上述四个方面的作用下破坏逐渐发展，但对于不同的煤层及开采条件，各过程作用的程度和顶煤破碎的效果具有显著的差异。在坚硬煤层条件下，易于出现支架后方顶煤悬露不冒或垮落后块度过大难以及时有效地放出，进而影响到煤炭的采出率。

基于上述四种破坏作用及现场分析实践，依据顶煤的破坏发展程度，沿工作面推进方向，可将顶煤分为四个破坏区，如图 2-80 所示，自煤壁前方至采空区方向依次为完整区、破坏发展区、裂隙发育区和垮落破碎区。

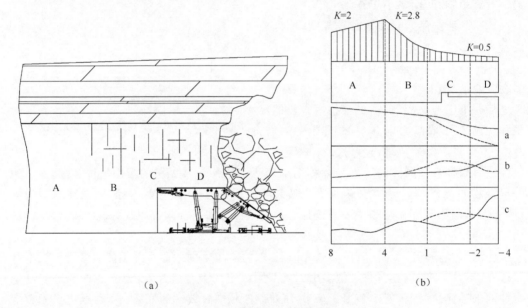

（a）　　　　　　　　　　　　（b）

图 2-80　顶煤破坏发展分区图

（a）实测结果；（b）理论分析结果；

A. 完整区；B. 破坏发展区；C. 裂隙发育区；D. 垮落破碎区；

a. 顶煤变形分布；b. 顶煤拉伸破坏系数分布；c. 顶煤剪切破坏系数分布

由于工作面的移动特性，顶煤将顺次经过以上四个区，破坏逐渐发展，直到完全破碎而由放煤口放出。需要指出，当煤层及开采条件发生变化时，各破坏区的范围将有所不同。显然，当垮落破碎区进入煤壁前方时则易于发生端面冒顶，而当支架后部仍不出现破碎区时，则顶煤难以顺利放出。

2.6.7.5　塔山矿顶煤损伤演化过程及其分区

由前述分析，顶煤在支承压力、顶板回转、支架及煤自重的共同作用下实现破碎，其中支承压力是顶煤实现破碎的关键，而支架反复支撑仅对下位 2～3m 范围内的顶煤作用较为明显。

由于煤层的地质结构特征,其破坏是一个损伤弱化的过程。为此,引入煤体损伤的概念可对顶煤的损伤破坏过程和特点进行描述。

1) 顶煤损伤演化分析

由对损伤演化过程的分析,可得顶煤的损伤演化力程为

$$D = 1 - e^{-\frac{1}{m}\left(\frac{\varepsilon}{\varepsilon_{max}}\right)^m} \qquad (2-27)$$

式中,D 为损伤参量;ε 为顶煤应变值;ε_{max} 为顶煤的峰荷应变值。

$$m = \frac{1}{\ln E - \ln E_{max}} \qquad (2-28)$$

式中,E 为顶煤的弹性模量;E_{max} 为顶煤过峰荷点的割线模量。

由此可得顶煤受压全过程的本构关系模型为

$$\sigma = E\varepsilon \cdot e^{-\frac{1}{m}\left(\frac{\varepsilon}{\varepsilon_{max}}\right)^m} \qquad (2-29)$$

由式(2-29)可得顶煤屈服点的损伤值为

$$D = 1 - e^{-\frac{1}{m}}\left[\frac{1}{2}\left(1 + e^{-\frac{1}{m}}\right)\right] \qquad (2-30)$$

将 $m = 1$ 代入式 (2-30),可得其临界值为 $D = 0.5$。

残余强度为煤体在峰值后所具有的有限承载能力,其大小主要取决于颗粒间的咬合力和摩擦力。根据大量的试验结果,单向压缩状态下煤体的残余强度约为极限强度的1/6,由此可得塔山矿煤层体残余强度的损伤值为 0.98。

2) 顶煤损伤破坏过程及分区

根据上述考虑损伤的弹塑性物性方程,可对破坏分区作如下定义:

弹性区——应力应变关系符合胡克定律的煤体域;

塑性区——存有残余应变的煤体域;

散体区——单元体间失去联系而近乎散体介质的煤体域。

对应上述各区域的损伤参量 D 为

弹性区:$0 \leqslant D < 0.5$;

塑性区:$0.5 < D < 0.98$;

散体区:$0.98 < D \leqslant 1$。

据此,在综放面顶煤位移实测资料的基础上,可对顶煤的破坏过程进行分区,不同硬度顶煤的分区结果如图 2-81～图 2-82 所示。

由图 2-83～图 2-85 可见,对于不同硬度的煤层,在综放开采时顶煤的破坏过程存在较大差异,松软顶煤的散体区已深入到煤壁前方,坚硬顶煤在支架后部尚未出现散体区,而煤层中硬则为理想的放顶煤条件。对于塔山矿经过分析可以认为,其损伤过程及分区比较符合中硬顶煤。

2.6.7.6 塔山矿顶煤坚硬性的模糊识别与判定法则

上述,对顶煤冒放性有显著影响的六个因素,对顶煤冒放性的影响既相互独立、又相互联系,而且这些因素在一定意义上都具有不确定性,即模糊性。因此,在进行顶煤冒放

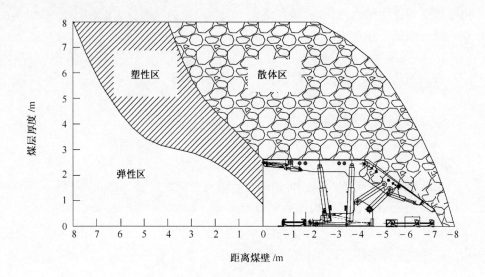

图 2-81　松软顶煤的损伤过程及分区图

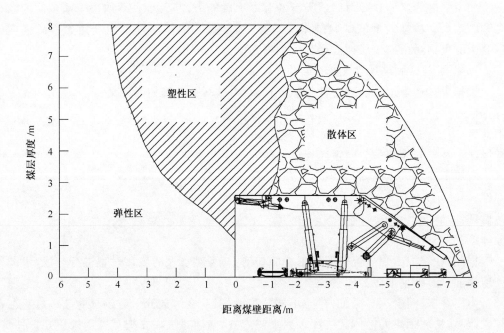

图 2-82　中硬顶煤的损伤过程及分区图

性分类的综合性评价中,这种不确定性是必须考虑的特性之一。美国控制论专家扎德所创立的模糊数学正是解决这类问题的最好方法。下面运用模糊综合评判法,采用顶煤垮冒难度指数来识别坚硬顶煤和评价其垮冒破碎难易程度,建立的评价指标体系见图 2-84。

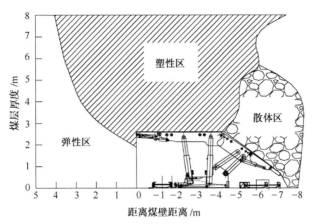

图 2-83 坚硬顶煤的损伤过程及分区图

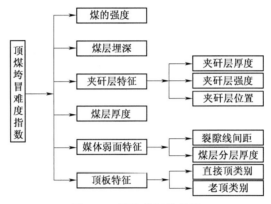

图 2-84 评价指标体系图

定义顶煤垮冒难度指数的影响因素集为

$$U = \{u_1, u_2, u_3, u_4, u_5, u_6\} = \{\sigma_c, H, g, MR_M, D\} \tag{2-31}$$

以"顶煤垮冒难"为语义评价域 V，则 V 为一个模糊子集，顶煤垮冒难度指数 F 是 U 属于 V 的隶属度，取加权平均算法，则：

$$u_i(u_i) \tag{2-32}$$

式中，$u_i(u_i)$ 为第 i 个影响因素 u_i，属于 V 的单因素隶属度；w_i 为第 i 个影响因素的权重，$\sum w_i = 1$，w_i 可采用专家调查法、层次分析法、比较判断矩阵法等得到。综合文献成果，取值如下：

$$W = (w_1, w_2, w_3, w_4, w_5, w_6) = (0.24, 0.22, 0.16, 0.14, 0.20, 0.04)$$

借鉴文献研究结果，根据前面各因素的分析，从简单适用出发，按线性关系给出各单因素评价的隶属函数如下。

1）煤的强度 σ_c

$$u_1(\sigma_c) = \begin{cases} 0.0 & \sigma_c \leqslant 5.0 \\ \dfrac{\sigma_c - 5.0}{25.0} & 5.0 \leqslant \sigma_c \leqslant 30.0 \\ 1.0 & \sigma_c \geqslant 30.0 \end{cases} \tag{2-33}$$

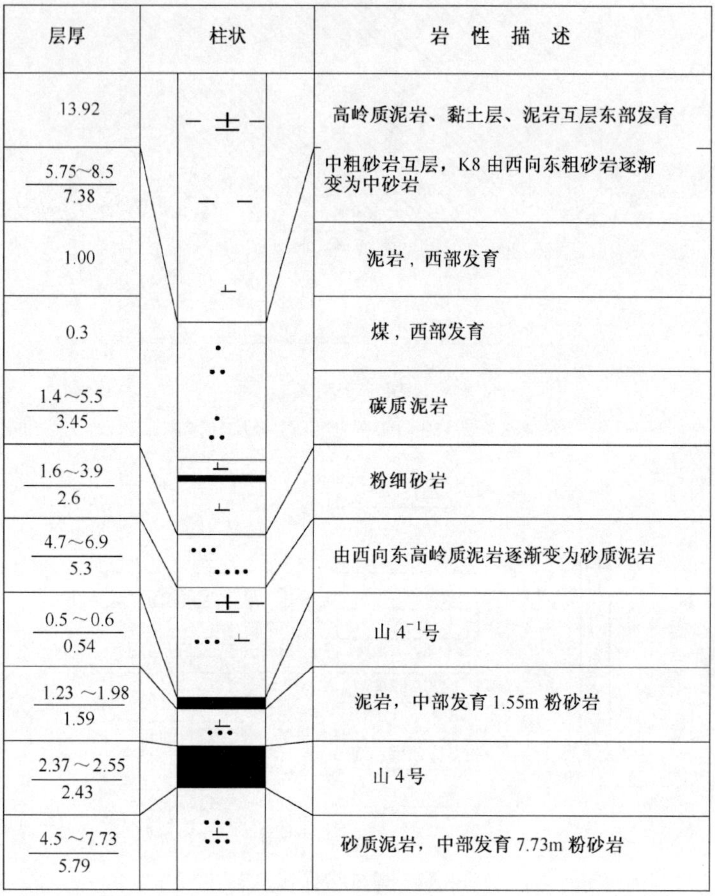

层厚	柱状	岩　性　描　述
13.92		高岭质泥岩、黏土层、泥岩互层东部发育
$\dfrac{5.75\sim8.5}{7.38}$		中粗砂岩互层，K8 由西向东粗砂岩逐渐变为中砂岩
1.00		泥岩，西部发育
0.3		煤，西部发育
$\dfrac{1.4\sim5.5}{3.45}$		碳质泥岩
$\dfrac{1.6\sim3.9}{2.6}$		粉细砂岩
$\dfrac{4.7\sim6.9}{5.3}$		由西向东高岭质泥岩逐渐变为砂质泥岩
$\dfrac{0.5\sim0.6}{0.54}$		山 4^{-1} 号
$\dfrac{1.23\sim1.98}{1.59}$		泥岩，中部发育 1.55m 粉砂岩
$\dfrac{2.37\sim2.55}{2.43}$		山 4 号
$\dfrac{4.5\sim7.73}{5.79}$		砂质泥岩，中部发育 7.73m 粉砂岩

图 2-85　工作面综合柱状图

2) 煤层开采深度 H

$$u_2(H)=\begin{cases}1.0 & H\leqslant100.0\\[2mm]\dfrac{600.0-H}{500.0} & 100.0\leqslant H\leqslant600.0\\[2mm]0.0 & H\geqslant600.0\end{cases}\qquad(2\text{-}34)$$

3) 夹矸层特征

$$u_3(g)=40.4u_{31}(g_h)+0.4u_{32}(g_R)+0.2u_{33}(g_w)$$

夹矸层厚度 g_h

$$u_3(g_h)=\begin{cases}0.0 & g_h<0.10\\[2mm]\dfrac{g_h-0.10}{0.70} & 0.10<g_h<0.80\\[2mm]1.0 & g_h\geqslant0.80\end{cases}\qquad(2\text{-}35)$$

夹矸层抗压强度 g_R

$$u_{32}(g_R) = \begin{cases} 0.0 & g_R \leqslant \sigma_c \\ \dfrac{g_R - \sigma_c}{\sigma_c} & \sigma_c \leqslant g_R \leqslant 2\sigma_c \\ 1.0 & g_R \geqslant 2\sigma_c \end{cases} \tag{2-36}$$

夹矸层中位线距煤层底板的距离 g_w

$$u_{33}(g_w) = \begin{cases} 0.0 & g_w \leqslant M_1 \\ \dfrac{2(g_w - M_1)}{M - M_1} & M_1 \leqslant g_w \leqslant M_1 + \dfrac{M - M_1}{2} \\ \dfrac{2(M_1 - g_w)}{M - M_1} & g_w \geqslant M_1 + \dfrac{M - M_1}{2} \end{cases} \tag{2-37}$$

式中，g_h 为夹矸层厚度，m；g_R 为夹矸层抗压强度，MPa；g_w 为夹矸层中位线距煤层地板的距离，m；M_1 为工作面底煤采高，m。

4）煤层开采厚度 M

$$u_4(g_w) = \begin{cases} 1.0 \\ \dfrac{7.0 - M}{4.0} & M \leqslant 3.0 \\ 0.0 & 3.0 \leqslant M \leqslant 7.0 \\ \dfrac{M - 9.0}{11.0} & 7.0 \leqslant M \leqslant 9.0 \\ 1.0 & 9.0 \leqslant M \leqslant 20.0 \\ & M \geqslant 20.0 \end{cases} \tag{2-38}$$

5）煤体弱面特征 R_M

$$u_5(R_M) = 0.6u_{51}(S_1) + 0.4u_{52}(S_2)$$

顶煤中主裂隙特征函数：

$$u_{51}(S_1) = \begin{cases} \dfrac{S_1}{0.70} & S_1 \leqslant 0.70 \\ 1.0 & S_1 \geqslant 0.70 \end{cases}$$

顶煤宏观分层厚度特征函数：

$$u_{52}(S_2) = \begin{cases} S_2 & S_2 \leqslant 1.0 \\ 1.0 & S_2 \geqslant 1.0 \end{cases} \tag{2-39}$$

式中，S_1 为顶煤中主裂隙组的裂隙平均线间距，m；S_2 为顶煤的宏观平均分层厚度，m。

6）顶板特征 D

$$u_6(D) = \dfrac{8.00 - (D_z + D_L)}{6.0} \tag{2-40}$$

式中，D_z 为煤层直接顶的类别号数；D_L 为老顶的级别号数。

给一定值 λ，当 $F \geqslant \lambda$ 时就可以判定为坚硬顶煤。λ 取值是一个复杂问题，根据顶煤冒放性研究经验，这里取 $\lambda = 0.55$。

2.6.7.7 塔山矿顶煤垮冒难度分类

人们已提出和采用了多种顶煤冒放性分类方法，根据顶煤垮落角和第一断裂线位置

的分类方法、模糊综合评判法、模糊聚类分析法等,把顶煤按冒放特性分为五类:

Ⅰ类—冒放性很好,冒落形态为柱状;

Ⅱ类—冒放性好,冒落形态为半拱式;

Ⅲ类—冒放性中等,冒落形态为半拱式或桥拱式;

Ⅳ类—冒放性较差,冒落形态为桥拱式;

Ⅴ类—冒放性很差,冒落形态为桥拱式。

本项目在顶煤垮冒难度指数模糊评价的基础上,按照顶煤垮冒难度指数值 F 的大小,对顶煤垮冒难度特性进行分类。根据相关经验初步给出分类标准如下。

Ⅰ类顶煤:$F \in [0.00, 0.20]$,垮冒难度很小,垮落角 90°左右,顶煤不出现悬顶现象,冒落形态为柱状式。

Ⅱ类顶煤:$F \in [0.20, 0.40]$,垮冒难度较小,垮落角 75°~85°,顶煤不出现悬顶现象,冒落形态为半拱式或柱状式。

Ⅲ类顶煤:$F \in [0.40, 0.55]$,垮冒难度中等,垮落角 65°~75°,顶煤一般不出现悬顶现象,冒落形态为半拱式或桥拱式。

Ⅳ类顶煤:$F \in [0.55, 0.750]$,垮冒难度较大,垮落角 55°~75°,顶煤常出现悬顶现象,冒落形态为桥拱式。

Ⅴ类顶煤:$F \in [0.75, 1.0]$,垮冒难度很大,垮落角小于 60°,顶煤经常出现较严重的悬顶现象,冒落形态为桥拱式。

Ⅵ类Ⅴ类顶煤皆属于坚硬顶煤,在综放开采中必须采取必要的顶煤预先弱化处理措施,可能保证顶煤放出率达到要求,并有效预防顶板灾害事故的发生。

2.6.7.8　顶煤冒放性类别确定

结合塔山矿 3 号~5 号煤层进行分析。根据实验室提供的试验报告,计算出顶煤的单轴抗压强度平均为 25MPa,由钻孔综合柱状图和现场钻探可知煤层的平均埋藏深度为 400m,煤厚平均为 13.53m,根据井下已开掘大巷所揭露煤层结构和现场钻探取心情况分析,在井田并未发现煤层中含有夹矸。由现场观察和所取煤样分析,顶煤中主裂隙组的裂隙平均线间距约为 0.5m,顶煤的宏观平均分层度在 1m 左右。根据我国缓倾斜工作面的顶板分类标准和试验报告,可确定该煤层直接顶的类别为Ⅱ类,老顶的类别为Ⅲ类。将以上各特征参数分别代入以上各公式中可得

$$u_1(\sigma_c) = \frac{25 - 5}{25} = 0.24$$

$$u_2(H) = \frac{600 - 400}{500} = 0.4$$

$$u_3(g) = 0$$

$$u_4(M) = \frac{13.53 - 9.0}{11.0} = 0.41$$

$$u_5(R_m) = 0.6 \times \frac{0.5}{0.7} + 0.4 = 0.83$$

$$u_6(D) = \frac{8.0 - (2+3)}{6} = 0.5$$

则

$$F = \sum_{i=1}^{6} w_i u_i(u_i) = 0.24 \times 0.8 + 0.22 \times 0.088 + 0.16 \times 0 + 0.14 \times 0.41 + 0.20 \times 0.83 + 0.04 \times 0.5 = 0.45$$

可见 $F = 0.53 \in [0.40, 0.55]$，由此可以判断塔山煤矿3号～5号煤属于Ⅲ类顶煤，冒难度中等，垮落角 $65° \sim 75°$，冒落形态为半拱式或桥拱式。

2.6.8 顶板管理

3号～5号煤层老顶比较坚硬，一旦老顶大面积悬吊难以垮落，采用传统的爆破法强制放顶困难较大，所以，加大矿压观测，采取必要措施防止老顶大面积垮落时冲击地压的发生，是放顶煤开采过程中的技术难题。

2.6.8.1 支架的选型与支护强度的确定

由上述理论分析可知，大同矿区石炭系特厚煤层覆岩中硬厚层顶板群的不同破断失稳形式造成工作面矿压显现强度的变化，其中强矿压是其典型特征。因此，在多层坚硬顶板条件下，工作面支架的选型应满足以下原则。

（1）支架必须具有足够的支护强度，能够支撑垮落带岩层自身重量和坚硬顶板垮断时的动压作用；

（2）支架立柱具有较大的可缩量，以适应大开采空间顶板大活动范围对工作面支架的大变形作用；

（3）支架具有较强的切顶能力，以适应对坚硬悬露顶板的切断能力，减少附加载荷的影响；

（4）支架具有较好的稳定性和结构强度，避免顶板及顶煤垮落对支架的冲击作用造成的支架位态变化和失稳。

根据前面的理论分析结果，特厚煤层多层坚硬顶板条件下工作面支架的支护强度应该包括两部分，即坚硬顶板破断失稳产生的动态压力和该层顶板下方顶板和顶煤的自重。因此，基于覆岩坚硬顶板破断失稳产生的动态压力来确定支架的支护强度可由下式计算：

$$q_z \geqslant q_{max} = \sigma_1|_{max} + \sum \gamma_i h_i \tag{2-41}$$

式中，q_z 为支架支护强度；γ_i 为失稳顶板分层容重。

根据实验及理论分析，大同矿区塔山矿 3^5 号煤层上覆55m位置的坚硬顶板垮断失稳产生的动态压力为2.09MPa，该范围覆岩自身重量载荷1.46MPa，因此，支架支护强度应达到3.55MPa才能满足顶板控制的要求。但从现有的技术及经济条件看是难以达到要求的。因此，采取相应的辅助技术措施进行顶板控制，以满足支架控制顶板的要求，是该条件下顶板控制的技术途径。

2.6.8.2 顶板控制的辅助措施

在现有支架支护强度难以满足顶板控制要求的情况下，通过采取辅助技术措施减小顶板的悬露长度和厚度,改变顶板的垮落状态和破断行为,将减小顶板断裂失稳时的动态压力,因而会减小顶板失稳对工作面矿压显现造成的影响。因此,有必要对厚层坚硬顶板采取有效控制措施,如坚硬厚层顶板的分层爆破与水压致裂技术,弱化顶板强度及完整性,以达到顶板控制的目标和要求。

2.6.9　综放工作面端头支护

特厚煤层一次放顶煤能否安全采出的关键是端头能否支得住。由于巷道掘进中锚杆锚索基本都锚固在煤层中,即没有坚硬的老顶又没有明显的层理,锚杆支护基本应用的是"加固拱理论",这样巷道冒落拱范围内煤顶的稳定性就相当重要,一旦顶煤采放产生的应力反应造成端头上部顶煤失稳,锚杆锚索将全部失效,端头支架将很难满足端头支护要求,端头超前支护将异常困难,仅仅依靠锚杆锚索将很难维护住,安全生产得不到保障,高产高效就无从谈起。因此,在放顶煤初期应用矿压监测监控手段,监控顶板的变化,在两端头留出足够的安全距离,通过准确监测顶煤受放顶影响的范围,为端头维护提供科学依据。

2.6.10　优化巷道布置

首采面采用单巷布置,虽然具有工程量小,管理简单的优点,但在通风管理、瓦斯治理、便于机械化施工等方面存在缺陷。双巷掘进受塔山的煤层地质结构制约,过多的交叉点会给顶板控制带来困难。随着首采面开采经验的积累,后续工作面的巷道布置中,在保证顶板安全的前提下,优化巷道布置。

2.7　石炭纪煤层变质煤综采技术

2.7.1　工作面概况

永定庄煤矿隶属大同煤矿集团有限责任公司,位于大同市南西约 23.5km 处,井田境界平均走向长度 4.50km,平均倾斜宽度 2.300km,井田面积 13.530km²,区内可采煤层四层。工业储量 22340.41 万 t,地质储量为 22446.71 万 t,矿井设计可采储量为 8305.97万 t,设计能力 120 万 t/年,矿井服务年限 50 年。

8106 工作面基本状况如表 2-57～表 2-59 所示,岩层综合柱状图如图 2-85 所示。

表 2-57　8914 工作面基本情况

水平名称	采区名称	地面标高/m	工作面标高/m	走向长度/m
985	山 4	1210～1275	844～886	762
倾斜长度/m	面积/m²	地面的 相对位置	回采对地面 设施的影响	井下位置及四邻 采掘情况
151.4	115366.8	位于瓦碴沟及永定 庄后沟煤矿	地面无建筑物, 回采会造成地面 裂隙及塌陷	本工作面北部未采, 南部为 8106 设备巷 (正掘),西部为山 4 号 煤层回风巷

表 2-58　煤层地质概况

煤层厚度/m	煤层结构	煤层倾角/(°)	煤层硬度 f	开采煤层	稳定程度
$\dfrac{2.4}{1.0\sim2.8}$	单一	$\dfrac{7}{1\sim13}$	>3.5	山 4 号	稳定

煤层情况描述
位于山西组中下部,下距 K_3 标志层一般为 4.0～33.93m,平均 17.41m,全井田大部有赋存,向东北、西北部变薄为零,首采区除补 20 号孔不可采外,均为可采且厚度比较稳定。岩浆岩侵入在中东、南部。煤层总厚 0～4.70m,平均 2.18m,一般含夹矸 1～2 层,属不稳定煤层,顶板为砂质泥岩,有时相变为中粒砂岩,底板为细粒砂岩。

表 2-59　煤层顶底板

顶底板名称	岩石名称	厚度/m	特征
老　顶	高岭质泥岩、砂质泥岩、粉砂岩	5.8	含植物化石,块状,贝壳状及参差状断口
直接顶	泥岩、粉砂岩	1.59	块状,水平层理,含植物化石,断口平坦
直接底	直接底	泥岩、粉砂岩	5.79

2.7.2　采煤方法与工艺

2.7.2.1　采煤方法

走向长壁后退式采煤法。

2.7.2.2　采煤工艺

1) 采煤机落、装煤

机组割刀应严格按正规循环作业,采用工作面两端头斜切进刀割三角煤的进刀方式进刀(图 2-86),机组往返一次割两刀,平均采高为 2.2m,滚筒直径 1.6m,宽 0.63m,有效截深 0.6m。割刀时,前进方向的前滚筒割顶刀后滚筒割底刀,两滚筒旋转方向相背,见顶见底,与顶底板垂直。伞檐长度在≤1m 时,其最大突出部分≤200mm。伞檐长度在 1m 以下时,其最大突出部分≤250mm。采煤机在工作面头尾斜切进刀长度为 30m,采煤机的牵引速度必须控制在 3～5m/min。

2) 移架工作

按采煤机前进方向顺序依次进行,且滞后机组后滚筒 3～5 架,移动步距 0.6m,支架要擦顶移架,支架移过后要将支架顶梁升平,升紧,接顶严密,且呈一条直线,偏差≤±50mm,支架中心距 1.5m,偏差≤±100mm;支架顶梁与顶板平行支设,其最大仰俯角<7°相邻支架高度差不超过顶梁侧护板高的 2/3;支架不挤、不咬,架间空隙≤200mm,端面距≤340mm;移架前,应将支架里外浮煤、浮矸、杂物及支架顶梁上浮煤、浮矸清理干净,并要处理因拉架可能掉下的矸石煤块,并注意电缆、管路及过往行人的安全;移架过程中,必须随时调整支架,移架后及时升紧支架,使初撑力≥24MPa,且立柱有压力表显示。如有支架初撑力及工作阻力达不到要求接顶不严,跑、冒、漏、滴现象严重,必须及时处理,

支架操作完毕后,要把操作手把打至"零"位。从切眼开始走向 120m,倾角为 13°,工作面在拉架时,必须拉一架且升紧、升牢,初撑力必须达到 24MPa 以上,支架必须在升架后观察双针压力表的读数,如果压力表损坏必须立即更换。

3) 推移运输机

推溜滞后采煤机 10～15m,铲煤板至煤壁的距离≥200mm,以保证机道宽度为 1.8m,推溜要在运输机运行中进行,如底板不平,应要机组割平后再移,禁止强行推移,以防损坏设备。

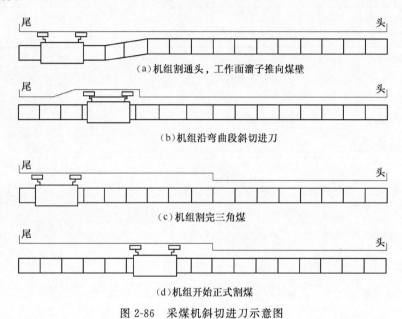

(a) 机组割通头,工作面溜子推向煤壁

(b) 机组沿弯曲段斜切进刀

(c) 机组割完三角煤

(d) 机组开始正式割煤

图 2-86　采煤机斜切进刀示意图

2.7.3　巷道布置

1) 采区设计、采区巷道布置概况

采区采用两巷平行一进一回布置。

2) 工作面运输巷

2106 巷为皮带巷,巷宽 4.6m,巷高 2.6m,矩形巷支护方式为六排锚栓,两排锚索支护,用途为运煤、进风、设置开关。

3) 工作面回风巷

5106 巷为运料巷,巷宽 3.2m,巷高 2.6m,矩形巷支护方式为四排锚栓,二排锚索支护,用途为回风,运料。

4) 工作面开切眼

切巷宽 6.0m,高 2.6m,采用六排锚栓齐排布置管理顶板,锚栓为 Φ18mm,1.8m 长,第一排锚栓挂在距古塘侧 0.75m 直线上,第二、第三、第四、第五排锚栓的排距为 0.9m,第六排锚栓的排距为 0.75m,同时在距古塘侧 1.4m 和 3.0m 的直线上,工作面侧 1.4m 的直线上分别再挂上一排长 5.0m,Φ18mm 的锚索管理顶板。

2.7.4 设备配置

1）液压支架主要参数

架型：　　　　　　ZZS5600/1.4/2.8型液压支架

支架结构高度：1400～2800mm

支架中心距：　　1450mm

初撑力：　　　　4810kN

支护强度：　　　681.1kN/m²

操作方式：　　　本架操作

立柱工作形式：单伸缩

2）配套设备主要参数

工作面配套设备主要技术参数如表2-60所示。

表 2-60　主要设备技术参数

设备名称	型　　　号	数　　量
采煤机	MG700矮形	1台
支　架	ZZS5600/1.4/2.8	103架
工作面运输机	SGB-764/400	1部
转载机	SGZ764/132	1部
破碎机	PCM-110	1台
乳化液泵站	BRW-400/31.5	两泵一箱
皮带运输机	DSP-1080/1000	1部
移　变	1000KVA	1台
移　变	1000KVA	1台
移　变	800KVA	1台
移　变	500KVA	1台
综　保	BXZ₁-2.5KVA	2台
综　保	XzX₈-4KVA	1台
馈　电	BKD-400	2台
低压开关	QZJ-400/1140	10台
低压开关	QZJ-400/1140S	3台
低压开关	QZJ-800/1140-4	1台
低压开关	QBD-80	4台
高压开关	BGP₉ʟ-5A	2台
潜水泵	ZDA8-4	7台
绞　车	JD-11.4	5台
绞　车	JH3-7.5	1台

2.7.5 变质煤赋存规律

赋存于永定庄煤矿煤层中的火成岩为煌斑岩。煌斑岩是一种暗色矿物含量较高的二分暗色脉岩，往往以岩脉形式产出，脉体厚度可从几厘米到几米，延伸一般从几米到数千米。通常暗色矿物含量在40%以上，以黑云母或角闪石为主，这些暗色矿物不论是斑晶还是基质，通常均为完好的自形晶，称为煌斑结构。

在永定庄煤矿中用肉眼观察有两种岩性：一种为灰色、深灰色，中细粒状，黑云母、长石为主,黑云母含量约 35%,长石 50% 左右。互相紧密镶嵌。黑云母黑色较新鲜,加稀酸起泡较弱。另一种为灰白色,浅色矿物占 90%,不均匀散布。镜下鉴定多已蚀变为强碳酸盐化云煌岩。深色煌斑岩可见自形的黑云母与半自形正长石互相镶嵌形成的煌斑结构,主要为中粒状,部分细粒状、块状构造。黑云母含量约 35%,棕带红色,多色性显解理极完全。部分黑云母已蚀变为绿泥石,正长石含量占岩石总量的 55% 左右,多呈半自形板柱状,个别可见卡氏双晶。磷灰石无色透明,正中突起,自形柱状。煌斑岩种类有云煌岩、正煌岩及碳酸盐化斜长岩。

　　为了查明永定庄煤矿煌斑岩的基本特征,在野外和井下对煌斑岩进行了详细观察、剖面实测及节理统计,且采集了相应样品,以研究其岩石化学成分和矿物成分特点。

2.7.5.1　煌斑岩的产出状态与赋存层位

　　野外观察中选择了永定庄 3-5 号煤层露头进行了剖面实测与观察。在永定庄 3-5 号煤层露头剖面上,煌斑岩呈似层状、透镜状(图 2-87)、串珠状产出,产状与煤层一致,赋存于 3-5 号煤层的中上部。煌斑岩床厚度介于 0.23~2.0m。透镜体长度介于 0.50~1.23m,厚度介于 0.23~0.49m。串珠状产出的煌斑岩在剖面上珠体呈圆状或椭圆状,珠体间仍有细脉状脉体相连,总体延伸方向与煤层的走向一致。煌斑岩脉体上下的煤层均遭受了不同程度的热接触变质。

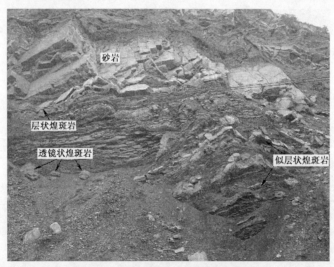

图 2-87　永定庄 3-5 号煤层露头剖面图

　　野外观察及剖面实测表明,煌斑岩呈岩床状侵入于 3-5 号煤层的中上部,多呈似层状、层状或透镜状产出。炽热的煌斑岩浆不仅熔融煤层,占据了部分煤层的原有空间,而且导致其上、下煤层发生了不同程度的热接触变质,破坏煤层原有的整体性,使其结构复杂化,减小了煤层的有效利用厚度。

2.7.5.2　煌斑岩的空间展布和赋存规律

　　井田内煌斑岩侵入范围见图 2-88~图 2-91,由北而南呈现由下而上的侵入秩序,山

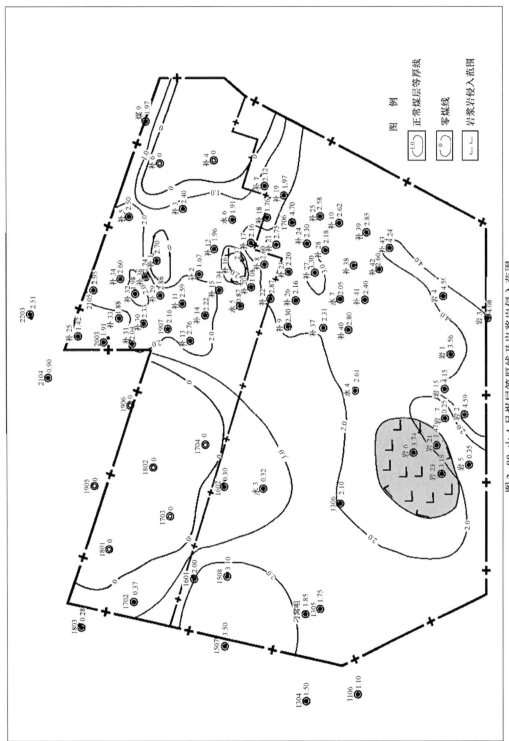

图 2-88 山 4 号煤层等厚线及岩浆岩侵入范围

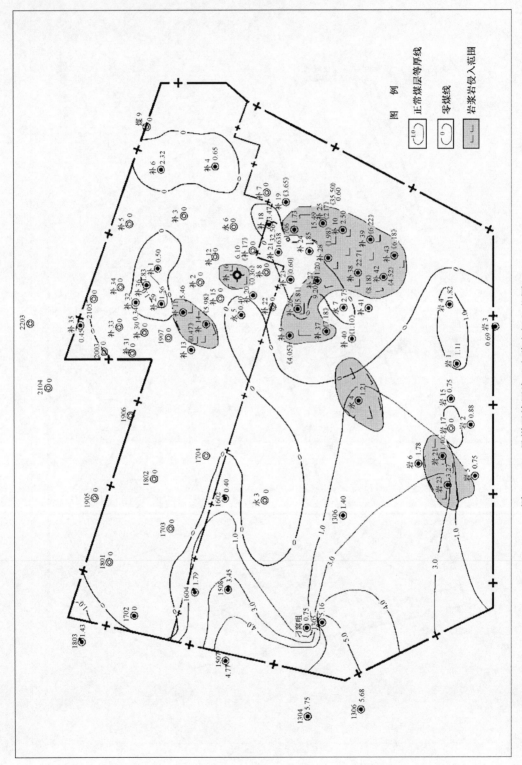

图 2-89 2号煤层等厚线及岩浆岩侵入范围

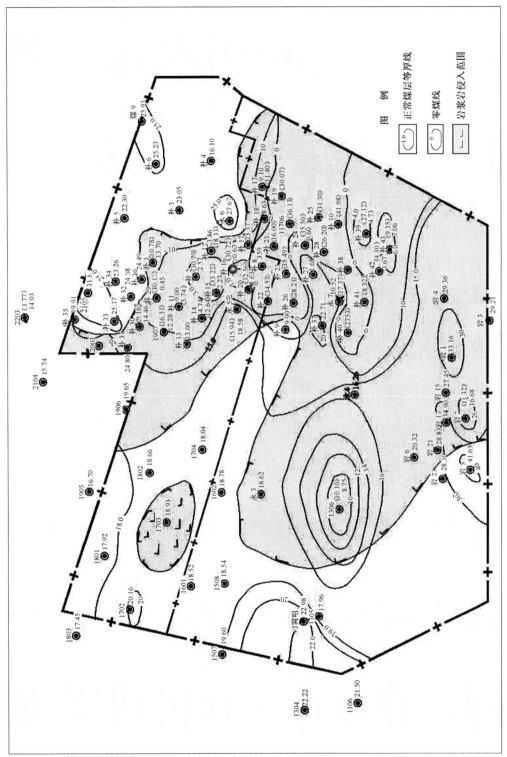

图 2—90 3~5号煤层等厚线及岩浆岩侵入范围

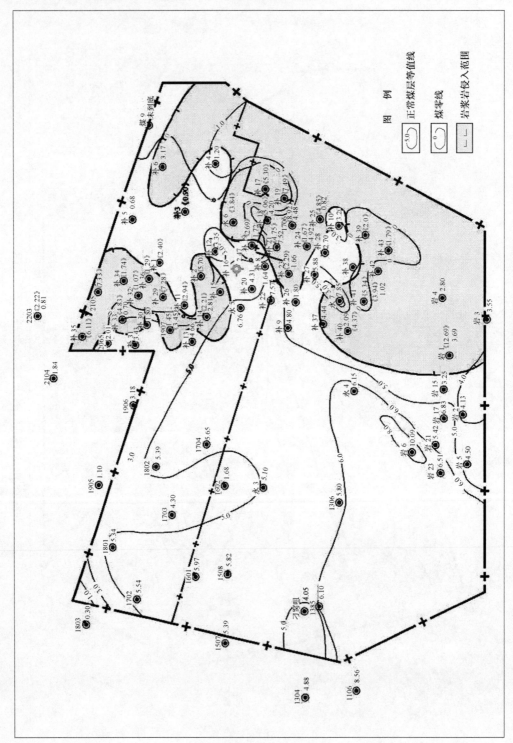

图 2-91　8 号煤层等厚线及岩浆岩侵入范围

4 号煤层受岩浆侵入破坏范围较小,而 3^5 号煤层大部遭受岩浆的侵蚀。平面上岩浆岩表现为南部宽广而薄,北部窄小而厚的规律,似显现出地下上侵的炽热岩浆是由南向北流动侵入的结果。

单孔煌斑岩垂向侵入范围最小 0.15m (1906 孔)、最大 34.59m (补 4 孔),侵入层数最多达 29 层 (补 29 号孔),单层最小厚度 0.04m,最大厚度 19.65m (补 20 号孔)。井田南部层数最多,侵入范围最大,向北东、西方向逐渐减少。相邻两孔之间煌斑岩层数差异很大,分叉合并频繁,对比工作较为困难。

山4号煤层:

本区仅南部岩 6、岩 21、岩 23 三个孔及北部补 16 号孔有煌斑岩侵入,煌斑岩侵入层数一般为 1 层,单层垂向最小侵入厚度 0.46m (岩 21 孔),单层垂向最大侵入厚度 1.62m (岩 6 号孔)。煌斑岩侵入煤层处使其发生变质,甚至替代,而使煤层变薄。如岩 6 号孔由于岩浆岩的侵入,其煤层发生变质,成为天然焦,丧失了原有的工业价值。

2 号煤层:

侵入本区 2 号煤层的煌斑岩呈零星分布,煌斑岩垂向侵入范围最小 0.13m (岩 23 号孔),垂向最大侵入范围 2.42m (补 28 号孔),侵入层数最多达 3 层 (补 39 号孔),单层最小厚度 0.13m,最大厚度 2.42m。

3-5 号煤层:

侵入本区 3-5 号煤层的煌斑岩范围占本区面积近 1/2,仅西部与东北部无煌斑岩侵入,煌斑岩垂向侵入范围最小 0.35m (岩 21 孔)、垂向最大侵入范围 27.31m (补 24 号孔),侵入层数最多达 24 层 (补 29 号孔),侵入层数最少达 1 层 (岩 6 号孔),有个别钻孔中上部煤层被硅化,使得 3-5 号煤层有益厚度变薄,见图 2-90。

8 号煤层:

侵入本区 8 号煤层的煌斑岩呈近南北向分布(平面上沿 2105-补 36-补 2-补 21-补 24-补 42-岩 4),煌斑岩垂向侵入范围最小 0.20m (补 36 号孔),垂向侵入范围最大 4.52m (补 29 号孔),侵入层数最多达 7 层 (永 6 号孔),最少层数 1 层 (补 14、补 15、补 21、补 23、补 24、补 36、补 39、补 43 号孔)。见图 2-91。

煌斑岩侵入 3-5 号煤层范围最大,在井田岩浆侵入的范围内南、北均有分布,煌斑岩侵入 8 号煤层,范围较 3-5 号煤层小,煌斑岩侵入煤层后,大多数钻孔的煤层都发生了受热变质、硅化,使煤层有益厚度变薄,只保留了其层位,有的孔煤层全部硅化。

煌斑岩以岩床形式侵入煤层,使其发生受热接触变质、硅化,破坏了煤层的原有厚度和结构,且煌斑岩厚度变化大,层数变化大,对比困难;导致其煤层复杂化,影响了稳定程度的评价,降低了煤层利用价值。

煌斑岩在井田内以补 4 号孔一带最厚,逐渐向四周变薄,因此推测煌斑岩上升通道应在最厚点补 4 号孔附近。本区煌斑岩由区外自南而北沿煤层侵入,逐渐变薄尖灭。

3　大同矿区煤层开采配套装备

受大同矿区坚硬顶底板、坚硬煤层条件影响,煤层开采难度大,常规开采方法与机械设备难以适应。煤硬,采煤设备难以切割,使得产量无法达到预期要求;顶板硬,工作面经常出现大面积来压或瞬间冲击性压力,对支护设备造成破坏和对人员造成威胁。因此,研制开发大功率、高强度的开采配套装备是解决大同"两硬"煤层开采的主要技术途径。同煤集团经过几十年的开采经验,研制了适用于大同矿区双系"两硬"条件的系列装备,包括"两硬"薄煤层开采摇臂双电机横向布置大功率超低机面滚筒采煤机和大功率滑行式刨煤机;"两硬"大采高液压支架的研制、硬煤大采高电牵引滚筒采煤机系列;适用于 14～20m 特厚煤层 5.2m 大采高综放液压支架、刮板输送机、采煤机及配套设备;我国首台 MG300-WD 型交流电牵引短壁采煤机等。这些系列配套装备的成功研制使用,使得大同矿区"两硬"煤层综合机械化开采问题得到了解决。

3.1　侏罗纪薄煤层采煤机的研制

我国煤炭储量大且赋存多样化,根据我国煤层厚度划分,厚度 0.8～1.3m 属于薄煤层,小于 0.8m 属于极薄煤层。国内薄煤层的可采储量约为 60 多亿吨,约占全国煤炭总储量的 19%。随着我国中厚煤层和厚煤层机械化采煤技术的快速发展,薄煤层由于其开采的经济效益相对较低,很少有企业和科研机构将研发重点放在开采薄煤层上,从而限制了薄煤层开采工艺和技术装备水平的提高,其开采技术水平未能同步发展和进步,以至于薄煤层的开采技术长期处于非常落后的水平。薄煤层的产量逐年下降,薄煤层与中厚煤层开采比例失调的状况日趋严重。我国薄煤层资源分布广泛,储量丰富。但是由于薄煤层开采空间小、劳动强度大、经济效益低等,长期以来,全国薄煤层产量只占煤炭总产量的 10.4% 左右,远低于薄煤层可采储量所占的比例。近年来,随着人们的高强度开采,煤炭资源开始紧缺,薄煤层开采越来越受到人们的重视。

由于大量薄煤层储量处于搁置状态而不能及时合理开采,造成资源浪费,矿井的采掘衔接失调,服务期限缩短,影响了矿区的可持续发展,降低了国家对煤矿建设投资的回报率,给国家和企业带来了巨大的损失。因此,寻求有效益的大量开拓开采薄煤层的技术途径,保证矿井资源合理、安全、高效生产,改善薄煤层生产条件,实现安全生产和企业的可持续发展,是全国煤炭行业所应关注的重要问题。鉴于薄煤层开采的这种现状,我国急需成熟的薄煤层开采工艺、技术及生产能力大、生产效率高的薄煤层开采装备。

同煤集团的生产矿井侏罗纪 0.8～1.3m 厚薄煤层可采储量近 6 亿 t,且大部分薄煤层都赋存在煤系地层上部。若不开采此类煤层,将造成煤炭资源大量丢失;若不能及时地进行大规模综合机械化开采,将影响下部煤层的正常开采,这直接关系到矿区和同煤集团的可持续发展。根据大同矿区"双系两硬"的特点开发研制大功率、矮机身的开采装备是解决大同矿区薄煤层开采技术难题的关键技术。

3.1.1　薄煤层采煤机功率确定

选择致密性指数和可切割能量指数作为煤岩的可切割性评价指标。

致密性指数 f 可在实验室利用西斯柯夫测量仪测定,也可利用以下经验公式确定

$$f = 0.104\sqrt{\sigma} \tag{3-1}$$

式中,σ_c 为单轴抗压强度。

可切割性能量指数 u 通过在压力试验机上测量煤、岩试件崩裂的临界压力和临界纵向变形量,由下式计算确定

$$u = 27\gamma \frac{1}{n}\sum_1^n \frac{P \cdot \Delta l}{q} \tag{3-2}$$

式中,γ 为岩石容重;n 为被测岩石块数(15~20 块);P 为岩块崩裂的临界压力;Δl 为岩块的纵向临界变形量;q 为岩块质量。

通过试验研究,获得了同煤集团所辖矿区"两硬"薄煤层煤岩的致密性指数和可切割能量指数(表 3-1),对矿区薄煤层的煤及顶底板岩石的可切割性进行了正确评判(表 3-1),并根据对煤及顶底板岩石的可切割性评价研究结论,合理确定了适合两硬薄煤层开采的滚筒采煤机功率参数表 3-2。

表 3-1　大同矿区"两硬"薄煤层煤及顶底板岩石可切割性指数及可切割性评价表

岩石及其位置	项　目		
	指数 f	指数 u	可切割性评价
顶板细砂岩	2.61	2.4~2.71	很难切割
煤上	1.89	1.79~1.95	难切割
硫化铁结核	2.6	—	很难切割
煤下	2.0	1.87~2.1	难切割
底板砂岩	2.3~2.68	2.32~2.8	很难切割

表 3-2　薄煤层采煤机选择方案

u 值		建议的切割工艺
埋深小于 500m	埋深大于 500m	
<1.2	<1.4	刨煤机或小功率(135kW)采煤机
1.2~1.5	1.4~1.7	刨煤机或小功率(135kW)滚筒式采煤机;采用刨煤机和煤层厚度超过 1.5m 情况下,一般要求用爆破法预先爆破煤体
1.5~1.8	1.7~2.0	小功率(135kW)滚筒式采煤机并预先破坏煤体;刨煤机,但预先用爆破法强烈破坏煤体
1.8~1.9	2.0~2.2	中功率(约 250kW)滚筒式采煤机
1.9~2.2	>2.2	大功率(250~500kW)滚筒式采煤机

根据可切割性评价结果,大同矿区"两硬"薄煤层开采时滚筒式采煤机所需功率应该在 250~500kW,考虑到煤层厚度变化时对顶底板(尤其是顶板)岩石切割的需要,确定

滚筒式采煤机功率参数为 450kW。

3.1.2　采煤机的研制

同煤集团对"两硬"薄煤层安全高效开采的技术途径是采用大功率开采机械大幅度提高薄煤层产量。制约坚硬薄煤层综采高效开采的突出问题是，大功率的大型开采设备与薄煤层矮小空间的矛盾。采用大功率截割坚硬煤层的技术途径造成了采煤机机身高度高，从而引发了工作面设备无法合理配套，制约了采煤机生产效率的正常发挥。因此，解决采煤机功率大（即电动机直径大）与机身高度高的矛盾成为国际性难题，国内外采用了多种方法，如截盘式、爬底板式采煤机，均无较好效果。为此选用两种方法对"两硬"薄煤层采煤机进行了研制。

第一种方法是研制投资少的滚筒式薄煤层采煤机，2003—2006 年同煤集团与上海天地科技有限公司合作，进行了骑刮板输送机式滚筒采煤机的研究，采用了独创双转子结构电动机和横向布置在摇臂新方案，研制了 MG200/456-WD 型大功率交流电牵引滚筒采煤机（图 3-1），采煤机采高范围 1.1～2.5m，采用多电动机横向布置驱动方式，装机功率456kW，每个摇臂采用双电动机联合驱动，截割功率可达 200 kW，牵引功率 2×25kW，调高泵站功率 5.5kW。机身部分可与 MG200/450-WD 型采煤机通用。可配套 SGZ764 SGZ730 工作面输送机，机面高度为 860mm，典型日生产能力达 2000～3000t。几年来多次刷新了薄煤层综采单产和年产量的全国纪录。

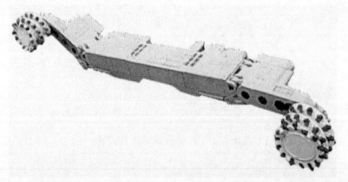

图 3-1　MG250/560-WD 型大功率薄煤层滚筒采煤机

第二种方法是引进世界上功率最大自动化程度最好的刨煤机，2004—2006 年同煤集团与德国 DBT 公司合作，进行了坚硬煤层的井下现场截割阻力的测试和可刨性研究，并依据测试数据和研究成果设计了世界上功率最大、技术性最先进的滑行刨煤机（图 3-2），同时摒弃了"定压刨煤"传统方法，采用了"定量刨煤"新工艺，经两年应用也取得较好的生产效果。

DBT 刨煤机系统主要由刨头、刨头驱动部、刨头运行导轨及驱动、刨头水平调节系统、液压支架及 PM4 电液控制系统、工作面监测和控制系统、紧链装置和端部成组锚固系统等部分组成，如图 3-3 所示。

刨头是一个高强度、高耐磨的纯机械式结构，由基本刨头、左右加高块、中心刨刀架、牵引拉具和刨刀等组成。刨头在牵引拉具的牵引下在工作面往复割煤；加高块和中心刀

图 3-2 GH9-38ve/5.7 型"两硬"薄煤层刨煤机

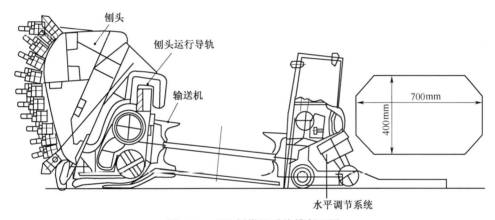

图 3-3 DBT 刨煤机系统横断面图

架用来改变刨头高度,煤层厚度变化超过加高块厚度时,用增减加高块来改变刨头高度,煤层厚度变化小于加高块厚度时则用中心刀架来进行无级调高,无级调高行程为300mm。刨头中所有的易磨损件都可以在工作面直接更换。由于刨头是纯机械式的,其可靠性极高,维护保养工作量很小。

刨头驱动部分为机头和机尾两个对称的驱动部,单个驱动部的功率达 400kW。每个驱动部又由驱动电机、减速器和刨煤机链轮组成。驱动电机是专为刨煤机驱动需要反复启动和频繁正反转的特点而开发的。减速器为行星结构,可内置 CST 控制装置,实现了多种刨头工况下的多种可控启动、过载保护和功率平衡功能。链轮则直接用于驱动牵引刨头的链条。刨头运行导轨由高耐磨和高强度材料经特殊工艺加工而成,焊接在工作面刮板输送机中部槽的煤壁侧,导轨中有上、下刨头牵引链道,打开其上盖就可以很容易地接触到上、下链道,从而能容易地处理断链事故。导轨的采空区侧是与导轨焊为一体的刮板输送机,其型号为 PF3.1 型,为分体轧制槽帮形式,输送机机头架为交叉侧卸式。在工作面刮板输送机的采空区侧布置有刨头的水平调节系统,由调斜千斤顶、连接件及其控制系统组成。操作该系统来调节刨头的上下相对位置,以适应煤层的走向起伏,保证刨头总在煤层中运行刨煤而少刨削顶底、板岩石。由于 DBT 的刨头水平调节系统设计得当,在工作面内每 2～3 节中部槽才需要安装一个水平调节千斤顶。

刨煤机及运行轨道的主要参数见表 3-3、表 3-4。

表 3-3　刨煤机主要参数表

型　号	刨头功率 /kW	生产能力 /(t/h)	刨　链	刨　速 /(m/s)	刨体高度 /mm
GH9-38ve/5.7	2×200/400	700	Φ38×137	1.47/2.94	880～1645

表 3-4　运行轨道主要参数表

型　号	功　率 /kW	生产能力 /(t/h)	刨　链	刨　速 /(m/s)	中部槽长度 /mm
PF3/822	2×200/400	1602	2×Φ34×126	0.66/1.32	1505

3.2　侏罗纪大采高液压支架的研制

通过理论研究、矿压规律观测实现对"两硬"大采高的液压支架设计。将 ZZ9900/29.5/50 四柱支撑掩护式大采高支架运用于四老沟矿大采高首采面,目前晋华宫矿大采高运用的 ZZ13000/28/60 四柱支撑掩护式大采高支架的工作阻力为 13000kN,初撑力 10128kN。

3.2.1　ZZ9900/29.5/50 型大采高液压支架

ZZ9900/29.5/50 型四柱支撑掩护式大采高液压支架 (图 3-4) 是针对大同矿区 14 号煤层"两硬"条件 (坚硬顶板、坚硬煤层) 研制的适应 5m 厚煤层综采支护设备。首先应用于四老沟矿 14 号煤层 404 盘区 8402 和 8404 两个工作面。8402 工作面可采长度为 967m,工作面长度 181.5m,煤层厚度为 4.10～6.70m,平均 4.75m;8404 工作面可采长度为 1300m,工作面长度为 181.5m,煤层厚度为 4.10～6.3m,平均 4.83m。

经 2002 年 10 月至 2003 年 10 月的工业性试验及生产考核,该支架的技术参数和性能指标达到项目计划任务书要求,支架的研制是成功的。它对实现大同矿区 5m 厚煤层的高产高效开采,提高资源回收率和企业的可持续发展都具有重要意义。

3.2.1.1　技术方案论证及关键技术研究

1) 三维数值模拟与相似材料模拟试验研究

根据四老沟矿大采高工作面的地质、开采条件进行了三维数值模拟与相似材料模拟试验研究,全面了解和掌握了大同矿区"两硬"条件下大采高工作面矿山压力显现规律与特征,为"两硬"条件下 5m 大采高工作面综采液压支架合理支护技术参数设计提供参考依据。

2) 支架架型研究

目前,国内外大采高支架大多采用两柱掩护式架型,国内使用大采高支架代表性的矿区有神东矿区与晋城矿区,它们也都使用两柱掩护式架型,这与其地质条件相适应。

图 3-4 ZZ9900/29.5/50 型大采高液压支架

大同矿区的顶板为坚硬厚层的砂岩,整体性强,节理裂隙不发育,直接顶薄,来压强度大,动压强烈,工作面初次来压步距达 50m 以上,属难冒型顶板。四柱支撑掩护式支架,具有承载力大、切顶能力强、稳定性好等技术特征,能够很好地适应大同矿区 14 号煤层的地质条件。因此,ZZ9900/29.5/50 型大采高液压支架采用四柱支撑掩护式架型。

3)支架工作阻力确定

根据试验工作面顶板条件和相关矿压理论可以估算不同顶板厚度综采工作面初次来压步距、周期来压步距和来压强度,见表 3-5。

表 3-5 14 号煤层顶板来压步距和来压强度预测

灰白色砂岩厚度 H /m	初次来压步距 L_0 /m	来压强度 P_0/(t/m)	周期来压步距 L /m	来压强度 P/(t/m)
6.68	24～31	504～547 (882～957t/架)	12～21	508～553 (890～1010t/架)
10	27～33	936～1001 (1638～1752t/架)	15～26	1098～1338 (1921～2342t/架)
16.58	43～53	2620～3213		2336～2860

依据 MT554-1996 IV级基本顶延米支护阻力计算,支架中心距按 1.75m 考虑,则支架工作阻力为 9275～10477kN/架,要求支护强度在 1.05～1.10MPa。

考虑大同矿区坚硬顶板条件,按 8 倍采高垮落顶板重量估算支架支护强度为1.02MPa。经估算,并依据多年来开采 14 号煤层的矿压显现经验,支架工作阻力确定为9900kN,同时支架立柱安装 1000L/min 的大流量安全阀,以适应坚硬顶板冲击载荷的要求,可以满足 14 号煤层老顶一次冒落平均厚度 6.68m 左右条件下的支护要求。若老顶一次冒落厚度达到 8m 以上时,初次来压及周期来压将非常强烈,必须进行顶板弱化处理。

4)横向稳定性研究

支架各部件通过销轴连接,销轴与孔之间存在径向配合间隙,使支架顶梁相对底座发生一定的偏移,其程度随采高增大而加剧。

当大采高支架的孔轴径向配合间隙为 1mm 时,顶梁相对底座的最大横向偏移量为 61mm,再加上结构件允许变形产生的横向偏移量,总偏移量将超过 100mm。为控制支架顶梁相对底座的横向偏移量,提高支架横向稳定性,ZZ9900/29.5/50 型液压支架在设计中要求各部件的孔轴配合间隙不超过 0.75mm。

在倾斜工作面,支架在非支撑状态下,由于支架自身重力、顶梁偏载和掩护梁背矸重力作用,支架有下滑的可能,影响支架的横向稳定性。ZZ9900/29.5/50 型液压支架顶梁采用了活动侧护板,可以提高支架对工作面底板适度倾斜条件(15°)的适应能力。

支架在工作面倾角、自身重力等作用下,会沿工作面倾斜方向产生倾倒力矩,影响支架的横向稳定性。综合分析确定支架中心距采用 1.75m,可适应工作面倾角小于 18°的条件。支架底座设底调千斤顶,防止支架横向下滑,调整与邻架的间隙。

5)支架纵向稳定性的研究

ZZ9900/29.5/50 型液压支架采用陡掩护梁紧凑型结构设计,最大限度地增大了掩护梁与顶梁的背角,严格控制掩护梁的外露量,避免垮落矸石对支架的纵向冲击。

液压支架以四连杆机构作为其稳定机构,具有承受水平力的能力。在四连杆机构设计中,使顶梁的双扭线运动轨迹自上而下为向工作面煤壁倾斜的曲线。保证水平摩擦力始终指向采空区,提高支架纵向稳定。

在满足设备布置的前提下,最大限度地减小了支架的无立柱空间,并增加底座接地面积。优化支架结构布置及整体力学特征,使支架整体力学性能满足仰采、俯采时的纵向稳定性要求。

6)提高支架抗冲击性能

四老沟矿顶板坚硬,且直接顶薄,老顶垮落时,顶板的位能及破断变形的能量集中释放,对支架极易形成强烈的冲击载荷,冲击部位除掩护梁外,主要是对顶梁的整体冲击,从而对支架的强度及稳定性造成威胁。ZZ9900/29.5/50 型液压支架通过采用 1000L/min 的大流量安全阀来提高支架抗冲击性能。在顶板冲击瞬间,安全阀有相应的溢流量,并与顶板的冲击力和下沉量相匹配,保证了立柱瞬间有相应的下缩量,防止立柱内腔压力急剧升高而发生缸体爆裂事故。设计中提高了立柱及液压系统的抗冲击性能,加大立柱设计强度,进一步提高了 Φ280mm 立柱的抗冲击性能,加大立柱下腔过液孔径及相应的液压元件口径,使支架适应强烈冲击载荷的要求。

7)采用抗拉强度 800MPa 的高强度钢材

ZZ9900/29.5/50 型支架在国内首次选用抗拉强度 800MPa 的高强度钢材,可以在保证强度的前提下,减轻支架重量,便于井下运输和安装。

3.2.1.2 支架主要技术特征

ZZ9900/29.5/50 型大采高液压支架主要技术特征如下。

(1) 支架形式：　　　　支撑掩护式
(2) 支架高度：　　　　2950/ 5000mm
(3) 支架中心距：　　　1750mm
(4) 支架初撑力：　　　7734kN（$P=31.4$MPa）
(5) 支架工作阻力：　　9900kN（$P=40.2$MPa）
(6) 支架支护强度：　　0.85～0.94MPa
(7) 支架切顶力：　　　6281kN
(8) 支架重量：　　　　30t

3.2.1.3 配套设备

通过对国内外各种大采高机型进行分析对比，并以先进可靠为主导思想，最终研究确定三机配套设备为艾柯夫公司的 SL500 采煤机，张家口煤机厂 SGZ1000/1050 刮板输送机，自行开发研制的 ZZ9900/29.5/50 型四柱支撑掩护式液压支架，见图 3-5。

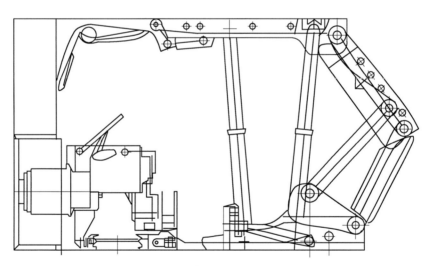

图 3-5　大采高工作面三机配套图

(1) 采用交叉侧卸输送机，支架可以一直布置到下帮，实现工作面全长液压支架支护，安全性好，输送机过渡段前伸，利于采煤机割通工作面，并且卸煤效果好，输送机不带回煤。

(2) 支架架间距决定了刮板输送机中部槽长度及相关配套关系。支架宽度为1750mm，支架加宽后，增加了支架追机移架速度。

(3) 采煤机 SL500，装机总功率 1815kW，适应采高 2500～5205mm，截深 865mm，滚筒直径 2500mm，最大牵引速度 30.9m/min，最大牵引力 755kN，是目前国内引进采煤机中功率最大、最好的采煤机。

(4) SGZ1000/1050 交叉侧卸式输送机,装机功率 2×525kW,输送量 2000t/h,牵引销轨采用 147 节距的锻造强力销轨,紧链方式采用了目前先进的液压马达紧链装置及伸缩机架辅助紧链装置。

(5) 工作面布置支架 107 架,其中机头、机尾各布置特殊支架 3 架。机头 3 架顶梁加长 328mm,改用大推力油缸,每架推力不小于 70t,以便顺利推移机头部和转载机,机尾 3 架,使用中部架更换大推力油缸,每架推力不小于 70t,以保证顺利推移机尾部,机尾最末一架带 700mm 宽度的侧翻梁,以满足工作面长度变化 ± 0.5m 的需要。

3.2.2 ZZ13000/28/60 型大采高液压支架

ZZ13000/28/60 型液压支架应用于晋华宫矿 402 盘区 8210 工作面,开采 12 号煤层,煤厚 5.3～6.5m,平均 5.6m。8210 工作面是同煤集团首个采高超过 5m 的大采高工作面。

3.2.2.1　支架工作阻力确定

综采工作面采高增大,上覆岩层破坏范围增大,在普通综采或综放开采条件下界定的基本顶岩层也转化为直接顶,垮落到采空区内,这是大采高综采覆岩破坏的新特征,根据采场基本顶范围内岩层距支架高度、岩性及厚度不同,上覆岩层结构可能出现坚硬-坚硬型、软弱-坚硬型、坚硬-软弱型、软弱-软弱型四种,根据 8210 工作面条件分析,该工作面覆岩结构为坚硬-坚硬型的双岩梁结构,结构模型如图 3-6 所示。

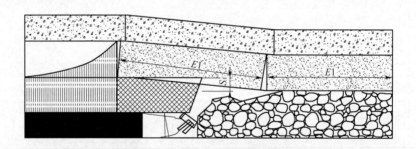

图 3-6　8210 工作面覆岩结构特征

基本顶来压时,支架应能保证其对下位岩梁"限定变形"的基础上,实现上位岩梁的"给定变形"控制要求,如图 3-7 所示,支架的控顶设计可按如下准则进行。

1) 老顶初次来压时

支架的支护强度为

$$p_{T1} = m_z \gamma_z + \frac{m_{E1} + C_{E1} \gamma_{E1}}{2l_k} \tag{3-3}$$

式中, m_z、γ_z 为冒落岩层厚度和平均容重; m_{E1}、C_{E1}、γ_{E1} 分别为老顶下位岩梁厚度、初次来压步距和岩梁容重; l_k 为支架最大控顶距。

支架工作阻力为

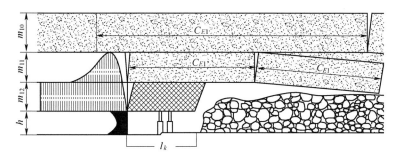

图 3-7 双岩梁结构支架工作阻力计算模型

$$R_{T1} = p_{T1} B l_k \tag{3-4}$$

式中，B 为支架的宽度。

2）老顶周期来压时

支架的支护强度为

$$p_{T2} = m_z \gamma_z + \frac{m_{E1} + C_{01} \gamma_{E1}}{2 l_k} \tag{3-5}$$

式中，C_{01} 为老顶下位岩梁周期来压步距。

支架工作阻力为

$$R_{T2} = p_{T2} B l_k \tag{3-6}$$

3.2.2.2　8210 工作面支架合理工作阻力确定

1）工作面支架工作阻力计算

根据 8210 工作面条件，取 $m_z = 11.2\text{m}$，$\gamma_z = \gamma_{E1} = 2.5\text{t/m}^3$，$m_{E1} = 10.2\text{m}$，$C_{E1} = 64.69\text{m}$，$C_{01} = 21\text{m}$，$l_k = 5.889\text{m}$，$B = 1.75\text{m}$，将上述参数带入式（3-3）～式（3-6），可得工作面初次来压时：支架支护强度 $P_T \geqslant 168\text{t} \cdot /\text{m}^2$，支架的工作阻力 $R_T \geqslant 18000\text{kN}$；工作面周期来压时：支架支护强度 $P_T \geqslant 118.92\text{t/m}^2$，支架的工作阻力 $R_T \geqslant 13000\text{kN}$。

根据以上计算结果，工作面老顶初次来压时所需支架的工作阻力高达 18000kN 以上，为了使在坚硬顶板条件下大采高开采技术上可行，安全上可靠，经济上更合理，工作面开采时需要对顶板进行特殊处理。

2）强制放顶后支架工作阻力计算

8210 工作面采用深、浅孔爆破，使基本顶发生损伤并产生裂隙，减小老顶裂断步距。根据大同矿区坚硬顶板强制放顶的经验，确定 8210 工作面实施初次放顶及步距放顶（步距放顶为超前预爆破）。初次放顶在切眼及两顺槽巷进行，步距放顶在两顺槽巷进行。切眼的初次放顶孔布置 5 组，两顺槽巷内的初次放顶孔步距为 25m，步距放顶孔的步距为 20m，放顶孔布置平面图如图 3-8 所示。

8210 工作面采取强制放顶措施后，取 $C_{E1} = 36\text{m}$，$C_{01} = 16\text{m}$，其他参数同上，可得工作面初次来压时：支架支护强度为 $P_T \geqslant 105.94\text{t/m}^2$，支架的工作阻力为 $R_T \geqslant 11000\text{kN}$；工作面周期来压时：支架支护强度为 $P_T \geqslant 97.28\text{t/m}^2$，支架的工作阻力为 $R_T \geqslant 10000\text{kN}$。根

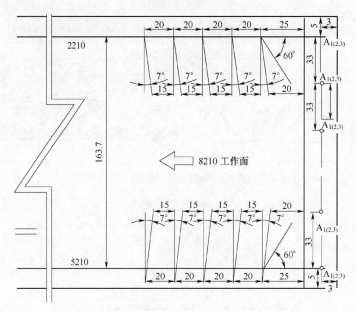

图 3-8　8210 工作面强制放顶炮孔布置平面图

据上述参数,选择 ZZ13000/28/60 型支架为 8210 工作面支架,其主要技术参数如表 3-6 所示。由表 3-6 可知,支架工作阻力为 13000kN,支护强度为 1.24～1.28MPa。

表 3-6　ZZ13000/28/60 型液压支架主要参数

	生产厂家	山西平阳重工机械有限责任公司
	型式	支撑掩护式液压支架
	高度（最低/最高）/mm	2800/6000
	宽度（最小/最大）/mm	1660/1860
	中心距/mm	1750
	初撑力（$p=31.5$MPa）/kN	10128
	工作阻力（$p=40.43$MPa）/kN	13000
	底板前端比压/MPa	1.0～3.5
	支护强度/MPa	1.24～1.28
	泵站压力/MPa	31.5
	操纵方式	本架操纵
	型式	双伸缩普通双作用（4 根）
	缸径/mm	320/235
	杆径/mm	290/200
立柱	初撑力（$p=31.5$MPa）/kN	3195
	工作阻力（$p=31.5$MPa）/kN	3250
	行程/mm	3170

8210 工作面开采期间,实施了初次及步距人工强制放顶,对工作面矿压进行了观测,支

架初撑力平均值 9218kN,为额定值的 91.01%,分布在 9300～10500kN 之间的占 69.9%,最大值 10500kN;工作面正常回采时循环初撑力分布直方图应呈正态分布,初撑力满足了支架及时护顶需要,支架负荷饱满,支架阻力得到了充分发挥;从监测数据分析,最大工作阻力平均值 12156kN,为额定值的 92.74%,分布在 9300～10800kN 之间的占 70.6%,分布在 12000kN 以上的仅占 0.6%,支架工作阻力有富余,说明现有支架选型合理。

3.2.3 "两硬"大采高电牵引滚筒强力采煤机的研制

研究开发适用于 5～6m 坚硬厚煤层和坚硬顶板条件下大采高采煤机是实现大同矿区高产高效矿井的主要技术途径之一。源于同煤集团立项的年产 450 万～1000 万 t 级"坚硬煤层大采高电牵引采煤机开发与应用"的科研项目,最终研制成功了当时世界上装机功率最大、一次采全高最高的综合机械化大型采煤设备 MG1100/2760-GWD 型大采高电牵引滚筒采煤机(图 3-9)为基型的具有国际先进水平的硬煤大采高采煤机系列。应用于晋华宫矿 402 盘区 8210 首个采高超过 5m 的大采高工作面。

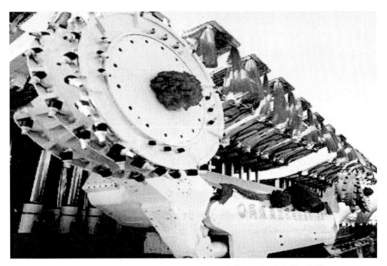

图 3-9　MG1100/2760-GWD 型大采高电牵引滚筒采煤机

3.2.3.1　采煤机主要技术特点及主要技术参数

1) 主要技术特点

MG1100/2760-GWD 型大采高电牵引滚筒采煤机总体结构为多电机横向布置,牵引方式为机载交流变频调速和链轮销轨式无链牵引,单电缆供电,电源电压为 3300V,由计算机操作和控制并能中文显示运行状态、功能动作及故障检测。

2) 主要技术参数

MG1100/2760-GWD 型大采高电牵引滚筒采煤机截割高度范围为 3.3～6.0m,截割电动机功率为 2×1100kW,牵引电动机功率为 2×150kW,滚筒直径为 3200mm,滚筒转速为 25.5r/min,截深为 865mm,总装机功率为 2760kW。

3.2.3.2　应用效果

MG1100/2760-GWD 型大采高电牵引滚筒采煤机的开发与应用实现了大同矿区 5～6m 坚硬厚煤层一次采全高的安全高效开采,推动了坚硬厚煤层开采的进程,带动了国内大功率大采高电牵引采煤机的制造能力,使国内采煤机的设计与制造技术达到了国际先进水平,打破了高端采煤机依赖进口的局面,保障了大同矿区坚硬厚煤层煤炭的生产供应。该采煤机系列机型改变了坚硬厚煤层大采高综合机械化开采需要引进国外采煤机的现状,并实现了精细化采煤。更重要的是通过自主研发和工业性试验,形成具有自主知识产权的研究成果和产品,不仅可广泛用于我国煤矿井下大采高特厚煤层综放开采技术配套,而且可广泛参与国际竞争,在国际市场上占据一定的份额,形成具有一定国际影响的综放技术与装备。

2011 年 6 月至 2012 年 6 月,MG1100/2760-GWD 型大采高电牵引滚筒采煤机在同煤集团晋华宫矿 8210 工作面投入使用,共生产原煤 206.62 万 t,实现销售收入 83681.10 万元,新增利润 7940.41 万元,新增税收 667.38 万元。

MG1100/2760-GWD 型大采高电牵引滚筒采煤机经过在晋华宫矿 8210 工作面的工业性试验,各项性能指标参数达到了设计要求。该采煤机不仅能与工作面配套设备较好地协调工作,而且装煤效果好,满足了晋华宫矿坚硬厚煤层工作面的使用要求,取得了较好的经济效益,在适应性、可靠性和先进性上优于其他同类机型,在类似的地质条件中具有广泛的推广价值。

3.3　侏罗纪放顶煤工作面设备配套

针对同煤集团所采侏罗纪煤层顶板完整坚硬、煤体坚硬的“两硬”条件进行厚煤层综放开采设备的配套选型设计。“两硬”条件厚煤层综放技术难点,首先是下层机采后顶煤悬而不冒,或冒而块大难以进入后部输送机的问题;二是采放后上部整体坚硬顶板悬顶大,冒落时容易对工作面支架形成冲击。所以,“两硬”条件综放必须对顶煤进行弱化使之易冒,对顶板进行治理使之不对采场构成威胁;同时,步距小,冒落岩堆紧跟支架,利于顶煤滚落进输送机溜槽。支架要适于大块煤进入后部输送机,有高的支护强度及良好的性能,有足够的过煤空间。工作面全套设备有良好的总体配套性,使采、支、放、运顺通流畅,协调可靠。尤其是在工作面两个端头、后部输送机和机尾过渡段及与前部运输、转载机之间,其配套、放煤、移动、支护各工序间要协调一致。

在当时国内外没有可以借鉴的情况下,针对坚硬厚煤层综放的特点提出了科学合理的设备配套方案,并且在同煤集团忻州窑矿 11 号煤层 8911 工作面、云冈矿 12 号煤层 8826 工作面进行了工业性试验,取得了很好的效果。

3.3.1　设备配套的设计原则

(1) 主要设备的技术性能必须满足坚硬厚煤层综放开采生产能力的要求,各主要设备间配套合理。

（2）选择科学合理的采、放工艺和劳动组织形式，最大限度地提高工时利用率。

（3）各主要设备能够满足已给定的工作面条件、采放煤工艺、顶板控制等多项需要，并对煤层变化有较强的适应性。

（4）以可靠性为前提，主要设备的选用立足于现有性能成熟的国产设备，结合攻关研制，既考虑技术先进性，又考虑经济合理性。

3.3.2　技术途径

从提高设备生产能力、工作面回采率和开机率入手，采用如下技术途径。

（1）在开采中，忻州窑矿、云冈矿均采用在煤体上部加开两条工艺巷的措施，云冈矿爆破孔 20m 深，忻州窑矿爆破孔 18m 深。预爆破措施的实施，可对顶煤进行合理地预破碎并提高液压支架对顶煤的重复作用，解决顶煤难冒落及冒落块度过大的问题，提高放顶煤生产能力。

（2）采用低位放顶煤，增大放煤口尺寸，解决顶煤冒落后放入后输送机难的问题。

（3）要求液压支架后部有较大空间，以改善大块煤的通过条件，同时兼顾工作空间。

（4）重点解决好端头、过渡支护和推移问题，以减少辅助时间，提高工时利用率。

（5）采放工艺采取一刀一放、跟机平行作业方式，以提高顶煤回收率。

（6）实现过渡架放煤，以提高顶煤回收率。

（7）提高配套可靠性，降低事故发生率。

3.3.3　设备选型

忻州窑矿 11 号煤层 8911 工作面与云冈矿 12 号煤层 8826 工作面生产地质条件相似，煤层平均厚度大于 6m，顶板以中粗砂岩为主，厚度相近，且均呈整体连续性的岩体，工作面具有强冲击性地压属性。煤层坚硬（$f>3.5$），节理裂隙不发育。忻州窑矿 11 号煤层 8911 工作面长 150m，倾向长度 552m，煤层平均厚 7.06m。云冈矿 12 号煤层 8826 工作面长 130m，倾向长度 1631m，煤层平均厚 6.03m。

忻州窑矿和云冈矿"两硬"综放开采工艺和设备配套基本相同（表 3-7）。

表 3-7　综放工作面设备配置

设备及参数		忻州窑矿 8911	云冈矿 8826
液压支架	型号	ZFS6000/ 22/ 35	ZFS7500/ 22/ 35
	支护阻力/ kN	6000	7500
	支护强度/MPa	0.38～0.87	1.04～1.09
	质量/ t	20.6	22.5
	过渡支架	ZFSG6000/ 22/ 33	ZFSG6800/ 22/ 35
	端头支架	ZFSD5600/ 22/ 35	ZFSD5600/ 22/ 35
采煤机	型号	MGXA600	MGT/300/700—1.1
	切割功率/ kW	2 ×300	2 ×300
	牵引功率/ kW	牵引力 400kN	2 ×40

续表

设备及参数		忻州窑矿 8911	云冈矿 8826
前输送机	型号	SGZ764/400	SGZ764/400
	能力/(t/h)	800	800
后输送机	型号	SGZ764/630	SGZ830/630
	能力/(t/h)	1200	1200

3.3.3.1 采煤机选型

采煤机要适应设计采高 3m,煤层硬度 $f≤3.5$,截深 0.6m,正常割煤牵引速度 $≥4m/min$,相应牵引力 $≥40t$ 的要求。基于当时的具体情况,忻州窑矿选定 mXA-600/3.5 型摇臂采煤机,云冈矿选用了 MGTY300/700-1.1D 型电牵引采煤机。电牵引采煤机的截割功率为 $2×300kW$,牵引速度为 $7.7～12.8m/min$,牵引功率为 $2×40kW$。电牵引采煤机在牵引特性、机械传动效率、可靠性、生产率等方面有着液压牵引采煤机不具有的优点。

3.3.3.2 前部输送机

根据计算,工作面前部输送机选型为 SGZ764/400 型,要求输送机在机头、机尾处设变线段,保证采煤机能割通工作面而不留底三角煤。

3.3.3.3 后部输送机

后部输送机的选型除考虑输送能力与给定的放煤生产能力相适应外,还要考虑坚硬煤层放顶煤块度大、设备所处位置条件恶劣、维修困难和要求高可靠性等因素,选型为 SGZ830/630 型输送机。

3.3.3.4 支架选择

该配套的最重要设备为支架。在该特殊地质条件下综放能否成功,除取决于顶煤弱化处理得好坏外,其次就是液压支架的设计能否满足使用要求。因此,对支架的适应性、可靠性、配套性等有极高的要求。该配套专门研制了工作面中部支架、过渡支架的端头支架,除满足支护放煤要求外,要符合总体配套的要求,其主要参数如下。

忻州窑矿选用的中部支架是 ZFS6000/22/35 型支撑掩护式低位放顶煤支架,高度 2200～3500mm,中心距 1500mm,工作阻力 6000kN;过渡支架为反四连杆支撑掩护式,高度 2200～3300mm,工作阻力 6000kN。

云冈矿选用的中部支架是 ZFS7500/22/35 型支撑掩护式低位放顶煤支架,工作阻力 7500kN;过渡支架为 ZFSG6800/22/35 型,工作阻力 6800kN。

端头支架:要求跨骑转载机,既可与转载机相互依托完成推转载机拉端头支架操作,又可独立于转载机而由前后端头架相互依托实现拉架操作。端头架应为前后架、支撑掩护式,高度 2200～3500mm,工作阻力前架 3000kN,后架 2600kN。

3.3.3.5 机巷运输设备的选型

按照计算,机巷运输设备运输能力应不小于 1500t/h。转载机为 SZZ-880/220 型桥式转载机,输送量 1800t/h。破碎机为 PCM160 型锤式破碎机,破碎能力 2000t/h。带式输送机选型:SSJ1200/3×200 型伸缩带式输送机,运输能力 1200t/h。

3.3.4 设备运行配套效果

工作面的开采过程实质上是工作面全部设备的整体推移运动过程。而这一运动过程,动态的相互关系必须协调一致,才能完成安全条件下的生产过程。该总体设计在工作面及巷道平面尺寸、设备关系、生产工艺方面达到几乎完善的程度,主要体现在以下方面。

(1) 工作面切削、运煤过程工艺合理,工作面煤壁在输送机有上下窜动时,仍可割通,不留三角煤。

(2) 采、放煤过程中,前、后部输送机前移与支架支移工艺协调顺畅,配合尺寸合理。

(3) 头部的前、后部输送机与转载机运力协调,即使在前、后部输送机同时运煤时也是如此。

(4) 设备研制选型在能力设计上适当,在最高月产量下的平均日产 3945t 的情况下仍可满足且有一定余量。云冈矿 12 号煤层 8826 工作面,最高日产 7000t,最高月产 16 万 t。

工作面在试验过程中取得了良好的社会经济效果,达到了工作面回收率 80%、年产 100 万 t 的指标。

3.4 石炭纪特厚煤层放顶煤工作面装备配套

综放工作面最大割煤高度一般为 2.15～3.15m,所用综放液压支架最大高度为 3.8m。若 14～20m 的特厚煤层使用该型综放液压支架进行放顶煤,采放比达 1:3～5.71,而《煤矿安全规程》规定 "采放比大于 1:3 的工作面严禁采用放顶煤开采",因而最大高度为 3.8m 的综放液压支架不能用于煤层厚度大于 14m 的综放工作面,否则会造成煤炭采出率低,资源浪费严重。伴随综放工作面设备可靠性的提高,工作面开采强度加大,综放工作面由于通风断面小,风排瓦斯能力低,瓦斯超限严重,已成为目前综放工作面安全高效开采的主要障碍。而提高综放工作面最大割煤高度,不仅可使采放比满足《煤矿安全规程》的规定,同时随着割煤高度加大,放煤高度相应减小,不仅可实现工作面采放均衡生产、改善顶煤冒放性、缩短放煤时间、提高工作面采出率,而且为工作面配备大功率后部输送机提供了空间,有利于工作面快速放煤。另外工作面割煤高度增加,也使工作面通风断面加大,减少瓦斯对工作面生产的影响,可以进一步提高工作面单产,减少工作面的安全隐患。为此,借鉴我国大采高综采、综放开采技术与装备研发成果,同煤集团针对石炭纪特厚煤层开采提出了大采高综放开采方法,可定义割煤高度为 3.5～5.0m 的综放开采为大采高综放开采。大同矿区石炭纪大采高综放开采使工作面一次可采厚度最高达到 20m,工作面生产能力突破 10Mt/a。

3.4.1　工作面配套设备

大采高综放工作面使用的成套设备要在结构上相互配合和联系,作业上需要协调和配合,且具有较强的配套要求和较高的可靠性要求。"设备、选型、配套"三者缺一就可能导致放顶煤工作面生产效率低下、经济效益差的结果。因此,正确地选型配套是高产、高效、经济和安全的前提和保证。大采高综放工作面设备的配套是实现产量目标的重要物质基础,为满足塔山矿煤层赋存条件及工作面年产 10Mt 的要求,必须优化选择工作面设备,发挥工作面最大生产能力并实现安全生产。采煤机、刮板输送机和液压支架之间在生产能力、设备性能、设备结构、空间尺寸以及相互连接部分的形式、强度和尺寸等方面,必须互相匹配,才能保证各设备正常运行,实现工作面高产高效。经过优化、计算和实践验证 8105 特厚煤层放顶煤工作面配套设备见表 3-8。

表 3-8　主要设备型号

名称	型号
采煤机	MG750/1915-GWD
前部刮板输送机	SGZ1000/2×855
后部刮板输送机	SGZ1200/2×1000
转载机	PF6/1542
中部液压支架	ZF15000/28/52
过渡液压支架	ZFG15000/2815/45H
端头液压支架	ZTZ20000/30/42

3.4.2　液压支架

采用支架围岩耦合力学模型,分析塔山矿液压支架主要技术特征参数。基于支架围岩耦合模型的支架参数优化是以支架顶梁长度、支架中心距、最大最小高度等结构参数为优化变量,以顶板应力分布及支架前端底板比压 δ 等围岩力学状态为优化目标函数,其表达式为(目标函数)

$$\begin{cases} \Delta P = \mid P - P_j \mid \leqslant F \\ \min\delta = k\,(l\,,h_{\max}\,,h_{\min}\,,a\,,b) \end{cases} \tag{3-7}$$

$$P_j = f\,(l\,,h_{\max}\,,h_{\min}\,,a\,,b)$$

式中,ΔP 为以支架参数迭代次数 j 计算出来的支架支护强度 P_j 与以围岩参数计算结果的绝对差值;P 为围岩所需支护强度。当 ΔP 小于等于给定的收敛条件 F 时,认为支护强度合理;底板前端比压 δ 的优化目标是使其最小。函数 f 和 k 分别为支架围岩相互作用力学分析基础上得出的支架参数对围岩力学状态作用效果的表达式。在目标函数中,l 为顶梁长度;$h_{\max}$ 和 $h_{\min}$ 为支架的最大、最小高度;a 为支架中心距,可选值设为 1.5、1.75 和 2.05m;b 为顶梁柱冒中心与底座柱窝中心的水平距离。

在优化计算前,首先应选定支架的架型,确定支架的相关参数作为优化函数的自变量;然后建立多目标优化函数并进行计算;当计算结果收敛于一组稳定值后得出合理的优化结果。对于塔山矿来说,14～20m特厚煤层大采高综放开采过程中,顶煤厚度大,冒放空间大,顶板运移范围大,支架与顶板间相互作用的合力作用点变化范围大。根据塔山矿8104大采高综放工作面矿压观测结果,在顶板周期来压期间,交替出现后立柱或前立柱增阻现象。因此,支架架型选择四柱正四连杆式放顶煤支架能更好地适应这种压力显现规律。

由于塔山矿8105工作面煤层最厚达20m,按照采放比不大于1∶3的要求,割煤高度将达5m,根据割煤高度要求及基于支架围岩耦合的参数优化,确定支架的主要技术特征参数如下:支架最大高度5200mm,支架最小高度2800mm,顶梁长度5615mm,支架中心距1750mm,顶梁柱冒与底座柱窝中心的水平距离402mm,支架工作阻力15000kN。研制的大采高综放液压支架如图3-10所示。

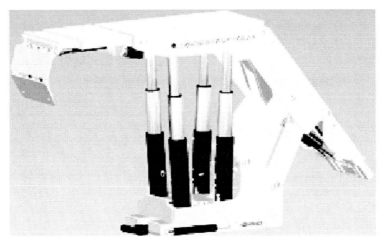

图3-10　5.2m大采高综放液压支架

与综采及普通综放开采相比,大采高综放开采对液压支架的抗冲击性能提出了更高的要求,须开发大缸径双伸缩抗冲击立柱,其主要参数如下,外缸:内径360mm,外径418mm;中缸:内径260mm,外径340mm;小柱:外径235mm;内径145mm;工作阻力(初始压力 P_1、末压力 P_2 分别为43.2、82.3MPa)为4400kN。研制了1000L/min大流量安全阀快速卸载装置,满足立柱受冲击时安全阀开启平均流量620L/min的需求。通过上述关键元部件的研制,将液压支架抗冲击性能提高约10%。

特厚煤层大采高综放开采,由于采高的增加,工作面前方易发生煤壁片帮。煤壁片帮程度不仅与机采高度、媒体物理力学性质、支护方式和能力有关,还与顶煤厚度、放出程度等有关。为分析不同采高对工作面前方煤壁片帮的影响,采用数值模拟对采高3.5m、4.5m、5.0m、5.5m四种不同条件下煤壁水平位移变化进行了分析,模拟结果如图3-11所示。

由图3-11可知,随着工作面采高的增加,煤壁水平位移峰值增大。考虑工作面开采高度为4.0～4.5m,煤壁水平位移峰值点距底板2.5～3.0m,即工作面支架的护帮板高度约1.5m较合适。据模拟结果,开发出铰接前梁和高可靠性伸缩梁加二级护帮的结构,有效解决了工作面煤壁片帮问题。

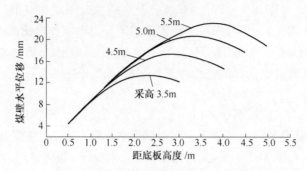

图 3-11　不同采高时煤壁水平位移变化曲线

3.4.3　电牵引采煤机

为满足塔山矿综放工作面割煤需求,研制了适合截割高度 2.8～5.5m、总装机功率1945kW、截割功率 750kW、最大牵引速度 15～25m/min、最大牵引力为 2×570kN 的高效高可靠性电牵引采煤机,如图 3-12 所示,其关键技术有六方面。

图 3-12　高效高可靠性电牵引采煤机

（1）为提高采煤机的可靠性,引入了可靠性分析软件 Relex Studio,首次将专业可靠性分析软件融合到煤机行业,并建立了一套分析电牵引采煤机寿命周期内可靠性的方法,通过分析计算关键零部件的失效概率及故障树从而预测大部件及整机的寿命,大幅度提高了对采煤机整机寿命周期内可靠性的预估精度。

（2）在不同类型的采煤机结构研究、电气系统各部分功能关联分析、可靠预测分析、防爆性能及优化组合分析上,提出并实现了新型基于网络技术和分布式优化结构的采煤机机电一体化系统。该新型电控系统的已有的基于现场总线的分布式控制系统的基础上,根据不同层次的功能需求与环境特点,综合采用 RS485、CAN、100M Ethernet 在采煤机上形成多级分布式控制网络结构,提升了采煤机电控系统的可靠性和适应性。新型TDECS 电控系统采用中等粒度的模块化设计,以物理结构和电气功能相对独立而数据视图和控制逻辑上全局统一的崭新的采煤机电控设计理念,使得新研制的系统移植性和通用性增强。

（3）开发了基于记忆截割技术的采煤机自动操纵控制系统的硬件模块和自动控制软件，该软件具有全循环采煤工艺过程自学习功能，多种模式的自动操作控制，大幅度降低了采煤机司机的工作强度。参数化的程序自动控制软件，可根据工作面的地址和布局数据生成全自动工艺循环控制。自动控制系统可根据配套的输送机系统和液压支架电液系统运行状态，自动调节采煤机运行。

（4）优化了采煤机摇臂壳体材料，通过优化浇冒口位置和数量，在铸造泥芯时对壳体铸造工艺进行了改进。在温度最高的环节增加了专用强迫润滑冷却装置。为了提高摇臂寿命周期内的可靠性，对摇臂高低速轴处的密封也进行了研究。特别是摇臂末级传动出轴处的浮动密封，为了取得最合适的胶圈压缩量，设计开发了其安装间隙检测试验装置。

（5）针对采煤机牵引行走系统，在模拟研究国外 147mm 节距牵引系统的基础上，对该系统的链轮齿形齿廓、导向滑靴导向孔和销排的间隙大小、导向滑靴耐磨层硬度和销排上耐磨面硬度的大小及差别、齿轮材料和制作工艺等方面的关键技术进行了研究，提高了牵引行走系统寿命周期内的可靠性。

（6）在采煤机滚筒方面，在研究截齿失效机理的基础上，改进成型工艺和合金制取工艺（高纯钨粉、高温还原、高温碳化三种技术措施），提高了截齿刀头的寿命。研制的合金具有高韧性、高耐磨性和高冲击性。通过优化焊缝间隙、截齿排布方式、截齿工艺及质量、热处理工艺等，提高了截齿和滚筒的强度和耐磨性，增加了滚筒的过煤量。

3.4.4 工作面后部刮板输送机

3.4.4.1 参数计算

为满足塔山矿 8105 工作面年产 1000 万 t 的要求，考虑不确定影响因素，经计算确定前后部刮板输送机总的输送能力为 3500t/h。采放比 1∶3，前刮板输送机的各自运能不小于 2625t/h，后部放顶煤时有不确定性，为保证足够裕量，确定后部刮板输送机的输送能力为 3000t/h。在兼顾配套的经济性和技术性的前提下，确定后部刮板输送机内槽宽为 1200mm，其运煤断面如图 3-13 所示。

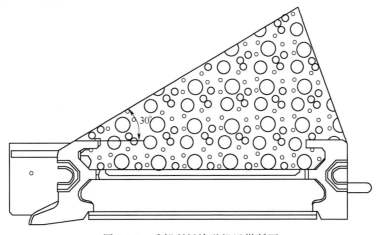

图 3-13 后部刮板输送机运煤断面

(1) 刮板链速 $V = 2nzp\lambda / (60i) \approx 1.77\text{m/s}$，其中，$n$ 为电动机转速，取 1491r/min；z 为传动链轮齿数，取 7；p 为 48×152 链条节距，取 0.152m；λ 为耦合器滑差率，取 0.95；i 为减速器减速比，取 28.43。

(2) 过煤能力 $Q = 3600VA\rho$，其中，A 为过煤断面积，对于后部刮板输送机，由于其整个断面的上方是开放的，按煤的安息角 30° 计算，经测算其过煤面积 $A = 0.63\text{m}^2$；ρ 为松散煤密度，取 0.9t/m^3。计算得：$Q \approx 3613\text{t/h} > 3000\text{t/h}$，满足要求。

按输送能力 3000t/h，链速 1.77m/s，装机功率 2000kW，分析工作面长度 300、250 及 207m（塔山矿 8105 工作面实际长度）三种工况下输送机理论消耗功率利用率。计算结果表明：工作面长度为 300m 时，工作面倾角 0°铺设状态下，功率利用率达 94.3%，功率裕量较小，只能在水平或下山运输时使用；工作面长度为 250m 或 8105 工作面实际应用长度为 207m 时，在工作面倾角 0°铺设状态下，功率利用率分别为 78.6%和 65%，均有较大裕量，$2 \times 1000\text{kW}$ 的总功率可以满足 3000t/h 的运输能力。为保障刮板链不发生破断，对其进行了安全系数计算。在总装机功率为 2000kW，链速为 1.77m/s，链条破断负荷为 3290kN 时，刮板链安全系数达到 1.72，能够满足安全运输的要求。

3.4.4.2　技术特点

根据上述分析，确定塔山矿特厚煤层大采高综放工作面采用大运量 SGZ1200/2× 1000 型后部刮板输送机，其装机功率为 $2 \times 1000\text{kW}$、输送能力超过 3000t/h，运输距离完全满足塔山矿 8105 工作面长度的要求，其具有以下八个特点。

(1) 特厚煤层大采高综放开采，在要求后部刮板输送机具有合理的总体技术参数和结构形式的前提下，对其关键元部件的可靠性等也提出了更高的要求。这些关键元部件主要包括：重载高强度链传动系统、可控调速软启动装置、传动装置综合监控传输系统、重载 1000kW 行星减速器、高可靠性长寿命输煤槽、高强度紧凑型端卸机头架和电液控制自动伸缩机尾等。

(2) 通过对矿用 48×152 紧凑型高强度圆环链及其接链环的开发、配套高强度锻造刮板的研制、链传动系统啮合特性及链张力适应性研究与优化设计、长寿命 48×152 驱动链轮组件的研究开发，成功开发了重载高强度链传动系统。

(3) 通过研究可控调速软启动装置——阀控液力偶合器和电机负载特性的匹配性，设计了合理的偶合器腔型，并进行了流体动力学特性优化，开发了偶合器的电液控制技术，研究中成功研制出具有自主知识产权的大功率阀控液力偶合器。

(4) 开发了具有集中监控装置（上位机）和现场监控装置（下位机）组成的综合监控集成传输系统，实现了后部刮板输送机传动装置的状态监测和控制，增强了大功率后部输送机的运行监测功能。

(5) 通过理论分析计算、三维造型、力学分析和动态仿真、虚拟样机设计、动态测试、台架试验及工业性试验，研究开发了矿用 1000kW 减速器。

(6) 通过研究中部槽的可弯曲角度设计、中部槽 U 形口搭接方式，并在材料选择、焊接工艺和装备、加工工艺等方面进行了大量的研究试验，开发了高可靠性、长寿命中部槽。

(7) 通过对端卸机头架整体强度设计、机头架与推移部的连接设计、改进机头架与过渡槽的连接设计,研制了高强度、紧凑型端卸机头架。

(8)通过对输送机中刮板链运行工况的研究,机尾所需调节量及伸缩机构推移力的分析计算,开发了自动伸缩机尾电液控制系统及伸缩机尾架结构。

3.4.5 应用效果

塔山矿 8105 工作面从 2010 年 9 月开始投产,10 月开始进入正常生产阶段,10~12 月在塔山矿 8105 工作面集中进行工业性试验。8105 工作面设备配套如下:①MG750/1915-GWD 采煤机,功率 1915kW,电压 3300V,能力 2000t/h;②SGZ1200/2000 后部刮板输送机,功率 2×1000kW,电压 3300V,能力 3000t/h;③ZF15000/28/52 支撑掩护式液压支架,支撑高度 2.8~5.2m,最大工作阻力 15000kN。试验期间,对工作面"三机"运行情况进行了监测。2010 年 10~12 月,采煤机事故影响生产时间 31 小时 5 分,采煤机开机率 98.45%,性能稳定。液压支架事故影响生产时间为 0,支架工作阻力分布于 9000~13000kN,支架总体使用情况良好。刮板输送机事故影响生产时间为 17 小时 15 分,开机率 98.95%。

2011 年 8105 工作面累计产煤 1084.9 万 t,平均月产 90.4 万 t,最高月产 103.5 万 t,工作面"三机"、带式输送机及供电系统等工作面机电设备平均开机率达到 92.1%,首次实现了国产工作面装备特厚煤层大采高综放工作面年产 1000 万 t 的目标。

3.5 "两硬"短壁采煤机与液压支架的研制

大同矿区解决短壁开采技术难题的关键技术为,开发适用于坚硬煤层小工作面(短壁)的交流变频电牵引采煤机解决硬质煤层的截割问题。并于 2003 年在四台矿 307 盘区 11 号煤层进行工业试验。

3.5.1 开采技术条件

试验地点设在同煤集团四台矿 307 盘区 11 号煤层北翼。由于受地质构造及小窑破坏的影响,只能布置可采走向长度为 270~350m,工作面长度为 50~80m 的工作面。首采的 8722 工作面、西邻 8720 工作面现已采空,东邻下一接替面 8724 工作面,煤层倾角 0°~4°,属 10 号煤层与 11 号煤层合并层,夹石最厚 0.7m 以上,并朝切眼方向变薄,工作面可采走向长度 330m,倾向长度 75.5m。煤层老顶为粉砂岩,厚度 11.16m,浅灰色致密块状,胶结较硬,直接顶为粉细砂岩,厚度 5.77m,灰白色长石为主,胶结结实;无伪顶赋存。直接底为粉砂岩,厚度 0.45m,灰色含少量暗色矿物,豆状硫化铁结核;老底为粉细砂岩,厚度 3.69m,灰色含石英长石,松软易碎。水文地质情况简单,属高瓦斯盘区,煤尘爆炸指数 30%,煤的自然发火期 3~6 个月。

3.5.2 交流电牵引短壁采煤机

通过发明准机载电牵引和机载电牵引短壁采煤机;发明紧凑型矿用变频器和紧凑型矿用变压器技术,变频调速箱体积缩小一半,使短壁采煤机实现机载电牵引,并用于研制机载电牵引大型采煤机和改造非机载电牵引薄煤层采煤机；发明截割电机横向固定在机身上，提高了采煤机的可靠性和可维修性；首创短壁采煤机多电机横向布置；以及短壁采煤机摇臂轴支承用关节轴承取代三层复合材料滑动轴承，提高了采煤机的可靠性和使用寿命等；完成了大功率电牵引短壁采煤机研发任务；研制了我国首台 MG250/300-NWD型交流电牵引短壁采煤机(图 3-14)，填补了国内在这一领域产品的空白。由于上述发明和创新，短壁采煤机在短壁采煤工艺要求的原机身长度(约 3m)内，装机功率从国外≤150kW 提高到 300kW，实现机载电牵引，牵引速度从 0～6m/min 提高到 0～10/20m/min，适用范围从软煤扩大到硬煤和复杂地质条件，从 20～60m 的短壁工作面扩大到20～150m 的短壁和短长壁工作面，生产能力提高 1～2 倍。上顺槽最小断面 5.4m²，下顺槽最小断面 7.56m²，比其他机械化方式更适用于复杂地质条件。经井下试验表明，在短壁采煤机上选择的主要参数先进合理，总体结构简单可靠，技术和性能指标达到了设计要求和满足实际生产需求，综合技术指标达到了国际领先技术水平。

图 3-14　MG250/300-NWD 型交流电牵引短壁采煤机

3.5.3　工作面设备配套

　　根据短壁采煤机及开采工艺的特点与要求，以技术先进、工艺合理、安全生产和提高工作效率为目的，进行了短壁综采的设备配套。选用 ZZS6000/21/35 型液压支架和SGZ764/200（单机驱动）型刮板输送机与 MG250/300-NWD 型短壁采煤机进行配套；其他设备为 SJ-80 型顺槽胶带输送机，功率 2×40kW，输送能力 400t/h；MRB-200/31.5 型乳化液泵，功率为 90kW，泵站压力 31.5MPa。三机配套情况如图 3-15 所示。

　　其中短壁综采工作面研制的 ZZ6000/21/35 型支撑掩护式液压支架采用短掩护梁紧凑型设计，优化了支架结构及整体力学特征，提高了液压支架稳定性、抗冲击能力，增加了使用寿命，可充分适应大同矿区"两硬"地质条件要求。使短壁综采工作面具有了良好的顶板支护效果，提高了安全可靠程度。采用的紧凑短尾梁型强力液压支架，适应短壁工作面矿压显现规律，有效地解决了坚硬顶板难支护的问题。

3.5.4　应用效果

　　井下工业性试验采用一班生产，一班检修，每班六刀，平均日产为 1135t，月产量为

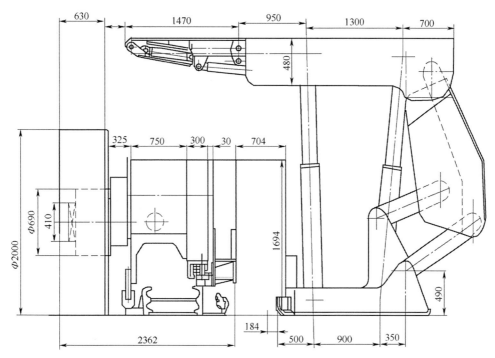

图 3-15 短壁开采三机配套图(单位:mm)

3.4 万 t。工作面采用机尾进刀工艺。即采煤机从轨道巷向运输巷割顶刀,采煤机滚筒在前,跟机拉移液压支架;采煤机爬上输送机机头,割完顶煤后,采煤机摇臂落下并换向,采煤机滚筒仍然保持在前;采煤机爬下输送机机头,割底煤;采煤机从运输巷向轨道巷割底刀,跟机推输送机,采煤机爬上输送机机尾,割完底煤;采煤机先换向后举起摇臂,把滚筒放在轨道巷断面之内,推输送机机尾进刀,完成一个循环割煤工艺。根据工作面参数的不同其生产工艺也有所不同,也可采用机头进刀,滚筒的位置和换向方式也有不同的组合,机头进刀要求巷道宽度较大,割上刀片帮时容易堵塞输送机。该试验工作面采用机尾进刀工艺及工序,主要是以提高装煤效果为目的而制定的。

试验开采期间,老顶初次来压一次,周期来压六次。其中最大来压步距 42m,最小来压步距 27m,平均 36m。周期来压期间,本工作面支架最大工作阻力为 5647kN,最小工作阻力为 4817kN,平均 5149kN,来压强度平均为 1.15,历次来压强度动载系数最大为 1.26,比同一煤层相似条件下的长壁综采来压强度明显降低,说明随着工作面长度的减小,顶板岩层活动减弱。该短壁开采试验取得了较好的经济效益,显示出投资少、效率高、开采速度快、经济效益好等特点,达到了预期的目的。在 2003 年开采中曾达到过月产 5 万多吨的好成绩,为大同矿区的可持续发展创造了有利条件。

4 大同矿区煤层开采覆岩移动与采场围岩控制理论体系

4.1 采场围岩控制与覆岩运动规律的研究现状

自采用长壁开采技术以来,回采工作面的顶板控制一直是采矿学科研究的核心问题之一。采场中一切矿压显现的根源都是采动引起的上覆岩层的运动,上覆岩层由于其岩性、厚度、层位关系及构造情况不同,存在着多种多样的运动规律。而顶板的结构形式决定了顶板的运动特征,因此它也是决定顶板控制方式和方法的关键因素。在对这个问题的研究过程中,许多学者曾提出了各种采场矿山压力的假说,每种假说都以不同方式回答了上覆岩层结构的形式问题,并对各种假说进行了时期的划分。近年来,随着综放技术的发展及开采深度的不断增加,与矿山压力相关的重大灾害逐渐增多,事故分析的结果表明,应重新认识矿山压力的计算模型和事故发生的机理,因此,推动了采场上覆岩层结构理论的进一步发展。

20世纪60年代至今是采场顶板结构学说百花齐放的阶段,对覆岩可能形成的结构提出了众多假说和理论,用以解释采场各种矿压现象,具体如下。

1) 压力拱假说

矿山压力理论是随着人们的开采实践而不断发展的。19世纪到20世纪初,是采场矿压假说的萌芽阶段。这一时期开始利用比较简单的力学原理解释实践中出现的一些矿压现象,并提出了一些初步的矿压假说。1928年,德国人哈克(Hack W)和吉利策尔(Gillitzer G)提出压力拱假说,成为当时传播最广泛的经典假说之一(图4-1)。假说借用巷道顶板岩石的成拱作用,认为长壁采煤工作面自开切眼起也形成压力拱,随工作面不断推进而扩大,直至拱顶达到地表为止。此后,压力拱继续扩伸,在工作面前方煤体内形成前拱脚;后方垮落岩石上形成后拱脚,前后拱脚处均为应力升高区,工作面则处于应力降低区。支架承受的压力仅为上覆岩层重量的百分之几。底板和顶板一样,也存在相似的压力拱。压力拱假说能正确解释围岩卸载原因,但未能说明岩层变形、移动和破坏的发展过程以及围岩和支架的相互作用。

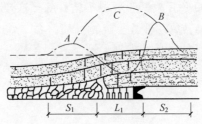

图 4-1 压力拱假说模型

2) 铰接岩块学说

前苏联学者库茨涅佐夫 T H 在 1955 年在实验室进行采场上覆岩层运动规律研究的基础上提出了铰接岩块学说[43]（图 4-2），该学说是定量地研究矿压现象的一个重大突破。铰接岩块学说比较深入地揭示了采场上覆岩层的发展状况，特别是岩层垮落实现的条件。该学说认为，需预控的顶板由冒落带和其上的铰接岩梁组成。冒落带给予支架的是"给定荷载"，它的作用力必须由支架全部承担。而铰接岩块在水平推力的作用下，构成一个平衡结构，这个结构与支架之间存在"给定变形"的关系。铰接岩块学说的重大贡献在于，它不仅解释了压力拱假说所能解释的矿压现象，而且解释了采场周期来压现象，第一次提出了预计直接顶厚度的公式，并从控制顶板的角度出发，揭示了支架荷载的来源和顶板下沉量与顶板运动的关系。这一成果是以后矿压理论发展的重要基础。

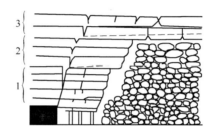

图 4-2　铰接岩块学说模型

此外，描述采场矿山压力的假说和理论还有俄国学者普罗托吉亚阔诺夫 M M 在 1955 年提出的自然平衡拱假说[55]；悬臂梁假说；比利时学者拉巴斯 A 在 1947 年提出的"预成裂隙"假说等[44]（图 4-3）。

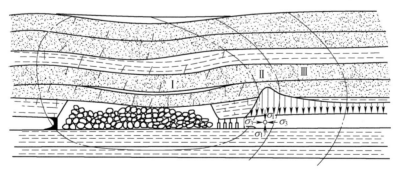

图 4-3　预成裂隙假说示意模型

3) 砌体梁理论

煤层开采后上覆岩层将形成结构，此结构的形态及其稳定性将直接影响到采场支架的受力大小、参数和性能的选择，同时也将影响到开采后上覆岩体内节理裂隙及离层区的分布和地表沉陷，因此，上覆岩层形成结构的特点及其形态是研究的重点。

上覆岩层结构形态主要的研究工作始于 20 世纪 60 年代初，一直到 70 年代末，中国工程院院士钱鸣高教授在铰接岩块学说和预成裂隙假说的基础上，借助于大屯孔庄矿开采后岩层内部移动观测资料，研究了裂断带岩层形成结构的可能性和结构的平衡条件，提出了上覆岩层开采后呈砌体梁式平衡的结构力学模型[45]。该理论认为采场上覆岩层的岩体结构主要是由多个坚硬岩层组成,每个分组中的软岩可视为坚硬岩层上的载荷,此结构具有滑落和回转变形两种失稳形式。该研究的意义主要在于:开采以后上覆岩层结构形态的解决为采场给出了具体的上部边界条件,此结构的形态与平衡条件为论证各项采场矿山压力控制参数奠定了基础。从该理论的假说条件可以看出,该理论的结论更适用于存在坚硬岩层的采场。缪协兴教授和钱鸣高院士在 1995 年给出了关于砌体梁的全结构模型,并对砌体梁全结构模型进行了力学分析,得出了砌体梁的形态和受力的理论解以及砌体梁排列的拟合曲线。[56]

4) 岩板理论

由于砌体梁结构的研究是限于采场中部沿走向的平面问题,随着采场矿山压力研究的深入,尤其是老顶来压预报的发展,在坚硬顶板工作面,研究了将老顶岩层视作四周为各种条件下的"板"的破断规律、老顶在煤体上方的断裂位置以及断裂前后在煤与岩体内所引起的力学变化。在坚硬顶板工作面,贾喜荣教授首先将老顶岩层视作四周为各种支撑条件下的"薄板"并研究了薄板的破断规律、老顶在煤体上方的断裂位置以及断裂前后在煤与岩体内所引起的力学变化[50];钱鸣高院士等在 1986 年提出了岩层断裂前后的弹性基础梁模型,从理论上证明了"反弹"机理并给出了算例[57];何富连教授在 1989年提出了各种不同支撑条件下的 Winkler 弹性基础上的 Kichhof 板力学模型,利用老顶岩层形成砌体梁结构前的连续介质力学模型分析了顶板断裂的机理和模式[58];山东科技大学姜福兴教授在 1991 年对长厚比小于 5~8 的中厚板进行了解算,得到了一些有益的结论[59]。

至此,开采后老顶的稳定性、断裂时引起的扰动及断裂后形成的结构形态形成了一个总体概貌。

5) 传递岩梁理论

20 世纪 70 年代以来,我国岩层控制领域取得了不少处于国际领先水平的成果,在采场矿压理论研究方面,中国科学院院士宋振骐教授等在大量现场观测的基础上建立并逐步完善了以岩层运动为中心,预测预报、控制设计和控制效果判断三位一体的实用矿压理论体系,矿压界称之为"传递岩梁"理论[47]。这一理论的重要贡献在于:揭示了岩层运动与采动支承压力的关系,并明确提出了内外应力场的观点,以此为基础,提出了系统的采场来压预报理论和技术;提出了以"限定变形"和"给定变形"为基础的位态方程(支架围岩关系),以此为基础,提出了系统的顶板控制设计理论和技术。

6) 老顶的三种基本结构理论

在砌体梁和传递岩梁理论的基础上,通过大量现场观测、实验室研究和理论研究,基于"岩层质量的量变引起老顶结构形式质变"的观点,姜福兴教授提出了老顶存在类拱、拱梁和梁式三种基本结构,并提出了定量诊断老顶结构形式的"岩层质量指数法"[59]。在此基础上,采用专家系统原理,实现了计算机自动分析柱状图,得出老顶结构的形式和直接顶的运动参数,进而实现顶板控制的定量设计。这一成果已在数百个煤矿应用。三种基本结构的观点,是基于定量和系统分析方法提出的,砌体梁相当于基本结构中的拱梁结构,传递岩梁相当于基本结构中的梁式结构,类拱结构则是指由较软岩层组成的老顶。

三种不同的老顶结构中,类拱结构条件下不可预报来压。拱梁结构下可预报来压,梁式结构下可准确预报来压。对梁式结构老顶,老顶结构以断裂失稳为主,岩块断裂长度即为来压步距;而对类拱结构老顶,则以变形失稳为主,失稳步距为周期来压步距,拱梁结构老顶具有两者的特点,并进一步提出了不同的老顶结构形式下不同的支架围岩关系。

7) 关键层理论

由于成岩时间及矿物成分不同,煤系地层形成了厚度不等、强度不同的多层岩层。实践表明,其中一层到数层厚硬岩层在岩层移动中起主要的控制作用。钱鸣高院士领导的课题组根据多年对顶板岩层控制的研究与实践,在 20 世纪 80 年代中后期提出了岩层控制的关键层理论。该理论将对上覆岩层活动全部或局部起控制作用的岩层称为关键层。覆岩中的关键层一般为厚度较大的硬岩层,但覆岩中的厚硬岩层不一定都是关键层。关键层判断的主要依据是其变形和破断特征,即在关键层破断时,其上覆全部岩层或局部岩层的下沉变形是相互协调一致的,前者称为岩层活动的主关键层,后者称为亚关键层。关键层的破断将导致全部或相当部分的上覆岩层产生整体运动。岩层中的亚关键层可能不止一层,而主关键层只有一层。茅献彪教授、缪协兴教授、钱鸣高院士在 1998 年研究了覆岩中关键层的破断规律[60],钱鸣高院士、茅献彪教授、缪协兴教授在 1998 年就采场覆岩中关键层上载荷的变化规律作了进一步探讨[61],许家林教授和钱鸣高院士在 2000 年给出了覆岩关键层位置的判断方法[62]。

关键层理论揭示了采动岩体的活动规律,特别是内部岩层的活动规律,是解决采动岩体灾害的关键。关键层理论及其有关采动裂隙分布规律的研究成果为我国卸压瓦斯抽放提供了理论依据,许家林教授和钱鸣高院士分别对覆岩采动裂隙分布特征和覆岩采动裂隙分布的“O”形圈特征进行了研究[63],建立了卸压瓦斯抽放的“O”形圈理论,保证了钻孔有较长的抽放时间、较大的抽放范围、较高的瓦斯抽放率,已在淮北、淮南、阳泉等矿区的卸压瓦斯抽放中得到成功试验与应用。离层注浆减沉技术是有其适用条件的,要取得好的注浆效果,覆岩中必须存在典型关键层并能形成较长的离层区,同时应合理地布置注浆钻孔,这主要取决于对覆岩离层产生的条件及离层的动态分布规律的认识。关键层理论及其关于覆岩离层动态分布规律的研究成果,为上述问题的解决提供了理论依据。岩层控制的关键层理论的原理可以用于采场底板突水的治理中,即在采场底板隔水层中,找出起主要控制作用的岩层——隔水关键层,由此展开相应的力学分析,1995 年黎良杰教授在底板突水事故统计分析的基础上[64],对无断层底板关键层的破断与突水机理及有断层底板关键层的破断与突水机理进行了研究。在矿压控制研究中,关键层理论表明,相邻硬岩层的复合效应增大了关键层的破断距,当其位置靠近采场时,将引起工作面来压步距的增大和变化。此时不仅第一层硬岩层对采场矿压显现造成影响,与之产生复合效应的邻近硬岩层也对矿压显现产生影响,其影响主要体现在两方面:一是当产生复合效应的相邻硬岩层破断相同时,一方面关键层破断距增大;另一方面一次破断岩层厚度增大,增大了工作面的来压步距和矿压显现强度。二是当产生复合效应的相邻硬岩层破断距不等时,工作面来压步距将呈一大一小的周期性变化。当覆岩中存在典型的主关键层时,由于其一次破断运动的岩层范围大,尤其是当主关键层初次破断时,将引起采场较强烈的来压显现。

8) 采动覆岩空间结构与应力场的动态关系

以往研究矿山压力与覆岩结构的相互作用关系都采用平面模型,是因为采场顶板的厚度与工作面的长度相比是个小量,是合理的。但随着采深的增加,工作面上方顶板大结构的厚度与工作面长度相比,已不再是小量,显然平面模型是不合适的。因此,系统深入地研究采动覆岩的空间结构及其与矿山压力的动态关系,是控制矿山重大工程灾害的基础[65]。姜福兴教授通过实测、实验、数值计算等探索了采动覆岩空间结构与应力场的动态关系。研究结果表明,在评判巷道围岩应力、工作面底板应力及离层注浆后注浆立柱的地下持力体的稳定性时,传统的平面力学模型与立体力学模型的计算结果有很大的差异,且立体力学模型更合理和准确。由姜福兴教授领导的课题组与澳大利亚联邦科学与工业研究组织(CSIRO)广泛合作,利用微地震定位监测技术揭示了采场覆岩空间破裂与采动应力场的关系[66];证实了采矿活动导致采场围岩的破裂存在四种类型,且以高垂直压力、低侧压的致裂机理为主流;证实了覆岩空间破裂结构与采动应力场的关系在两侧煤体稳定、煤体一侧稳定且另一侧不稳定、两个以上采空区连通三种典型边界条件下,具有不同的规律,并在空间上展示了顶板、底板、煤体的破裂形态及其与应力场的关系;通过分析澳大利亚煤矿六个长壁工作面的实测资料,证明在地层进入充分采动之前,上覆岩层的最大破裂高度 G 近似为采空区短边长度 L 的一半,即 $G/L=0.5$。这一结论解释了中国兖州、新汉等大型矿区及澳大利亚煤矿连续出现当采空区"见方"(工作面斜长与走向推进距离接近)时,压死支架或发生冲击地压的原因。采场覆岩空间结构概念的提出,解释了平面模型不能解释的综放面异常压力、采空区"见方"易发生底板突水、顶板溃水、冲击地压、煤与瓦斯突出等现象。其科学意义在于:将采场矿压与岩层运动的研究范围扩大到了老顶以上和三维空间,从覆岩空间结构的角度研究了结构运动与采动支承压力的关系,将采场矿压的研究从平面阶段推进到了空间阶段。其工程意义在于:通过研究岩层空间运动规律,提出了多层位动态注浆减沉技术思路,并在多个矿实践成功;提出了采场周围应力由空间结构决定的观点,从而为不同采空条件留设区段煤柱、预测和防治冲击地压、综放面异常压力、底板突水等提供了新的技术思路,并在多个矿山得到应用和验证。

中国矿业大学缪协兴教授通过对老顶来压的稳定性分析给出了老顶初次来压的失稳判据[67];1999 年黄庆享、钱鸣高、石平五建立了浅埋煤层采场老顶的"短砌体梁"和"台阶岩梁"结构模型[68],分析了顶板结构的稳定性,给出了维持顶板稳定的支护力计算公式;研究了老顶岩块端角摩擦和端角挤压特性;同时,太原理工大学康立勋、翟英达、冯国瑞、张百胜等学者结合多年在矿井现场观测到的现象,提出点接触的结构受扰动或影响后最终会变为面接触形式[69],针对不同岩层条件建立了面接触块体结构、块体梁-半拱结构以及块体-散体等多个结构模型,并进行了相应的结构机理分析,为上行开采及极近距离煤层开采奠定了理论基础。另外,1996 年闫少宏、贾光胜引入有限变形力学理论针对放顶煤开采上覆岩块运动特点,提出了上位岩层结构面稳定性的定量判别式[70];姜福兴认为老顶存在类拱、拱梁和梁式三种基本结构[71],并提出了定量诊断老顶结构形式的"岩层质量指数法"。此外,其他许多学者也做了卓有成效的工作,比如引进非线性科学的原理进行相关研究等。

4.2　侏罗纪薄煤层采场围岩控制与覆岩运动规律

4.2.1　坚硬顶板面接触块体结构力学模型

我国煤矿常用的矿压预测理论一般是建立在"块体之间是铰接触结构"基础上的，最著名的是砌体梁理论。理论研究结果表明，当老顶的厚度 h 满足式（4-1）后，控制采场矿压显现规律的老顶运动结构通常会是面接触块体结构，老顶厚度与煤层厚度、直接顶的碎胀系数、直接顶厚度的关系为

$$H \geqslant M - K_P \cdot \sum h \tag{4-1}$$

式中，h 为老顶厚度；M 为开采煤层厚度（采高）；K_p 为直接顶的碎胀系数；$\sum h$ 为直接顶厚度。

有关面接触块体结构的力学分析模型如图 4-4 所示。

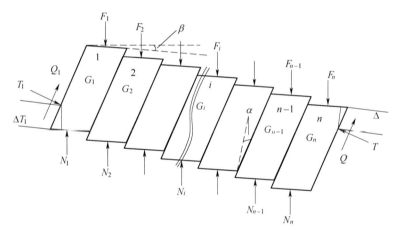

图 4-4　面接触块体结构力学模型图

图 4-4 中面接触块体结构涉及的各块体的力学、几何参数定义如下。

块体 i（$i=1,2,\cdots,n$）所受重力为 G_i；所受上位岩层传递下来的作用力的集度为 q_i，形成合力 F_i；所受下位岩层支撑作用力的集度为 p_i 形成合力 N_i。

块体 i 与块体 $i+1$（$i=1,2,\cdots,n-1$）接触面上的法向和切向作用力分别为 T_{i+1} 和 Q_{i+1}；作用于块体 1 左侧面的法向和切向合力分别为 T_1 和 Q_1，法向力作用中心的位置（前拱脚）O_1，与块体 1 底部边界在块体高度方向的距离 T_1 作用在块体 n 右侧面的法向和切向力分别为 T 和 Q，法向力作用中心的位置（后拱脚）Q_2，与块体 n 顶部边界在块体高度方向的距离为 Δ_T。

块体 i（$i=1,2,\cdots,n$）的长度为 L_1，高度 h；各个块体破断面与块体高度方向的夹角为 α（定义为破断面偏斜角），即各个块体的破断角为 $90°-\alpha$；为研究方便，取块体的厚度为单位厚度。

众所周知，岩层破断为块体后，块体之间的接触方式控制着块体之间力的传递方式以

及块体之间稳定性遵循的规律,面接触块体结构的出发点是岩层破断块体之间的接触方式是面接触的,由此获得的结论对厚度大的坚硬顶板破断后的力学稳定性规律具有很好的适用性。同煤集团 9 号煤层的顶板及煤层厚度情况符合面接触块体结构的形成条件要求,因此,对于采场矿压的预测,可以采用面接触块体结构理论。

就采场矿山压力显现规律研究而言,研究的核心内容就是老顶岩层的初次断裂步距、周期断裂步距和相应的顶板来压强度计算。根据薄板理论,如果未垮落顶板沿工作面倾斜方向的长度定义为 L_y,沿工作面推进方向的长度定义为 L_x,则 L_y/L_x 的值影响着顶板支承边界的约束条件和支承边界对载荷的分担,进而对岩层的破断有着重要影响。支承边界上分担载荷的多少与约束条件和边界相对长度有关,在同等支承条件下的单位长度上,长边分配到的载荷相对大,短边相对小。同等条件下,工作面长度的选择不同,可能会导致顶板岩层的工作状态、断裂方式、结构形式以及支架和支承煤柱的受力状况产生很大变化。

当老顶岩层的 L_y/L_x 值介于 $[1,2]$ 或 $[1/3,3]$ 时,初次破断前的极限跨距为

$$L_{OS} = h\sqrt{\frac{K_i\sigma_i}{6q(m_x + \mu m_y)}} \qquad (4\text{-}2)$$

式中,L_{OS} 为老顶岩层极限跨距;h 为老顶岩层厚度;q 是作用于老顶岩层上的均布载荷;k_i 为老顶岩层抗拉强度系数;σ_i 是老顶岩层试件抗拉强度;μ 为泊松比;m_x 和 m_y 分别为与 l_y、l_x 所对应支撑边界上的弯矩有关的系数。

当老顶岩层的 L_y/L_x 值小于 $1/2$(或 $1/3$),或者大于 2(或 3)时,初次破断前的极限跨距为

$$L_{od} = h\sqrt{\frac{2K_i\sigma_i}{q}} \qquad (4\text{-}3)$$

式中,L_{od} 为老顶初次断裂前的极限跨距,其余符号同前所述。

老顶初次破断之后,随着工作面的推进,工作面上方的老顶依次进入二次断裂和周期断裂阶段。这个阶段的老顶岩层,计算时可以作为悬臂梁,相应断裂步距计算的力学模型如图 4-5 所示。

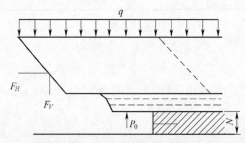

图 4-5　二次断裂和周期断裂时老顶悬臂岩层力学模型图

老顶发生二次断裂前,工作面上方老顶悬臂岩层受均布载荷 q、跨度 L_0 内老顶结构形成的竖向载荷 F_V 和水平作用力 F_H、支架支撑力 P_0 的组合作用。设图中虚线所示断面(二次断裂面)到采空区一侧岩层破断面的距离为 J_z,由二次断裂时破断面的极限力矩平衡方程可以求得老顶二次断裂步距计算表达式为

$$J_z = \frac{1}{2}\left(\sqrt{L_V^2 - 4C} - L_V\right) \tag{4-4}$$

式中，$C = \frac{1}{3q}(2F_H \cdot h - 3F_H \cdot \eta \cdot h - h^2 \cdot K_t \cdot \sigma_t - 6P_0 \cdot L_z \cdot K_z)$；$L_V = 2F_v/q$；

J_z 为老顶二次断裂步距；η 为老顶岩层结构在拱脚的挤压高度系数；L_z 为支架反力系数；K_z 为支架、煤壁支承力矩综合系数。

假设采空区上方老顶破断后形成面接触块体结构，则上述的 F_V、F_H 按照下式计算：

$T_1 f_1 \geqslant Q_1$ 时：
$$\left.\begin{array}{l} F_H = T_1\cos(\alpha + \beta) + Q_1\sin(\alpha + \beta) \\ F_V = Q_1\cos(\alpha + \beta) - T_1\sin(\alpha + \beta) \end{array}\right\} \tag{4-5}$$

$T_1 f_1 < Q_1$ 时：
$$\left.\begin{array}{l} F_H = T_1\cos(\alpha + \beta) + T_1 f_1\sin(\alpha + \beta) \\ F_V = T_1 f_1\cos(\alpha + \beta) - T_1\sin(\alpha + \beta) \end{array}\right\} \tag{4-6}$$

计算时按照式(4-7)取 $n = 2$，$L_1 = L_2 = 0.54L_0$。

$$\left\{\begin{array}{l} T_1 = \dfrac{m_2 M_2 - m_4 M_1}{m_2 m_3 - m_1 m_4} - \displaystyle\sum_{i=1}^{n}(F_i - N_i + G_i)\sin(\alpha + \beta) \\[3mm] Q_1 = \dfrac{m_1 M_2 - m_3 M_1}{m_2 m_3 - m_1 m_4} - \displaystyle\sum_{i=1}^{n}(F_i - N_i + G_i)\cos(\alpha + \beta) \end{array}\right. \tag{4-7}$$

在按照上面的式(4-5)和式(4-6)确定 F_H 和 F_V 时，T_1 和 Q_1 的计算遵循以下原则：T_1 和 Q_1 按照式(4-7)进行；

若 $N+1 < n_{\max}$，则计算时取 $n = N+1$，$L_1 = l_{N+1}$，$L_2 = l_N$，$\cdots$，$L_{n-1} = l_2$，$L_n = l_1$，

若 $N+1 \geqslant n_{\max}$，则计算时取 $n = n_{\max}$，$L_1 = l_{N+1}$，$L_2 = l_N$，$\cdots$，$L_{n-1} = l_{N+1-(n-2)}$，$L_n = l_{N+1-(n-1)}$。

在式(4-5)中出现的挤压高度系数 η，根据结构在拱脚的接触形式以及老顶高度的不同而有所变化。对于无偏转完全面接触结构 ($\beta = 0$)，该系数为

$$\eta = \frac{h - \Delta}{h} \tag{4-8}$$

式中，h 为老顶岩层高度；Δ 为老顶结构中块体之间在高度方向的平均相对错动量。

对于通常意义上的面接触块体结构 ($\beta \neq 0$)，η 的选取按照图 4-6 所示基于统计结果得到的如下经验公式进行：

$$\eta = 0.018h - 0.0195 \tag{4-9}$$

式中，h 为老顶岩层高度，m。

在无支护条件下，如果老顶岩层破断后不沿破断面产生滑动，则破断面上所具有的摩擦阻力不小于下滑力。取岩层破断面间摩擦角为 Φ，可得平衡条件

$$F_V \leqslant F_H \cdot \tan(\Phi - \alpha) \tag{4-10}$$

或表示为

$$F_V \leqslant F_H \cdot \tan\left(\Phi + \beta_0 - \frac{\pi}{2}\right) \tag{4-11}$$

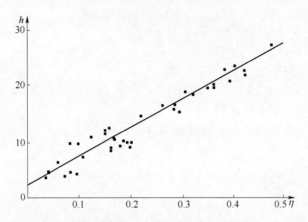

图 4-6　挤压高度系数与岩层厚度之间关系的统计结果与回归关系曲线图

如果式(4-11)不能得到满足,要想使老顶岩层在发生断裂之后维持相对稳定,就要求支架提供有效的工作阻力,因此:

$$P_2 = F_V - F_H \cdot \tan\left(\varPhi + \beta_0 - \frac{\pi}{2}\right) \tag{4-12}$$

式中,P_2 为支架承担的老顶岩层因滑动产生的载荷。

破断面上的摩擦角 $\varPhi$ 与破断面上的正应力水平有关。由式(4-8)-式(4-12)可以得到采煤工作面顶板来压强度 P 的计算表达式

$$P = P_1 + P_2 \tag{4-13}$$

式(4-13)中 P_1 为直接顶岩层作用于支架上的载荷:

$$P_1 = L_k \cdot \gamma \cdot \sum h$$

式中,L_k 为支架的控顶距;γ 为直接顶岩层的容重;$\sum h$ 为直接顶岩层厚度。

式(4-12)中的 P_2 为支架承担的老顶岩层因滑动产生的载荷:

$$P_2 = F_V - F_H \cdot f$$

其中

$$f = \tan\left(\mathrm{JRC} \cdot \lg\frac{\eta \cdot h \cdot \mathrm{JCS}}{F_H} + \varPhi_b + \beta_0 - \frac{\pi}{2}\right) \tag{4-14}$$

老顶下位岩层结构的存在状况,与工作面空间一定区域内顶板的运动结果有着某种必然的联系,这就使我们有可能利用采煤工作面控顶范围内顶板的下沉量来反算老顶下位岩层块体结构的偏转角度,以便预测工作面的来压强度。

如图 4-6 所示,老顶对直接顶所做的转动功为

$$W_1 = \int_0^\alpha p_1(x) \cdot \beta \cdot x \,\mathrm{d}x \tag{4-15}$$

式中,$p_1(x)$ 为老顶与直接顶之间的接触力分布集度,对于不能天然稳定的老顶,在与直接顶接触后形成的合力为(其定义如前所述)

$$P_2 = \int_0^\alpha p_1(x)\,\mathrm{d}x$$

假设老顶与直接顶之间为线弹性接触,则有

$$P = \frac{1}{2}a \cdot p_1(a)$$

设在 $x = a$ 处的接触力分布集度为 $p_1(a) = q_0$，则（a）式可以写作：

$$W_1 = \frac{1}{3}q_0 \cdot a^2 \cdot \beta = \frac{2}{3}p_2 \cdot \beta \cdot a \tag{4-16}$$

直接顶的变形能可近似认为仅由支架支护力作用方向的变形产生，即为

$$W_2 = \frac{p_0{}^2 \cdot a \cdot \sum h}{3E} = \frac{4P^2 \sum h}{3aE} \tag{4-17}$$

式中，P_0 为与 q_0 对应的支架作用在直接顶 $x = a$ 位置的支撑力集度，P_0 与 q_0 的关系为 $P = \frac{1}{2}a \cdot p_0$。

另外，由于移动导致的直接顶势能的改变为

$$W_3 = \frac{a \cdot \gamma \cdot \sum h}{2}\left[(1 - \cos\beta) \cdot \sum h + (a + \sum h \cdot \cot\beta_0) \sin\beta\right] \tag{4-18}$$

式中，y 为直接顶的容重；$\sum h$ 为直接顶厚（高）度。支架储存的变形能为

$$W_4 = P \cdot u_{av} \tag{4-19}$$

式中，u_{av} 为 P 范围的顶板平均下沉量。根据功能原理可以得到如下关系：

$$W_1 + W_3 = W_2 + W_4$$

将式（4-16）~式（4-19）代入上式，得

$$\frac{2}{3}P_2 a\beta + \frac{a \cdot \gamma \cdot \sum h}{2}\left[(1 - \cos\beta) \cdot \sum h + (a + \sum h \cdot \cot\beta_0) \sin\beta\right] = P \cdot u_{av} + \frac{4P^2 \sum h}{3aE}$$

β 在较小的情况下，上式可以简化为

$$\left[\frac{2}{3}P_2 a\beta + \frac{a \cdot \gamma \cdot \sum h}{2}(a + \sum h \cdot \cot\beta_0)\right]\beta = P \cdot u_{av} + \frac{4P^2 \sum h}{3aE} \tag{4-20}$$

在测得支架支撑力、直接顶厚度和容重以及直接顶的破断角 β_0 和控顶距 a 之后，可以利用式（4-20）判断出老顶结构的偏转角 β。

4.2.2 薄煤层工作面矿压显现规律数值模拟研究

4.2.2.1 数值分析内容及方法

岩石力学数值模拟试验主要用于研究岩土工程活动和自然环境变化过程中岩体及其加固结构的力学行为和工程围岩的活动情况，具有劳动强度小、投资省、可操作性强的优点。可在较短时间内模拟各种工况条件，并得到任意点的位移、应力、速度、加速度和塑性状态等相似材料模拟试验无法直接测得的内变量分布，试验结果可永久保留，试验状态可任意重复再现。通过对现场原型或试验段的实测与分析，可校准或得到现场节理岩体的等效力学模型，逐步取代昂贵的、只有重大工程才能支付得起的现场原型试验，加快工程进度，且可以考虑不同的地形、地质与施工条件，推广、扩大分析试验结果的应用范围与使

用条件。

目前在矿山开采研究中主要采用的数值模拟方法有离散单元法、有限元法、有限差分法、边界元法等,每种方法都具有各自的特点和优势。在研究应力和变形方面有限元方法是最为成熟的方法之一,但是连续性和均匀性假设这两个弱点一直限制着有限元在岩层移动方面的真正运用。岩石内部存在着大量的微孔隙、微裂纹等内部缺陷,并在不同程度上受到非连续面的切割。这些都给岩石变形过程的数值模拟带来了极大的困难。而离散元法能较真实地表达求解区域中的几何形态以及大量的不连续面,比较容易处理大变形、大位移和动态问题,而且所用材料的本构关系比较简单,材料参数数目相对较少,所反映的岩体开采后的运移过程更为直观。

离散元法(discrete element method)是 Cundall P A 于 1971 年提出的分析裂隙块状岩体稳定性的一种数值方法[72],尤其适用于节理岩体的应力分析,在隧道开挖、矿山开采、边坡支护等方面都有一定的应用。其基本原理是将节理裂隙所切割的岩体作为完全分割的块体镶嵌系统。在岩体开挖前,系统处于平衡状态。开挖后由于作用力的变化会引起块体运动,运动将产生新的位移,如此循环,使得各个块体在每一时刻各有其空间位置和相应的受力状态,由此可模拟岩体从开裂到塌落的全过程。离散元方法适用于研究在静力或动力条件下的节理系统或块体集合的力学问题,它既可处理完全被节理切割的围岩,也可处理不完全被节理切割的围岩。其最大优点是能够模拟包括岩块破坏、运动的大位移。离散单元法是一种显式求解的数值方法。该方法与在时域中进行的其他显式计算相似,"显式"是针对一个物理系统进行数值计算时所用的代数方程式的性质而言。在用显式法计算时,所有方程式一侧的量都是已知的,而另一侧的量只要用简单的代入法就可求得。在用显式法时,限定在每一迭代时步内,每个块体单元仅对其相邻的块体单元产生力的影响,这样,时步就需要取得足够小,以使显式法稳定。由于用显式法时不需要形成矩阵,因此可以考虑大的位移和非线性,而不必花费额外的计算时间。

通用离散元程序(UDEC,Universal Distinct Element Code)基于离散元的基本理论,克服了有限元连续性和均匀性建设的两个弱点,实现了对模拟岩层进行节理裂隙划分,能很好地模拟块体系统的变形和大位移。

长壁工作面煤层采出后,煤层上方的顶板要发生垮落,填充部分采空区。在采空区,随着未垮落岩层的沉降,自由空间的高度越来越小,直到不满足垮落的几何条件,此刻下位裂隙岩层带就会形成一种平衡结构。直接顶是工作面直接维护的对象。直接顶经常处于破断状态,且无水平力的挤压作用,因而它难于形成结构,它的重量由工作面支架来承担。岩层中未破坏的部分(或未产生剧烈变形的部分),或者虽然岩层已破断但仍能整齐排列的部分,有时能形成岩体内的"大结构"。这种大结构能够承担上覆岩层重量,从而对巷道及回采工作空间起保护作用。根据实际测定,回采工作空间支护物所承受的力仅为上覆岩层重量的百分之几。但当工作空间维护时间较长时,有时由于岩体内所受的应力超过其弹性极限,或由于煤、岩的蠕变特性,使围岩不易形成稳定性结构。这种现象在巷道中尤其容易出现,从而导致巷道围岩的"挤、压、鼓"现象。对于回采工作空间,尤其当工作面推进较快时,这种时间影响因素所表现的结果可能变得较为次要。由此可见,研究开采后回采工作空间上覆岩层破断规律及其形成结构的稳定性,对保证生产的正常进行有着极其重要的作用。

围岩活动规律研究的主要内容包括工作面直接顶、老顶的垮落规律,工作面前方支承压力分布规律,工作面开采过程动态围岩应力分布规律,工作面上覆岩层运动规律等。

岩体是地壳的一部分,由于组成岩石物质的非均质性、地质构造及物理性破坏的影响,使得岩体内出现了不连续界面,具体表现为岩石的层面、断裂、节理等。因此,岩体具有非常复杂的物理力学特性。煤系地层是由沉积物形成的,因此具有明显的"成层性",其每一层岩石具有相似的物理力学性质,若不考虑断层等大型地质构造的影响,则对采动以后上覆岩层破坏贡献最大的就是层面。很多研究成果已经证明,仅考虑弹性或弹脆性,而不考虑岩石层理和弱面的影响,数值模拟计算结果与现场实测结果出入很大;反之则较吻合。

4.2.2.2 通用离散元程序(UDEC)简介

通用离散元程序是一个处理不连续介质的二维离散元程序。UDEC 用于模拟非连续介质(如岩体中的节理裂隙等)承受静载或动载作用下的响应。非连续介质是通过离散的块体集合体加以表示。不连续面处理为块体间的边界面,允许块体沿不连续面发生较大位移和转动。块体可以是刚体或变形体。变形块体被划分成有限个单元网格,且每一单元根据给定的"应力-应变"准则,表现为线性或非线性特性。不连续面发生法向和切向的相对运动也由线性或非线性"力-位移"的关系控制。在 UDEC 中,为完整块体和不连续面开发了几种材料特性模型,用来模拟不连续地质界面可能显现的典型特性。UDEC 基于拉格朗日算法能够很好地模拟块体系统的变形和大位移。

UDEC 的显式求解算法允许进行动态或静态分析。对于动态计算,用户指定的速度或应力波可作为外部的边界条件或者内部激励直接输入到模型中。一个简单的动态波型库也可以获取。UDEC 为动力分析设计了自由边界条件。

在静态分析中,包括了应力(力)和固定位移(速度为零)两种边界条件。边界条件在不同的位置可以是不同的。同时,在 UDEC 中还可以获得边界元边界,用于模拟无限弹性边界;也可以获得半平面解用来描述自由面效应。

4.2.2.3 模型及边界条件

1)模拟工作面条件

数值计算模型以姜家湾矿 7^2 号煤层 8213 工作面实际地质条件为原型,姜家湾矿 8213 工作面开采煤层为 7^2 号煤层,煤层厚度平均为 1.11m,煤层结构单一(局部有夹石),层理、节理较发育,煤层倾角平缓,倾角为 0°~4°,直接顶为细砂岩及粉砂岩互层,厚度 3.63m,工作面长 96.5m,走向长度 695m。工作面地质条件简单,无断层、陷落柱、冲刷等地质构造。工作面工作制度为四六制,三班采煤,一班检修。采煤机采用斜切式进刀方式,双向割煤,截割深度 0.63m。

2)模型建立

根据 8213 工作面顶底板岩性及岩层分布柱状图(图 4-7),建立 8213 工作面数值模拟的力学模型(图 4-8)。建立模型的几何尺寸长×宽为 200m×85m,建立的数值计算模型如图 4-9 所示。

封孔情况	系	统	组	累深/m	层厚/m	测井	钻探	煤层号	累深/m	层厚/m	岩心长/m	采取率/%	岩层倾角	岩石名称及岩性描述
	侏罗系	中统	大同组						190.61	2.08	2.04	98		细砂岩,灰白色,以石英长石为主,暗色矿物,泥质胶结,粒度0.2mm碎石,分选中等
									191.96	1.35	1.35	100		中砂岩,灰白色,以石英长石为主,暗色矿物及云母片,炭泥质胶结,含黄铁矿
								3煤	196.11	4.15	3.90	94		煤,黑色,油脂光泽,半暗型,中条带状结构,断口平整,节理裂隙,面上有白色碳酸盐薄膜,煤心为粉末状
									196.51	0.40	0.40	100		砂质泥岩,灰黑色,致密,贝壳断口,具错动光滑面及植物化石碎屑
									198.67	2.16	2.15	100		粉砂岩,浅灰白色,中粗粉砂质,较致密,下部粒粗近细砂
									199.50	0.83	0.82	99		中砂岩,灰白色,以石英长石,暗色矿物为主,含少许云母片,炭质物屑,沿线质胶结,下部粒较上部细
														粉砂岩,浅灰色,上部为细砂,下部为中粗粉砂,致密,次贝壳状断口,夹煤线,含丰富的植物化石,具垂直节理,底部有0.03m煤线一条
									209.55	10.05	7.82	78		细砂岩,灰白色,以石英为主,次为长石,暗色矿物,泥质胶结,粒细近粗粉砂,含植物化石碎屑,夹砂质泥岩薄层
									211.97	2.42	2.42	100		砂质泥岩与粉砂岩互层,砂质泥岩浅灰色,致密,含植物化石碎屑,粉砂岩灰白色,以细粉砂较致密,分层厚20～80mm,错动光滑面发育,顶部有0.10m薄煤一层
								煤	214.59	2.62	2.62	100		煤,黑色,油脂光泽,半暗型,具不明显条带状结构,质较硬,具错动光滑面,煤质有受热现象
									214.94	0.35	0.34	97		
														砂质泥岩与粉砂岩互层,互层以砂质泥岩为主,砂质岩与粉砂及岩性同上,顶部有几米岩心破碎杂乱,底部夹煤块及细砂岩碎块,深219.10m处岩芯倾角5度,219.10m之下岩心倾角63度,底有0.10m的煤
									221.51	6.57	6.57	100		
									222.41	0.90	0.90	100		破碎带,为煤块,砂质泥岩碎块混杂
									225.16	2.75	2.70	98		粉砂岩,浅灰色,从上往下粒度变为近细砂,局部有细砂岩及砂质泥岩薄层,夹镜煤碎块
									226.04	0.88	0.85	97		细砂岩,灰白色,以石英长石为主,少许暗色矿物,泥质胶结,具小错动构造
								7^2煤	227.81	1.77	1.75	99		粉砂岩,灰白色,以粉砂岩较致密,断口平整,夹砂质泥岩薄层,见错动光滑面及小错动构造
									229.24	1.43	1.15	80		煤,黑色,上部碎块状,弱玻璃光泽,半亮型,中条带状结构,下部为粉状
									231.49	2.25	0.61	27		细砂岩,灰白色,以石英长石为主,暗色矿物,少许云母片,泥质胶结为主,顶部有薄层粉砂岩
									233.09	1.60	0.38	24		粗砂岩,灰白色,以石英长石少量暗色矿物及云母片,泥质胶结,质疏松,粒度0.6mm左右,分选圆粒度
								7^3煤	234.52	1.43	1.40	98		砂质泥岩,浅灰色,致密,断口平整,含植物化石碎屑,夹砂质砂层及微薄层
									235.42	0.90	0.90	1		煤,黑色,玻璃光泽,光亮型,中宽条带结构,断口平整,有炭盐薄膜
									237.02	1.60	0.38	24		细砂岩,灰白色,岩性同上;中部粒度0.02mm,上下部粒度较细
									241.08	4.06	3.57	88		粉砂岩,浅灰黑色,以中粉砂岩较致密,断口平整,夹薄层砂质泥岩及细砂岩,下部较松,为细粉砂,度部为薄层灰黑色砂质泥岩
								煤	241.28	0.20				煤,黑色,玻璃光泽,半亮型,条带状结构,煤心碎块状
									241.88	0.60				粉砂岩,灰黑色,以中粉砂岩,含泥质成分较高 夹丝炭碎屑,上部有白色细砂岩
								煤	242.24	0.36				煤
									242.94	0.70	0.40	57		上部为浅灰黑色粉砂岩,下部为褐色砂质泥岩
									246.64	3.70	3.31	89		粗砂岩,灰白色,以石英长石少量,暗色矿云母片,泥质胶结,粒度0.5～1mm,分选圆度较差,夹细晶体,黄铁矿及煤线
								8煤	250.07	3.43	3.30	96		砂质泥岩,灰黑色,断口次贝壳状,含植物化石,含粉砂岩灰黑色,较致密
									251.49	1.42	1.41	99		煤,黑色,半暗型,中细条带结构,断口平整,中下部煤芯为粉状

图 4-7　7 号煤层 8213 工作面综合柱状图

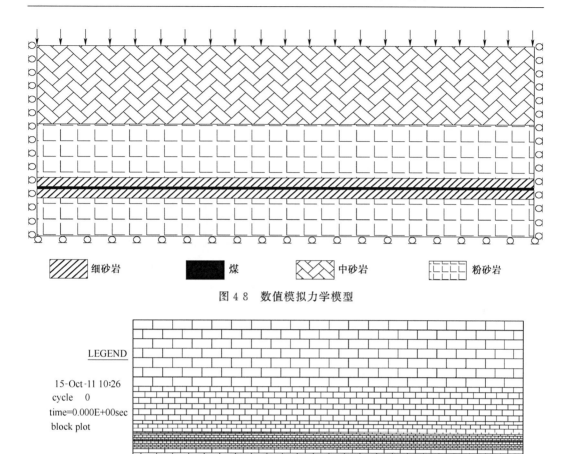

图 4 8 数值模拟力学模型

图 4-9   8213 工作面开采 UDEC 计算模型

根据 7^2 号煤层煤岩物理力学参数测点结果,将顶板、底板、煤层的物理力学参数,经过换算作为计算模型各煤岩层的力学性质参数。岩层节理裂隙划分依据现场观测与模拟经验选取。

3）模型边界条件及加载方式

计算模型边界条件确定如下。

（1）模型左右边界施加水平约束,即边界水平位移为零;

（2）模型底部边界固定,即底部边界水平、垂直位移均为零;

（3）模型顶部为自由边界。

计算模型载荷条件确定:根据煤层的埋藏深度,给模型加载垂直应力,由于煤层的埋藏深度较浅,水平应力按垂直应力的 1.3 倍取。煤层的埋藏深度为 225m,所以,模型加载的垂直应力约为 2.5×2.25＝5.6MPa,模型加载的水平应力约为 5.6×1.3＝7.3MPa。

4.2.2.4   数值计算过程

1）计算方案及其说明

数值计算主要分析开采条件下上覆岩层移动规律、围岩变形规律和工作面矿压显现规律等。每次开采长度为 2m，共开采 50 步。开采高度为 1.1m。数值计算包括以下内容。

（1）工作面矿压显现规律，确定初次垮落步距和周期垮落步距；

（2）工作面围岩应力分布规律，工作面围岩位移量规律；

（3）工作面上覆岩层运动规律。

2）数值计算过程

在 UDEC 中设置好前述的模型后，继续设置模型的边界条件、加载条件、计算时步等参数后，开始进行数值计算。计算过程中，顶板的运动形态如图 4-10 所示。

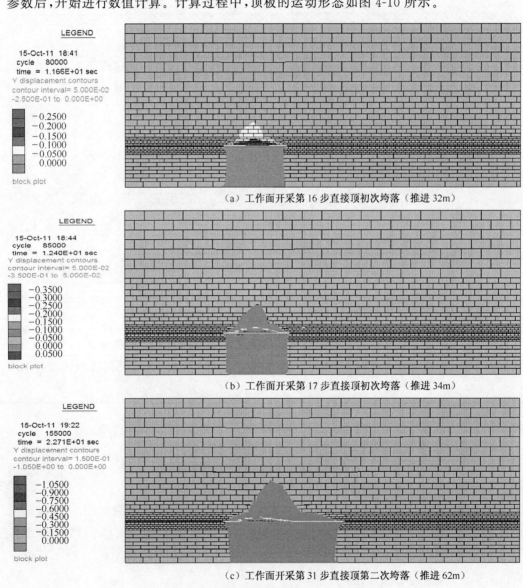

（a）工作面开采第 16 步直接顶初次垮落（推进 32m）

（b）工作面开采第 17 步直接顶初次垮落（推进 34m）

（c）工作面开采第 31 步直接顶第二次垮落（推进 62m）

图 4-10　8213 工作面顶板来压模拟分析过程

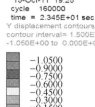
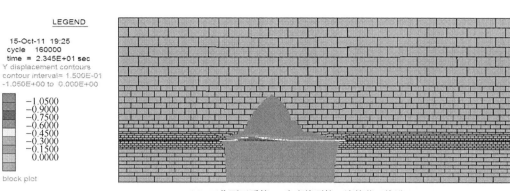

（d）工作面开采第 32 步直接顶第二次垮落（推进 64m）

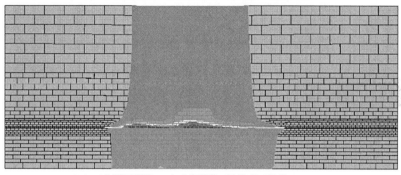

（e）工作面开采第 46 步直接顶第三次垮落（推进 92m）

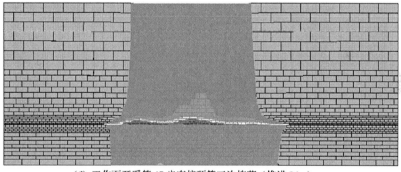

（f）工作面开采第 47 步直接顶第三次垮落（推进 94m）

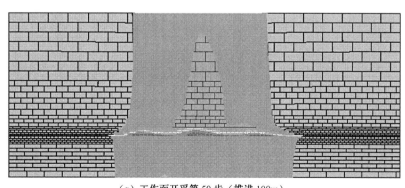

（g）工作面开采第 50 步（推进 100m）

图 4-10　8213 工作面顶板来压模拟分析过程（续）

4.2.2.5　结果分析

1）工作面来压步距分析

随着开采的进行，原岩应力状态受到扰动，引起采空区围岩应力重新分布，顶板发生移动。工作面推进 32m 时，直接顶初次垮落［图 4-10（a）］，老顶最大位移为 10cm；当工作面推进到 62m 时，老顶部分垮落［图 4-10（c）］，老顶最大位移为 30cm；当工作面推进 92m 时，老顶第三次垮落［图 4-10（e）］，老顶最大位移 45cm；当工作面推进 100m 时，老顶最大位移 45cm，老顶移动趋于稳定。

在薄煤层的开采条件下，由于开采空间较小，工作面直接顶垮落基本可以充满采空区，老顶只是部分垮落，老顶运动范围小，来压强度小。

根据数值模拟结果分析，工作面直接顶初次来压步距为 32m，老顶初次垮落步距 62m，老顶周期来压步距 30m；老顶部分垮落，老顶来压不强烈。

2）工作面前方煤壁支撑压力分布规律分析

工作面来压时，工作面煤壁前方围岩垂直应力分布如图 4-11～图 4-13 所示。工作

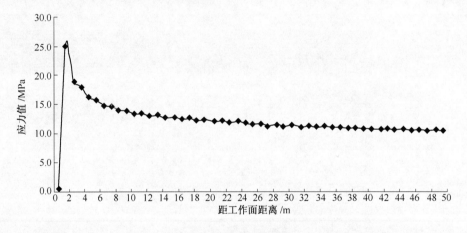

图 4-11　初次来压时工作面前方应力分布图

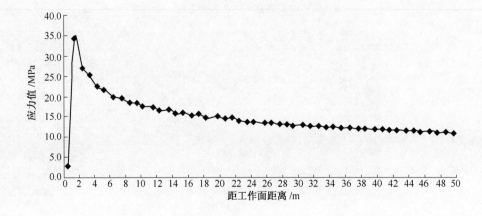

图 4-12　第二次来压时工作面前方应力分布图

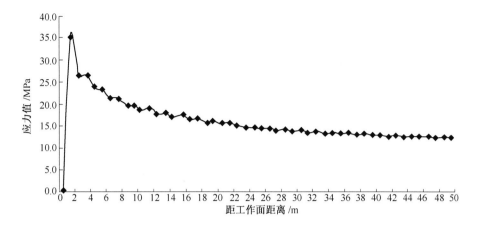

图 4-13   第三次来压时工作面前方应力分布图

面初次来压煤壁前方支撑压力的影响范围为 0～32m，其中，1～4m 为应力峰值区，应力值为 16～25MPa；工作面第二次来压时，煤壁前方支撑压力的影响范围为 0～36m，其中，1～4m 为应力峰值区，应力值为 22～35MPa。工作面第三次周期来压时，煤壁前方支撑压力的影响范围为 0～36m，其中，1～4m 为应力峰值区，应力值为 24～35MPa。

姜家湾矿 8213"两硬"条件下薄煤层工作面煤壁前方支承压力的分布规律为：来压期间工作面采动影响范围为工作面煤壁前方 0～36m，来压期间支承压力峰值区为工作面煤壁前方 1～4m，来压期间支承压力峰值区垂直应力值为 16～35MPa。总体分析，由于工作面煤层及顶底板为"两硬"条件，来压期间工作面采动影响范围较大，来压期间支承压力峰值区较常规工作面前移，来压期间支承压力峰值区垂直应力值与类似埋深条件下中等坚硬顶底板工作面相比较大。

3）工作面顶板岩层裂隙发育情况分析

随着工作面的推进，直接顶发生周期性垮落。当工作面推进 34m 初次来压时，裂隙带发育高度为 22m；当工作面推进 64m 第二次来压时，裂隙带发育高度为 33m，裂隙贯通老顶；当工作面推进 94m 第三次来压时，裂隙带发育高度为 33m（图 4-14）。由此可见，随着工作面的推进，裂隙向上发育，当裂隙到达老顶顶部时，发育基本稳定。

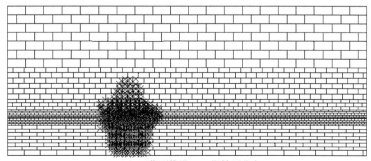

LEGEND

15-Oct-11 18:44
cycle 85000
time = 1.240E+01 sec
block plot
no. zones : total   11809
at yield surface (*)   9
yielded in past (X) 607
tensile failure (o)   89

（a）工作面推进 34m 塑性区分布

图 4-14   工作面推进过程顶板岩层裂隙发育情况图

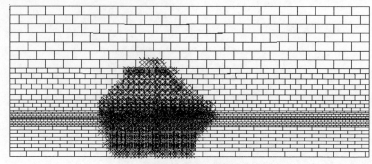

（b）工作面推进64m 塑性区分布

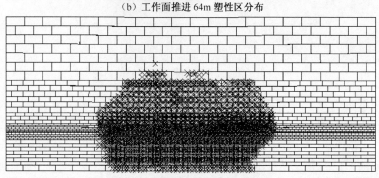

（c）工作面推进94m 塑性区分布

图 4-14　工作面推进过程顶板岩层裂隙发育情况图（续）

4.2.3　薄煤层工作面矿压显现规律的相似材料模拟研究

4.2.3.1　相似材料模拟理论

相似材料模拟实验是在实验室里利用相似材料,依据现场柱状图和煤、岩石力学性质,按照相似材料理论和相似准则制作与现场相似的模型。然后进行模拟开采,在模型开采过程中对于开采引起的覆岩运动及围岩应力分布规律进行连续观测。根据模型实验的实测结果,利用相似准则,求算或反推该条件下现场开采时的顶板运动和围岩应力分布规律,为现场顶板管理和回采巷道支护提供理论依据。相似材料模拟实验研究内容为工作面围岩运动规律和工作面矿压显现规律。

相似材料模拟方法是在确保相似条件的情况下,对物理模型作尽可能的简化后,研究地下开采引起的覆岩运动和破坏过程。在做相似材料模拟实验时,尤其是大比例模型实验,当研究区域埋深较大时,模型往往只铺设到需要考察和研究的范围为止。其上部岩层不再铺设,而以均布载荷的形式加在模型上边界,所加载荷大小为上部未铺设岩层的重力。相似材料模拟实验方法是建立在牛顿力学相似理论基础之上的,其满足条件是,模型和被模拟体必须保证几何形状、质点运动的轨迹以及质点所受的力相似,相似理论的基础是相似三定理。

4.2.3.2　相似材料选取

根据相似理论,在模型实验中应采用相似材料来制作模型。相似材料的选择、配比以及实验模型的制作方法对材料的物理力学性质具有很大的影响,对模拟实验的成功与否起着决定性作用。在模型实验研究中,选择合理的模型材料及配比具有重要意义。

根据本次相似模拟的实际需要及模拟岩层的力学属性,选择石英砂作为骨料,石灰、石膏作为胶结物,根据各种材料不同的配比做成标准试件,并测出其视密度、抗拉强度、抗压强度,见表 4-1。

表 4-1　砂子、石灰、石膏相似材料配比

| 配比号 | 材料配比 | | | | 抗压强度 /(10^{-2}MPa) | 抗拉强度 /(10^{-2}MPa) | 视密度 /(g/cm^3) |
| | 砂胶比 | 胶结物 | | 水分 | | | |
		石灰	石膏				
337	3∶1	0.3	0.7	1/9	36.800	4.400	1.5
537		0.3	0.7	1/9	17.712	2.864	1.5
555	5∶1	0.5	0.5	1/9	13.653	1.961	1.5
573		0.7	0.3	1/9	6.897	0.972	1.5
637		0.3	0.7	1/9	3.165	0.417	1.5
655	6∶1	0.5	0.5	1/9	0.902	0.086	1.5
673		0.7	0.3	1/9	0.763	0.064	1.5
737		0.3	0.7	1/9	0.837	0.079	1.5
755	7∶1	0.5	0.5	1/9	0.685	0.058	1.5
773		0.7	0.3	1/9	0.592	0.037	1.5

4.2.3.3　实验装备及观测系统

实验装备主要由模型实验台组成,实验台由三个系统构成,即框架系统、加载系统和测试系统。框架系统规格为长×宽×高=5000mm×300mm×2000mm。加载系统由模型架上方的杠杆加载实现,用以模拟超出模型范围的上覆岩层的重量。

岩层移动监测系统使用西安交通大学信息机电研究所研制的 XJTUDP 三维光学摄影测量系统(图 4-15),摄影测量是以透视几何理论为基础,利用拍摄的图片,采用前方交

图 4-15　XJTUDP 三维光学摄影测量系统

会方法计算三维空间中被测物几何参数的一种测量手段。测试装备及观测方法根据模型的基岩（剖面）铺设经纬线，在经纬线的交点处插入标注物用以测量围岩位移。

采动应力监测系统为，在模型装填过程中，在模型内布设应力监测装置，观测工作面开采过程中采动支承应力分布与变化情况。监测方法是采用 YJZ-32A 智能数字应变仪采集预先埋入模型中的 BW-5 型微型压力盒的电信号数据，然后进行数据处理与分析。

4.2.3.4 模型设计与制作

根据 8213 工作面的开采条件和研究需要，选用立式平面模型实验台，模型与原型长度比 $\alpha_L = 100$，密度比 $\alpha_\gamma = 1.2$，强度比 $\alpha_\sigma = 270$，时间比 $\alpha_t = 12.25$。模型装填尺寸长×宽×高＝5000mm×300mm×1500mm。模型上边界距地表 105m，通过杠杆装置加载等效厚度岩层的重量 236.3kg。实验网格线按 20cm×10cm 进行铺设，横向 5 条，纵向 12 条，横纵网格线交点处为位移监测点，共布置了 60 个位移监测点，监测点处粘贴非编码标志点，利用 XJTUDP 三维光学摄影测量系统实现位移监测。在 7 号煤层中布置 19 个应力测点，测点间距为 10cm，利用 YJZ-32A 智能数字应变仪实现应力实时监测。实验模型和位移测点的布置如图 4-16 所示，采动应力监测系统的布置如图 4-17 所示。

图 4-16 相似材料模拟试验模型及位移测点布置图

图 4-17 相似材料模拟实验工作面采动应力监测系统布置图

模型选取密度、抗拉强度和抗压强度为模型和原型相似的主要指标,在表 4-1 中找出与模拟岩层接近的模型强度值,确定各岩层的材料配比。相似材料模型采用捣固方式成型,捣固模型具有完整性好、相似材料强度易于保持、位移和应力测量方便等特点。

4.2.3.5 模型开挖过程分析

依据姜家湾矿 8213 工作面现场实际的开采进度及实验的相似比,经换算确定模型每次推进距离为 9.6cm,每隔 2 小时推进一次,相当于现场一天 9.6m 的推采进度。

模型开挖及覆岩运动与破坏特征描述为:模型开挖到 30cm 时,工作面伪顶和直接顶垮落,工作面推进到 40cm 时,直接顶垮落完全;工作面推进到 60cm 时直接顶第二次垮落,老顶下位岩层产生 1～3mm 的离层,工作面推进到 70cm 时老顶下位岩层离层扩大,3～5mm;工作面推进到 80cm 时直接顶发生了第三次垮落,老顶上位岩层也发生离层,工作面上方 6～16cm 老顶产生离层,离层量 3～6mm;工作面推进到 90cm 时直接顶发生了第四次垮落,老顶离层量为6～9mm;老顶移动范围为工作面上方 6～23cm,工作面顶板垮落过程如图 4-18 所示。

（a）工作面开挖20cm时顶板运动特征

（b）工作面开挖30cm时顶板运动特征

（c）工作面开挖40cm时顶板运动特征

（d）工作面开挖50cm时顶板运动特征

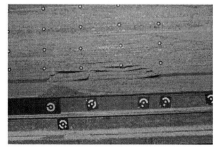

（e）工作面开挖60cm时顶板运动特征

（f）工作面开挖70cm时顶板运动特征

图 4-18 薄煤层工作面相似材料模拟实验开挖过程

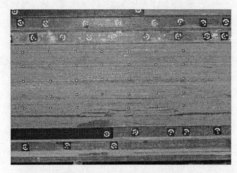

（g）工作面开挖 80cm 时顶板运动特征　　　　（h）工作面开挖 90cm 时顶板运动特征

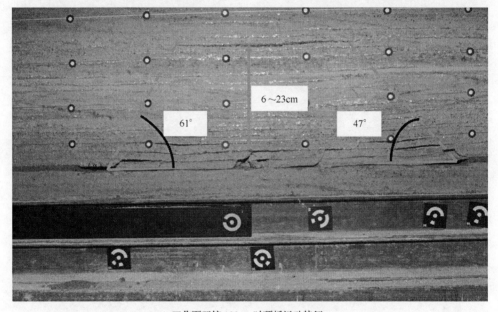

（i）工作面开挖 100cm 时顶板运动特征

图 4-18　薄煤层工作面相似材料模拟实验开挖过程（续）

4.2.3.6　姜家湾矿 8213"两硬"薄煤层工作面围岩移动规律

根据相似材料模拟结果，姜家湾矿"两硬"条件下薄煤层工作面顶板的运动规律为：直接顶初次垮落步距为 30m，从垮落形态上分析，老顶初次垮落的步距为 40m，老顶第二次垮落的步距为 60m，老顶第三次垮落的步距为 80m，所以，老顶周期来压步距为 20m；薄煤层工作面老顶只是部分发生破断，老顶破断的范围为工作面上方 6～23m，老顶产生最大裂隙宽度为 0.6～0.9m，；顶板岩层移动角为 47°～61°，较中等硬度岩层移动角较小。

4.2.3.7　姜家湾矿 8213"两硬"薄煤层工作面采动压力显现规律

相似材料模拟试验中，通过布置 BW-5 微型压力盒对采动应力的分布规律进行监测，采用 YJZ-32A 智能数字应变仪对监测数据进行动态显示和数据采集。模型开挖过程中，采动应力监测曲线如图 4-19 所示。

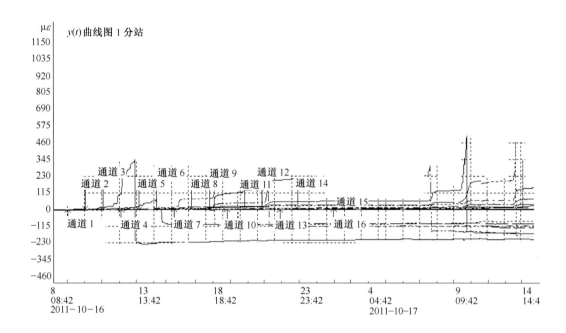

图 4-19 模型开挖过程中采动应力变化曲线

部分压力盒的实时监测曲线如图 4-20 所示。压力盒监测结果数据处理分析表明,工作面前方采动应力的分布规律为:工作面前方支承压力的影响范围为 18～23m,工作面前方支承压力峰值区为 2～8m,应力峰值区的应力集中系数为 2.3～5.0,见表 4-2。

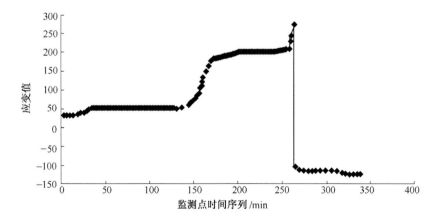

(a)7 号压力盒采动应力监测曲线

图 4-20 部分压力盒实时监测曲线

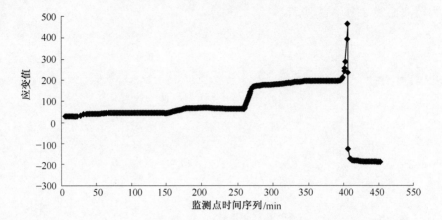

（b）8 号压力盒采动应力监测曲线

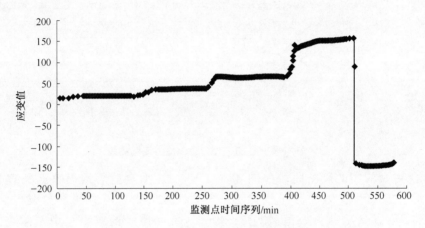

（c）9 号压力盒采动应力监测曲线

图 4-20　部分压力盒实时监测曲线（续）

表 4-2　工作面前方煤层中支承压力分布规律

测点编号	采动应力影响区范围/m	应力峰值位置距煤壁的距离/m	应力峰值位置的应力集中系数
5 号	23.8	3.3～8.6	5.04
6 号	13.8	2.3～7.6	2.28
7 号	10.3	2.2～7.9	3.83
8 号	20.2	1.9～6.2	2.98
9 号	19.8	2.0～5.5	4.12
10 号	18.3	1.8～6.5	4.94

4.2.4　姜家湾矿 8213 工作面矿压显现规律的现场实测研究

4.2.4.1　工作面围岩运动规律分析

循环末阻力（P_m）是循环末支架移架前的工作阻力，在正常情况下循环末阻力为循环内最大工作阻力,是反映矿压显现强弱,评价支架额定工作阻力是否富裕的重要指标。

根据 8213 综采工作面现场实测液压支架工作阻力,分别选取工作面上部、中部和下部,12 号、17 号、35 号、41 号、50 号、61 号液压支架的循环末阻力,分析工作面的围岩运动规律,根据式(4.13)换算出液压支架循环末阻力:

$$P_{\mathrm{m}} = \frac{\pi D^2 \sum\limits_{i=1}^{Z} Q_{\mathrm{m}i}}{4 \times 10} \tag{4-21}$$

式中,$Q_{\mathrm{m}i}$ 为实测循环末油缸内的工作压力,MPa;D 为立柱内径,cm;Z 为每架支架的立柱数。

以工作面推进距离为横坐标,以液压支架循环末阻力为纵坐标,建立液压支架循环末阻力的检测数据与工作面的推进距离的关系曲线图,如图 4-21～图 4-26 所示。

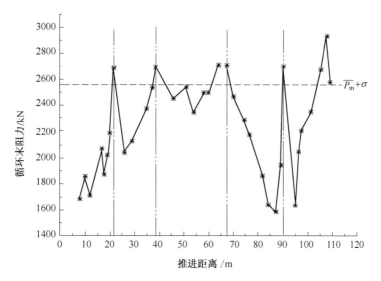

图 4-21　12 号液压支架循环末阻力与工作面推进距离曲线图

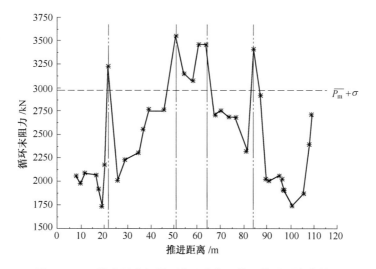

图 4-22　17 号液压支架循环末阻力与工作面推进距离曲线图

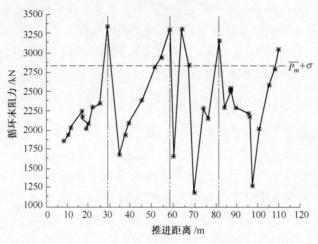

图 4-23　35 号液压支架循环末阻力与工作面推进距离曲线图

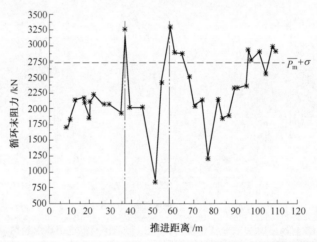

图 4-24　41 号液压支架循环末阻力与工作面推进距离曲线图

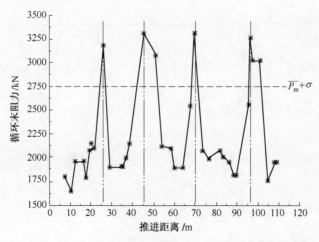

图 4-25　50 号液压支架循环末阻力与工作面推进距离曲线图

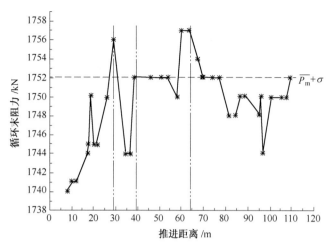

图 4-26　61 号液压支架循环末阻力与工作面推进距离曲线图

根据图 4-21～图 4-26 不同测区不同液压支架循环末阻力与工作面推进距离的分布曲线,判断工作面基本顶来压步距见表 4-3。

表 4-3　8213 工作面来压步距汇总表

液压支架编号	来压步距				
	初次垮落 /m	初次来压 /m	周期来压Ⅰ /m	周期来压Ⅱ /m	周期来压Ⅲ /m
12	17	21	14	20	14
17	13	21	—	14	17
35	17	27	22	12	18
41	16	—	18	—	—
50	12	24	15	16	
61	19	27	—	—	—
平均	15.7	24	17.3	15.5	16.4

计算各支架循环末阻力平均值 $\overline{P_m}$ 及其均方差 σ ,并以 $\overline{P_m}+\sigma$ 作为基本顶初次来压及周期来压的判断依据。从图 4-21～图 4-26 可得到回采工作面的初次来压步距和周期来压步距。

由表 4-3 统计分析可知,8213 工作面的初次来压步距在 24m 左右,周期来压步距变化范围较大,12～22m,平均 16.4m。

4.2.4.2　工作面超前支撑压力分布规律分析

1)现场矿压监测

选择姜家湾矿 8213 综采工作面 2213 机轨合一巷和 5213 回风巷以及 8010 综采

工作面（未形成）5101 掘进巷道进行巷道深部位移监测,监测站位置布置如图 4-27 所示。

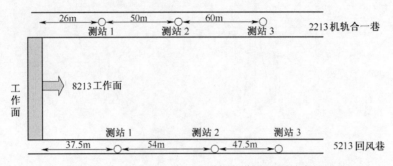

图 4-27　8213 综采工作面巷道深部位移监测站布置图

在各测站安装:

①多点位移计（顶板、巷帮）;②钻孔应力计（巷帮）;③锚杆（索）测力计（顶板）; ④岩层钻孔探测（顶板）。

各种仪表布置方式如图 4-28 所示。

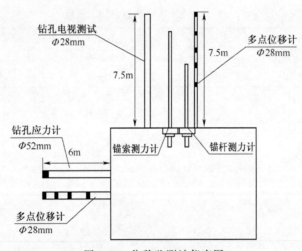

图 4-28　位移监测站仪表图

2）锚杆（锚索）托锚力监测

锚杆锚索应力监测数据处理分析（图 4-29、图 4-30）表明,支承压力的影响范围为工作面煤壁前方 20m。

4.2.4.3　8213 工作面矿压显现规律综合分析

为了确定姜家湾矿 8213 薄煤层综采工作面围岩运动规律,应用数值模拟、相似材料模拟和现场实测等方法进行了研究,分析结果见表 4-4。

薄煤层工作面来压期间矿压显现强度应力最大值为 35MPa,平均在 20MPa 左右,顶板运动范围为工作面上方 6～23m,表明薄煤层工作面顶板的运动范围较小,工作面来压强度较低,对工作面顶板管理和超前支护要求不像中厚煤层和厚煤层工作面高,为了保证工作面和顺槽顶板安全管理,工作面来压期间适当提高液压支架的初撑力、加强顺槽的支护质量,支护强度根据矿压显现强度做适当的调整。

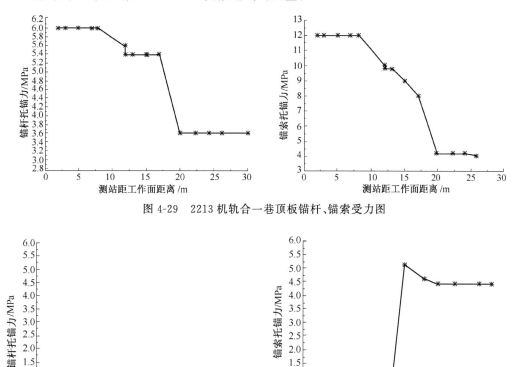

图 4-29 2213 机轨合一巷顶板锚杆、锚索受力图

图 4-30 部分测站锚杆、锚索受力图

表 4-4 姜家湾矿 8213 薄煤层综采工作面顶板来压特征综合分析

分析内容	数值模拟/m	相似材料模拟/m	现场实测/m	综合分析/m
直接顶初次垮落	32	30	24	24~32
老顶初次来压	62	40	41	40~60
老顶周期来压	30	20	12~22	12~30

4.3 侏罗纪近距离煤层群开采覆岩结构与支架设计理论

大同煤田下组煤可采煤层共有 8 层,分别为 11^1 号、11^2 号、12^1 号、12^2 号、14^2 号、14^3 号、15^1 号、15^2 号煤层。这些煤层层间距离很近,分叉合并频繁。以开采大同侏罗纪 15♯ 煤层为例,其距上部 14♯ 煤层平均距离 14m,在大同矿区为不稳定煤层,永定庄矿为

大同矿区进行大同侏罗纪 15♯煤层开采矿井。15♯煤层可采储量约 900 万 t。其工作面煤层稳定,无夹石,煤层厚度在 2.2～4.6m,平均 3.07m。

对于大同矿区侏罗纪近距离煤层群开采覆岩结构的分析,首先要确定上组煤柱的稳定性,然后分析煤柱下底板岩层的应力传递规律,掌握下部煤层开采覆岩移动及支承压力分布规律与区间,建立采场顶板破坏结构并指导极近距离煤层群开采支架设计。

4.3.1　上覆煤柱稳定性分析

无论单一煤层还是煤层群联合开采后,处于自然平衡状态的原岩应力遭到破坏,原岩应力重新分布,开采区域的周围出现应力变化区,煤层底板岩体中的应力状态也经历一系列的变化过程。开采时在工作面前方将形成支承压力高峰区,煤层采动引起回采空间周围岩层应力重新分布,不仅在回采空间周围煤柱上造成应力集中,而且该应力将向底板岩层深部传递。煤层底板岩石巷道受采动影响的矿压显现是底板集中应力作用的结果,这是研究支承力压力向底板的传播规律及其机理和选择底板巷道位置的基础。

煤层底板发生应力重新分布,是由于开采工作引起的底板所受荷载分布发生变化,这种荷载即支承压力是上覆岩层重量通过煤体和矸石向煤层底板传播的结果,其分布特征决定了底板应力的分布特征。煤层开采过程中,煤层底板巷道围岩一般要经历动压影响,由于巷道开挖,在巷道周边围岩内将会形成一个松动圈,松动圈内的岩块既不是连续体,也不是松散体。围岩虽然已出现裂缝,但是破裂岩块之间仍处于相互衔接、相互啮合的状态。即巷道围岩要经历加压—卸压—加压过程。即使巷道围岩岩性较好,经过反复加压和卸压以后也会遭到破坏,事实上绝大多数动压巷道围岩的力学特征表现为峰后特征,见图 4-31。因此,分析上部煤层开采后残留煤柱的稳定性是研究煤柱集中应力在下部底板岩层中传递规律的前提,也是保证采空区下煤层安全高效开采和搞清覆岩运动规律的前提。

4.3.2　煤柱的弹塑性变形区

威尔逊于 1972 年提出了两区约束理论[73],如图 4-32 所示。通过对煤柱加载试验,发现在加载的过程中煤柱的应力是变化的,从煤柱应力峰值 σ_1 到煤柱边界这一区段,煤体应力已超过了煤体的屈服点,并且向采空区有一定量的流动,称这个区域为屈服区(塑性区),其宽度用 Y 表示,在高应力作用下,靠近采空区侧应力低于原岩应力的部分称为破裂区。屈服区向里的煤体变形较小,煤体应力没有超过煤体的屈服点,基本上符合弹性法则,这个区域被屈服区所包围,并受屈服区的约束,处于三轴应力状态,称为煤柱核区(或称弹性核区)。该区当其尺寸较大时,弹性核区内有一部分核区的应力为原岩应力,这部分核区称为原岩应力区,显然,原岩应力区在弹性核区内。威尔逊 ＡＨ 通过实验得出了屈服区宽度 Y 与采深 H 和采厚 M 之间的关系为

$$Y = 0.00492MH$$

4.3.3　煤柱的极限强度

由图 4-33 所示的三向应力状态下的极限平衡条件可知,在三向应力状态下应有式

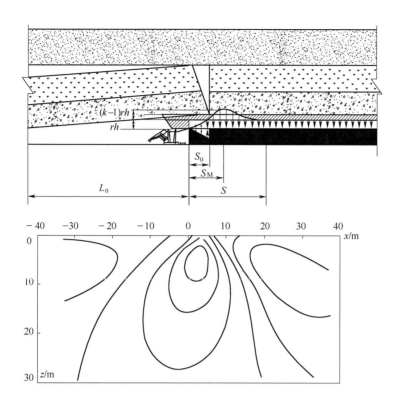

图 4-31 支承压力在底板中的传播图

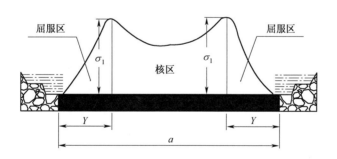

图 4-32 煤柱屈服区及其弹性核区

(4-22)和式(4-23)：

$$\sigma_1 - \sigma_2 = [\sigma_1 - \sigma_2 + 2c \cdot \tan^{-1}\Phi]\sin\Phi \qquad (4\text{-}22)$$

$$(1 - \sin\Phi)\sigma_1 = 2c \cdot \cos\Phi + (1 + \sin\Phi)\sigma_3 \qquad (4\text{-}23)$$

式中，c 为煤体的黏聚力，MPa；Φ 为煤体的内摩擦角，(°)；σ_3 为侧向应力，MPa。

在煤柱的边缘，煤柱的侧向应力 $\sigma_3 = 0$，屈服区侧向应力 σ_3 由外向里逐渐增大，至与煤柱核区交界处时 σ_3 的值为最大，σ_3 恢复到开采前的原岩自重应力 $\sigma_3 = \gamma h$。一旦煤柱核区内部的应力达到峰值应力，则核区弹性状态就会逐渐消失，煤柱必将失去其稳定性。将 σ_3 代入式(4-23)得到式(4-24)：

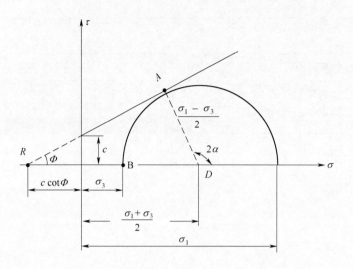

图 4-33　三向应力状态下的极限平衡条件

$$(1-\sin\Phi)\sigma_1 = 2c \cdot \cos\Phi + (1+\sin\Phi)\gamma h \tag{4-24}$$

式中，γ 为上覆岩层的平均容重，MN/m^3；h 为开采深度，m。

　　根据《永定庄煤矿岩石物理力学参数试验报告》中的 14 号、15 号煤层及顶底板岩层地质力学特性综合柱状图（图 4.1）并结合 14 号煤层赋存情况可知，14 号煤层平均开采厚度为 2.47m，开采深度为 290m，14 号煤的内摩擦角 Φ 为 33.5°，黏聚力 c 为 3.45MPa，上覆岩层的平均容重 γ 为 0.025MN/m³。把上述数据带入式（4-24）得 $\sigma_1 = 37.72$MPa，即煤柱的极限强度 σ_1 为 37.72MPa。

4.3.4　煤柱所能承受的极限荷载 W_s

　　对于煤柱而言，由于其长度远大于其宽度，故可将其视为平面问题，因而可以忽略煤柱前、后两端的边缘效应，如图 4-34 所示。

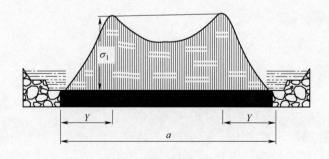

图 4-34　煤柱极限载荷的计算

　　则煤柱所能承受的极限荷载为

$$W_s = 4\gamma H(a - 0.00492MH)L \tag{4-25}$$

式中，W_s 为煤柱所能承受的极限荷载，MN。

14 号煤层上覆岩层的平均容重 γ 为 0.025MN/ m³，开采深度 H 为 290m，开采厚度 M 平均为 2.47m，煤柱的宽度 a 为 30m 左右，长度 L 为 150m 左右。将上述数据带入式（4-25）中，得到煤柱所能承受的极限荷载 W_s 为 1.2×10^5 MN。

4.3.5　煤柱实际承受的荷载 W_p

在计算煤柱采空区分担的荷载时，威尔逊 A H 采用了与金（King，1970）一致的结论，即采空区垂直应力与距离煤壁的距离成正比，当该距离达到 0.3H 时，采空区垂直应力恢复到原始荷载 γH，如图 4-35 所示。

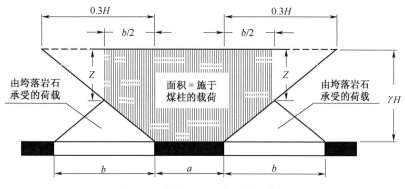

图 4-35　采空区及煤柱分布的载荷

为了保证地面不出现波浪下沉盆地，通常取采宽 $b \leqslant H/3 \approx 0.3H$，同时，要求煤柱存在核区，即煤柱的宽度 $a > 2Y = 0.00984MH$。因此，在计算煤柱实际承受的荷载 W_p 时，按图 4-35 所示的情况计算。

考虑煤柱两侧的边缘效应，由三角相似可知 $Z = (1 - b/0.6H)\gamma H$，因此，煤柱实际承受的荷载 W_p 为

$$W_p = \gamma H\left[1 + \frac{b}{2a}\left(2 - \frac{b}{0.6H}\right)\right]L \tag{4-26}$$

式中，W_p 为煤柱实际承受的极限荷载，MN；b 为煤柱间采空区的宽度，m。

14 号煤层上覆岩层的平均容重 γ 为 0.025MN/ m³，开采深度 H 为 290m，煤柱的宽度 a 为 30m 左右，煤柱间采空区的宽度 b 为 130m。把上述数据带入式（4-26）中，计算得到煤柱实际承受的荷载 W_p 为 0.04×10^5 MN，小于煤柱所能承受的极限荷载 W_s 1.2×10^5 MN，所以煤柱是稳定的。

4.3.6　塑性煤柱临界宽度计算

煤柱在受到回采引起的支承压力作用后，煤柱一般可分为破裂区（x_0'）、塑性区（x_0）和弹性区。因为煤柱宽度的大小不同，所以在煤柱的中间部分将会出现一个大小不同的弹性核，这个弹性核是煤柱稳定性和承载能力的保证。若弹性核的宽度等于零，此时弹性区的宽度等于零，煤柱完全处于塑性状态，即煤柱整体进入屈服状态，煤柱所受的压力就

会有一部分发生释放转移,煤柱上的垂直应力集中程度降低。相应地,煤柱向底板煤(岩)层中的影响范围和程度也会降低。

只有当煤柱两侧的塑性区连在一起时,中间弹性核的宽度为零,煤柱才能在整体上处于塑性状态,此时,煤柱的承载能力降低。即煤柱整体上进入屈服状态时煤柱的宽度 B 满足 $B \leqslant x_0$。

煤柱的承载能力,随着远离煤柱边缘而明显增长。在距离煤柱边缘一定宽度内,煤柱的承载能力与支承压力处于极限平衡状态。运用岩体的极限平衡理论,则可以计算塑性区的宽度 x_0,即支承压力峰值与煤柱边缘之间的距离,其方程为

$$x_0 = \frac{M}{2\xi f} \ln \frac{k\gamma H + C \cdot \cot\Phi}{\xi (P_i + C \cdot \cot\Phi)} \qquad (4\text{-}27)$$

式中,K 为应力集中系数;p_1 为支架对煤帮的阻力,MPa;f 为煤层与顶底板接触面的摩擦系数;ξ 为三轴应力系数,$\xi = \dfrac{1 + \sin\phi}{1 - \sin\phi}$。

由式(4-27)可知,影响煤柱塑性区宽的因素有:煤柱支承压力、煤层厚度、煤体的黏聚力和内摩擦角、煤层与顶底板接触面的摩擦系数等。

当煤柱宽度 L 小于两侧塑性区宽度之和,即 $L < 2x_0$ 时,也就是煤柱两侧形成的塑性区贯通时,中间弹性核的宽度为零,煤柱在整体上处于塑性状态,煤柱的稳定性将明显降低,相应向底板传递的集中应力将大大减小。

以永定庄矿为例计算塑性煤柱临界宽度,永定庄矿上组煤从上到下依次由 11 号、12 号、14 号、15 号煤等组成,其层间距为 15~28m。14 号煤层平均厚度为 2.47m,煤层内摩擦角取 33.5°,黏聚力取 3.45MPa,支架对煤帮阻力取 0,煤层与顶板岩层接触面摩擦系数取 0.2,应力集中系数取 2.5,上覆岩层平均容重为 25KN/m³。

14 号煤大部分区域埋深在 291~352m。由式(4-26)计算的 14 号煤层在 300m 埋深条件下煤体一侧的塑性区宽度和煤柱整体进入塑性状态的宽度为 2.5m 和 5m,在 400m 埋深条件下煤体一侧的塑性区宽度和煤柱整体进入塑性状态的宽度为 3.1m 和 6.2m。

由上述计算可知,随着开采深度的增大,煤柱(体)一侧塑性区宽度也随着增大,因此如果要保证煤柱不完全处于塑性变形状态,势必会造成煤柱留设宽度越来越大。但由于煤柱宽度较大时,煤炭资源浪费严重,且巷道有可能处于侧向支承压力高峰区,因而虽然许多煤矿开采深度增大,仍然采用小煤柱护巷。相关研究也表明,即使煤柱完全处于塑性状态仍然有一定的承载能力,且通过一定的加强支护方式,巷道围岩仍能够保持较强的稳定性。因此在开采深度增大的情况下,采用小煤柱护巷仍然是可行的。

4.3.7　煤柱下底板岩层应力传递

上部工作面开采后上覆岩梁在重力等作用下发育裂隙、离层等,发生垮落、断裂。上部工作面开采不仅会引起上覆岩层的破坏,而且应力扰动在底板内扩散传播,破坏了底板原有的三维应力状态,导致底板发生塑性破坏,致使近距离多煤层工作面及巷道的围岩应力特征与普通单一煤层相比有着明显的不同,因此对煤柱下底板岩层应力传递规律和分布特征进行分析研究,对多采空区下工作面顶板控制具有重要的理论意义。

4.3.7.1　煤柱下岩层应力传递规律

根据永定庄矿 11 号、12 号、14 号及 15 号煤层赋存实际情况,11 号、12 号、14 号煤已经采出,15 号煤层开采工作面与其垂直布置,如图 4-36 所示。

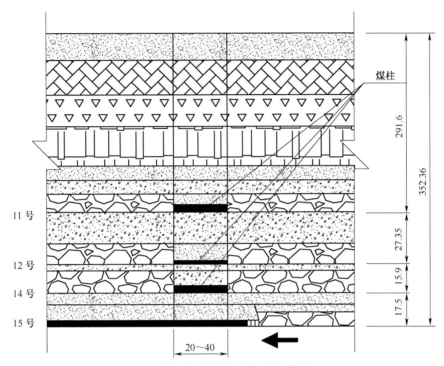

图 4-36　煤层相对关系及位置图(单位:m)

为了简化计算,将其简化成对 15 号煤层开采最不利情况,即上覆多层煤柱相互重合,根据土力学及材料力学理论,集中力 P 作用在半无限体的平面上,对平面下方任一点 M 将发生影响,如图 4-37 所示。

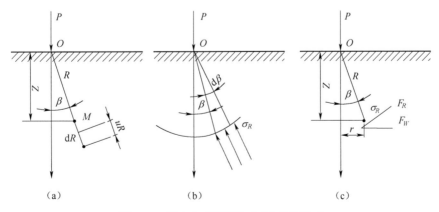

图 4-37　集中力对无限体内 M 点的影响

假设作用力 P 在 M 点造成的位移与半径 R 成反比,与坐标角 β 的余弦成正比,则 M

点沿 R 方向的变形 u_R 为

$$u_R = A\frac{\cos\beta}{R} \tag{4-28}$$

式中，A 为比例系数。

若将 R 延伸到 $R + dR$，即 M_1 点，则其变形量为

$$u_R = A\frac{\cos\beta}{R + dR} \tag{4-29}$$

dR 段的变形量为

$$u_R - u_{R1} = \left(\frac{A}{R} - \frac{A}{R + dR}\right)\cos\beta = \frac{A\,dR}{(R + dR)\,R}\cos\beta \tag{4-30}$$

应变量 ε_R 为

$$\varepsilon_R = \frac{u_R - u_{R1}}{dR} = \frac{A}{(R + dR)\,R}\cos\beta \tag{4-31}$$

由于 dR 是微量，忽略 $R\,dR$ 项，有

$$\varepsilon_R = \frac{u_R - u_{R1}}{dR} = \frac{A}{R^2}\cos\beta \tag{4-32}$$

假设处于弹性状态，则有

$$\sigma_R = B\varepsilon_R = B\frac{A}{R^2}\cos\beta \tag{4-33}$$

式中，σ_R 为径向应力；B 为比例系数。

11 号、12 号、14 号煤采出后煤柱稳定性及底板岩层应力传递规律分析取半径为 R 的半球面，如图 4-37（b）所示，并假设在 $d\beta$ 的变化范围内 σ_R 是相等的。

因此，有

$$P - \int_0^{\frac{\pi}{2}} \sigma_R\cos\beta \cdot dF_R = 0 \tag{4-34}$$

$$dF_R = 2\pi\,(R\sin\beta)\,(R\,d\beta) \tag{4-35}$$

式中，F_R 为半球的表面积，m^2。

将上述的式(4-33) 和(4-25) 代入式(4-24) 中，得

$$P - \int_0^{\frac{\pi}{2}} A \cdot B\frac{\cos\beta}{R^2}\cos\beta \cdot 2\pi\,(R\sin\beta)\,(R\,d\beta) = 0 \tag{4-36}$$

经计算，得

$$P = \frac{3}{2}\pi AB \tag{4-37}$$

将式 (4-37)代入式 (4-33)得

$$\sigma_R = \frac{3P}{2\pi R^2}\cos\beta \tag{4-38}$$

将 σ_R 换算成作用在水平面积 F_W 上的应力，如图 4-37（c）所示水平面与球面的面积近似有如下关系：

$$\frac{F_R}{F_W} = \cos\beta \tag{4-39}$$

从图 4-37(a) 中还可以看出，$\cos\beta = Z/R$（Z 为 M 点的垂直距离），则垂直应力 σ_Z 为

$$\sigma_Z = \frac{\sigma_R \cos\beta F_R}{F_W} = \sigma_R \cos^2\beta \tag{4-40}$$

$$\sigma_Z = \frac{3}{2} \cdot \frac{P}{\pi} \cdot \frac{Z^3}{R^5} = K\frac{P}{z^2} = \frac{3}{2\pi\left[1 + \left(\frac{r}{2}\right)^2\right]^{\frac{5}{2}}} \cdot \frac{P}{z^2} \tag{4-41}$$

式中，r 为 M 点在水平面上的半径，m。

通过叠加原理可推广到自由边界上受均布载荷作用的情况，假设在半平面体上作用宽度为 L 的均布条形荷载，则在 M 点的垂直应力 σ_Z 为

$$\sigma_Z = \frac{P}{\pi}\left(\arctan\frac{L-r}{z} + \arctan\frac{L+r}{z}\right) - \frac{2LPz(r^2 - z^2 - L^2)}{\pi\left[(r^2 + z^2 - L^2)^2 + 4L^2z^2\right]} \tag{4-42}$$

4.3.7.2   煤柱下底板岩层应力分布规律

根据式（4-42）可知，随着深度的增大，应力的影响范围增大，但影响的程度随着深度的增加而逐渐衰减，即煤柱均布载荷向底板煤岩层中按一定的规律扩散和衰减。煤柱宽度为 15m、25m 和 35m 时，由式（4-42）计算得到煤柱均布载荷下方底板岩层不同水平截面处的应力分布曲线如图 4-38~图 4-40 所示。

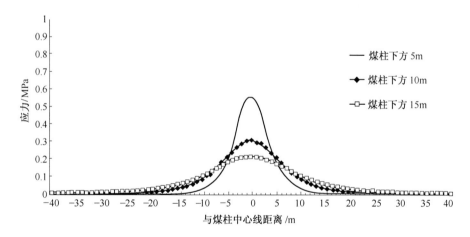

图 4-38   煤柱均布荷载作用下底板岩层垂直应力分布曲线（煤柱宽度 15m）

由图 4-38 ~图 4-40 可知，在煤柱均布载荷作用下，底板岩层垂直应力传递有以下规律。

（1）在底板岩层不同深度水平截面上，均以煤柱中心轴线处垂直应力最大，随着与煤柱中心轴线距离的增大应力逐渐衰减，且在煤柱边缘范围附近衰减速率最大。

（2）在底板岩层不同深度水平截面上，与煤柱之间的垂直距离越小，应力分布的范围越小，影响程度越大；反之，与煤柱之间的垂直距离越大，应力分布的范围越大，而影响程

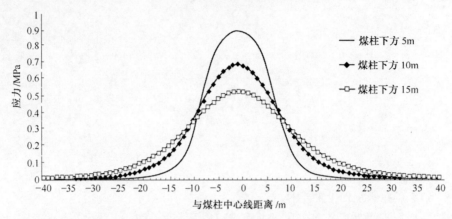

图 4-39　煤柱均布荷载作用下底板岩层垂直应力分布曲线(煤柱宽度 25m)

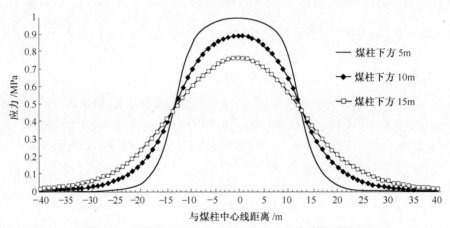

图 4-40　煤柱均布荷载作用下底板岩层垂直应力分布曲线(煤柱宽度 30m)

度越小。

（3）煤柱载荷在下方底板岩层同一水平截面处的应力集中系数,随煤柱宽度的增大而增大;且煤柱宽度越大,煤柱载荷对下方底板岩层的影响深度也越大。

（4）当多煤柱重合,且煤柱宽度为 30m 时,11 号、12 号、14 号对 15 号煤层垂直应力的影响约为原始应力场所产生的压力的 3 倍。

4.3.8　上部煤层开采覆岩破坏结构

永定庄矿上部 11 号、12 号、14 号煤层与现开采的 309 盘区 15 号煤层布置方式为"空间交错垂直"型,当 11 号、12 号、14 号工作面开采后会对底板产生破坏,当下部煤层位于该破坏范围内时,下部工作面开采时顶板及煤层破碎,容易在生产中发生危险。正交的 11 号、12 号、14 号工作面推进后形成一定覆岩破坏结构,当下部工作面推进至该采空区附近时,上部采场围岩破坏及结构破坏了工作面前方的覆岩结构连续性,使下部采场覆岩的运动破坏方式发生变化。当下部工作面推进穿过采空区前后,会出现支架工作阻力增大、煤体片帮等矿山压力特点。与其他类型采场相比,空间交错垂直型采场覆岩运动、破坏形成的空间结构、支承压力分布及矿山压力显现具有独特规律。

4.3.8.1 煤层群开采顶板结构

受到上部煤层的采动损伤影响，多煤层开采上下煤层间的岩层（即下部煤层顶板）多为裂隙结构，可视为裂隙切割作用形成的块体。该块体结构上部为开采上部煤层的直接顶及老顶岩层。由于直接垮落后比较破碎，可视为散体，而老顶在直接顶上部断裂、铰接，形成梁的结构。因此，在极近距离上部采空区下的煤层上部形成了"块体-散体-梁-散体-梁"的顶板结构，如图 4-41 所示。由于煤的强度较低，当底板破坏范围到达煤层顶部，其破坏现象将更容易扩散。在下部煤层工作面开采时，采面前方为破碎煤体，而工作面顶板为"块体-散体-梁-散体-梁"的结构，顶板极易产生漏冒，形成大范围空顶，造成垮面，开采难度极大。因此，在上部工作面开采中，如果煤层太近，应铺设假顶，以便于下部工作面顶板管理。

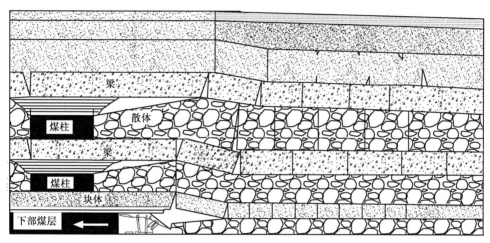

图 4-41　"块体-散体-梁-散体-梁"顶板结构模型

4.3.8.2 采动覆岩破坏结构分析

上部煤层开采后，上覆岩层已经发生垮落、断裂、离层破坏，如图 4-42 所示。当下部

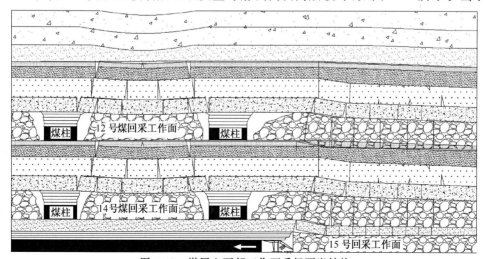

图 4-42　煤层上下部工作面采场覆岩结构

工作面接近上部采空区时,上覆岩层结构发生了很大改变。研究空间交错垂直型覆岩破坏结构,首先分析独立工作面开采后覆岩运动规律和破坏形态。

上覆岩层发生的由下而上的垮落、断裂、离层破坏源于工作面开采形成的岩层自由运动空间,覆岩断裂破坏高度随着工作面开采范围及开采高度的增加而增大,但岩体破坏不会一直向上发展,采场覆岩破坏范围是有限的,当煤层间距较小时,开采下部煤层必然与上部开采煤层垮落带及裂断带导通,互相影响。

4.3.9 下部煤层开采覆岩移动及支承压力分布规律

4.3.9.1 下部煤层开采覆岩移动规律

下部工作面由开切眼向上部工作面已采空间推进,两独立工作面空间交错垂直,覆岩破坏结构由两独立覆岩破坏空间结构演化为空间交错垂直型采场覆岩破坏结构。本节对下部工作面在靠近上部采空区前已达充分采动情况下与上部采场结构形成的空间交错垂直型采场覆岩破坏结构及其演化进行分析。

当下部工作面距上部采空区距离较远时,下部采场的覆岩破坏结构发育不受上部采场覆岩破坏结构扰动,其演化过程如图 4-43 所示。下部工作面由开切眼推进,推进距离较短时,覆岩破坏形成破坏拱高度受推进长度控制,裂断拱在推进方向上的剖面为拱脚位于已采空间两侧煤壁、跨度和高度随工作面推进不断增大的破坏拱,如图 4-43 中拱 1、2 所示。当下部工作面推进长度与工作面宽度相当时,裂断拱的高度发展到最大,如图4-43 中拱 3 所示。当工作面推进距离大于宽度时,破坏拱高度不再增加,破坏拱的前部拱脚仍位于工作面前方煤体内,后部拱脚由煤壁向采空区内压实的矸石转移,破坏拱随采场推进向前移动,如图 4-43 中拱 4、5 所示。

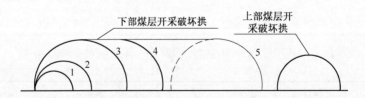

图 4-43　上下采场覆岩破坏结构贯通前下部采场覆岩破坏结构演化图

当下部工作面靠近上部采空区时,下部采场覆岩破坏拱与上部采场破坏拱拱脚叠合。

上部采场在上部煤层覆岩中形成了破坏空间及破坏空间大结构,破坏了围岩在结构和应力分布上的连续性,当上下采场覆岩破坏拱叠合拱脚处煤体受到采动或失稳后,煤体上部及两结构拱之间覆岩重量失去承载体发生破坏,空间交错垂直型采场上覆岩层的破坏空间和破坏大结构发生贯通。

叠合拱脚处煤体的采动或失稳导致上部采场覆岩破坏拱拱脚失稳,拱脚必然向附近已采空间的矸石转移。下部采场位于上部采空区下部时,在该"失稳再平衡"后的覆岩破坏大结构掩护下推进。因此,我国部分矿区极近距离煤层斜交开采中,下部工作面位于采空区下部时,支架工作阻力及超前支承压力均较低。

下部工作面穿过上部采场后,由于采高增加、上下采场叠合开采区域尺寸增大,裂断拱的高度会有一定发展。理论计算及现场实测,裂断拱高度约为开采空间短边长度的一半,上下采场空间交错垂直后形成图4-44所示开采区域。上下采场叠合,采空区面积大于图中边长为 $L_合$ 的正方形,则结构拱最小高度为 $\dfrac{L_合}{2}$。

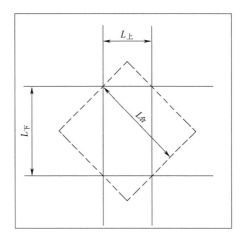

$$L_合 = \frac{L_上}{\sqrt{2}} + \frac{L_下}{\sqrt{2}} = \frac{1}{\sqrt{2}}(L_上 + L_下)$$

则

$$h_{\min} = \frac{1}{\sqrt{2}}L_合 = \frac{1}{2\sqrt{2}}(L_上 + L_下)$$

图 4-44　空间交错垂直型采场
开采区域水平投影图

下部工作面继续背离上部采空区推进,覆岩破坏结构拱拱高降低,两拱脚随工作面开采向前推进,采场上部覆岩破坏及空间结构演化逐渐恢复"O"形采场特点,如图4-45所示。

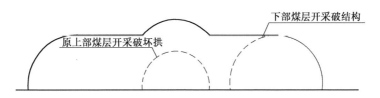

图 4-45　下部工作面穿过上部采空区后采场覆岩结构演化图

4.3.9.2　下部煤层开采支承压分布规律

根据大同矿区近距离煤层开采经验及矿山压力观测数据,在下部煤层进出上部采空区及过上部采空区煤柱时,超前支承压力增大,矿山压力显现明显。工作面前方煤体为采场覆岩破坏结构拱拱脚,担负煤体上方覆岩重量及结构拱上部一部分覆岩重量。当靠近上部采空区时,两采场覆岩破坏结构拱拱脚叠合在一起,自重载荷传递至煤体的覆岩范围增大,这是下部工作面支承压力较正常工作面大的直接原因。

1) 11号、12号、14号采空区侧向支承压力在下部煤层中的传播

根据采场顶板板式破断的理论及沿空掘巷等工程实践,煤层顶板侧向断裂线位于煤壁内。根据"两个应力场"的理论,必然形成内应力场,上部采空区煤柱内侧向支承压力分布如图4-46(a)所示。煤层支承压力在底板中传播,下部煤层中应力分布曲线趋向平缓、内外应力场界线趋向模糊,如图4-46(b)所示。

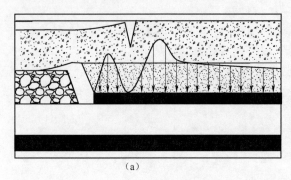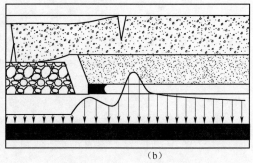

(a)　　　　　　　　　　　　　　　　(b)

图 4-46　开采不同煤层支承压力分布

2）15 号煤层工作面超前支承压力的分布

当工作面接近上部采空区时，上部采空区侧向支承压力与下部工作面超前支承压力均作用于工作面前方煤体。由于上部采空区下部煤体已受到破坏，工作面前方煤体呈前后均存在塑性破坏区的煤柱状。随着工作面的推进，"煤柱"宽度越来越小，其支承压力集中系数 K 也会不断增大。

根据两个支承压力影响距离 L_1、L_2 与下部工作面距采空区的距离 L_m 之间的关系及支承压力的分布，在不考虑周期来压的情况下，可将上下采场覆岩破坏空间结构贯通前，下部煤层中支承压力的演化划分为三个阶段，如图 4-47 所示。根据支承压力的分布，可将下部工作面接近上部采空区时的煤层及顶底板分为四个区：Ⅰ—上部工作面底板破坏区；Ⅱ—塑性区；Ⅲ—弹性区；Ⅳ—下部工作面采动破坏区。

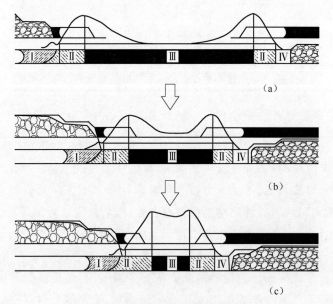

(a)
(b)
(c)

图 4-47　下部煤层支承压力分布演化图

阶段一：$L_m > L_1 + L_2$，下部工作面距离上部采空区较远，在工作面前方处于弹性状态的煤体可再划分为应力升高区和原岩应力区，如图 4-47（a）所示。

阶段二：$\min\{L_1,L_2\} < L_m < L_1 + L_2$，下部工作面接近上部采空区，工作面前方煤体呈现类煤柱状，由于支承压力的叠加，在中部弹性区均应力大于 rH，原岩应力区消失，如图4-47（b）所示。

阶段三：$L_m > \min\{L_1,L_2\}$，下部工作面非常接近上部采空区，由上部采空区侧向支承压力与下部工作面超前支承压力叠加在一起，煤柱效应增强，工作面前部煤体载荷急剧增大，中部应力趋向均匀分布，如图4-47(c)所示。

下部工作面推进至采空区下部时，工作面在覆岩空间结构掩护下开采，超前支承压力小得多。当工作面穿过采空区后，覆岩破坏规律恢复"O"形采场特点，工作面超前支承压力分布也趋于稳定。

3）危险开采范围的确定

根据上面分析，随着工作面不断向上部采空区推进，工作面至采空区之间煤体宽度不断减小，煤体内支承压力将不断增大。极近距离空间正交采场，下部工作面推进至采空区一定距离内时，有可能出现"煤柱"弹性核部消失，煤体突然破坏，导致上下采场覆岩破坏结构拱贯通。由于覆岩结构出现非连续性，覆岩结构贯通时，覆岩运动破坏的形式不再是岩梁逐步断裂、回转，而可能整体下沉，下沉岩体在纵向上将达到上部，空间交错垂直型采场开采形成覆岩破坏结构及支承压力演化层带，远大于工作面可控岩层的范围。顶板如整体失稳垮落，将引发压死支架、破坏工作面设备、危及井下人员生命安全的顶板灾害。

空间交错垂直型采场覆岩破坏结构可简化为图4-48中模型。图中 $L_{上G}$、$L_{下G}$ 分别为上下采场形成覆岩破坏半圆形结构拱的跨度，与上下工作面的长度相等。两采场上部覆岩重量通过支承压力拱传递至两结构拱的拱脚。由于两结构拱拱脚叠合，宽度为 L_m 的煤体不仅要承受自身上部覆岩重量，还要承受两侧 $\frac{1}{2}L_{上G}$、$\frac{1}{2}L_{下G}$ 范围内拱上部的覆岩重量，则煤体载荷：

$$Q = r\left(\frac{1}{2}L_{上G} + \frac{1}{2}L_{下G} + L_m\right) \cdot H - \frac{r}{4}\pi\left(\frac{1}{2}L_{上G}\right)^2 - \frac{r}{4}\pi\left(\frac{1}{2}L_{下G}\right)^2 \quad (4\text{-}43)$$

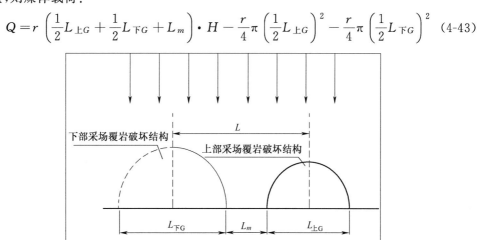

图4-48 空间交错垂直型工作面覆岩破坏结构及煤体受力图

工作面前方煤体由弹性核区和屈服塑性区组成，设煤体弹性核区距上下采场边界距

离分别为 b_1、b_2，则前方煤体核区的宽度为（$L_m - b_1 - b_2$），煤体两侧的屈服塑性区对核区仍能形成约束，使核区处于三向受力状态，核区屈服应力为 $4rH$。因此，当核区垂直应力达到 $4rH$ 时煤柱失稳，工作面前方煤体不发生破坏的极限承载能力为

$$Q_{\max} = 4rH (L_m - b_1 - b_2) \tag{4-44}$$

令煤体极限承载能力 $Q_{\max}$ 与实际载荷 Q 之比 $K_{煤体}$ 为安全系数，当 $K_{煤体}$ 小于 1 时，煤体将产生破坏，当上下采场之间距离大于 L_m 时，顶板岩层发生高位离层、整体垮落的危险性小，工作面较安全；当上下采场距离小于 L_m 时，进入危险开采区域，有发生顶板整体垮落、冲击地压顶板灾害的危险。

4.3.10 下部煤层开采覆岩移动规律理论计算

回采工作面的围岩，一般是指直接顶、老顶以及直接底的岩层，这三者对回采工作面的生产有着直接的影响。影响采场矿山压力显现的主要因素是围岩性质。煤及岩层一经采动，应力将重新分布。其中，处于采动边界部位承受较高压力作用，约束条件和受力状况都发生明显改变。当该部位承受的压力值没有超出其允许的限度时，围岩处于稳定状态。当采动边界部位的煤（岩）体所承受的压力值超过其允许的极限后，围岩运动将明显地表现出来，即煤（岩）体扩容后产生塑性破坏、煤（岩）帮产生片帮、顶板下沉和底鼓等一系列的矿山压力现象。在围岩明显的运动过程中，由于已破碎煤（岩）体的作用力以及仍处于连续状态的顶板岩层的弯曲下沉等，支架受力与变形也将明显地表现出来。采动过程中，矿山压力显现的基本形式包括围岩的明显运动与支架受力这两个方面。

矿山压力显现是矿山压力作用下围岩运动的具体表现。由于围岩的明显运动是在满足一定的力学条件后才会发生，所以，矿山压力显现是有条件限制的。而且，不同层位巷道、不同围岩条件以及不同巷道断面尺寸，围岩运动发展情况大不相同。深入细致地分析围岩的稳定条件，找到促使其运动与破坏的主动力，以及由此可能引起的破坏形式，以此为基础创造条件，把矿山压力显现控制在合理的范围，是矿山压力控制的根本目的。

矿山压力显现是矿山压力作用下的结果。由于围岩运动是由其受力大小、边界约束条件、自身强度极限等因素所决定的；而且，围岩运动过程中引起支架承受载荷的变化，不仅取决于围岩运动的发展情况，还与支架对围岩运动的抵抗程度密切相关，所以说，矿山压力的显现是相对的。

回采工作面是地下移动着的工作空间，为了保证矿工的安全与生产工作的正常进行，必须对它进行维护。然而，回采工作面的矿山压力显现又取决于回采工作面周围所处的围岩和开采条件。因此，为了确保回采工作空间的安全，必须对回采工作面形成的矿山压力加以控制。

回采工作空间的直接维护对象是直接顶，直接顶的好坏将对生产与安全有着直接的影响，而直接顶的完整性又受到老顶平衡特征的影响。从一定意义上讲，控制回采工作面的矿山压力显现主要是控制老顶的活动规律，使其不危及工作面的安全。

由于 14 号、15 号煤层层间距离为 15m，上下煤层间开采的相互影响程度很大。特别是 15 号煤层回采工作面与 14 号煤层回采工作面空间交错垂直布置，采空区残留煤柱多，当回采下部 15 号煤层时，其顶板力学环境发生了较大的变化。加之 15 号煤层的顶板受

上部 12 号、14 号煤层开采损伤的影响,顶板较破碎,易发生漏、冒顶事故。而漏、冒顶事故反过来又会影响工作面液压支架的受力状况,对支架的稳定性又会产生严重影响。

4.3.10.1　直接顶的构成

直接顶是回采空间直接维护的对象。显然,直接顶的完整程度不仅直接影响工作面的安全及全工作面生产能力的发挥,而且直接影响到所选择的支护方式。15 号煤层采场在 14 号煤层煤柱下与采空区下时其顶板构成是不同的,但由于其层间距为 15m,因此,其垮落高度是相同的。

随着工作面的推进,工作面顶板岩层不断发生垮落,由于垮落岩层的碎胀特征,岩层垮落后会填充开采引起的空间,当岩层垮落碎胀后足以填充或将近充填开采引起的自由空间时,垮落破坏不再向上发展,因此根据采场上覆岩层钻孔柱状信息,按冒落各岩层厚度小于其下部允许运动的自由空间高度的原理,由下而上逐层判断,可分析得出垮落破坏最大高度。

覆岩垮落破坏最大高度:

$$M_Z = \sum_{i=1}^{n} M_i \qquad (4\text{-}45)$$

其中,$M_n \leqslant h - \sum_{i=1}^{n-1} M_i (K_A - 1)$,则岩层塌落;$M_{n+1} > h - \sum_{i=1}^{n} M_i (K_A - 1)$,则岩层进入老顶范围。

式中,n 为采空区已冒落的岩层数;M_i 为已冒落岩层的厚度;h 为采高;K_A 为已冒岩层碎胀系数。

根据公式(4-45),可以计算出 8914 工作面冒落高度为 5.75m,即直接顶厚度为 5.75m。

4.3.10.2　下部煤层开采裂断拱内传递岩梁数目的计算

所谓传递岩梁,是指在采场上方,存在同时运动(或者近乎同时运动),对矿山压力显现同时起作用的岩层组。该岩层组在采场推进过程中,无论是处于相对稳定阶段还是进入显著运动阶段,都能在推进方向上始终保持传递力的联系,从而能将其作用力传递至煤壁前方和采空区的矸石上,把这类岩层组称为一个传递岩梁,简称为岩梁。

一个传递岩梁由支托层和随动层组成。支托层一般位于岩梁的底部,由一层或几层坚硬的岩层组成,它决定着该岩梁运动步距;随动层一般位于岩梁的上部,由一层或几层松软的岩层组成,它不决定该岩梁的运动步距,但对运动规律有影响。

判断相邻的岩层是否同时运动,有两种判断方法:挠度法与裂断步距法。

1)挠度法

所谓挠度法,是根据岩梁弯曲变形时横截面形心沿与轴线垂直方向线位移的大小来进行判断的一种方法。该种方法与岩梁的厚度、弹性模量有关。

相邻岩层同时运动(组成同一岩梁)则:

$$E_S M_S^2 \geqslant (1.15 \sim 1.25)^4 E_C M_C^2 \qquad (4\text{-}46)$$

相邻岩层分别运动（构成不同岩梁）则：

$$E_S M_S^2 < (1.15 \sim 1.25)^4 E_C M_C^2 \qquad (4\text{-}47)$$

式中，M_S 为下位岩层的厚度，m；E_S 为下位岩层弹性模量，N/m³；M_C 为上位岩层厚度，m；E_C 为上位岩层弹性模量，N/m³。

2）裂断步距法

所谓裂断步距法，是使用上层岩层与下层岩层的裂断步距差异来进行判断的方法。

相邻岩层同时运动（组成同一岩梁）则：

$$C_s \geqslant k C_c \qquad k \in (1.15, 1.25) \qquad (4\text{-}48)$$

相邻岩层分别运动（不组成同一岩梁）则：

$$C_s < k C_c \qquad k \in (1.15 - 1.25) \qquad (4\text{-}49)$$

式中，C_S 和 C_C 分别为下部和上部岩层按各自厚度和岩性强度计算的初次裂断或周期性裂断步距。

3）传递岩梁数目的推导

在 H_g 高度的岩梁范围内，按照式（4-46）～式（4-49）的方法，逐层计算，即可得到裂断拱内岩梁的数目。

A. 当工作面推进到煤柱下方时

第 m_9 层的厚度为 3.23m，抗拉强度为 91kg/cm²，m_{10} 层的厚度为 0.23m。

将 m_9 和 m_{10} 层的厚度及强度代入式（4-46），则：

$$E_9 m_9^2 > 1.2^4 E_{10} m_{10}^2$$

即

$$91 \times 3.23^2 > 1.2^4 \times 11 \times 0.23^2$$

因此，m_9 和 m_{10} 将同时运动。

同样，将 m_9 和 m_{11} 层的厚度及强度代入式（4-46），则：

$$E_9 m_9^2 > 1.2^4 E_{11} m_{11}^2$$

即

$$91 \times 3.23^2 < 1.2^4 \times 91 \times 1.11^2$$

因此，m_9 和 m_{11} 将同时运动。

将 m_9 和 m_{12} 层的厚度及强度代入式（4-46），则：

$$E_9 m_9^2 > 1.2^4 E_{12} m_{12}^2$$

$$91 \times 3.23^2 > 1.2^4 \times 74 \times 0.2^2$$

因此，m_9 和 m_{12} 将同时运动。

将 m_9 和 m_{13} 层的厚度及强度代入式（4-46），则：

$$E_9 m_9^2 > 1.2^4 E_{13} m_{13}^2$$

$$91 \times 3.23^2 > 1.2^4 \times 91 \times 0.85^2$$

因此，m_9 和 m_{13} 将同时运动。

将 m_9 和 m_{14} 层的厚度及强度代入式（4-46），则：

$$E_9 m_9^2 > 1.2^4 E_{14} m_{14}^2$$

$$91 \times 3.23^2 > 1.2^4 \times 189 \times 0.3^2$$

因此，m_9 和 m_{14} 将同时运动。

将 m_9 和 m_{15} 层的厚度及强度代入式（4-46），则：

$$E_9 m_9^2 < 1.2^4 E_{15} m_{15}^2$$
$$91 \times 3.23^2 < 1.2^4 \times 263 \times 1.2^2$$

因此，m_9 和 m_{15} 将分别运动。

将 m_{15} 和 m_{16} 层的厚度及强度代入式（4-46），则：

$$E_{15} m_{15}^2 > 1.2^4 E_{16} m_{16}^2$$
$$263 \times 1.2^2 > 1.2^4 \times 263 \times 0.23^2$$

因此，m_{15} 和 m_{16} 将同时运动。

将 m_{15} 和 m_{17} 层的厚度及强度代入式（4-46），则：

$$E_{15} m_{15}^2 > 1.2^4 E_{17} m_{17}^2$$
$$263 \times 1.2^2 > 1.2^4 \times 336 \times 0.45^2$$

因此，m_{15} 和 m_{17} 将同时运动。

将 m_{15} 和 m_{18} 层的厚度及强度代入式（4-46），则：

$$E_{15} m_{15}^2 < 1.2^4 E_{18} m_{18}^2$$
$$263 \times 1.2^2 < 1.2^4 \times 189 \times 2.78^2$$

因此，m_{15} 和 m_{118} 将分别运动。

对于岩梁的组成，对矿压显现影响明显的只是下位岩梁（第一岩梁）和上位岩梁（第二岩梁），因此在本书中，对于老顶只考虑第一岩梁与第二岩梁。

B. 当工作面推进到采空区时

第 m_9 层的厚度为 3.23m，抗拉强度为 91kg/cm^2，m_{10} 层的厚度为 0.23m。

将 m_9 和 m_{10} 层的厚度及强度代入式（4-46），则：

$$E_9 m_9^2 > 1.2^4 E_{10} m_{10}^2$$

即

$$91 \times 3.23^2 > 1.2^4 \times 11 \times 0.23^2$$

因此，m_9 和 m_{10} 将同时运动。

同样，将 m_9 和 m_{11} 层的厚度及强度代入式（4-46），则：

$$E_9 m_9^2 > 1.2^4 E_{11} m_{11}^2$$

即

$$91 \times 3.23^2 < 1.2^4 \times 91 \times 1.11^2$$

因此，m_9 和 m_{11} 将同时运动。

将 m_9 和 m_{12} 层的厚度及强度代入式（4-46），则：

$$E_9 m_9^2 > 1.2^4 E_{12} m_{12}^2$$
$$91 \times 3.23^2 > 1.2^4 \times 74 \times 0.2^2$$

因此，m_9 和 m_{12} 将同时运动。

将 m_9 和 m_{13} 层的厚度及强度代入式（4-46），则：

$$E_9 m_9^2 > 1.2^4 E_{13} m_{13}^2$$
$$91 \times 3.23^2 > 1.2^4 \times 91 \times 0.85^2$$

因此，m_9 和 m_{13} 将同时运动。

将 m_9 和 m_{14} 层的厚度及强度代入式（4-46），则：

$$E_9 m_9^2 > 1.2^4 E_{14} m_{14}^2$$
$$91 \times 3.23^2 > 1.2^4 \times 189 \times 0.3^2$$

因此，m_9 和 m_{14} 将同时运动。

将 m_9 和 m_{15} 层的厚度及强度代入式（4-46），则：

$$E_9 m_9^2 < 1.2^4 E_{15} m_{15}^2$$
$$91 \times 3.23^2 < 1.2^4 \times 263 \times 1.2^2$$

因此，m_9 和 m_{15} 将分别运动。

将 m_{15} 和 m_{16} 层的厚度及强度代入式（4-46），则：

$$E_{15} m_{15}^2 > 1.2^4 E_{16} m_{16}^2$$
$$263 \times 1.2^2 > 1.2^4 \times 263 \times 0.23^2$$

因此，m_{15} 和 m_{16} 将同时运动。

将 m_{15} 和 m_{17} 层的厚度及强度代入式（4-46），则：

$$E_{15} m_{15}^2 > 1.2^4 E_{17} m_{17}^2$$
$$263 \times 1.2^2 > 1.2^4 \times 336 \times 0.45^2$$

因此，m_{15} 和 m_{17} 将同时运动。

将 m_{15} 和 m_{19} 层（其中 m_{18} 为 14 号煤已经采出）的厚度及强度代入式（4-46），则：

$$E_{15} m_{15}^2 > 1.2^4 E_{19} m_{19}^2$$
$$263 \times 1.2^2 > 1.2^4 \times 263 \times 0.23^2$$

因此，m_{15} 和 m_{19} 将同时运动。

将 m_{15} 和 m_{20} 层的厚度及强度代入式（4-46），则：

$$E_{15} m_{15}^2 > 1.2^4 E_{20} m_{20}^2$$
$$263 \times 1.2^2 > 1.2^4 \times 263 \times 0.29^2$$

因此，m_{15} 和 m_{20} 将同时运动。

将 m_{15} 和 m_{21} 层的厚度及强度代入式（4-46），则：

$$E_{15} m_{15}^2 < 1.2^4 E_{21} m_{21}^2$$
$$263 \times 1.2^2 < 1.2^4 \times 616 \times 14.39^2$$

因此，m_{15} 和 m_{21} 将分别运动。

对于岩梁的组成，对矿压显现影响明显的只是下位岩梁（第一岩梁）和上位岩梁（第二岩梁），因此在本书中，对于老顶只考虑第一岩梁与第二岩梁，而对第一岩梁及第二岩梁的裂断高度分析可知，其高度已经与 11 号、12 号、14 号开采煤层的垮落带及裂断带导通。

综上分析判断，永定庄矿 8914 工作面 15 号煤层开采其老顶由多个岩梁组成，各传递岩梁结构及厚度按照不同情况考虑，如表 4-5 所示。

表 4-5 永定庄矿 8914 工作面开采煤层老顶各传递岩梁结构及厚度

分类	老顶构成	组成岩层	编号	分层厚/m	层厚/m	累厚/m
工作面推进到煤柱下	第二岩梁	随动层	$m_{16\sim17}$	0.68	1.88	16.04
		支托层	m_{15}	1.2		
	第一岩梁	随动层	$m_{10\sim14}$	2.69	5.92	14.16
		支托层	m_9	3.23		
工作面推进到采空区下	第二岩梁	随动层	$m_{16\sim20}$	1.10	2.32	8.24
		支托层	m_{15}	1.2		
	第一岩梁	随动层	$m_{10\sim14}$	2.69	5.92	
		支托层	m_9	3.23		

4.3.10.3 下部煤层开采初次来压步距确定

所谓岩梁初次来压,是指在采场推进过程中,采煤工作面出现顶板下沉量明显增大、煤壁片帮、顶板有岩层裂断声、端头巷道变形量加剧等异常现象。本书把这种矿压显现的时刻称之为岩梁来压,把采煤工作面面临的第一次来压称岩梁初次来压,第二次及以后的来压称周期来压,把岩梁第一次来压时刻采场推进的距离称岩梁初次来压步距(C_0^t)。

岩梁初次来压步距是一个工程参量,除了受煤层强度、岩梁强度与硬度等内部力学参数影响外,还受工作面支架工作状态、采场推进速度、顶板是否淋水等外部环境因素影响。

1) 岩梁初次裂断步距力学模型

在 M_{S-C} 组合形成的岩梁初次裂断前夕,岩梁两端,煤壁内部分处于嵌固状态,其力学模型如图 4-49 所示。岩梁开始运动的前提是在端部拉开,其力学条件为

$$\sigma_x = [\sigma_x] \qquad (4-50)$$

式中,σ_x 为岩梁实际拉应力;$[\sigma_x]$ 为岩梁支托层允许拉应力。

梁端实际拉应力可表示为

$$\sigma_x = M/W \qquad (4-51)$$

式中,$M = \dfrac{qC_0^2}{12}$,为梁端弯矩(q 为单位长度的重力垂直分量);$W = \dfrac{M_S^2}{6}$,为梁端截面模量(M_S 表示岩梁支托层的厚度);将 M 与 W 代入式(4-51)得

$$\sigma_x = \frac{M}{W} = \frac{qC_0^2}{12} \times \frac{6}{M_S^2} = \frac{(M_S + M_C) \cdot \gamma \cdot \cos\alpha_1 \cdot C_0^2}{2 \cdot M_S^2}$$

$$\Rightarrow C_0 = \sqrt{\frac{2M_S^2 \sigma_x}{(M_S + M_C) \cdot \gamma \cdot \cos\alpha_1}} \qquad (4-52)$$

联立式(4-51)与式(4-52)得岩梁的初次裂断步距为式(4-53):

$$C_0 = \sqrt{\frac{2M_S^2 [\sigma_x]}{(M_S + M_C) \cdot \gamma \cdot \cos\alpha_1}} \qquad (-90° < \alpha_1 < 90°) \qquad (4-53)$$

式(4-53)表达了岩梁的初次裂断步距随支托层厚度增加、支托层抗拉强度增大、岩梁倾角增加而增大,而随动层厚度、平均容重将导致裂断步距向反方向变化之间的关系。

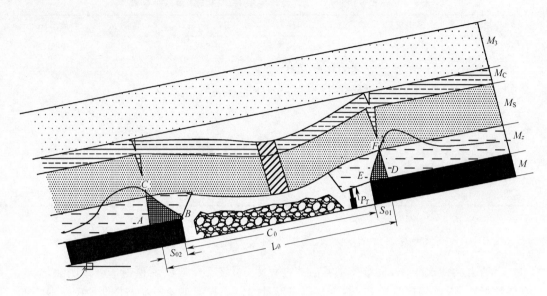

图 4-49　岩梁初次裂断力学模型

C_0. M_{S-C}岩梁初次来压步距；L_0. M_{S-C}岩梁初次裂断步距；α_1. 岩梁的倾角；

P_T. 工作面支架对顶板的阻抗力；M. 煤层的厚度（即开采高度）；M_z. 垮落带的高度；

M_S. 岩梁中M_S为支托层，M_C为随动层；S_{01}. 岩梁着力点超前煤壁距离；S_{02}. 岩梁着力点深入煤壁后方距离

2）岩梁初次来压步距

通过图 4-49，可以得到如下关系

$$C_0' = C_0 - S_{01} - S_{02} \tag{4-54}$$

其中，S_{01} 与 S_{02} 是指由于煤壁上方岩梁悬露空间的增加，将导致煤壁达到其承力极限，丧失其弹性支承能力，促使岩梁着力点向煤壁内侧转移。S_{01} 为岩梁着力点向工作面前方煤壁延展距离；S_{02} 为岩梁着力点向开切眼后方煤壁延展距离，S_{01} 和 S_{02} 可以统一用 S_0 来表示。

3）根据式（4-53）计算该工作面岩层运动规律及初次裂断步距

当 $m_S = 5.92\text{m}$；$m_C = 2.32\text{m}$；$g_p = 2.5\text{t/m}^3$；$\sigma_S = 200\text{t/m}^2$ 时
代入得第一次垮落步距 C_z：

$$C_z \approx \sqrt{\frac{2 \times 5.92 \times 200}{2.5}} \approx 30.78\text{m}$$

4.3.10.4　下部煤层开采周期来压步距确定

1）岩梁周期来压步距的概念

把岩梁两次来压时刻之间采场推进的距离称岩梁周期来压步距（C_i）。

2）岩梁初次裂断步距的力学模型

岩梁初次裂断步距结束后，其受力条件和支承条件发生了根本性变化，变化后的岩梁受力状态可以简化成一个不等高支承的铰接岩梁。其力学模型如图 4-50（a）所示。

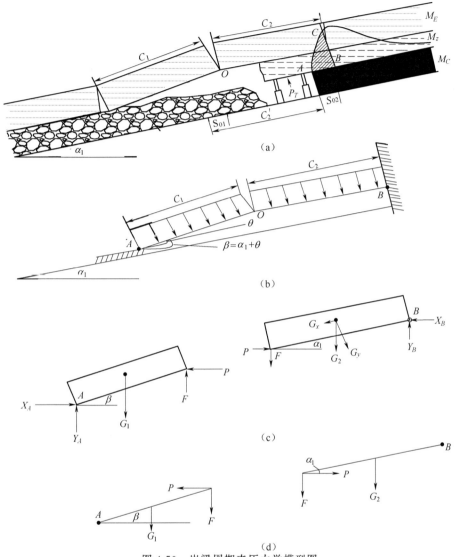

图 4-50　岩梁周期来压力学模型图

A. C_1 受力分析

图 4-50 的力学模型铰接由原已裂断的部分 C_1 及可以近似看成是处于悬臂梁受力状态的部分 C_2 组成,如果不考虑岩梁的挠曲,则 C_2 部分所受的结构力将包括:

① 岩梁自身的重量

$$G_2 = M_E \gamma_E C_2 \tag{4-55}$$

式中,G_2 为岩梁 C_2 的重量,kN;M_E 为岩梁的厚度,m;γ_E 为岩梁的容重,kN/m³;C_2 为岩梁的长度,m。

② C_1 部分通过铰接点 O 推压力 P;

③ C_1 部分通过铰接点 O 的摩擦力 $F = P \cdot f$,其中 f 为摩擦系数。

根据图 4-50(b),铰接岩梁中 C_1 部分的平衡条件如图 4-50(c)所示,令

$$\sum M_A = 0 \tag{4-56}$$

则

$$G_1 \cdot \frac{C_1}{2} \cdot \cos\beta = -P \cdot C_1 \cdot \sin\beta + F \cdot C_1 \cdot \cos\beta \tag{4-57}$$

即 $G_1 = -2P \cdot \tan\beta + 2F$ 在极限条件下 $F = Pf$。

则

$$P = \frac{G_1}{2f - 2\tan\beta} \tag{4-58}$$

$$F = \frac{G_1 \cdot f}{2f - 2\tan\beta} \tag{4-59}$$

式中, G_1 为岩梁 C_1 的重量, $G_1 = M_E \gamma_E C_1$; β 为岩梁 C_1 的倾角, $\beta = \alpha_1 + \theta$; θ 为岩梁 C_1 回转下沉角度;

$$\theta = \arcsin \frac{S_A}{C_1} \tag{4-60}$$

S_A 为岩梁 C_1 在 A 点处下沉值。当岩梁沉降值 S_A 在较小的情况下, $\tan\theta = \sin\theta = \frac{S_A}{C_1}$,由于一般情况下 C_1 比 S_A 大得多,因此,可以假设 $\theta = 0$。

B. L_2 受力分析

如图 4-50 所示,采场周期来压的前提为:岩梁在结构力的作用下在端部 B 处裂开,其力学条件为

$$\sigma_x = [\sigma_x] \tag{4-61}$$

L_2 的受力图为图 4-50(c)。

$$M_B = M_q + M_F + M_P = G_2 \cdot \frac{C_2}{2} \cdot \cos\alpha + F \cdot C_2 \cos\alpha - P \cdot C_2 \cdot \sin\alpha \tag{4-62}$$

梁端实际拉应力可表示为

$$\sigma_x = M_B / W \tag{4-63}$$

式中, $W = \dfrac{M_E^2}{6}$,为梁端截面模量;联立式(4-58)、式(4-59)、式(4-61) 和式(4-63),令

$$B = \frac{f - \tan\alpha_1}{f - \tan\beta} \tag{4-64}$$

$$C_2^2 + B \cdot C_1 \cdot C_2 - [\sigma_x] \frac{M_E}{3 \cdot \gamma_E \cdot \cos\alpha_1} = 0 \tag{4-65}$$

解式(4-65)

$$C_2 = -\frac{1}{2} B \cdot C_1 \pm \frac{1}{2} \sqrt{B^2 C_1^2 + \frac{4 \cdot M_E \cdot [\sigma_x]}{3 \cdot \gamma_E \cdot \cos\alpha_1}}$$

舍去无意义的负根

$$C_2 = -\frac{1}{2} B \cdot C_1 + \frac{1}{2} \sqrt{B^2 C_1^2 + \frac{4 \cdot M_E \cdot [\sigma_x]}{3 \cdot \gamma_E \cdot \cos\alpha_1}} \tag{4-66}$$

式(4-61)中,如果令 $\theta = 0$,则 $\alpha = \beta$, $B = 1$,得式(4-67)

$$C_2 = -\frac{1}{2} \cdot C_1 + \frac{1}{2}\sqrt{C_1^2 + \frac{4 \cdot M_E \cdot [\sigma_x]}{3 \cdot \gamma_E \cdot \cos\alpha_1}} \tag{4-67}$$

扩展得

$$C_{i+1} = -\frac{1}{2} \cdot C_i + \frac{1}{2}\sqrt{C_i^2 + \frac{4 \cdot M_E \cdot [\sigma_x]}{3 \cdot \gamma_E \cdot \cos\alpha_1}} \tag{4-68}$$

式(4-68)中,当 $i=0$ 时,则表示岩梁的第一次周期来压步距,通过图 4-51 可以看出,对 C 段有影响的是 B 段,不包括 A 段,则式(4-68)变为式(4-69)。

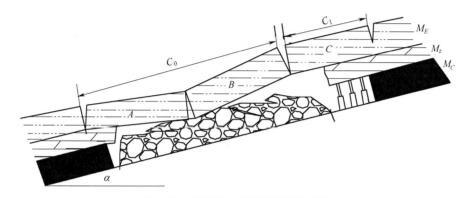

图 4-51　岩梁第一次周期裂断示意图

$$C_1 = -\frac{1}{4} \cdot C_0 + \frac{1}{2}\sqrt{\frac{1}{4}C_0^{\ 2} + \frac{4 \cdot M_E \cdot [\sigma_x]}{3 \cdot \gamma_E \cdot \cos\alpha_1}} \tag{4-69}$$

联合式(4-68)和式(4-69),得岩梁周期裂断方程为式(4-70)

$$C_{i+1} = \begin{cases} -\dfrac{1}{4} \cdot C_i + \dfrac{1}{2}\sqrt{\dfrac{1}{4}C_i^2 + \dfrac{4 \cdot M_E \cdot [\sigma_x]}{3 \cdot \gamma_E \cdot \cos\alpha_1}} & i=1 \\[3mm] & (-90° < \alpha_1 < 90°) \\[1mm] -\dfrac{1}{2} \cdot C_i + \dfrac{1}{2}\sqrt{C_i^2 + \dfrac{4 \cdot M_E \cdot [\sigma_x]}{3 \cdot \gamma_E \cdot \cos\alpha_1}} & i>1 \end{cases}$$

$$\tag{4-70}$$

式(4-70)表明,岩梁周期来压步距与上一次周期来压步距、岩梁的容重 γ_E 呈反方向变动,与岩梁的厚度 M_E、抗拉强度 $[\sigma_x]$、岩梁的倾角 α_1 成正方向变动。

3) 岩梁周期来压步距

通过图 4-50(a),可以得到如下关系

$$C_{i+1}' = C_{i+1} - S_{0i+1} + S_{0i} \; i \geqslant 0 \tag{4-71}$$

其中,S_0 是指由于煤壁上方岩梁悬露空间的增加,将导致煤壁达到其压力极限,丧失其弹性支承能力,促使岩梁着力点向煤壁内侧转移。S_{0i} 为岩梁第 i 周期裂断步距着力点向工作面前方煤壁延展的距离。

根据式 (4-71) 则可以计算该工作面岩层运动规律及周期垮落步距。周期垮落步距为

$$C_{0Z} \approx \frac{1}{3}C_Z = \frac{30.78}{2} \approx 15.39\text{m}$$

4.3.11 "两硬"条件极近距离煤层的工作面支架设计的基础理论

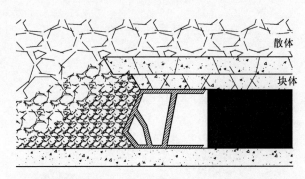

图 4-52　极近距离煤层工作面顶板块体-散体结构

按照上述方法分类顶板后,大同矿区极近距离煤层顶板属于块裂顶板结构,针对此类顶板,建立下部煤层开采顶板边界条件为破裂的块体-散体结构模型(图 4-52),利用块体理论对结构模型中块体的稳定性进行分析,提出了支架的水平推力、初撑力计算方法。

根据图 4-53 中块体 A(楔形块体)、B(双面滑动平行块体)静力平衡的需要,支架水平推力确定如下。

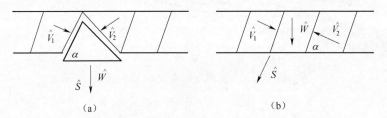

图 4-53　工作面端面的顶板块体

A. 楔形块体:块体保持平衡所需水平力 P_H(也是支架应提供的水平推力)为

$$P_H = -\frac{W\tan(\alpha + \phi)}{2}$$

式中,W 为块体自重;α 为块体两边夹角;ϕ 为岩石的内摩擦角。

B. 双面滑动平行块体:块体保持平衡所需提供的水平力为

$$P_H = \frac{\sin(\alpha + \phi)\sin(\alpha - \phi)}{\sin2\phi}W$$

支架的水平推力取 A、B 两种情况计算结果的较大者。

支架初撑力 P_0 计算公式为

$$P_0 = \max(P_{zj}, P_S)$$

其中

$$P_{zj} = q \cdot l_{ctr}$$

$$P_S = \frac{\gamma_1 h_1 D}{4f_{bs}(f_b \cdot \cos\alpha - \sin\alpha)}$$

式中,$q = \gamma_r h_r + \gamma\dfrac{M_u}{K-1}$,其中 γ_r、h_r、K 分别为开采下层煤时直接顶板的容重和厚度及碎胀系数;M_u 为两个极近距离煤层的上层厚度;γ、K 分别为上层煤开采时其顶板的平均容重以及冒落后的平均碎胀系数。l_{ctr} 为支架的控顶距;h_1 为楔形块体高度;γ_1 为块体容重;D 为支架顶梁支撑范围内楔形块体底宽之和;f_b 为块体间的摩擦系数;f_{bs} 为岩块与支架的摩擦系数。

4.3.12 工作面顶板控制参数

工作面支架压力观测采用 KBJ60Ⅲ型煤矿在线连续顶板动态监测系统,该综放工作面长 150m,沿工作面布置 10 个压力分机,分别布置在 5 号、15 号、25 号、35 号、45 号、55 号、65 号、75 号、85 号、95 号支架。每个分机可监测支架前后柱的工作压力。10 个压力分机连线组成一监测分站,通过光纤将数据传到地面接收主机,后接计算机进行数据处理。

通过获取的综放工作面矿压实时变化数据,研究工作面来压状况,支架阻力状况及支架工作状况,测定液压支架有关参数,分析支架与围岩的相互关系,评价支架对工作面顶板条件的适应性,为以后工作面液压支架的选型提供决策依据。

4.3.12.1 工作面液压支架主要技术参数

工作面装备 102 架 ZZS6000/1.7/3.7 型支撑掩护式液压支架。支架额定初撑力 5105kN,额定工作阻力 6000kN,主要技术参数见表 4-6。

表 4-6 综采液压支架主要技术参数

型　号	工作高度	初撑力	工作阻力	支护强度	宽度
ZZS6000/1.7/3.7	1.7～3.7m	5105kN	6000kN	933kN/m²	1.45m

4.3.12.2 工作面支架工作阻力

实测 10 组液压支架工作阻力见表 4-7,图 4-54 为支架工作阻力综合分布直方图。图表中 P_0 为支架初撑力,P_m 为支架工作最大阻力,P_t 为支架时间加权平均阻力。

表 4-7 支架工作阻力

工作阻力	初撑力		最大工作阻力		时间加权平均阻力	
	P_0 /(kN/支架)	比额定值 /%	P_m /(kN/支架)	比额定值 /%	P_m /(kN/支架)	比额定值 /%
平均值	3994	78.24	4502	75.03	4243	70.72
最大值	5120	＞100	6000	100	5385	89.75

从图表数据分析,初撑力平均值 3994kN,为额定值的 78.24%,分布在 3800～4700kN 之间的占 69.9%,最大值 5120kN;最大工作阻力平均值 4502kN,为额定值的 75.03%,分布在 3800～5000kN 之间的占 70.6%,最大值 6000kN,时间加权平均阻力平均值 4243kN,为额定值的 70.72%,分布在 3800～4700kN 之间的占 70.5%,最大值

5385kN,相当于额定阻力的 94.76%。

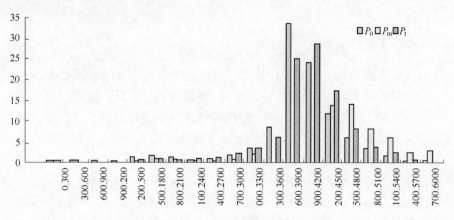

图 4-54　液压支架工作阻力综合分布图

因液压支架瞬间作用,支架初撑力、最大工作阻力有短时达到或超过额定值。但支架工作阻力总体符合正态分布,支架工作状态合理,初撑力满足支架及时护顶需要,支架负荷饱满,支架阻力得到了充分发挥。

4.3.12.3　工作面来压步距及强度

通过对支架工作阻力观测结果整理出的工作面周期来压步距及强度见表 4-8,部分支架支护阻力分布见图 4-55。

表 4-8　支架周期来压步距及增载系数

支架位置	周期来压步距/m	增载系数
5	18.41	1.16
35	17.11	1.17
45	16.53	1.14
65	16.41	1.09
75	17.4	1.21
85	16.1	1.14
95	17.23	1.15
平均	17.02	1.16

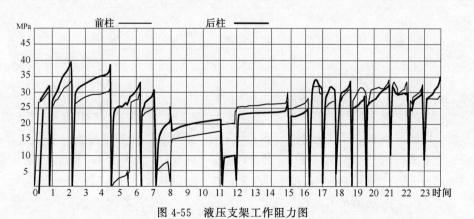

图 4-55　液压支架工作阻力图

分析和整理大量观测数据,永定庄矿 15 号煤层开采 8914 工作面初次来压步距 31m,周期来压步距为 17m,来压时支架加权工作阻力的平均值为 4243kN,增载系数为 1.09~1.21,顶板来压强度较大,工作面矿压显现强烈。

4.4　侏罗纪综采放顶煤覆岩运动规律

4.4.1　采场结构模型

4.4.1.1　直接顶

1) 结构力学模型

垮落岩层范围(M_z)指采空区已垮落的直接顶,如图 4-56 所示。

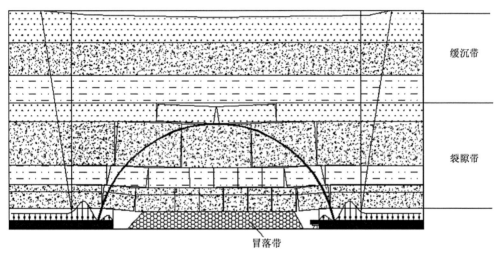

缓沉带

裂隙带

冒落带

图 4-56　结构模型图

2) 数学模型

直接顶厚度的表达式:

$$M_z = \sum_{i=1}^{n} M_i = \frac{h - S_A}{K_A - 1} \tag{4-72}$$

式中,S_A 为老顶下位岩梁触矸处的沉降值(恒小于该岩梁的老顶沉降值 S_0)。

4.4.1.2　直接顶厚度确定方法

常用的直接顶厚度确定方法有两种,一是根据实测下位岩梁第一次来压步距 C_0 和相应的采场顶板下沉量 Δh_0,用表达式(4-72)进行推断的实测推断法;二是直接根据采场上覆岩层钻孔柱状图,按各岩层冒落条件判断的钻孔柱状推断法。

1) 实测推断法

第一步:确定实测老顶下位岩梁第一次来压步距 C_0 及相应控顶距 L_k 下的采场顶板

下沉量 Δh_0；

第二步：按式（4-73）计算下位岩梁触矸处沉降值 S_A；

$$S_A = \frac{C_0}{2L_k}\Delta h_0 \tag{4-73}$$

第三步：用式（4-72）推断直接顶厚度。

$$M_z = \frac{h - S_A}{K_A - 1}$$

碎胀系数 K_A 值由直接顶各岩层岩性强度确定。岩性强度越高，K_A 值越大，一般可取 $K_A = 1.25 \sim 1.35$。

2）钻孔柱状推断法

按直接顶各岩层厚度小于其下部允许运动的自由空间高度的原理，由下而上逐层判断，即

$$M_z = \sum_{i=1}^{n} M_i \tag{4-74}$$

其中，$M_n \leqslant h - \sum_{i=1}^{n-1} M_i(K_A - 1)$，则岩层塌落；$M_{n+1} > h - \sum_{i=1}^{n} M_i(K_A - 1)$，则岩层进入老顶范围。

4.4.2　老顶及覆岩结构组成

需控制的岩层范围确定除了前面讨论的采空区已垮落的直接顶外，更主要的是要搞清运动明显影响的采场矿压显现的老顶组成和裂断岩层范围（即破坏拱高），搞清采场上覆岩层运动破坏由下而上的运动发展规律。通过理论和大量现场研究实践总结可得相关推断模型和不同的推断方法如下。

4.4.2.1　老顶结构组成的推断

A. 挠度法

每一传递岩梁由包括支托层及其之上的随动层的同时运动（近乎同时运动）岩层组成。

相邻岩层是否同时运动，是判别它们是否构成同一岩梁的依据，按式（4-75）、式（4-76）进行判断。

相邻岩层同时运动（组成同一岩梁）则

$$E_S M_S^2 \geqslant (1.15 \sim 1.25)^4 E_C M_C^2 \tag{4-75}$$

相邻岩层分别运动（构成不同岩梁）则

$$E_S M_S^2 < (1.15 \sim 1.25)^4 E_C M_C^2 \tag{4-76}$$

B. 裂断步距法（根据上部和下部岩层裂断步距的差异进行判断）

$$C_S \geqslant k C_C \quad (k > 1) \tag{4-77}$$

式中，C_S 和 C_C 分别为下部和上部岩层按各自厚度和岩性强度等计算（实测和计算）的第一次裂断或周期性裂断步距。

C. 实测推断法

单一岩梁和多岩梁的典型顶板（上覆岩层）结构组成情况及其采场矿压显现如图4-57（a）、（b）所示。

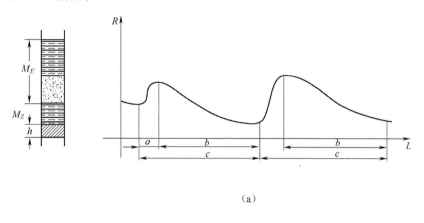

（a）

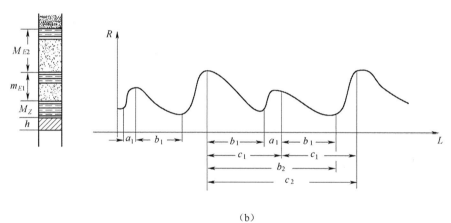

（b）

图 4-57 老顶岩层结构及采场矿压显现

4.4.2.2 老顶裂断步距的确定

各传递岩梁在自重作用下自行运动（来压）步距包括第一次裂断来压步距（C_0）和周期来压（C_i），其步距分别由图4-58和图4-59和式（4-78）及（4-79）给出。

1）第一次裂断来压步距（C_0）

$$C_0 = \sqrt{\frac{2M_S^2 [\sigma_S]}{(M_S + M_C)\gamma}} \tag{4-78}$$

2）周期来压步距（C_i）

$$C_i = -\frac{1}{2}C_{i-1} + \frac{1}{2}\sqrt{C_{i-1}^2 + \frac{4M_S^2 [\sigma_S]}{3\gamma (M_S + M_C)}} \tag{4-79}$$

式中，$[\sigma_S]$ 为下部（支托）岩层允许拉应力；γ 为岩梁平均容重；C_i、C_{i-1} 为本次周期来压步距及与之关联的上一次周期来压步距。

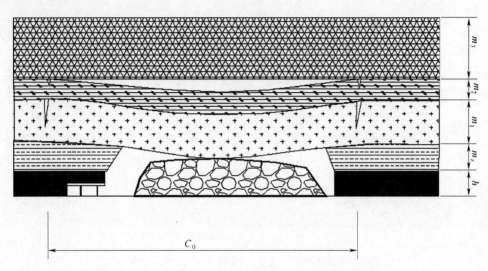

图 4-58　岩梁初次来压运动步距力学与计算模型

如果同时运动的岩层只有一层(本层),则上列各式中随动岩层 M_C 则为零。该岩梁由单一岩层运动构成。

4.4.3　覆岩移动规律

4.4.3.1　覆岩运动的结构模型

在采场推进上覆岩层运动发展过程中,根据各岩层运动和特征的差异可以划分为三部分(图 4-60)。

(1)垮落带:由破坏拱中垮落岩层组成。

垮落带也称冒落带,该部分岩层在采空区已经垮落,在采场由支架暂时支撑,在推进方向上不能始终保持传递水平力的联系。

(2)导水裂隙带:由破坏拱中裂断岩梁(传递岩梁)组成。

裂隙带内岩层在推进方向上裂隙较发育,各岩层的裂隙高度已扩展到(或接近扩展到)全部厚度。在采场推进过程中能够以"传递岩梁"的形式周期性裂断运动,在推进方向上能始终保持传递水平力的联系,该部分岩层也是内应力场的主要压力来源。

(3)弯曲下沉带:包括破坏拱上的缓沉带和破坏拱两侧参与移动的岩层缓沉带的岩层在采场推进很长一段距离后才会开始运动,其运动缓慢,运动结束后在推进方向上形成的裂隙,无论在数量上还是在深度上都比裂隙带少和小,缓沉带运动的最终结果是在地表形成沉降盆地。

4.4.3.2　老顶裂断过程

导水裂隙带(裂断岩梁)中覆岩运动的发展过程包括两个阶段。

1)第一次裂断运动阶段(采场第一次来压阶段)

该发展阶段自工作面从开切眼推进开始,到导水裂隙带中最上部一个传递岩梁第一

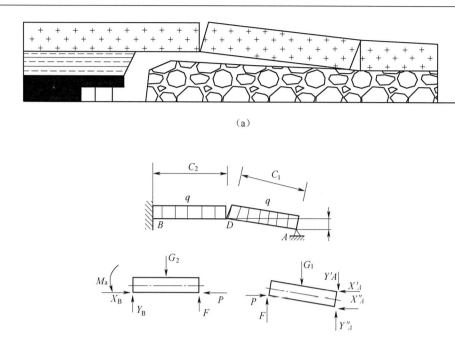

（a）

（b）

图 4-59　岩梁周期运动步距力学与计算模型

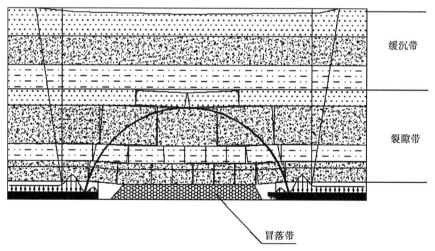

图 4-60　"三带"划分

次裂断运动完成为止,为裂隙带覆岩的第一次运动阶段,如图 4-61 所示。

　　在该运动阶段,随着工作面的不断推进,覆岩运动范围逐渐扩大。采场上方的裂隙拱由小到大逐渐向上方岩层扩展。根据相似材料模拟实验的结果,当工作面推进距离大约

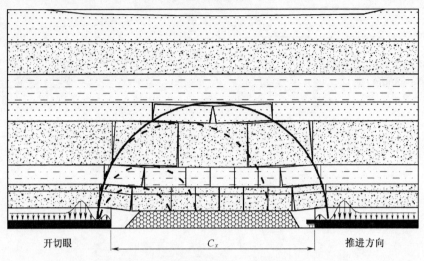

图 4-61　裂隙带覆岩第一次运动阶段

为工作面长度时,裂隙拱向上扩展到最高处,高度约为工作面长度的 0.4～0.7 倍。在此过程中,裂隙带中下位 1～2 个传递岩梁(老顶)已完成了初次运动和数个周期运动。在该运动阶段工作面推进的距离称为裂隙带覆岩第一次运动步距,一般与工作面长度基本相等。

2) 正常运动阶段(周期来压阶段)

包括从裂隙拱最上部岩层第一次运动完成到回采工作面推进结束的全部推进过程(图 4-62)。在正常运动阶段,裂隙拱不再向上方岩层扩展,保持恒定的高度随工作面向前方推进。

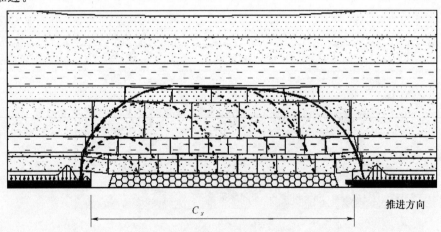

图 4-62　裂隙带覆岩正常运动阶段

由上述分析可知,裂隙带岩层第一次运动阶段为采场上方裂隙拱在工作面前方和工作面上方两个方向上逐渐扩展的阶段。当第一次运动阶段结束时,裂隙拱在工作面垂直方向上不再扩展,然后进入正常运动阶段,裂隙拱将只在工作面前方方向上跳跃式向前扩展。此时裂隙拱拱顶为一近似水平线。

4.4.3.3　裂隙拱高度的推断

理论研究和相似材料模拟实验的结果表明,在采场推进过程中,采场上覆岩层中会形成一个裂隙拱(图 4-61、图 4-62)。裂隙拱拱高(Hg)由式(4-80)计算。

$$H_g = m_z + m_{LX} = (0.4 - 0.7)L \tag{4-80}$$

式中,m_z 为冒落带高度,m;m_{LX} 为裂隙带高度,m;L 为工作面长度,m。

正是由于该裂隙拱的存在,使得工作面支架上所受的压力远远小于采场上覆岩层的总重量,该裂隙拱的拱迹线为裂隙带中各传递岩梁的端部裂断线和裂隙带与缓沉带的分界线。冒落带和导水裂隙带中已发生明显运动的岩层位于裂隙拱内,而冒落带和导水裂隙带中尚未发生明显运动的部分岩层及缓沉带岩层位于"裂隙拱"外。

4.4.3.4　裂隙带高度

裂隙带的高度是随着采场的推进而逐渐扩展的。当工作面推进距离大约为工作面长度时,裂隙带高度发展到最大,裂隙拱扩展到最高,此时,拱高约为工作面长度的 0.4~0.7 倍。因此,裂隙带高度为

$$m_{LX} = (0.4 - 0.7)L - m_z \tag{4-81}$$

实践证明,裂隙带中对采场矿压显现有明显影响的 1~2 个下位岩梁厚度,也即裂断岩梁厚度为采高的 4~6 倍。

此外,缓沉带高度就是采深范围中自裂隙拱拱顶部位(导水裂隙带上部)开始一直到地表的所有岩层;计算公式为

$$m_{HC} = H - m_{LX} - m_z \tag{4-82}$$

式中,m_{HC} 为缓沉带高度,m。

4.4.4　采场覆岩运动参数的数学模型

4.4.4.1　垮落岩层运动规律

直接顶初次垮落后,采场即进入老顶初次来压阶段。随着采场的推进,在采空区,老顶岩层逐渐离层、沉降,继而在岩梁端部和中部发生断裂,形成结构。随着结构的下沉和变形,在某一时刻结构失稳,形成工作面来压。

老顶初次来压时结构的运动并不完全遵循上述规律,当采场出现近乎平行倾向的断层、岩层变薄或发生严重的相变时,岩梁的铰接点可能引起滑动而导致结构失稳。初次来压完成后,老顶即进入周期来压阶段。周期来压是由老顶岩层的断裂或结构的变形引起的。在一定的煤层地质条件和开采条件下,一个采场的周期来压步距是相对稳定的,各步距之间的误差一般在 3~5m 之内。

工作面顶板岩梁在推进方向上的运动规律包括直接顶的初次垮落步距、老顶的初次来压步距和周期来压步距。

1)各岩层垮落步距计算

由工作面长度(L_0)所决定的进入裂断运动的岩层的全部厚度(H_i)一般可按工作

面长度的一半估算。即

$$H_i = L_0 / 2 \tag{4-83}$$

2）直接顶垮落步距的计算

第一次垮落步距：按直接顶厚度最大的岩层第一次垮落计算。

$$C_{z0} = \sqrt{\frac{2m_z [\sigma]}{r}} \tag{4-84}$$

周期垮落步距：

$$C_z = \sqrt{\frac{m_z [\sigma]}{3\gamma_E}} \tag{4-85}$$

4.4.4.2　老顶结构组成及垮落步距的计算

1）老顶各岩梁裂断步距的计算

第一次来压裂断步距：

$$C_0 = \sqrt{\frac{2m_S [\sigma_S]}{\gamma_p}} \tag{4-86}$$

$$C_0 = \sqrt{\frac{2m_S^2 [\sigma_S]}{(m_S + m_C) \gamma_p}} \tag{4-87}$$

式中，γ_p 为平均容重，t/m^3；σ_S 为支托层抗拉强度，t/m^2。

周期来压裂断步距：

$$C_i = -\frac{1}{2}C_{i-1} + \frac{1}{2}\sqrt{C_{i-1}^2 + \frac{4m_S^2 [\sigma_S]}{3\gamma_p (m_C + m_S)}} \approx \frac{1}{3}C_0 \tag{4-88}$$

2）老顶岩梁构成及各岩梁厚度的判定

每一传递岩梁由包括支托层及其之上的随动层的同时运动（近乎同时运动）岩层组成。相邻岩层是否同时运动，是判别它们是否构成同一岩梁的依据，按式（4-75）、式（4-76）进行判断。

相邻岩层同时运动（组成同一岩梁）则

$$E_S M_S^2 \geqslant (1.15 \sim 1.25)^4 E_C M_C^2$$

相邻岩层分别运动（构成不同岩梁）则

$$E_S M_S^2 < (1.15 \sim 1.25)^4 E_C M_C^2$$

采用上述运动条件可判断出首采工作面岩层运动的传递岩梁结构组成。

4.4.5　云冈矿 12 号煤层 8818 工作面覆岩运动规律

4.4.5.1　工作面概况

云冈矿 12 号煤层 8818 工作面的顶底板均为砂岩，煤层厚度在 6.5m 左右，工作面顶底板条件见表 4-9，区域内无大的构造，原岩地应力为大地静力场型。各岩层之间为整合接触，岩层内部为连续介质，工作面倾角不大。

表 4-9　煤层顶底板情况表

顶、底板名称	岩石名称	厚度/m	特　　征
老顶	粉细砂岩互层	15.47~10.40/11.78	粉细砂岩互层,深灰色,性脆,泥质含量较高
直接顶	中及细砂岩	27.62~26.17/27.20	灰白色中砂岩;矿物成分以石英为主,次为长石,云母及暗色矿物;分选较好,滚圆度为次棱角状;钙质接触式胶结,含黄铁矿结核
伪顶	碳质泥岩	0~0.30	黑色碳泥岩;含植物根部化石
直接底	粉砂岩	5.99~0.55/2.65	灰白色细砂岩,局部有粗砂岩;矿物成分以石英为主,次为长石、云母;水平层理;中部夹少量中粗砂岩,胶结坚实

4.4.5.2　理论计算

1)裂断拱高

由工作面长度(L_0)所决定的进入裂断运动的岩层的全部厚度(H_1)一般可按工作面长度的一半估算。即 $H_1 \approx \dfrac{L_0}{2} \approx 75\text{m}$ 。

2)垮落带高度

根据顶板岩性知,$M_1 = 27.5\text{m}$,$M_2 = 11.8\text{m}$,煤层厚度 $h = 6.5\text{m}$。

$$M_2 = 11.8\text{m} > h - M_1(K_A - 1) = 6.5 - 27.5 \times (1.2 - 1) = 1\text{m}$$

所以,垮落带仅包括一层岩层,即 27.2m 厚的中及细砂岩层。

3)垮落步距计算

A. 直接顶垮落步距

第一次垮落步距,由于在开切眼采取了切顶措施,下位直接顶厚度为 12.8m,类似于悬臂梁状态,初次垮落步距为

$$C_{z01} = \sqrt{\frac{m_z[\sigma]}{3\gamma_E}} = \sqrt{\frac{12 \cdot 8 \times 7 \times 100}{3 \times 2.7}} \approx 33.2\text{m}$$

周期垮落步距为

$$C_{z1} = 10\text{m}$$

上位直接顶厚度为 14m,类似于嵌固梁状态,分层厚度按 7m 计算,初次垮落步距为

$$C_{z02} = \sqrt{\frac{2Mz[\sigma]}{\gamma_E}} = \sqrt{\frac{2 \times 7 \times 7 \times 100}{2.7}} = 60.2\text{m}$$

周期垮落步距为

$$C_{z2} = \sqrt{\frac{m_z[\sigma]}{3\gamma_E}} = \sqrt{\frac{7 \times 7 \times 100}{3 \times 2.7}} \approx 24.5\text{m}$$

B. 老顶运动步距

第一次运动步距

$$C_0 = \sqrt{\frac{2m_S[\sigma s]}{\gamma_p}} = \sqrt{\frac{2 \times 11.7 \times 5 \times 100}{2.7}} = 65\text{m}$$

周期运动步距

$$C_i \approx \left(\frac{1}{2} \sim \frac{1}{3}\right)C_0 = 22 \sim 32\text{m}$$

4.4.5.3　数值模拟

1) 模型建立

本次模拟试验建立较大的模型模拟整个工作面及其周边区域,建立水平模型对实际情况近似模拟。煤层厚 6.5m。煤层采用综放工艺,采放比为 1:1.16,直接顶中及细砂岩层随工作面的推进随采随垮。煤层、直接顶空单元(null)来模拟,不参与计算。

模型几何尺寸取 400m×200m,模拟开采深度 330m。采区走向为 x 方向,垂直方向为 y 方向。取煤层以上 80m 作上边界,以下 10m 作下边界建模。其计算模型的网格剖分如图 4-63 所示,上边界以上的岩层作为作用在模型上边界上的外荷载。左、右边界和下边界约束法向位移。顶煤弱化前及破坏后的模拟仿真见图 4-64、图 4-65。

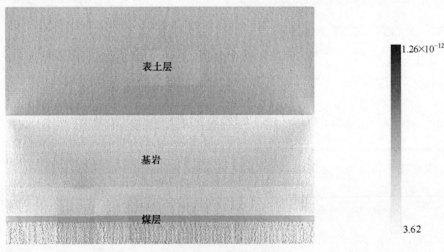

图 4-63　二维计算模型

2) 结果分析

从开切眼位置开始(时步=1),随着工作面推进,上覆岩层破坏范围无论是走向还是竖向都逐渐扩大,顶煤弱化前在第 10 时步时,老顶第一次裂断,此时工作面开挖距离为 55m,继续开挖,开挖距离为 18m,即第 12 时步时,老顶第二次裂断。由上述分析可知,工作面弱化前老顶初次来压步距为 55m,周期裂断步距为 20m。模拟结果与理论计算结果相近。

由图 4-65 知,顶煤弱化后,在第 5 时步时,直接顶初次垮落,此时距离开切眼位置为 10m,第 8 时步时,老顶第一次裂断,此时距离开切眼位置为 30m,第 10 时步时,老顶第二

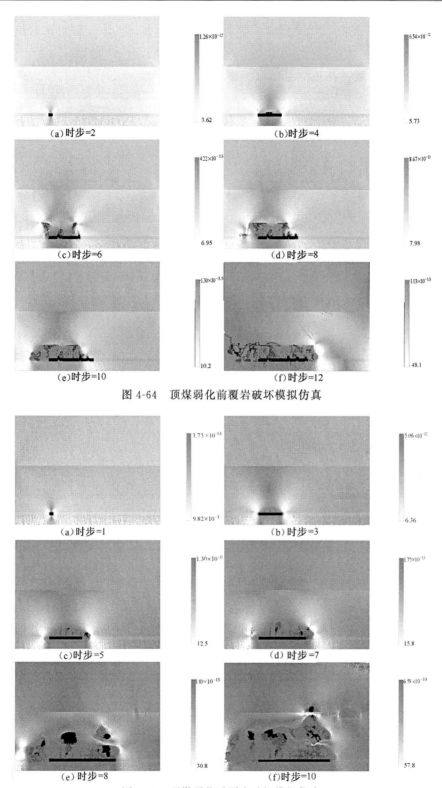

图 4-64　顶煤弱化前覆岩破坏模拟仿真

图 4-65　顶煤弱化后覆岩破坏模拟仿真

次裂断,此时距离开切眼位置大约为 40m。由上述分析知,工作面弱化后老顶初次来压步距为 30m,周期裂断步距为 10m。

4.4.5.4　覆岩破坏范围模拟仿真

1) 模型建立

模型几何尺寸取 400m×200m×200m,模拟开采深度 330m。采区走向为 x 方向,倾向为 y 方向,垂直方向为 z 方向。取煤层以上 80m 作上边界,以下 10m 作下边界建模。其计算模型的网格剖分如图 4-66 所示,上边界以上的岩层作为作用在模型上边界上的外荷载。左、右边界和下边界约束法向位移。

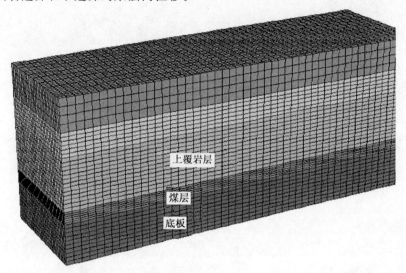

图 4-66　三维计算模型

2) 结果分析

在上覆岩层结构高度发展到其相应的极大值之前受工作面推进长度所控制,空间结构高度约为工作面推进长度的一半。当达到采空区短边相应的极大值以后,采场覆岩空间结构高度演化不再随工作面推进向上发展,而受采空区短边跨度所控制。即在采空区见方之前,空间结构高度随工作面推进而增大,当采空区见方后空间结构高度发展到该工作面宽度条件下的最大高度。

工作面推进距离达到 150m 时,根据图 4-67（a）知,上覆岩层破坏范围大约为 80m,继续推进至 180m,发现覆岩高度不再发展,继续保持在 80m 左右。从而验证了充分采动后裂断拱高度基本保持不变。

4.4.6　工作面覆岩运动参数实测

1) 主要监测指标

(1) 支架阻力(初撑力、时间加权工作阻力、最大工作阻力);

(2) 活柱缩量;

(3) 安全阀开启率。

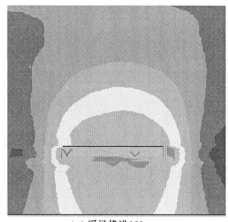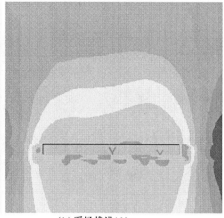

(a) 采场推进150m   (b) 采场推进180m

图 4-67 覆岩破坏模拟仿真

2）测点布置

工作面范围内布置 10 条测线，每条测线安装一台支架阻力自动监测仪，如图 4-68 所示。

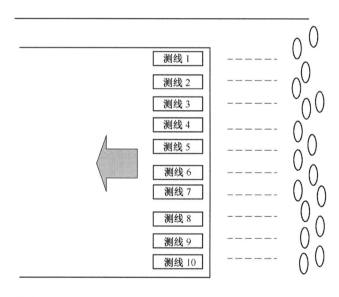

图 4-68 工作面支架阻力测线布置

3）监测仪器

支架阻力自动监测仪、直尺。

4）监测方法

（1）支架阻力由智能压力仪表自动检测，每周采集一次数据，用专门的数据处理软件进行处理；

（2）安全阀开启率由智能压力仪表自动检测；

（3）活柱缩量，采用直尺测量活柱高度后，获得缩量数据；

通过对工作面覆岩运动规律的工程观测,将工作面来压步距总结如表 4-10 所示。

表 4-10　工作面运动参数

序号	来压性质	推进距离/m	来压距/m	最大工作阻力/MPa
1	初次来压	35	35	37
2	周期来压	47	12	40
3	周期来压	65	18	38
4	周期来压	81	16	41
5	周期来压	94	13	40
6	周期来压	105	11	42
7	周期来压	115	10	39
8	周期来压	131	16	40

4.4.7　支承压力分布规律

运用大型数值分析模拟软件 FLAC^{3D},对 12 号煤层放顶煤工作面推进过程中的支承压力分布变化规律及顶煤运移规律进行分析,计算模型如图 4-69 所示。

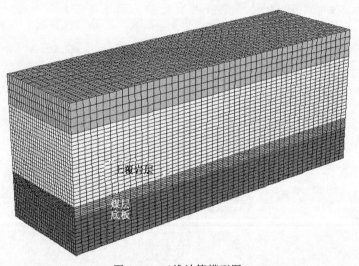

图 4-69　三维计算模型图

4.4.7.1　采场支承压力发展变化规律

由于巷道掘进或者工作面推进引起巷道两侧或者采场前后煤壁上切向应力的改变,改变后的切向应力称为巷道周边的支承压力或者工作面周围的支承压力。支承压力影响范围是指从巷道边界或采场前方煤壁起,到切向应力改变后高于原始应力 5% 止之间的距离,也称为支承压力分布范围。

理论研究与现场实践证明,从采场推进开始至需控岩层(冒落组和老顶)第一次来压结束期间的支承压力及其显现的变化可以被划分为三个阶段。

1) 支承压力发展变化第一阶段——煤壁保持其弹性支承能力阶段

采场从开切眼开始向前推进,随工作面推进,顶板悬露空间不断增大,顶板岩层会发生周期性的断裂与运动。采场两侧煤壁通过顶板岩层传递过来的压力也逐步增加,由于煤壁具有一定的硬度与强度,所以,采场在一定的范围内推进,顶板传递过来的压力没有达到煤体破坏的极限之前,整个煤壁处于弹性压缩状态,支承压力分布是一条高峰在煤壁处的单调下降曲线,如图 4-70 所示。

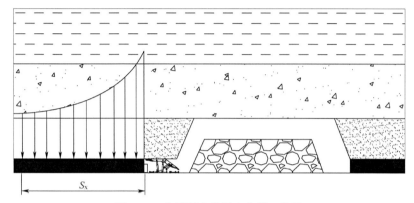

图 4-70　支承压力发展变化第一阶段

在该阶段,支承压力分布范围 S_x 相对较小。煤壁保持其固有的支承能力,采场前方煤壁一直处于弹性变形状态,煤壁不易发生漏顶与片帮现象,但要预防工作面冲击地压的发生。

2)支承压力发展变化的第二阶段——煤壁丧失其弹性支承能力

随采场持续推进,工作面顶板悬露的空间逐渐增加,通过顶板传递至煤壁的压力也逐步增加。随煤壁切向应力的增加,煤壁达到其弹性支承极限,开始发生塑性变形乃至破坏变形。随煤壁支承能力的降低,支承压力的高峰将逐步向煤壁内侧转移,直至达到新的应力平衡,如图 4-71 所示。

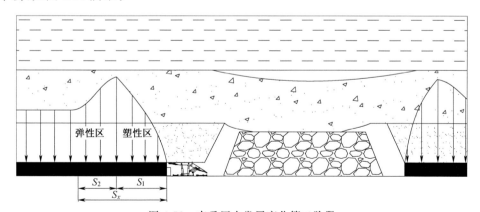

图 4-71　支承压力发展变化第二阶段

该阶段从煤壁支承能力开始改变起,到裂断组下位岩梁端部断裂前止。煤层上支承压力的分布可分成两个区间:塑性区(煤体已完全破坏)压力逐渐上升,弹性区压力则单调下降,弹塑性区的交界处为压力高峰位置。支承压力分布范围 S_x 也有两部分组成,塑性区 S_1 和弹性区 S_2。

该阶段内,在特定的顶板条件下,有可能形成破坏变形带——内应力场。从裂断组下位岩梁端部断裂起至岩梁中部触矸止石。岩梁端部断裂前夕,在断裂线附近压力高度集中;岩梁端部断裂后,以断裂线为界将支承压力分布明显地分为两部分,即在断裂线与煤壁之间由拱内已断裂岩梁自重所决定的内应力场($\sigma < \gamma H$),以及在断裂线外由上覆岩层整体重量所决定的外应力场($\sigma > \gamma H$),如图 4-72 所示。

支承压力分布在工作面前方随顶部岩梁断裂线的划分,从支承压力大小上,明显划分为两个部分,一个在煤壁与断裂岩梁断裂线之间的切应力降低区(如图 4-72 所示 S_0 与 S_0'),也就是常说的内应力场,内应力场内的压力主要由裂断拱内的岩层重量决定。在岩梁断裂线以外一直到支承压力的边界,支承压力的分布也分为两个区域,一个为支承压力单调升高区,即常说的塑性变形区,另一部分是压力单调降低区,也就是弹性变形区。内应力场的形成起源于顶板岩层的断裂,所以在采场前方与后方是同时形成的,但是由于采场持续推进,采场前方内应力场的变化与后方内应力场的变化具有截然不同的规律。

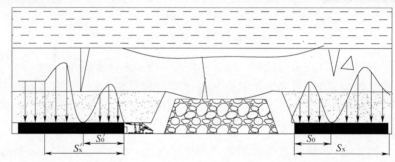

图 4-72　支承压力发展变化内应力场阶段

A. 内应力场的形成

如图 4-73 所示,在岩梁 A 没有发生断裂前,工作面前方支承压力分布曲线如 1 所示,支承压力的高峰聚集在断裂线 B 点附近,岩梁 A 的夹持着力点也在 B 点。当岩梁 A 断裂的瞬间,支承压力发生快速转变,以 B 点为分界线,支承压力分化成两个峰值分别向相反的方向转移,前方转移到 C 点,后方转移到 D 点,依上所述,C 点为支承压力外侧(即外应力场)弹塑性区的分界点,D 点为支承压力内侧(即内应力场)压力高峰。

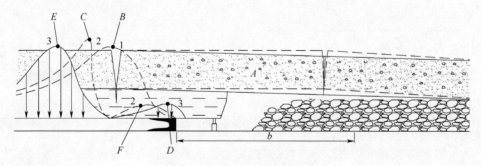

图 4-73　内应力场的形成过程

随岩梁 A 从初次断裂到运动停止,支承压力分布也由曲线 2 慢慢变化到曲线 3 的状态,峰值也会经历 $B \to C \to E$ 的变化过程。此时在工作面前方煤壁与开切眼后方煤壁都会发生类似的变化。

B. 工作面前方煤壁支承压力发展变化规律

内应力场形成后,在工作面前方会形成图 4-74 中 1 所示的曲线,但是由于工作面在持续推进,内应力场会不断地缩小。由于采空区在持续增加,通过顶板岩梁传递到煤壁的压力也在不断增加,支承压力外应力场的高峰持续向外侧转移,支承压力的分布范围在一定推进距离下,也持续增加。

图 4-74 中的曲线 1、2、3 表明了随工作面推进,内应力场从有到无、外应力场逐步转移的过程。

当岩梁再次发生断裂,工作面前方又会形成一个新的内应力场,随工作面推进,新的内应力场消失,工作面前方存在这样一个内应力场形成、消失循环往复的变化过程。

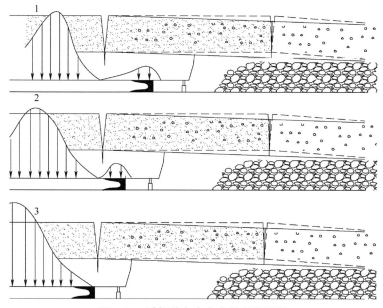

图 4-74　采场前方内应力场变化过程

C. 开切眼后方内应力场的变化规律

关于开切眼后方的内应力场,在形成之后,由于没有煤壁推进影响,所以,在没有上位岩梁再次断裂的情况下,内应力场的大小与范围不会有较大的变化。

3) 支承压力发展变化第三阶段——相对稳定阶段

A. 支承压力稳定第一阶段——采场煤壁前方与开切眼后方相对稳定

当采场推进到采场倾斜长度时,按照普氏自然平衡拱原理,在采场上方会形成一个相对稳定的结构拱,该结构拱把拱上方的岩石重量通过拱圈线传递到拱脚处。由于此刻采场倾斜长度与推进长度相等,所以从空间结构上,为一个类半球体,如图 4-75 所示。

从图 4-75 可以看出,此时,采场四周形成一个均匀的支承压力条带,在不考虑推进速度影响的前提下,A 条带与 B 条带随采场推进,不会发生太大变化,趋于稳定阶段,本书把该阶段的稳定称为支承压力第一次稳定阶段。

对于 C 条带与 D 条带,随采场推进,A、B 条带分别向前后推移,两侧条带会发生变

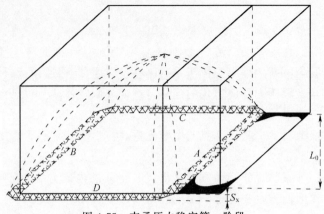

图 4-75　支承压力稳定第一阶段

化,形成支承压力的第二次稳定。

B. 支承压力稳定第二阶段——采场边界相对采动影响的稳定阶段

当采场继续向前推进时,平衡拱的拱脚实现了转移,在采场前端与后端(图 4-75 中 A 与 B),保持其原有拱受力结构,所以,A 条带与 B 条带在条带的大小上、应力的高低上基本保持不变。但是对于两侧的条带,由于 A 与 B 距离的拉大,不能保持对上覆所有岩层的共同承载作用,超过其承载范围的岩石重量会向采场两侧的煤体转移,即从支承压力发展变化来进行分析,在采场两侧支承压力会向条带 E、F 的方向发展,最终达到其新的稳定状态。

根据工程实践及相似材料模拟得知,当采场推进距离该点 $0.75\sim1$ 倍工作面长度时,采场基本稳定,即图 4-76 中,G 点距离采煤工作面的距离为 0.75 倍采场倾斜长度。

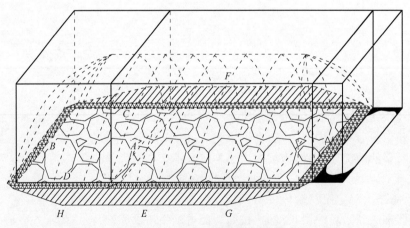

图 4-76　支承压力稳定第二阶段

相应地,按照类比原理,H 点距离开切眼的距离也为 0.75 倍采场倾斜长度。

4) 支承压力发展变化的条件

在实际的采煤工作中,支承压力一般都经历三个发展阶段,但是在煤层埋藏比较浅、煤层强度比较大、顶板相对比较软的地层中,不一定有第二阶段中内应力场的出现;或者对工作面进行强化支护,顶板岩梁也可能齐支架末端或煤壁处断裂。

支承压力分布是一个立体的结构,工作面推进速度对其有一定的影响。所以,要用科学的态度,辩证地、动态地看待支承压力分布,而不要一成不变静止地看待它。

4.4.7.2 支承压力应力极限平衡分析

采场推进后,采场周边围岩应力重新分布,周边煤体首先遭到破坏,并逐渐向深部扩展,直至弹性应力区边界。这部分煤体应力处于应力极限平衡状态。由于煤体的泊松比 μ 大于其顶底板岩石的泊松比,煤层与顶底板岩石的交界面的黏聚力 c 和内摩擦角 ϕ 都比煤体黏聚力和内摩擦角的值低。开挖后,煤体必然从顶底板岩石中挤出,并在煤层界面上伴随有剪应力 τ_{xy} 产生。计算力学模型如图 4-77 所示。该图中 $ABCD$ 为应力极限平衡区;$\overline{\sigma_x}$ 为 $x=S_1$ 处在煤壁整个厚度上水平应力 σ_x 的平均值;P_x 为支护对煤壁的支护阻力。

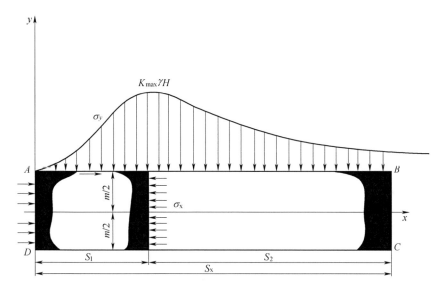

图 4-77 煤层界面应力计算简图

1) 基本假设

(1) 煤层界面是煤体相对于顶底板岩层的滑移面。滑移面上的正应力 σ_y 与剪应力 τ_{xy} 之间应满足应力极限平衡方程,即

$$\tau_{xy} = \sigma_y \cdot \tan\phi + C \tag{4-89}$$

(2) 由于采空区矸石对煤帮的作用力很小,可近似认为等于零,即 $P_x \approx 0$;

(3) 煤体应力对称于 x 轴。

(4) 在应力极限平衡区与弹性区交界处(弹塑性交界处),即 $x=S_1$ 时的平衡方程为

$$[\sigma_y]_{x=S_1} = K_{\max}\gamma H \qquad \overline{\sigma_x} = \lambda[\sigma_y]_{x=S_1} = \lambda K_{\max}\gamma H \tag{4-90}$$

2) 理论模型求解

用以求解极限平衡区界面应力的基本方程为式(4-91)。

$$\left.\begin{array}{l} \dfrac{\partial \sigma_x}{\partial x} + \dfrac{\partial \tau_{xy}}{\partial y} = 0 \\[2mm] \dfrac{\partial \tau_{xy}}{\partial x} + \dfrac{\partial \sigma_y}{\partial y} = 0 \\[2mm] \tau_{xy} = \sigma_y \cdot \tan\phi + c \end{array}\right\} \tag{4-91}$$

根据图 4-78 所示的力学模型，取整个应力极限平衡区的煤体($ABCD$)为分离体，由 x 方向的合力为零，可得平衡方程为式(4-92)

$$m \cdot \sigma_x - 2\int_0^{S_1} \tau_{xy}\,\mathrm{d}x - P_x m = 0 \tag{4-92}$$

联立式(4-90)～式(4-92)并求解，可得采场采空区侧煤体支承压力 σ_y 和极限平衡区宽度 S_1 的理论模型为

$$\sigma_y = \frac{c}{f}\left(\mathrm{e}^{\frac{2fx}{m\lambda}} - 1\right) \qquad S_1 = \frac{m\lambda}{2f}\ln\left(\frac{K_{\max} \cdot \gamma \cdot H \cdot f}{C} + 1\right) \tag{4-93}$$

式中，σ_y 煤体上正应力，MPa；σ_x 为水平应力，MPa；λ 为煤体侧压系数，$\lambda = \dfrac{\mu}{1-\mu}$；$c$ 为煤层与岩石黏聚力，MPa；ϕ 为岩层内摩擦角；f 为煤层界面的摩擦系数，$f = \tan\phi$；$K_{\max}$ 为应力集中系数；γ 为上覆岩层平均容重，kN/m^3；H 为煤体埋藏深度，m；S_1 为极限应力平衡区，m，也称为塑性区；S_2 为弹性区，m；S_x 为支承压力影响范围 m。

4.4.7.3　支承压力分布范围应力承载分析

1) 采场见方时支承压力分布范围计算

通过前面分析得知，煤壁前方支承压力影响范围在采场推进到采场倾斜长度时，发展到最大，随采场推进，前方支承压力影响范围不再扩大；建立如图 4-78 所示模型。

如图 4-78 所示，采场推进见方后，采场上方岩层在重力的作用下，在采场周边形成一个宽为 S_x 的压力增高带，在忽略采空区矸石承载重量前提下，建立式(4-94)。

$$(2L_0 \cdot S_x + 2C_x \mid_{=L_0} \cdot S_x + 2 \cdot S_x^2) \cdot (K_a - 1) \cdot \gamma \cdot H = L_0 \cdot C_x \mid_{=L_0} \cdot \gamma \cdot H \tag{4-94}$$

式中，K_a 为应力集中系数的平均值。

化简式(4-94)得

$$S_x^2 + 2L_0 S_x - \frac{L_0^2}{2(K_a - 1)} = 0$$

解方程得 $S_x = \dfrac{-2L_0 \pm \sqrt{4L_0^2 + 4\dfrac{L_0^2}{2(K_a - 1)}}}{2}$，舍去负根得

$$S_x = L_0(\sqrt{1 + 1/(2K_a - 2)} - 1) \tag{4-95}$$

通过式(4-95)得知，支承压力的分布范围与采场倾斜方向的长度、支承压力平均集中系数相关。考虑到采场倾角的影响，把式(4-95)修订如下：

$$S_{x1} = L_0(\sqrt{1 + 1/(2K_a - 2)} - 1)(1 + \sin\alpha);$$

$$S_{x2}=L_0(\sqrt{1+1/(2K_a-2)}-1)(1-\sin\alpha)$$

$$S_{x3}=L_0(\sqrt{1+1/(2K_a-2)}-1)=S_{x4} \tag{4-96}$$

式中，S_{x1} 为采场下山的支承压力分布范围；S_{x2} 为采场上山的支承压力分布范围；S_{x3} 为采场前方煤壁支承压力分布范围；S_{x4} 为采场后方煤壁支承压力分布范围。

2）采场推进到 1.5～2 倍倾斜长度时支承压力影响规律

采场推进长度等于倾斜长度时，工作面上方的裂断拱达到最大，如图 4-78 所示，此时采场周边均摊了上覆岩层的重量。通过实践可知，当工作面继续向前推进时，采场前方与开切眼后方的支承压力分布范围变化不大，但是采场两侧由于采场前方煤壁与后方煤壁的远离，支承其上覆岩层的重量会越来越大，直至采场两侧单位长度的煤体全部承担单位长度内上覆岩层的全部重量，如图 4-79 所示。

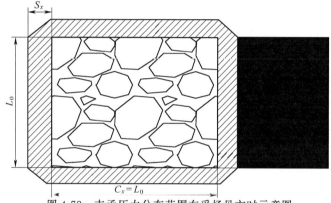

图 4-78　支承压力分布范围在采场见方时示意图

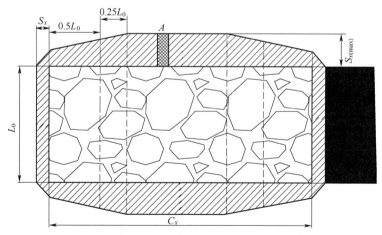

图 4-79　支承压力分布范围后方稳定状态示意图

如图 4-79 所示，单元 A 为上覆岩层整体稳定后的支承压力分布范围，依 A 建立平衡方程为

$$\left.\begin{aligned} 2L_A \cdot S_{x(\max)} \cdot (K_a'-1) \cdot \gamma \cdot H &= L_0 \cdot L_A \cdot \gamma \cdot H - 0.5 \cdot L_0 \cdot H_g \cdot L_A \\ S_{x(\max)} &= \frac{L_0-Q}{2(K_a'-1)} \end{aligned}\right\} \tag{4-97}$$

式中，$Q=\dfrac{L_0 H_g}{2\gamma H}$ 为常数；K'_a 为应力集中系数的均值最大值；$S_{x\,(\max)}$ 为支承压力分布范围最大值。

4.4.7.4　支承压力分布范围线形求解分析

支承压力曲线由两条非线性的曲线组成，为了求解的方便，本书假设遵循线形分布进行简化求解，如图 4-80 所示。

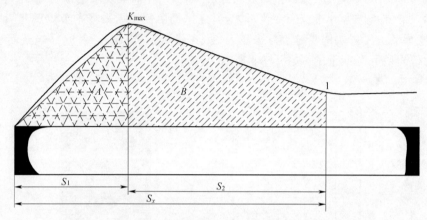

图 4-80　支承压力分布线性求解示意图

通过图 4-80 可以得到

B 的面积：$(K_{\max}+1)\,S_2/2$

A 的面积：$K_{\max}S_1/2$

$$S_x K_a = (K_{\max}+1)\,S_2/2 + K_{\max}S_1/2$$

化简得

$$K_a = \frac{(K_{\max}+1)\,S_2}{2S_x} + \frac{K_{\max}S_1}{2S_x} \tag{4-98}$$

令 $b=S_1/S_x$ ，则 $S_2=\dfrac{b-1}{b}S_x$ 。

则式(4-98)可化为

$$K_a = 0.5\,[K_{\max}+(b-1)\,/b] \tag{4-99}$$

知，$K_{\max}\in(1,3)$ ，又因为 $K_a>1$ ；则

当 $b=2$ 时，$K_a\in(1,1.75)$ ，$K_{\max}\in(1.5,3)$ ；

当 $b=3$ 时，$K_a\in(1,1.83)$ ，$K_{\max}\in(1.3,3)$ ；

当 $b=4$ 时，$K_a\in(1,1.87)$ ，$K_{\max}\in(1.2,3)$ ；

当 $b=5$ 时，$K_a\in(1,1.9)$ ，$K_{\max}\in(1.2,3)$ ；

当 $b=6$ 时，$K_a\in(1,1.91)$ ，$K_{\max}\in(1.2,3)$ ；

当 $b=7$ 时，$K_a\in(1,1.92)$ ，$K_{\max}\in(1.1,3)$ 。

通过上面的分析得知，$K_a\in(1,2)$ ，$K_{\max}\in(1.1,3)$ ，通常取 $b=4$ 。

4.4.7.5 应力集中系数 K 的确定

1）采场前方稳定应力集中系数求解

A. 支承压力高峰距煤壁距离 S_1 线形化处理

联立式（4-93）、式（4-95）、式（4-96）和式（4-99）求解方程。

在方程中 $S_1 = \dfrac{m\lambda}{2f}\ln\left(\dfrac{K_{\max} \cdot \gamma \cdot H \cdot f}{C} + 1\right)$，由于 $\dfrac{K_{\max} \cdot \gamma \cdot H \cdot f}{C} >> 1$，所以可以变为

$$
\begin{aligned}
S_1 &= \frac{m\lambda}{2f}\ln\left(\frac{K_{\max} \cdot \gamma \cdot H \cdot f}{C} + 1\right) \approx \frac{m\lambda}{2f}\ln\frac{K_{\max} \cdot \gamma \cdot H \cdot f}{C} \\
&= \frac{m\lambda}{2f}\left(\ln K_{\max} + \ln\frac{\cdot \gamma \cdot H \cdot f}{C}\right)
\end{aligned}
\tag{4-100}
$$

由工程实践知 $K_{\max} \in (1.4, 3)$，如图 4-81 所示。

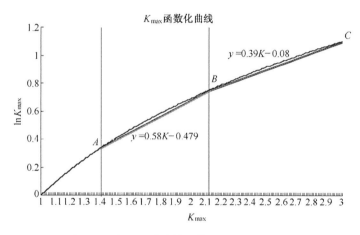

图 4-81 支承压力峰值系数（$K_{\max}$）线性化图

以 $K_{\max} = 2.1$ 把 $\ln K_{\max}$ 分成两段，模拟线性方程为

$$
f(K_{\max}) = \begin{cases} 0.58K_{\max} - 0.479 & K_{\max} \in [1.4, 2.1] \\ 0.39K_{\max} - 0.08 & K_{\max} \in [2.1, 3] \end{cases}
\tag{4-101}
$$

对式（4-100）和式（4-101）进行误差分析，见表 4-11，得知该方程的取值与原函数取值都在 5% 以内，满足工程实践要求。

表 4-11 支承压力峰值系数线性化误差分析（$K_{\max}$）

$K_{\max}$	$\ln K_{\max}$	$f(K_{\max})$	$\dfrac{\ln K_{\max} - f(K_{\max})}{f(K_{\max})}\times 100$	$K_{\max}$	$\ln(K_{\max})$	$f(K_{\max})$	$\dfrac{\ln(K_{\max}) - f(K_{\max})}{f(K_{\max})}\times 100$
1.40	0.336472	0.333	1.031953	2.20	0.788457	0.7780	1.326306
1.45	0.371564	0.362	2.573868	2.250	0.810930	0.79750	1.656149
1.50	0.405465	0.391	3.567535	2.30	0.832909	0.8170	1.910067
1.55	0.438255	0.420	4.165368	2.35	0.854415	0.8365	2.096794

K_{max}	$\ln K_{max}$	$f(K_{max})$	$\dfrac{\ln K_{max}-f(K_{max})}{f(K_{max})}\times100$	K_{max}	$\ln(K_{max})$	$f(K_{max})$	$\dfrac{\ln(K_{max})-f(K_{max})}{f(K_{max})}\times100$
1.60	0.470004	0.449	4.468823	2.40	0.875469	0.8560	2.223807
1.65	0.500775	0.478	4.548006	2.45	0.896088	0.8755	2.297545
1.70	0.530628	0.507	4.452882	2.50	0.916291	0.8950	2.323578
1.75	0.559616	0.536	4.220000	2.55	0.936093	0.9145	2.306753
1.80	0.587787	0.565	3.876690	2.60	0.955511	0.9340	2.251302
1.85	0.615186	0.594	3.443780	2.65	0.974560	0.9535	2.160939
1.90	0.641854	0.623	2.937411	2.70	0.993252	0.9730	2.038937
1.95	0.667829	0.652	2.370272	2.75	1.011601	0.9925	1.888186
2.0	0.693147	0.681	1.752468	2.80	1.029619	1.0120	1.711255
2.05	0.717840	0.710	1.092137	2.85	1.047319	1.0315	1.510428
2.10	0.741937	0.739	0.395902	2.90	1.064711	1.0510	1.287743
2.10	0.741937	0.739	0.395902	2.95	1.081805	1.0705	1.045028
2.15	0.765468	0.7585	0.910272	3.00	1.098612	1.090	0.783924

为了计算的方便,令

$$f(K_{max})=E\cdot K_{max}+F \tag{4-102}$$

其中,当 $K_{max}\in[1.4,2.1]$ 时 , $E=0.58$, $F=0.479$;当 $K_{max}\in[2.1,3]$ 时 , $E=0.39, F=0.008$。

把式(4-102)代入式(4-100)得

$$\frac{2fS_1}{m\lambda}=(E\cdot K_{max}+F+B) \tag{4-103}$$

式中,B 为常量,$B=\ln\dfrac{\gamma\cdot H\cdot f}{c}$ 。

B. 支承压力分布范围 S_x 线形化处理

对于式(4-95),$S_x=L_0[\sqrt{1+1/(2K_a-2)}-1]$,由工程实践知,$K_{max}\in[1.4, 2.1]$,则 $K_a\in(1.2,2)$,$\sqrt{1+1/(2K_a-2)}$ 曲线取值如图 4-82 所示。

如图 4-82 所示,以 $K_a=1.4$ 把 $\sqrt{1+1/(2K_a-2)}$ 分成两段,模拟线性方程为

$$f(K_a)=\begin{cases}4.09-1.87K_a & K_a\in[1.2,1.4]\\ 2.13-0.477K_a & K_a\in[1.4,2]\end{cases} \tag{4-104}$$

对式(4-104)进行误差分析,见表 4-12,利用式(4-106),该误差代入,工作面倾斜长度为 150m 和 200m,误差绝对值都在 5m 之内,满足工程实践要求。

为了计算的方便,令

$$f(K_a)=D_1\cdot K_a+M_1 \tag{4-105}$$

其中,当 $K_a\in[1.2,1.4]$ 时,$D_1=-1.87, M_1=4.09$;当 $K_a\in[1.4,2]$ 时,$D_1=-0.477, M_1=2.13$。

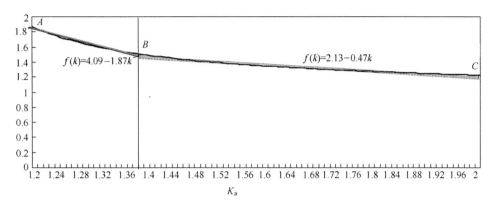

图 4-82 K_a 系数线性化图

表 4-12 K_a 系数线性化误差分析

K_a	$\sqrt{1+1/(2K_a-2)}$	$f(K_a)$	误差	150m	200m
1.20	1.870829	1.8460	−0.024830	−3.724300	−4.965740
1.22	1.809068	1.8086	−0.000470	−0.070210	−0.093610
1.24	1.755942	1.7712	0.015258	2.288656	3.051542
1.26	1.709701	1.7338	0.024099	3.614876	4.819834
1.28	1.669046	1.6964	0.027354	4.103112	5.470816
1.30	1.632993	1.6590	0.026007	3.901026	5.201368
1.32	1.600781	1.6216	0.020819	3.122841	4.163788
1.34	1.571810	1.5842	0.012390	1.858426	2.477901
1.36	1.545603	1.5468	0.001197	0.179538	0.239383
1.38	1.521772	1.5094	−0.012370	−1.855770	−2.474360
1.40	1.500000	1.4720	−0.028000	−4.200000	−5.600000
1.42	1.480026	1.4626	−0.017430	−2.613860	−3.485150
1.44	1.461630	1.4532	−0.008430	−1.264570	−1.68609
1.46	1.444630	1.4438	−0.000830	−0.124540	−0.166050
1.48	1.428869	1.4344	0.005531	0.829648	1.106197
1.50	1.414214	1.4250	0.010786	1.617966	2.157288
1.52	1.400549	1.4156	0.015051	2.257599	3.010131
1.54	1.387777	1.4062	0.018423	2.763400	3.684533
1.56	1.375811	1.3968	0.020989	3.148283	4.197710
1.58	1.364576	1.3874	0.022824	3.423528	4.564704
1.60	1.354006	1.3780	0.023994	3.599040	4.798720
1.62	1.344043	1.3686	0.024557	3.683548	4.911398

K_a	$\sqrt{1+1/(2K_a-2)}$	$f(K_a)$	误差	150m	200m
1.64	1.334635	1.3592	0.024565	3.684783	4.913044
1.66	1.325736	1.3498	0.024064	3.609610	4.812814
1.68	1.317306	1.3404	0.023094	3.464156	4.618874
1.70	1.309307	1.3310	0.021693	3.253899	4.338532
1.72	1.301708	1.3216	0.019892	2.983758	3.978344
1.74	1.294479	1.3122	0.017721	2.658162	3.544216
1.76	1.287593	1.3028	0.015207	2.281108	3.041477
1.78	1.281025	1.2934	0.012375	1.856215	2.474954
1.80	1.274755	1.2840	0.009245	1.386768	1.849024
1.82	1.268762	1.2746	0.005838	0.875754	1.167672
1.84	1.263027	1.2652	0.002173	0.325897	0.434529
1.86	1.257535	1.2558	−0.001740	−0.260310	−0.347090
1.88	1.252271	1.2464	−0.005870	−0.880600	−1.174130
1.90	1.247219	1.2370	−0.010220	−1.532870	−2.043830
1.92	1.242368	1.2276	−0.014770	−2.215200	−2.953600
1.94	1.237705	1.2182	−0.019510	−2.925820	−3.901100
1.96	1.233221	1.2088	−0.024420	−3.663110	−4.884140
1.98	1.228904	1.1994	−0.029500	−4.425540	−5.900720
2.00	1.224745	1.1900	−0.034740	−5.211730	−6.948970

把式(4-105)代入式(4-106)得：

$$S_x = L_0(D_1 \cdot K_a + M_1 - 1) \tag{4-106}$$

C. 支承压力应力集中系数 K_{max} 线形化处理

联立式(4-99)、式(4-103) 和式(4-106) 得式(4-107)

$$\begin{cases} \dfrac{2fS_1}{m\lambda} = (E \cdot K_{max} + F + B) \\ S_x = L_0(D_1 \cdot K_a + M_1 - 1) \\ S_x = S_1 \cdot b \\ K_a = 0.5[K_{max} + (b-1)/b] \end{cases} \tag{4-107}$$

解方程得

$$K_{max} = \frac{Ab(F+B) - D_1 \cdot L_0 \cdot \dfrac{b-1}{b} - 2 \cdot (M_1-1)L_0}{L_0 \cdot D_1 - AbE} \tag{4-108}$$

式中,$A = \dfrac{m\lambda}{f}$;$B = \ln\dfrac{\gamma \cdot H \cdot f}{C}$;$b$ 取值为 $3 \sim 5$,一般取 4;当 $K_a \in [1.2, 1.4]$ 时,$D_1 = -1.87$,$M_1 = 4.09$;当 $K_a \in [1.4, 2]$ 时,$D_1 = -0.477$,$M_1 = 2.13$;当 $K_{\max} \in [1.4, 2.1]$ 时,$E = 0.58$,$F = 0.479$;当 $K_{\max} \in [2.1, 3]$ 时,$E = 0.39$,$F = 0.008$。

在式(4-108)中,L_0 对采场前方支承压力集中系数起到至关重要的作用,其他条件对其也有影响,经分析该方程的物理意义与现场实际基本吻合。

D. 支承压力分布范围 S_x 求解

根据式(4-107),可以推出

$$S_x = \frac{L_0[D_1 K_{\max} + (b-1)/b \cdot D_1 + 2M_1 - 2]}{2} \tag{4-109}$$

式(4-108)与式(4-109)为采场推进至采场倾斜长度后,采场后方开切眼后与煤壁前方支承压力影响范围与支承压力集中系数。

2) 采场中最终稳定后应力集中系数求解

A. 支承压力最大分布范围 $S_{x(\max)}$ 线形化处理

联立式(4-97)、式(4-99)和式(4-108)。

对于式(4-97),$S_{x(\max)} = \dfrac{L_0}{2(K_a' - 1)}$,由于 $K_a' \in (1.2, 2)$,如图 4-83 所示,以 $K_a' = 1.3$ 与 $K_a' = 1.65$ 把 $S_{x(\max)} = \dfrac{L_0}{2(K_a' - 1)}$ 分成三段,模拟线性方程为

$$f(K_a') = \begin{cases} 12.43 - 8.31 K_a' & K_a' \in [1.2, 1.3] \\ 4.903 - 2.52 K_a' & K_a' \in [1.3, 1.65] \\ 1.9 - 0.7 K_a' & K_a' \in [1.65, 2] \end{cases} \tag{4-110}$$

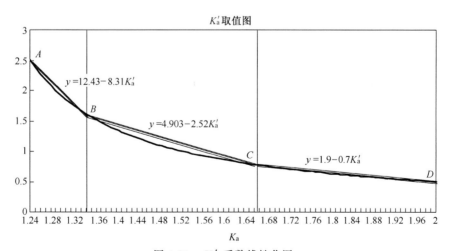

图 4-83 K_a' 系数线性化图

对式(4-110)进行误差分析,见表 4-13,利用式(4-95),该误差代入工作面倾斜长度为 150m,支承压力峰值误差绝对值 90% 都在 1m 之内,满足工程实践要求。

表 4-13　K_a' 系数线性化误差分析

K_a'	$\frac{1}{2(K_a'-1)}$	$f(K_a')$	$L_0=150,$ S_x 误差	$L_0=150,$ S_1 误差	K_a'	$\frac{1}{2(K_a'-1)}$	$f(K_a')$	$L_0=150,$ S_x 误差	$L_0=150,$ S_1 误差
1.23	2.173913	2.2087	−5.21804	−1.30451	1.54	0.925926	0.976	−7.511110	−1.877780
1.24	2.083333	2.1256	−6.34000	−1.58500	1.56	0.892857	0.925	−4.821430	−1.205360
1.25	2.000000	2.0425	−6.37500	−1.59375	1.58	0.862069	0.874	−1.789660	−0.447410
1.26	1.923077	1.9594	−5.44846	−1.36212	1.60	0.833333	0.823	1.550000	0.387500
1.27	1.851852	1.8763	−3.66722	−0.91681	1.62	0.806452	0.772	5.167742	1.291935
1.28	1.785714	1.7932	−1.12286	−0.28071	1.64	0.781250	0.721	9.037500	2.259375
1.29	1.724138	1.7101	2.10569	0.52642	1.65	0.769231	0.696	11.059620	2.764904
1.30	1.666667	1.6400	4.00000	1.00000	1.68	0.735294	0.724	1.694118	0.423529
1.32	1.562500	1.5370	3.82500	0.95625	1.71	0.704225	0.703	0.183803	0.045951
1.34	1.470588	1.4860	−2.31176	−0.57794	1.74	0.675676	0.682	−0.948650	−0.237160
1.36	1.388889	1.4350	−6.91667	−1.72917	1.77	0.649351	0.661	−1.747400	−0.436850
1.38	1.315789	1.3840	−10.23160	−2.55789	1.80	0.625000	0.640	−2.250000	−0.562500
1.40	1.250000	1.3330	−12.45000	−3.11250	1.83	0.602410	0.619	−2.488550	−0.622140
1.42	1.190476	1.2820	−13.72860	−3.43214	1.86	0.581395	0.598	−2.490700	−0.622670
1.44	1.136364	1.2310	−14.19550	−3.54886	1.89	0.561798	0.577	−2.280340	−0.570080
1.46	1.086957	1.1800	−13.95650	−3.48913	1.92	0.543478	0.556	−1.878260	−0.469570
1.48	1.041667	1.1290	−13.10000	−3.27500	1.95	0.526316	0.535	−1.302630	−0.325660
1.50	1.000000	1.0780	−11.70000	−2.92500	1.98	0.510204	0.514	−0.569390	−0.142350
1.52	0.961538	1.0270	−9.81923	−2.45481	2.00	0.500000	0.500	0	0

　　为了计算的方便,令

$$f(K_a)=D_2 \cdot K_a+M_2 \tag{4-111}$$

其中,当 $K_a' \in [1.2,1.3]$ 时,$D_2=-8.31, M_1=12.43$;当 $K_a' \in [1.3,1.65]$ 时,$D_2=-2.52, M_1=4.903$;$K_a' \in [1.65,2]$ 时,$D_2=-0.7, M_1=1.9$。

　　把式(4-111)代入式(4-97)得

$$S_x=L_0(D_2 \cdot K_a+M_2) \tag{4-112}$$

　　B. 支承压力最大分布范围 K_{max}' 线形化处理

　　联立式(4-99)、式(4-100) 和式(4-111) 求解得

$$K_{max}=\frac{Ab(F+B)-D_2 \cdot L_0 \cdot \frac{b-1}{b}-2 \cdot M_2 L_0}{L_0 \cdot D_2-AbE} \tag{4-113}$$

式中,当 $K_a' \in [1,2,1.3]$ 时,$D_2=-8.31, M_2=12.43$;当 $K_a' \in [1.3,1.65]$ 时,$D_2=-2.52, M_2=4.903$;当 $K_a' \in [1.65,2]$ 时,$D_2=-0.7, M_2=1.9$;当 $K_{max} \in [1.4,2.1]$ 时,$E=0.58, F=0.479$;当 $K_{max} \in [2.1,3]$ 时,$E=0.39, F=0.008$。

在式(4-113)中，L_0对采场中最终稳定支承压力集中系数起到至关重要的作用，其他条件对其也有影响，经分析，该方程的物理意义与实践基本吻合。

C. 支承压力最大分布范围$S_{x\max}$求解

根据式(4-106)，可以推出

$$S_x = \frac{L_0[D_2 K_{\max} + (b-1)/b \cdot D_2 + 2M_2]}{2} \tag{4-114}$$

式(4-113)与式(4-114)为采场推进至1.5～2倍采场倾斜长度后，采场中支承压力影响范围与支承压力集系数。

由此可知，采场见方时，根据式(4-108)得到应力集中系数为2.48，支承压力最大分布范围为12m；继续推进至工作面宽度1.5倍时，根据式(4-113)，得到应力集中系数为2.23，支承压力最大分布范围为16m。

4.4.7.6 采场支承压力展变化仿真

1）工作面弱化前支承压力发展变化仿真

图4-84（a）～图4-87（a）为走向剖面煤体内垂直应力分布等值曲线。从中可看出：

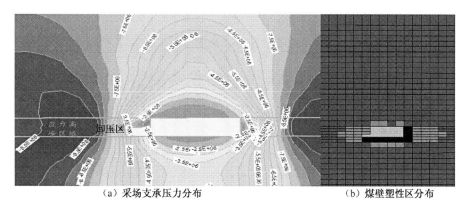

（a）采场支承压力分布　　　　　　　（b）煤壁塑性区分布

图4-84　工作面弱化前推进20m采场变形破坏示意图

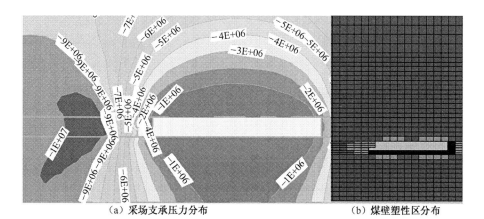

（a）采场支承压力分布　　　　　　　（b）煤壁塑性区分布

图4-85　工作面弱化前推进50m采场变形破坏示意图

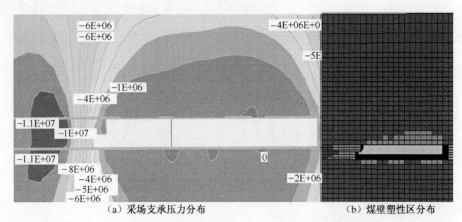

（a）采场支承压力分布　　　　　　　　　（b）煤壁塑性区分布

图 4-86　工作面弱化前推进 70m 采场变形破坏示意图

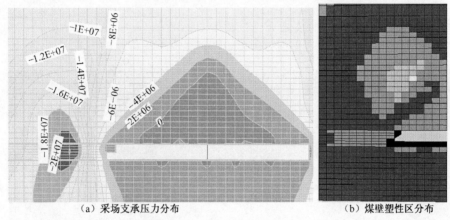

（a）采场支承压力分布　　　　　　　　　（b）煤壁塑性区分布

图 4-87　工作面弱化前推进 150m 采场变形破坏示意图

开挖距离为 20m 时，支承压力高峰区域位于煤壁前方 6m 处，范围为 6～8m，最大应力约为 9.5MPa，支承压力集中系数约为 1.2。煤壁前方约 6m 以内的范围为应力降低区，煤壁前方约 40m 以外应力恢复到原始应力水平，说明采动影响的最大范围可至煤壁前 40m。

开挖距离为 50m，即达到初次来压步距距离时，支承压力高峰区域位于煤壁前方 8m 处，范围为 8～10m，最大应力约为 11MPa，支承压力集中系数约为 1.4。煤壁前方约 8m 以内的范围为应力降低区，煤壁前方约 60m 以外应力恢复到原始应力水平，这说明采动影响的最大范围可至煤壁前 60m。

开挖距离为 70m，即第一次周期来压时，支承压力高峰区域位于煤壁前方 8m 处，范围为 8～14m，最大应力约为 11.7MPa，而原始垂直应力约为 8MPa，支承压力集中系数约为 1.46。煤壁前方约 8m 以内的范围为应力降低区，煤壁前方约 80m 以外应力恢复到原始应力水平，这说明采动影响的最大范围可至煤壁前 80m。

开挖距离为 150m，即工作面见方时，支承压力高峰区域位于煤壁前方 10m 处，范围为 10～14m，最大应力约为 20.0MPa，支承压力集中系数约为 2.5。煤壁前方约 10m 以内的范围为应力降低区,煤壁前方约120m以外应力恢复到原始应力水平,这说明采动影响的最大范围可至煤壁前120m。

图4-84(b)～图4-87(b)为走向剖面煤体破坏状态示意图,从中可以看出,煤体以剪切破坏为主,在未实行注水爆破联合弱化顶煤情况下,推进20m时,前方煤体破坏范围大约为6m。推进50m时,前方煤体破坏范围大约为6m。推进70m时,前方煤体破坏范围大约为8m。推进150m时,前方煤体破坏范围大约为10m。

分析可知,工作面从开切眼位置开始,随着采场不断推进,支承压力高峰逐渐增大,数值由8MPa增加到20.0MPa,煤壁前方动态应力集中系数由初始状态1增加到2.5,高峰区域位置由煤壁前方6～8m增加到10～14m。煤壁前方破坏范围为10m,充分采动后工作面采动影响范围为煤壁前方120m。

2)工作面弱化后支承压力发展变化仿真

图4-88(a)～图4-91(a)为走向剖面煤体内垂直应力分布等值曲线。从中可看出:

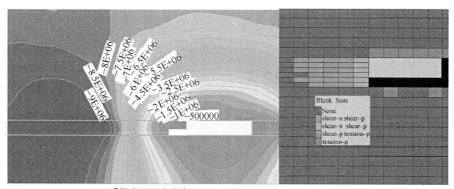

(a)采场支承压力分布 　　　　　(b)煤壁塑性区分布

图4-88 工作面弱化后推进20m采场变形破坏示意图

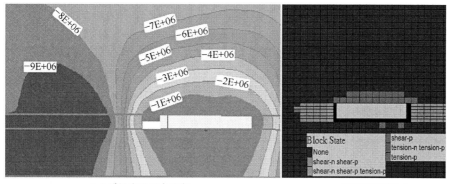

(a)采场支承压力分布 　　　　　(b)煤壁塑性区分布

图4-89 工作面弱化后推进50m采场变形破坏示意图

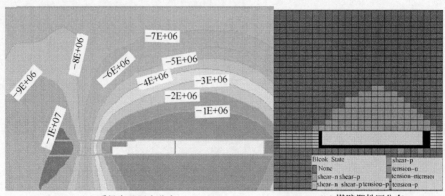

（a）采场支承压力分布　　　　　　　（b）煤壁塑性区分布

图 4-90　工作面弱化后推进 70m 采场变形破坏示意图

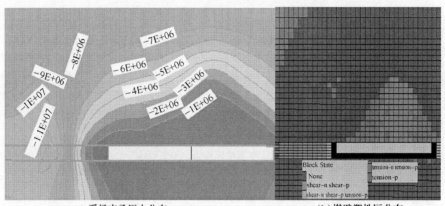

（a）采场支承压力分布　　　　　　　（b）煤壁塑性区分布

图 4-91　工作面弱化后推进 150m 采场变形破坏示意图

　　开挖距离为 20m 时，支承压力高峰区域位于煤壁前方 9m 处，范围为 8～10m，最大应力约为 8.2MPa，支承压力集中系数约为 1.1。煤壁前方约 9m 以内的范围为应力降低区，煤壁前方约 55m 以外应力恢复到原始应力水平，说明采动影响的最大范围可至煤壁前 55m。

　　开挖距离为 50m，即达到初次来压步距距离时，支承压力高峰区域位于煤壁前方 12m 处，范围为 11～13m，最大应力约为 10.0MPa，支承压力集中系数约为 1.3。煤壁前方约 10m 以内的范围为应力降低区，煤壁前方约 70m 以外应力恢复到原始应力水平，这说明采动影响的最大范围可至煤壁前 70m。

　　开挖距离为 70m 时，支承压力高峰区域位于煤壁前方 12m 处，范围为 11～14m，最大应力约为 11.0MPa，而原始垂直应力约为 8.0MPa，支承压力集中系数约为 1.4。煤壁前方约 12m 以内的范围为应力降低区，煤壁前方约 100m 以外应力恢复到原始应力水平，这说明采动影响的最大范围可至煤壁前 100m。

　　开挖距离为 150m，即工作面见方时，支承压力高峰区域位于煤壁前方 16m 处，范围为 15～17m，最大应力约为 19.0MPa，支承压力集中系数约为 2.4。煤壁前方约 16m 以内的范围为应力降低区,煤壁前方约140m以外应力恢复到原始应力水平,这说明采动影响的最大范围可至煤壁前140m。

图4-88(b)～图4-91(b)为走向剖面煤体破坏状态示意图,从中可以看出,煤体以剪切破坏为主,在实行注水爆破联合弱化顶煤情况下,推进20m时,前方煤体破坏范围大约为9m。推进50m时,前方煤体破坏范围大约为12m。推进70m时,前方煤体破坏范围大约为12m。推进150m时,前方煤体破坏范围大约为16m。

分析可知,工作面从开切眼位置开始,随着采场不断推进,支承压力高峰逐渐增大,数值由8.0MPa增加到19.0MPa,煤壁前方动态应力集中系数由初始状态1增加到2.4,高峰区域位置由煤壁前方8～10m增加到15～17m。煤壁前方破坏范围为16m,充分采动后工作面采动影响范围为煤壁前方140m。工作面前、后支承压力集中系数随工作面推进变化趋势见表4-14。

表4-14　工作面弱化前、后支承压力集中系数

进尺/m	应力高峰距煤壁距离/m		应力集中值/MPa		原岩应力值/MPa	应力集中系数	
	弱化前	弱化后	弱化前	弱化后		弱化前	弱化后
10	6	7	9.5	9	8.0	1.19	1.13
30	6.5	9	10.0	9.5	8.0	1.25	1.19
50	8	12	11.0	10.5	8.0	1.38	1.31
70	8	12	12.0	11.5	8.0	1.50	1.44
80	8.5	13	13.5	13	8.0	1.69	1.63
100	8.5	13	16.5	16	8.0	2.06	2.00
120	9.5	14	17.5	17	8.0	2.19	2.13
130	9.5	14	18.5	18	8.0	2.31	2.25
140	9.8	14.5	19.0	18.5	8.0	2.38	2.3
150	10.0	16	20.0	19	8.0	2.50	2.37
160	10.0	16	20.0	19	8.0	2.50	2.37

注:工作面参数为煤层埋深308～357m,工作面长150m。

4.4.8　顶煤运移规律

4.4.8.1　顶煤运移几何特征

由图4-92～图4-94知,工作面顶煤明显朝向采空区内侧移动和冒落。为此,工作面端头支架应具有足够的稳定性和支护强度,抵御侧向推力的作用。同时还可看出,靠近基本顶处一定区域内的煤体由于受到基本顶的控制作用,主要是随与基本顶趋势类似的垂直向下位移,因此可将此区域称为"基本顶控制区";在其下面中部的大部分煤体由于受到基本顶控制作用较弱,除了有较大的垂直位移外,还有向采空区侧的较大的水平位移,因此可将此区域内称为"弱控制区";而临近支架顶梁的部分煤体,由于受到支架的约束作用,水平位移有所减少,因此可将此区域称为"支架控制区"。

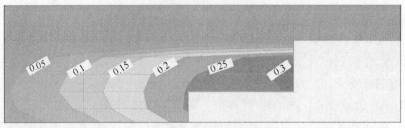

（a）顶煤水平位移等值线

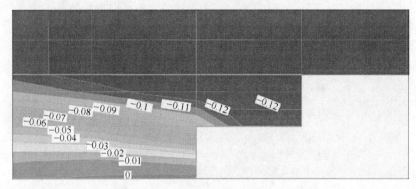

（b）顶煤垂直位移等值线

图 4-92　工作面推进 50m 时顶煤变形示意图

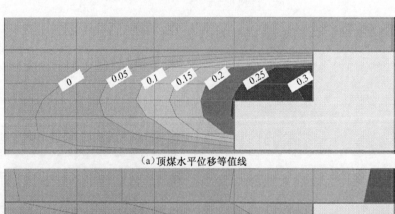

（a）顶煤水平位移等值线

（b）顶煤垂直位移等值线

图 4-93　工作面推进 70m 时顶煤变形示意图

　　越靠近采空区煤体的水平位移越大,而在煤壁前方 8m 左右处,水平位移减小到接近为零。总体上位移曲线有向煤壁后方方向凸出的趋向,这主要是因为上下两端的位移分别受到基本顶岩层和支架或底板的控制,因而水平位移变小,而中部较高处煤体受到顶板

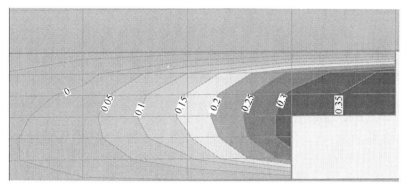

(a)顶煤水平位移等值线

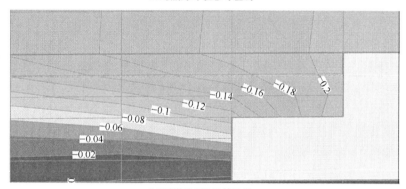

(b)顶煤垂直位移等值线

图 4-94 工作面推进 150m 时顶煤变形示意图

或支架的约束较弱,所以位移较大,这与上面顶煤分区相吻合。

综合上述对顶煤的应力、位移及破坏场的分析结果,可以将顶煤状态分为五个区(图 4-95):Ⅰ区为原岩应力区,Ⅱ区为弹性应力升高区,Ⅲ区为塑性强化区,Ⅳ区为塑性软化区,Ⅴ区为松动冒落区。

Ⅰ区内的煤体处于原岩应力状态,基本不受工作面采动的影响,本项目中Ⅰ区的范围为煤壁前方 120m 以外。

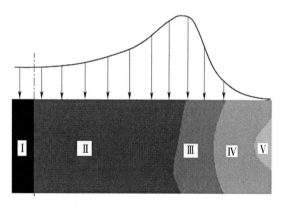

图 4-95 顶煤状态分区示意图

Ⅱ区内的煤体仍处于弹性状态,只不过支承压力较原始应力有所升高,此区内煤体的水平和垂直位移都很小,水平位移接近为零,本项目中Ⅱ区在煤壁前方 14～100m。

Ⅲ区内的煤体已处于塑性状态,且支承压力较原始应力有所升高,此区内煤体的平均水平位移为 10～30cm,最大水平位移一般不超过 40cm;平均垂直位移为 10～20cm,最大垂直位移一般不超过 30cm。本项目中Ⅲ区在煤壁前方 8～10m。

Ⅳ区的煤体已处于塑性状态,且支承压力较原始应力有所降低,且此区内的水平应力也非常低。此区内煤体的水平位移和垂直位移都较大,水平位移一般为 20～40cm,靠近采空区侧的最大水平位移可能达到 50cm 左右;平均垂直位移为 20～30cm,煤体中部最大垂直位移可达 40cm 左右,靠近老顶处最大垂直位移可达 50cm 左右。本项目中Ⅳ区在煤壁前方 8m 以内及顶板上方区域。

Ⅴ区内的煤体为拉应力区,因而较容易松动冒落,具体的破坏冒落过程是一个动态发展过程,因此该区域的范围随时间增长逐渐增大,其形态大体如图 4-23 所示。

4.4.8.2 顶煤运移力学特征

1)顶煤在老顶初次来压阶段弹性能变化规律

当老顶悬露达到极限跨距时,老顶断裂形成三铰拱式的平衡,同时发生破断的岩块回转失稳,从而导致工作面顶板的急剧下沉,这给工作面的安全造成严重威胁。一般情况下,老顶初次来压步距越大,工作面来压显现越剧烈,相应的动压系数也越大。

图 4-96 是老顶初次来压前后采场煤岩位移矢量图,图 4-97 是老顶初次来压前后采场煤岩弹性应变能变化曲线。研究位置分别取距进风巷 36m、72m 和距回风巷 36m 处,层位则取距底板 5m 位置。

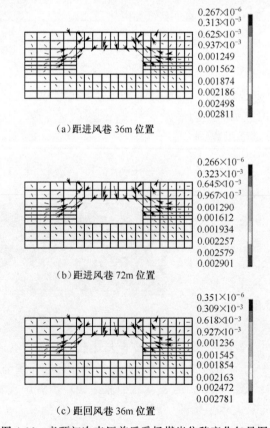

(a)距进风巷 36m 位置

(b)距进风巷 72m 位置

(c)距回风巷 36m 位置

图 4-96　老顶初次来压前后采场煤岩位移变化矢量图

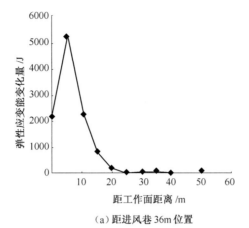

（a）距进风巷 36m 位置

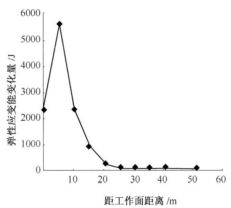

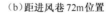

（b）距进风巷 72m 位置

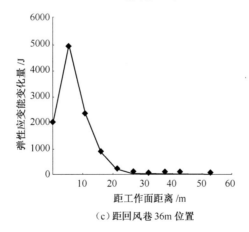

（c）距回风巷 36m 位置

图 4-97　老顶初次来压前后采场煤岩弹性应变能变化曲线

　　为了便于比较分析，还对正常回采 20m 后，工作面不同位置处的弹性应变能释放情况进行了计算分析。分别取距底板 5m，距进风巷 36m 和 72m，距回风巷 36m 位置，见图 4-98。

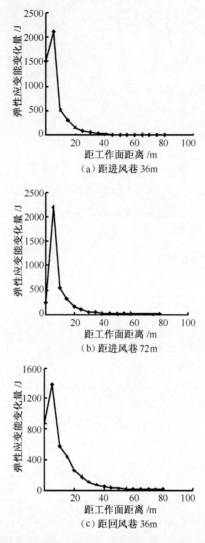

图 4-98　正常回采 20m 后工作面不同位置煤岩弹性应变能变化曲线图

对老顶初次来压前后和正常回采阶段的沿工作面方向的煤岩位移变化及弹性应变能变化情况进行分析,如图 4-99~图 4-101 所示。

可以发现老顶初次来压释放的弹性应变能是正常回采阶段的两倍多,并且在靠近工作面中间位置,煤岩释放弹性能更为剧烈。这也说明老顶初次来压较正常回采时煤岩更具有不稳定性,因此在实际工作中应该密切注意老顶在初次来压时的安全防护工作。

2) 顶煤在老顶周期来压阶段弹性能变化规律

随着回采工作面的推进,在老顶初次来压以后,裂隙带岩层形成的结构将始终经历"稳定—失稳—再稳定"的变化,这种变化将呈现周而复始的过程,即周期来压。周期来压也会使顶板下沉速度急剧增加,顶板的下沉量变大,对工作面也会造成严重的威胁。图 4-102 是老顶周期来压前后煤岩位移变化矢量图,图 4-103 为周期来压前后煤岩弹性应变能变化曲线图。图 4-103、图 4-104 为老顶周期来压前后煤岩弹性应变能变化图。由图 4-103 及图 4-104 可以看出,老顶周期来压后,煤岩弹性应变能的变化情况无论在走向还是倾向都有类似的规律。

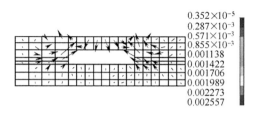

0.352×10⁻⁵
0.287×10⁻³
0.571×10⁻³
0.855×10⁻³
0.001138
0.001422
0.001706
0.001989
0.002273
0.002557

（a）距进风巷 36m

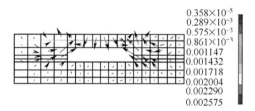

0.358×10⁻⁵
0.289×10⁻³
0.575×10⁻³
0.861×10⁻³
0.001147
0.001432
0.001718
0.002004
0.002290
0.002575

（b）距进风巷 72m

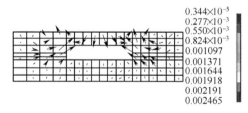

0.344×10⁻⁵
0.277×10⁻³
0.550×10⁻³
0.824×10⁻³
0.001097
0.001371
0.001644
0.001918
0.002191
0.002465

（c）距回风巷 36m

图 4-99　老顶初次来压前后煤岩位移变化矢量图

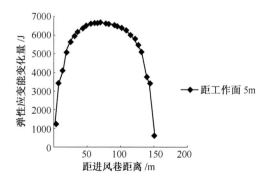

图 4-100　老顶来压前后工作面倾向煤岩弹性应变能变化曲线图

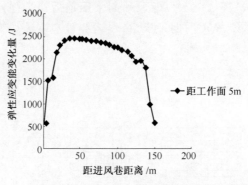

图 4-101　正常回采 20m 后倾向煤岩弹性应变能变化曲线图

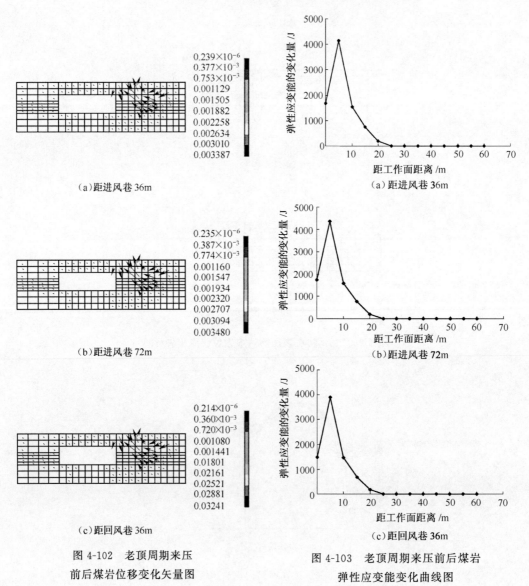

（a）距进风巷 36m

（b）距进风巷 72m

（c）距回风巷 36m

图 4-102　老顶周期来压
前后煤岩位移变化矢量图

（a）距进风巷 36m

（b）距进风巷 72m

（c）距回风巷 36m

图 4-103　老顶周期来压前后煤岩
弹性应变能变化曲线图

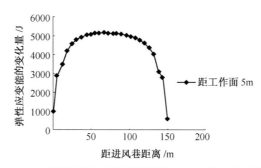

图 4-104　老顶周期来压前后煤岩弹性应变能变化曲线图

4.5　侏罗纪大采高工作面覆岩移动与顶板力学模型

地下采矿工程活动破坏了原岩初始应力状态,在工程围岩中引起应力重新分布,重新分布后的应力可能升高,也可能降低,如果升高后的应力达到岩体的破坏极限,则引起围岩的变形、破坏,因此,采矿工程中控制、减轻、转移这种破坏是保持工程结构稳定、维持正常生产的保证。就煤矿长壁开采采场而言,开采活动在采场周围形成了支承压力,煤壁前方的支承压力将使煤体裂隙扩展、贯通、加密,弱化了煤体强度,并在煤壁一定深度内形成塑性区,最终导致工作面煤壁片帮,采场两侧的支承压力则影响煤柱的稳定性,是确定煤柱尺寸、巷道支护方式设计的主要依据。煤矿长壁垮落法开采的另一特点是,允许人为使采空区顶板垮落,工作面支架的设计应与顶板垮落过程中产生的力学效应相适应,在保证安全的条件下降低工作面支架的制造成本,简化生产工艺。可见,开采中顶板的垮落特征及由此引起的力学特征是采场围岩控制的基础。

国内外采矿工作者很早就注意到采场上覆岩层的结构对采场围岩控制的重要性,在普通采高条件下,通过现场实测、实验室模拟、数值分析研究了上覆岩层的结构及运动规律对采场矿压的影响,相应提出了围岩控制方案,如合理支架架型选择,支护密度确定,初撑力、工作阻力确定等。随着近几年放顶煤采煤法的广泛使用,人们较为深入地研究了一次性开采煤层厚度远大于普通采高条件下上覆岩层的移动规律及对采场的影响。大采高开采一次采高远大于普通开采,上覆岩层的结构及运动规律必然不同于普通采高开采,因此围岩控制的原理、方法也必然不同。尽管大采高开采与放顶煤开采上覆岩层结构及运动规律在宏观上相似,但其机理并不相同。因而支护设计与放顶煤也有显著区别。值得注意的是,普通采高情况下采场的研究基本能满足工程需要,而大采高情况下,采场结构对围岩控制而言产生了本质的变化,相应围岩控制机理也发生很大变化。尽管我国大采高开采实践已有多年,但上覆岩层结构研究明显滞后于实践,已有的研究成果较少且不系统,尤其是开采 5～6m"两硬"煤层时,没有相关理论指导,阻碍了大采高开采技术的发展。

4.5.1　普通采场覆岩运动特点

在一般采场条件下,随着采场的不断推进,采空区上覆岩层中的下位岩层失去了原始的平衡状态,发生离层、冒落,进而给上位岩层创造了发生运动的条件。随着采场不断推进,采动范围逐渐扩大,上覆岩层从下而上依次发生运动,根据不同部位岩层运动幅度的差异,把采场上覆岩层自下而上依次划分为冒落带、裂隙带和缓沉带。其中,冒落带,就是采场的直接顶,其作用力必须由采场支架全部承担;裂隙带中下位 1～2 个岩梁为采场的老顶,可以将上覆岩层的重量传递到前方煤壁和后方采空区的矸石上。这些以传递岩梁为主要形式的覆岩结构既是采场支架的主要力源,也是保护支架免受全部上覆岩层重量的承载结构。

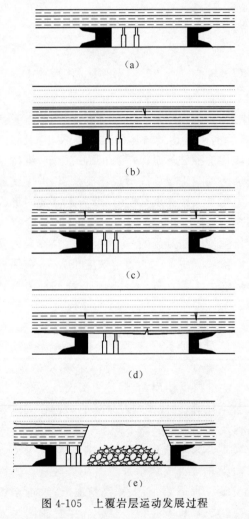

图 4-105　上覆岩层运动发展过程

一般情况下,采场上覆岩层运动的发展过程为:随采场推进,上覆岩层悬露[图 4-105(a)]→在其重力作用下弯曲[图 4-105(b)]→岩层悬露达到一定跨度,弯曲沉降发展至一定限度后,在伸入煤壁的端部开裂[图 4-105(c)]→中部开裂形成"假塑性岩梁"[图 4-105(d)]→当其沉降值超过"假塑性岩梁"允许沉降值时,悬露岩层即自行垮落[图 4-105(e)]。

悬露岩层中部拉开以后,是否会发生垮落,由其下部允许运动的空间高度决定。只有其下部允许运动的空间高度超过运动岩层的允许沉降值,岩层运动才会由弯曲沉降发展至垮落。否则,将保持"假塑性岩梁"状态,进而形成传递岩梁,如图 4-106 所示。

煤层上方第 n 个岩层弯曲破坏发展至垮落的条件可由下式表示。

$$S_n > S_o, \qquad S_n = h - \sum_{i=1}^{n-1} m_i (K_A - 1)$$

式中, S_n 为悬露岩层下部允许运动空间高度,m; S_o 为悬露岩层发展为"假塑性岩梁"的允许沉降值,m; h 为煤层开采高度,m; $\sum_{i=1}^{n-1} m_i$ 为已垮落岩层的总厚度,m; K_A 为已垮落岩层的碎胀系数。

反之,悬露岩层弯曲破坏后保持"假塑性岩梁"状态的条件为

$$S_n < S_o$$

由此可知,一般采场条件下,上覆岩层由直接顶(冒落带)和老顶(传递岩梁)组成,其运动过程是一个由下而上逐渐发展、弯曲沉降至冒落或触矸稳定形成传递岩梁的过程。

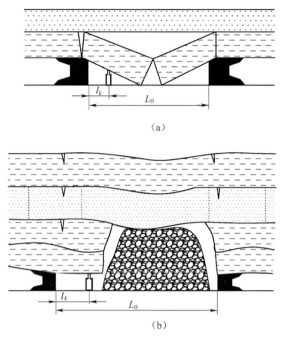

(a)

(b)

图 4-106 岩层弯曲形成"假塑性岩梁"结构

4.5.2 "两硬"大采高工作面覆岩运动规律

在"两硬"采场,由于上覆岩层厚度大、强度高,在采场推进过程中,岩层悬露后产生很小的弯曲变形,悬露岩层端部首先开裂,在岩层中部未开裂(或开裂很少)的情况下,突发性整体切断垮落。如图 4-107 所示。

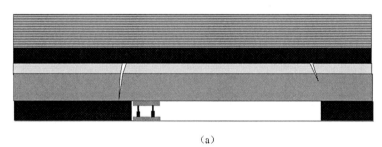

(a)

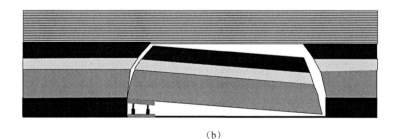

(b)

图 4-107 岩层突变运动形式

在这种采场条件下,从开切眼推进开始,坚硬岩层的离层量(下沉量)很小,几乎处于静止不动状态;随着采场不断推进,一旦达到极限跨度后,会发生突变失稳。岩层一般在煤壁处折断(见表1-1),失去向煤壁前方传递力的联系,不能形成能够传递力的岩梁(砌体梁或传递岩梁),全部重量均压在支架上。由于采高大,顶板岩块失稳过程中往往发生冲击,形成动载。8212工作面在开采过程中,发生了数次动载冲击现象,造成支架被压死的重大灾害。在初次运动阶段,岩层由嵌固梁突变为块体;周期运动阶段,由悬臂梁突变为块体。数层块体叠加,形成砌体堆积。因此,"两硬"大采高采场属于典型的块体堆积-突变动载模型。如图4-108所示。

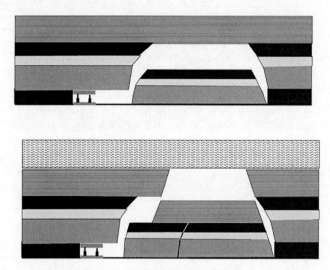

图4-108　块体堆积-突变动载模型

这种类型的采场具有明显的几个特点。

(1) 一般没有传统意义上的直接顶,即没有在采空区及时冒落且冒落后产生体积碎胀能够对上位岩层起到支撑作用的强度较低的岩层;或者局部有很薄的伪顶,厚度较小,起不到对上位岩层的支撑作用。块体突变失稳后,以完整的块体形式堆积在采空区,本身不破碎,因此碎胀系数接近于1.0。

(2) 没有传统意义上的老顶。岩层一般在煤壁处折断,失去向煤壁前方传递力的联系,不能形成能够传递力的岩梁(砌体梁或传递岩梁)。

(3) 由于采高大,采场覆岩中较高位置的岩层有可能形成传递岩梁,但由于距离支架较远,运动及作用力滞后,一般情况下,支架阻力可以不考虑,只考虑靠近支架的下位1～2个岩层(即传统意义上的直接顶范围)即可。

(4) 岩块的运动不是一个逐渐弯曲下沉的过程,而是一个突变失稳的短暂过程。平时顶板位移很小,达到极限跨度时突变失稳,位移剧增,如图4-109所示。

(5) 由于采高较大,顶板岩块在突变失稳的过程中,往往会发生冲击,对支架形成动载。

(6) 岩块在突变失稳前处于水平状态,是一个水平状态的悬臂梁,全部重量作用在采场支架上;突变失稳后为一端在底板(或已经运动结束的岩块)上,另一端在支架上,其重量一部分由支架承担；运动结束后，为一水平状态的块体，在采空区与其他块体形成堆积。全部重量作用在底板或下部已经运动结束的岩块上。

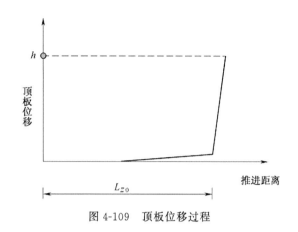

图 4-109　顶板位移过程

4.5.2.1　岩层的初次破断步距

岩层初次突变失稳的条件是：岩层端部开裂后，其端部抗剪断面上最大剪应力 $\tau_{\max}$ 超限。即

$$\tau_{\max} = [\tau]$$

式中，$[\tau]$ 为岩层的抗剪强度，Pa。

工作面推进至岩梁悬跨度达极限值 L_0 时，梁端弯矩 M_A 为

$$M_A = \frac{(q_1 + q_2)L_0^2}{12}$$

梁端部的拉应力 σ_A 为

$$\sigma_A = \frac{M_A}{W} = \frac{\dfrac{(q_1 + q_2)L_0^2}{8}}{\dfrac{m^2}{6}} = \frac{q_1 + q_2}{2m^2}L_0^2 \geqslant [\sigma_t]$$

因此，岩层初次突变失稳的步距为

$$L_0 = \sqrt{\frac{2m^2[\sigma_t] \times 100}{\left(m + \sum_{i=1}^{n} m_i\right)\gamma}}$$

当 $\sum_{i=1}^{n} m_i = 0$，即单一岩层突变失稳时，

$$L_0 = \sqrt{\frac{2m[\sigma_t] \times 100}{\gamma}}$$

式中，m 为岩层（支托层）的厚度，m；$\sum_{i=1}^{n} m_i$ 为随动层的厚度，m；$[\sigma_t]$ 为支托层的单向抗拉强度，MPa；γ 为岩层的容重，t/m^3。

显然，L_0 值随岩梁厚度 m、允许抗拉强度 $[\sigma_t]$ 的增加而增大，随支托层上的软岩厚度 $\sum_{i=1}^{n} m_i$ 的增加而减小。

4.5.2.2　岩层周期破断步距

在周期运动阶段，岩层为一悬臂梁。岩层的周期突变失稳步距为

$$C = \sqrt{\frac{m[\sigma_t] \times 100}{3\gamma}}$$

4.5.3 "两硬"大采高工作面致灾机理

"两硬"大采高采场重大围岩灾害包括大面积巨厚坚硬顶板灾变失稳压死支架、区段煤柱剧烈变形失稳和煤壁片帮等主要形式。其中工作面支架被压死是严重影响工作面安全、制约工作面产量的灾害形式。

1）初次运动阶段

初次运动阶段顶板突变失稳时，对采场支架的作用力如图 4-110 所示。

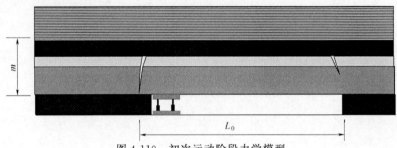

图 4-110　初次运动阶段力学模型

顶板突变失稳的过程，实际上是一个顶板岩层以煤壁为支点，在自身重力作用下回转下沉的动载过程。因此，顶板突变失稳时，根据力矩平衡条件，有

$$R \times \frac{L_K}{2} = m \gamma L_0 \frac{L_0}{2}$$

顶板对采场支架的作用力为

$$R = \frac{m \gamma L_0^2}{l_k}$$

式中，L_0 为岩层初次突变失稳步距；l_k 为控顶距。

假如支架实际的支护阻力为 $R*$，则有

（1）如果 $R < R*$，则支架工作阻力足够大，不会发生压死支架等围岩灾害；

（2）如果 $R > R*$，则支架工作阻力不足以支撑顶板，极易发生压死支架等围岩灾害。

2）周期运动阶段

周期运动阶段顶板突变失稳时，对采场支架的作用力如图 4-111 所示。

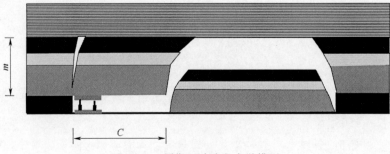

图 4-111　周期运动阶段力学模型

根据力矩平衡条件，有

$$R \times \frac{L_K}{2} = m\gamma C \frac{C}{2}$$

周期来压顶板对采场支架的作用力为

$$R = \frac{m\gamma C^2}{l_k}$$

式中，C 为岩层周期突变失稳步距。

假如支架实际的支护阻力为 $R*$，则有

(1) 如果 $R < R*$，则支架工作阻力足够大，不会发生压死支架等围岩灾害；

(2) 如果 $R > R*$，则支架工作阻力不足以支撑顶板，极易发生压死支架等围岩灾害。

4.5.4 "两硬"大采高工作面控制设计模型

1）支架实际支撑能力计算

$$Rt = k_g \times k_z \times k_b \times k_h \times k_u \times R$$

式中，k_g 为工作系数；k_z 为增阻系数；k_b 为不均匀系数；k_h 为采高系数；k_a 为倾角系数；R 为支架工作阻力，kN。

2）支护强度计算

A. 动载模型

在一般情况下应采用动载模型，即关键层在煤壁处断裂，回转下沉。

初次运动阶段

$$P_T = \frac{m\gamma L_0^2}{l_k} \tag{4-115}$$

周期运动阶段

$$P_T = \frac{m\gamma C^2}{l_k} \tag{4-116}$$

式中，P_T 为支护强度；m 为关键层厚度。

B. 静载模型

如果对顶板岩层采取预裂措施，使关键层在煤壁处提前开裂，可按静载模型计算。

初次运动阶段

$$P_T = \frac{m\gamma L_0}{2l_k} \tag{4-117}$$

周期运动阶段

$$P_T = \frac{m\gamma C}{2l_k} \tag{4-118}$$

4.5.5 工作面矿压的铰接简支板力学模型

目前矿山压力理论和围岩结构模型都注重工作面推进方向上的矿压显现规律，如周期来压、初次来压、来压强度、动载系数等都是工作面推进方向上的矿压显现指标，并没有考虑工作面长度方向上的矿压显现规律。随着综采工作面开采生产规模的不断提高，工

作面长度和推进长度都在增加。显然工作面长度方向上的矿压显现规律并不简单划一，从现场工作面支架荷载显现特征实测结果来看：矿压显现存在分期、分段、迁移的特点。因此用梁的一维围岩结构模型不能解释这类矿压显现现象。

对于长工作面而言，顶板被许多节理或断层切割成有限个薄板块，相互之间铰接连接，板的尺寸可能大小不一，这里把采场顶板简化如图 4-112 所示。

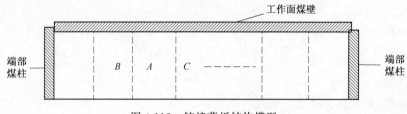

图 4-112　铰接薄板结构模型

图 4-112 为采场工作面长度方向上顶板的简化结构模型，在工作面长度方向上，顶板被简化为一系列相互铰接的薄板，工作面两端和煤壁被固定支承。随着工作面的不断推进，薄板的悬空面积越来越大，薄板弯曲挠度越来越大，而薄板内部的应力也随之不断增大，当薄板内部的应力满足岩石破坏准则时，薄板发生破断。显然强度较低的薄板，首先要发生破断。在工作面长度方向上，临近的薄板就变为一侧悬空。分析薄板 A、B、C 在薄板 A 破断前后边界支承情况变化。薄板在破断前，薄板 A、B、C 都是两边简支，一边固定，一边悬空自由。在薄板 A 破断后，薄板 B 右侧失去了支承，变成了自由边，而薄板 C 的左侧变成了自由边。

根据弹性力学薄板弯曲理论，在材料相同、尺寸和所受的外载相等条件下，边界条件决定着薄板的挠度和薄板内部应力。薄板 A 破断后临近薄板 B、C 发生的最大挠度和内部最大应力要成倍大于薄板 A 破断前临近薄板 B、C 发生的最大挠度和内部最大应力。此时很容易造成薄板 B、C 的破断。依次类推，薄板 B、C 的破断也很容易造成临近薄板的破断。这样薄板的破断就向两侧推进直至工作面的两个端头。

图 4-113 所示为 8402 工作面推进方向上不同测线上初次来压步距的变化。图中显示工作面中部最先来压，然后向工作面两个端部逐渐扩展，这从侧面验证了铰接薄板模型的正确性。

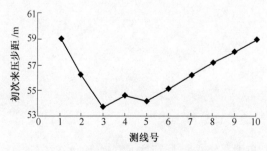

图 4-113　工作面推进方向上初次来压步距变化

图 4-114 为普通采高采场围岩与支架结构示意图，其中 A 为直接顶，B 为老顶，由于

采高相对较小,煤壁的片帮程度相应较小。数值模拟结果显示煤壁前方的支承压力集中系数较小,峰值位置远离煤壁。这样直接顶和煤层的破坏程度和范围相对较小,造成对老顶的夹持能力较强。对于"两硬"条件综采而言,在煤壁上方直接顶和煤层对老顶的支撑可简化为固定支撑。

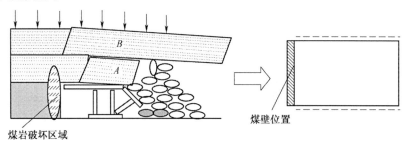

图 4-114　普通采高采场围岩与支架结构示意图

对于弹性薄板而言,并不是所有的支撑条件都有力学理论解。为了统一起见,我们利用 ANSYS7.0 有限元程序对薄板进行力学分析。模型薄板的尺寸为 $20m \times 20m$,弹性模量为 1200MPa,泊松比为 0.3,薄板上横向荷载为 6MPa。计算结果表明:一边固支、两边简支最大挠度为 0.278m,最大主应力为 22.6MPa;一边固支、一边简支,最大挠度为 2.71m,最大主应力为 47.2MPa。

图 4-115 为大采高采场围岩与支架结构示意图,由于采高的增大,煤壁的片帮程度和范围相应增大。数值模拟结果显示煤壁前方的支承压力集中系数较大,峰值位置靠近煤壁。这样直接顶和煤层的破坏程度和范围相对较大,造成对老顶的夹持能力减弱。对于"两硬"条件综采而言,直接顶和煤层对老顶的支撑可简化为简支。

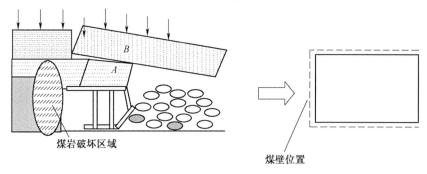

图 4-115　大采高采场围岩与支架结构示意图

计算结果表明:三边简支最大挠度为 0.292m,最大主应力为 23.4MPa;两边简支最大挠度为 7.1m,最大主应力为 70MPa。

从不同支撑条件薄板的数值计算结果可以看出,采高增大后,顶板的支撑方式发生了改变,即由煤壁一侧的固支逐渐变为简支。这样大采高工作面方向上第一块垮落顶板中的最大挠度比普通采高增加了 5%,最大主应力增加了 4%。而大采高工作面方向上后来垮落顶板的最大挠度比普通采高增加了 165%,最大主应力增加了 49%。因此大采高来压强度、动载系数较大。这样在"两硬"条件下需要加强支架对顶板的支撑并进行顶板弱化处理。

4.6 石炭纪变质煤采场覆岩移动与回采巷道矿压控制

从回采工作面推进的方向看,整个工作面上覆岩层基本顶岩层结构是由"工作面煤壁—工作面支架—采空区已冒落的矸石"支撑体系所支撑。因为工作面煤壁与采空区已冒落的矸石具有截然不同的特性,所以工作面支架受力状况的好坏对能否维护好回采工作面顶板有很大的影响。

由于回采工作面上覆各岩层距采场的高度不同,且各自的厚度和岩性不同,其充分运动的范围和对采场的影响也不同。岩层的纵向运动规律一般是:岩层在重力作用下弯曲沉降 → 发生离层后在运动过程中重新组合成同时运动的"假塑性"岩梁 → 沉降值超过允许的限度 → 岩层冒落。所以,工作面支架作为支护顶板,维护采场安全生产的结构物,其并不是孤立存在的,而是处在一个由围岩组成的体系中的。根据采场上覆岩层运动对采场产生直接影响的程度,可以认为基本顶及其以下范围的岩层是对采场产生直接影响的岩层,而基本顶之上的岩层则视为作用到基本顶上的载荷。因此,支架与围岩相互作用体系则是由基本顶—直接顶—支架—底板组成。

由于采场内煤壁支撑影响角的存在以及随着回采工作面的不断推进,基本顶的回转是不可控制的,因而这种回转变形成为给定变形。在工作面支架与围岩这一相互作用的体系中,基本顶的运动和作用是具有主导性的,而且支架与围岩是相互影响相互作用的。围岩的运动状态影响支架的工作状况和承载特性,而支架的工作状况又反过来影响到对顶板的维护效果。所以,回采工作面支架与围岩是一对相互作用的矛盾统一体。

直接顶是指在采空区已冒落,在采场内由支架暂时支撑的悬臂梁,其特点是在推进方向上不能始终保持水平力的传递。因此,控制直接顶的基本要求是:当其运动时,支架应能承担其全部岩重。

基本顶由运动对采场矿山压力显现有明显影响的传递岩梁组成,其特点是具有在推进方向上能传递水平力的不等高裂隙梁。

4.6.1 围岩控制理论计算

需控岩层范围包括采空区已垮落的直接顶及由运动明显影响采场矿压显现的传递岩梁组成的基本顶两个部分。

研究及实践证明,一般顶板(上覆岩层)条件下,组成基本顶的传递岩梁数不超过三个。总厚度为采高的 4～6 倍。

采场支架阻抗能力及其力学特性必须保证对直接顶裂断来压的绝对控制。即当直接顶在煤壁切断时,支架必须完全承担其全部作用力,也就是说支架必须保证在直接顶裂断来压所给定载荷下安全工作。满足此要求的支架工作阻抗力可由下式表示:

$$P_A = A = M_z \cdot \gamma_z \cdot f_z \tag{4-119}$$

式中,M_z、γ_z 分别为直接顶厚度及平均容重;f_z 为考虑支架合力作用点位置和采空区悬顶的力矩系数。

当已知支架合力作用点距煤壁距离(l_i)、控顶距(l_k)及悬顶距 l_s 时。可用下式计算示出：

$$fz = \frac{l_k}{2l}\left(1 + \frac{l_s}{l_k}\right)^2 \tag{4-120}$$

基本顶岩梁来压时，直接顶将被迫裂断来压。此时，采场支架可以在该岩梁采空区端（裂断处）沉降触矸的工作状态下工作——给定变形条件下工作；也可以在阻止岩梁沉降至裂断处触矸的限定变形条件下工作。

基本顶岩梁来压时。支架在给定变形条件下工作时的采场顶板下沉量（Δh_T）由岩梁自由沉降至采空区端裂断处触矸的位置状态所"给定"，即：

$$\Delta h_T = \Delta h_A \tag{4-121}$$

其中

$$\Delta h_A = \frac{l_k \cdot S_A}{C_E} \tag{4-122}$$

$$S_A = h - M_Z(K_A - 1) \tag{4-123}$$

式中：Δh_A 为采场支架在给定变形（采空区裂断处触矸）条件下的采场顶板下沉量，m；ΔS_A 为岩梁断裂触矸处的沉降值，m；C_E 为岩梁裂断来压步距，m；K_A 为岩梁触矸处冒落岩层碎裂系数。

支架在给定变形条件下工作时的阻抗能力（P_T），可以在下列两个极限值间任意选择。其中：支架在给定变形条件下工作的上限值，不能超过直接顶作用力（A）和岩梁下沉到底给支架作用力（K_A）之和，即：

$$P_{T\max} = A + K_A \tag{4-124}$$

其中

$$A = M_Z \cdot \gamma_Z \cdot f_z$$

$$K_A = \frac{M_E \gamma_E C_E}{K_T \cdot l_k}$$

式中，K_T 为考虑支架承担岩梁重量的比例系数，一般顶板条件下可取 $K_T = 2$。

支架在给定变形条件下工作的最低阻抗能力（$P_{T\min}$），不能低于直接顶作用力，即：

$$P_{T\min} = A = M_Z \cdot \gamma_Z \cdot f_z \tag{4-125}$$

支架在限定变形条件下工作时，要求控制的采场顶板下沉量（Δh_T）将小于岩梁裂断处触矸时的采场顶板下沉量（Δh_A），即：

$$\Delta h_T < \Delta h_A$$

其中

$$\Delta h_A = \frac{l_k S_A}{C_E}$$

$$S_A = h - M_Z(K_A - 1)$$

限定变形条件下支架必须的阻抗能力（P_T）值，针对已知岩梁结构参数的差异分别可由下列位态方程表达。其中：

当岩梁厚度（M_E）及裂断步距 C_E 已知时：

$$P_T = A + K_A \frac{\Delta h_A}{\Delta h_T} \tag{4-126}$$

其中

$$A = M_Z \cdot \gamma_Z \cdot f_Z \tag{4-127}$$

$$K_A = \frac{M_E \cdot \gamma_E \cdot C_E}{K_T \cdot \iota_K} \tag{4-128}$$

当岩梁结构参数 M_E 及 C_E 未知时,岩梁位态方程可以通过实测建立。其表达式为

$$P_T = A + K_0 \frac{\Delta h_0}{\Delta h_T} \tag{4-129}$$

其中

$$A = M_Z \cdot \gamma_Z \cdot f_Z \tag{4-130}$$

$$K_0 = P_0 - A \tag{4-131}$$

式中,P_0 及 Δh_0 分别为支架在限定变形条件下工作时,实测所得顶板压力(支架阻抗力)和相应的采场顶板下沉量。

4.6.2　支架选型及主要工作参数

4.6.2.1　老顶第一次裂断

结构模型:属多岩梁有内应力场结构力学模型时,其状态如图 4-116 所示。

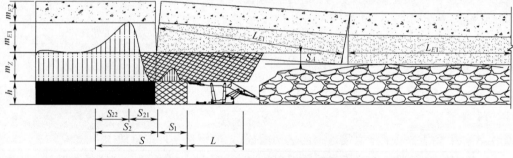

图 4-116　多岩梁有内应力场结构模型图

以永定庄矿开采 4 号煤层 8106 工作面为例,工作面长 151m,走向长度 762m,煤层厚度 1.0~2.8m,平均 2.4m,煤层倾角 7°。4 号煤层位于山西组中下部,下距 K3 标志层一般为 4.0~33.93m,平均 17.41m,全井田大部有赋存,向东北、西北部变薄为零,首采区除补 20 号孔不可采外,均为可采且厚度比较稳定。岩浆岩侵入在中东、南部。顶板为砂质泥岩,有时相变为中粒砂岩,底板为细粒和粉砂岩。工作面顶底板情况见表 4-15。

表 4-15　煤层顶底板

顶底板名称	岩石名称	厚度/m	特　　征
老顶	高岭质泥岩、砂质泥岩、粉砂岩	5.8	含植物化石,块状,贝壳状及参差状断口
直接顶	泥岩、粉砂岩	1.59	块状,水平层理,含植物化石,断口平坦
直接底	直接底	5.79	泥岩、粉砂岩

基本顶下位岩梁支托层厚度：$m_{Eq} = 3.9$m；基本顶下位岩梁第一次裂断步距：$C_{E1} = 58.45$m；基本顶下位岩梁周期裂断步距：$C_{01} = 27.02$m；$l_k = 5.74$m。

控制准则：防止上位岩梁动压冲击，把采场顶板下沉量控制在支架缩量允许的范围内。

力学保证条件：满足基本顶下位岩梁第一次裂断时刻控制要求支护强度 P_T

$$P_T = A + \frac{m_{E1} \cdot \gamma_{E1} \cdot C_1}{2l_k}$$

其中，$A = m_z \gamma_z = 2 \times 2.5 = 5$t/m²。

下限：$P_T = 5$t/m²，上限：$P_T = 5 + \dfrac{3.9 \times 2.5 \times 58.45}{2 \times 5} = 56.98$t/m²。

1）支架支护宽度（B_T）和控顶距（l_k）选择

针对永定庄矿基本顶第一次来压步距 31m，支架支护宽度（B_T）、控顶距（l_k）和支护面 S_T 选择为

$$B_T = 1.45\text{m} \quad l_k = 5.74\text{m} \quad S_T = B_T \times l_k = 8.323\text{m}^2$$

2）支架阻抗力计算

基本顶第一次来压

下限：$R_T = 5 \times 8.323 = 41.61$t $= 410$kN；

上限：$R_T = 56.98 \times 8.323 = 474.24$t $= 4800$kN。

3）支架要求缩量（ε_{max}）的计算

基本顶第一次裂断来压工作面处于停滞状态时要求最大支架（立柱）下沉缩量 ε_{max} 的计算：

$$\varepsilon_{max} = \Delta h_A = \frac{2(l_k + S_0)S_A}{C}$$

其中

$$S_A = h - [m_z(k_A - 1) + h_d] = 2.4 - 2.09(1.3 - 1) = 1.77\text{m}$$

因此

$$\varepsilon_{max} = \frac{2 \times (l_k + S_0) \times S_A}{C_{E1}} = \frac{2 \times (5 \times 2) \times 1.77}{58.45} = 0.42\text{m}$$

4.6.2.2 顶板结构及支架选型计算

结构模型属多岩梁有内应力场结构力学模型时，其状态如图 4-117 所示。

控制准则：防止上位岩梁动压冲击，把采场顶板下沉量控制在支架缩量允许的范围内。

力学保证条件：支架支护强度和阻抗力必须满足下式要求：

$$P_T = A + k_0 \frac{\Delta h_A}{\Delta h_T}$$

其中，

$$A = m_z r_z = 2.09 \times 2.5 = 5.225\text{t/m}^2$$

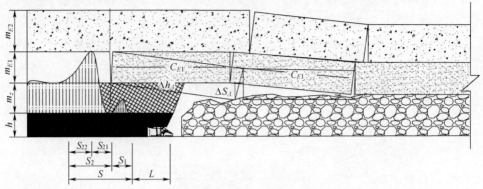

图 4-117　煤层开采工作面支架选型计算结构力学模型及结构参数

$$K_A = \frac{m_{E1} \times r_E \times C_{01}}{2l_k} = \frac{3.9 \times 2.5 \times 27.02}{2 \times 5} = 26.35 \text{t/m}^2$$

$$S_A = h - [m_z(k_A - 1) + h_d] = 2.4 - 2.09 \times (1.3 - 1) = 1.77 \text{m}$$

Δh_T 为要求控制的采场顶板下沉值,根据存在内应力场实际情况,可采用以下两种方案:

下限:$\Delta h_T = \Delta h_A$,则 $P_{T\min} = A + K_A \dfrac{\Delta h_A}{\Delta h_T} = 5.225 + 26.35 = 31.58 \text{t/m}^2$;

上限:$\Delta h_T = 0.5\Delta h_A$,则 $P_{T\min} = A + K_A \dfrac{\Delta h_A}{\Delta h_T} = 5.23 + 26.35 \times 2 = 57.93 \text{t/m}^2$。

1)支架阻抗力计算

支架工作阻力 $R_T = P_T \times S_T$

下限:$R_T = 31.58 \times 8.323 = 262.8 \text{t} = 2600 \text{kN}$;

上限:$R_T = 57.93 \times 8.323 = 482.15 \text{t} = 4900 \text{kN}$。

2)支架要求缩量($\varepsilon_{\max}$)的计算

基本顶来压工作面处于停滞状态时要求最大支架(立柱)下沉缩量 $\varepsilon_{\max}$ 的计算:

$$\varepsilon_{\max} = \frac{(l_k + S_0) \times S_A}{C_{E1}} = \frac{(5+3) \times 1.77}{27.02} = 0.52 \text{m}$$

根据以上的计算,工作面在不同的推进状态、采用不同的顶板控制方式时,支架的工作阻力、活柱的变形量有比较大的变化,回采工作面支架的最大工作阻力达 5000kN,支架缩量达到 0.52m。

4.6.3　回采巷道矿山压力控制的理论和模型

4.6.3.1　回采巷道围岩应力来源

煤矿巷道开掘和维护过程中,促使围岩运动破坏的矿山压力的来源及其相对推进的位置和时间分为以下三种类型,如图 4-118 所示。

(1)在采动支承压力影响范围外,即在原始应力场中开掘和维护的巷道如图 4-118 所示。其压力(应力)的来源视原始应力场特征可能有两种情况:单一重力作用的原始应

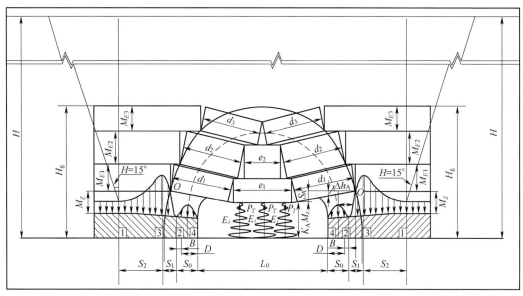

图 4-118　不同部位巷道围岩应力来源

力场,来源于上覆岩层的重力;存在残余构造应力的原始应力场,来源于重力和残余构造应力的综合作用。

（2）在采动支承压力分布范围的内应力场中开掘和维护巷道（图 4-118）。

在采动形成的内应力场范围内,煤层已遭到不同程度的破坏;原支承压力的高峰区域已向煤层纵深转移,存在的原始构造应力也已在煤层的采动和覆岩运动破坏过程中释放。因此,在该范围内开掘和维护的巷道围岩的应力大小由采动波及的破坏岩层范围内运动着的岩层重力决定。如果采动波及的破坏覆层范围的岩层运动完全停止,则在该应力场范围内开掘和维护的巷道围岩中的应力将非常小。掌握内应力场所涉及的运动岩层范围及其运动发展情况,正确地选择巷道开掘和维护的时间,是该范围巷道矿山压力和顶板控制的关键。

（3）在采动支承压力分布范围中的高应力区（外应力场）中开掘和维护巷道,如图 4-118 所示。

在采动形成的支承压力高峰区内开掘和维护的巷道,围岩应力来源于采动影响范围岩层整体的重力。即图 4-118 中从采场支承压力分布范围的边界（进入原始应力场）开始伸展到地面变形边界所包围的已产生移动和变形覆岩全部。实践证明,在采动应力高峰区开掘和维护的巷道,围岩应力可以比在原始应力场中开掘维护的巷道高出 1.5～2.5 倍。与此同时,由于采动应力高峰区的重力应力增加,原始应力场存在的构造应力仍将保持着。因此,在有残余构造应力的区域的采动支承压力高峰部位开掘和维护巷道,将同时受到成倍增长的原始重力和构造应力的双重作用。

（4）沿空留巷,如图 4-118 所示。

随着工作面推进留设供下工作面用的回采巷道,即沿空留巷,围岩承受的压力及其破坏发展过程,包括以下两个阶段。

在采动支承压力作用下破坏发展阶段。该阶段巷道围岩（煤壁）承受的压力将是上覆岩层自重及采场推进悬露的上覆岩层重力的总和。巷道围岩（煤壁）的变形破坏将经历支承压力高峰向煤层深部转移的全过程。

在内应力场上覆岩层运动压力作用下破坏的发展阶段。该阶段巷道围岩压力来源于采场运动的上覆岩层重力，即图 4-118 中破坏拱内岩层的重力。围岩（煤壁）的压缩破坏过程将从拱内下位岩层沉降开始，直到拱内所有岩层沉降能触矸为止。

4.6.3.2　内应力场掘巷的压力来源

在内应力场中开掘和维护的巷道围岩应力来源于受采场采动影响明显运动的上覆岩层运动的作用力。随采场推进进入明显运动的岩层，包括垮落的直接顶（M_Z）和运动中保持传递力联系的基本顶（$M_{E1}, M_{E2}, \cdots, M_{En}$）。运动实现的基本结构状态和结构参数如图 4-119 所示。

该范围内岩层运动作用于内应力场煤层上的压力，可以根据基本顶下位岩梁（板）运动实现可能出现的以下两种情况计算。

第一种情况：岩梁端部剪切失稳，即图 4-118 中咬合点 O 失去挤压铰接能力。

此情况下内应力场受压煤层（S_0）上的压力 P_{S_0} 及煤层中的垂直应力 σ_S 可以根据基本顶岩梁的重力平衡方程求得。

$$p_{s_0} = \int_0^{S_0} \sigma_S \mathrm{d}s = \frac{1}{2} \left[(2A + B_1) - E_i \varepsilon_i l_1 \right] \tag{4-132}$$

其中，$A = M_z \cdot \gamma_z \cdot l_z$，为直接顶作用力；$B_1 = (L_0 + 2S_0) M_{E1} \gamma_{E1}$ 为基本顶作用力；$P_T = E_i \varepsilon_i e_1$ 为冒落碎胀矸石支承反力。

式中，M_z 及 γ_z 为直接顶（冒落岩层）厚度及容重；M_{E1} 及 γ_{E1} 为基本顶第一（下位）岩梁厚度及容重；L_z 及 L_0 为直接顶悬跨度及工作面长度；e_1 为基本顶下位岩梁来压裂断中间段的跨度，m；ε_i 为基本顶岩梁触矸后的沉降量（即采空区碎胀矸石压缩量），mm；E_i 为冒落碎胀矸石压缩刚度，N/m。

当岩梁沉降至该位态时，内应力场煤层上只承受了直接顶的重量，即

$$P_{S_0} = \frac{1}{2} \left[(2A + B_1) - C (S_i - S_A)^2 \right] \tag{4-133}$$

由此可求得 S_{max1} 值为

$$S_{\mathrm{max1}} = \sqrt{\frac{B_1}{C}} + S_A \tag{4-134}$$

式中，$B = M_{E1} \gamma_{E1} (L_0 + 2S_0)$ ；$C = \dfrac{e_1 E_{\max}}{S_{\max} - A}$ ；$S_A = h - M_z (K_A - 1)$

研究可以明显看到，作用在内应力场煤层上的支承压力是上覆岩层沉降量的函数。因此在确定内应力场范围（S_0）的同时，搞清上覆岩层运动发展的规律，以此为基础正确选择巷道开掘的位置和时间，尽可能地实现在稳定的内应力场中开掘和维护巷道，是控制内应力场巷道矿压显现的关键。

第二种情况：破坏拱内上覆岩层运动的全过程中，下位岩梁在端部，即图 4-118 中 O

点始终保持传递力的联系。

此情况下基本顶下位岩梁运动过程中的结构力学模型如图 4-118。此时，内应力场煤层上的支承压力对咬含点 O 的力矩平衡方程导出。

$$P_{S_0} = \int_0^{S_0} \sigma_s \, \mathrm{d}S = A + B \tag{4-135}$$

式中，A 为直接顶运动给煤层的压力，Pa；B 为基本顶下位岩梁运动给煤层的压力，Pa。

$$A = M_Z \cdot \gamma_Z \cdot \frac{l_Z{}^2}{S_0} \tag{4-136}$$

$$B_1 = \int_0^{S_0} \sigma_{SB} \, \mathrm{d}S = \frac{M_{E1} \gamma_{E1} d_1}{2 l_S} (e_1 + d_1) - \frac{d_1}{2 l_S} E_i e_i e_i \tag{4-137}$$

下位岩梁裂断来压作用下的内应力场压力关系方程——下位岩梁位态方程为

$$P_{SP1} = (A_1 + D_1) - C (S_i - S_A)^2 \tag{4-138}$$

式中，$A_1 = M_Z \cdot \gamma_Z \cdot \dfrac{l_Z{}^2}{S_0}$；$D_1 = \dfrac{M_{E1} \gamma_{E1} d_1 (e_1 + d_1)}{S_0}$；$C = \dfrac{d_1 e_1 E_{\max}}{S_0 (S_{\max} - S_A)}$。

4.6.3.3　内应力场巷道矿山压力控制设计原则

在内应力场开掘和维护巷道控制矿山压力显现（包括围岩变形量的控制及支护阻抗力及变形量的控制）的关键包括以下三个方面。

（1）合理选择巷道开掘的位置。

显然，在已确定出内应力场范围也就是已进入破坏的煤带宽度（S_0）的基础上，尽可能地把巷道开掘在内应力场深部边界，也就是内外应力场分界线处。也就是说，如果不考虑回收率，在内应力场开掘巷道，还是留煤柱宽度大一些好，以便把护巷煤柱上承受的压力及相应的变形量减少到最低限度。当然，如果在内应力场进入完全稳定后开掘巷道，在内应力场中，所留巷道煤柱的宽度只要保证不出现采空区漏风等情况，小一点也不是问题。

（2）正确确定巷道开掘的时间。

保证在回采工作面推进到一定距离和时间后再开始在内应力场中掘巷，并始终把滞后的距离和时间保持在能实现在稳定的内应力场中开掘和维护巷道的目标，是控制巷道变形的关键，是重中之重。这点从上述内应力场煤层条带的压力（应力）和变形的研究，包括相关位态方程所表达的关系，已经得到明确的论证。

（3）根据选定的巷道开掘维护时间及可能经历的内应力场受力变形发展过程正确地（针对性地）进行支护设计。

随采场推进，两侧将出现内应力场的范围，煤层承受的压力及相应的压缩变形发展过程，如图 4-119 所示。

4.6.3.4　内应力场巷道受力变形发展过程

在稳定的内应力场开掘和维护巷道支护设计面对的巷道围岩应力和变形特征如下。

（1）围岩承受的压力很小，只有采空区冒落的直接顶（包括已冒落的煤层和岩层）的重力。原悬露岩层（无论是处于运动状态或处于相对静止状态）的压力已完全实现了向

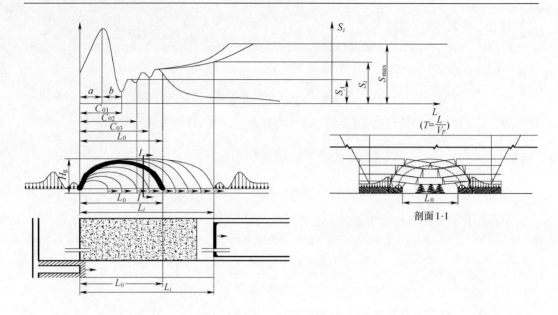

图 4-119　采场推进内应力场范围煤层压力和压缩过程

采空区(矸石)和外应力场的转移。

（2）围岩(特别是煤层)的破坏,包括压碎的程度和裂隙程度,已发展到最大限度且已进入稳定的状态。

煤层承受的压力及相应的压缩变形发展过程包括以下两个发展阶段。

（1）内应力场形成前的发展阶段,包括:①工作面推进开始前,处于原巷道压力作用下的发展过程。②工作面推进开始后,随采场推进和回采空间的扩大压力递增。弹性压缩和塑性破坏从煤型边沿开始,逐步向纵深扩展,此过程工作面推进距离如图 4-119 中 a 段及 b 段所示。③工作面推进至内应力场范围煤层全部进入塑性破坏状态后,随采场推进和支承压力的增加,承压的压力迅速递减的发展过程。

（2）内应力场的形成和发展阶段,包括由工作面长度决定进入裂断破坏拱内所有上覆岩层裂断运动和发展的全过程。对于图 4-119 所示将有。①第一岩梁裂断运动的发展过程;②第二岩梁裂断运动的发展过程;③第三岩梁裂断运动的发展过程。

该发展阶段内应力场范围煤层上的压力和压缩变形的重要特征是,每一次压力和压缩变形的明显增减过程,都将对应于基本顶相应岩梁从裂断下沉,到触矸、压缩采空区矸石进入相对稳定过程。

4.6.3.5　内应力场巷道开掘和维护控制理论研究

由图 4-119 不难看出,在内应力场开掘和维护巷道控制矿压和顶板控制设计,应针对不同的开掘和维护时间方案进行。

在内应力场开掘和维护巷道可能的方案如图 4-120 所示。

超前回采工作面推进开掘和维护的回采巷道[图 4-121（a）]将经历回采工作面推进内应力场形成和发展的全过程。

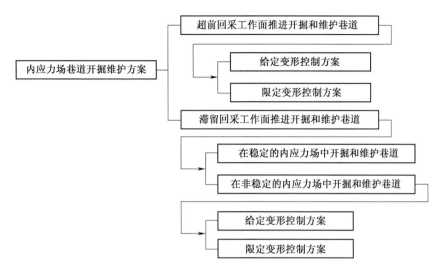

图 4-120　内应力场巷道开掘维护方案

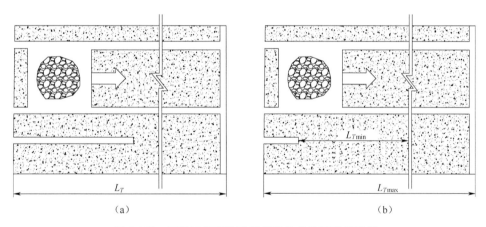

图 4-121　回采工作面推进开掘和维护的回采巷道图

巷道上承受的垂直压力为

$$P_{SP} = (A + D_n) - C(S_i - S_A)^2 \qquad (4\text{-}139)$$

如前所述,该条件下巷道侧帮煤柱

$$A = M_Z \cdot r_Z \cdot \frac{\gamma_Z^2}{S_o}, \quad D_n = \frac{\sum\limits_i^n M_i r_i d_i (e_i + d_i)}{S_0}, \quad C = \frac{d_1 e_1 E_{\max}}{S_0 (S_{\max} - S_A)}$$

在垂直压力 P_{SP} 作用下,促使巷道侧帮煤壁鼓出的侧向压力 F_{SP} 为

$$P_{SP} = \lambda P_{SP}$$

其中 $\lambda = \dfrac{\mu}{1 - \mu}$。

该条件下,如果不通过支架的阻抗力进行限制,巷道侧壁的最大压缩量 $\Delta h_{\max}$ 为

$$\Delta h_{\max} = \frac{S_0}{d_1} \left(S_A + \sqrt{\frac{D_n}{C}} \right) \qquad (4\text{-}140)$$

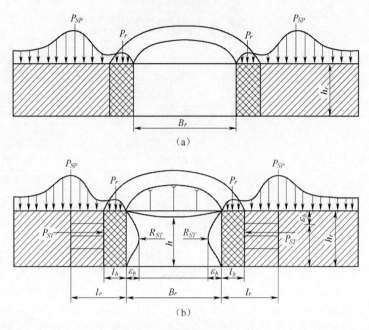

图 4-122　顶煤垮塌对照图

　　超前掘进和维护的巷道采用锚网支护时,不可能采用限定变形控制设计方案。这是因为对于巷道两帮煤柱来说,无论采用何种锚杆固结强化,其垂直方向支撑能力仍然是取决于煤体自身的强度。无法抗拒内应力场大范围岩层压力,其大幅度的压缩变形将不可能避免。

　　超前掘进和维护的巷道,采用锚网支护时,巷道煤柱的最大纵向变形量 ε_h 和横向变形量 ε_b 分别为

$$\varepsilon_h = \Delta h_{\max} = \frac{S_0}{d_1}\left(S_A + \sqrt{\frac{\sum_1^n B_i}{C}}\right)$$

$$\varepsilon_h = \Delta h_{\max} = \frac{S_0}{d_1}\left(S_A + \sqrt{\frac{D_n}{C}}\right)$$

$$\varepsilon_b = \mu\varepsilon_\tau$$

　　为保证该巷道回撤前必需的最小工作断面,以矩形断面巷道为例,相应的初始掘进断面尺寸分别为

$$h_T = h + \varepsilon_h \qquad\qquad B_T = B + \varepsilon_b$$

式中,h_T 及 h 分别为巷道掘进高度和最小允许工作高度;B_T 及 B 分别为巷道掘进宽度和最小允许工作宽度。

　　巷道锚固支护的宽度及其支撑能力必须保证在整个巷道变形过程中不出现因片帮而造成的顶煤(顶板)垮塌事故。

　　对照图 4-122(b)可知,实现上述要求的充分条件是由锚杆长度(l_T)及密度(n)所

决定的锚固体支撑能力(R_T)。必需还要对抗承压煤柱的侧压力(P_{ST})。

$$R_T = n \cdot F \cdot f \left[P_{SP} (l_T - l_b) + P_T l_b \right] = P_{ST}$$

式中,n 为锚杆密度,根/m;F 为每根锚杆固结的煤体表面积,m^2;l_T 为锚杆长度,m;l_b 为巷道煤柱在采场支承压力作用下的塑性破坏宽度,m;f 为摩擦系数。

$$P_{ST} = \lambda P_{SP}$$

代入进行整理得锚固体的锚杆密度计算公式为

$$n = \frac{\lambda P_{SP}}{F \cdot f \left[P_{SP} (l_T - l_b) + P_T l_b \right]} \tag{4-141}$$

如果使 $l_T = l_b$,则

$$n = \frac{\lambda P_{SP}}{P_T F \cdot f \cdot l_b} \tag{4-142}$$

式中

$$P_{SP} = (A + D_n) - C(S_T - S_A) \ , \ P_T = \frac{1}{16} \pi \gamma_p (B_T + 2l_b)^2 \ , \ \lambda = \frac{\mu}{1 - \mu}$$

其中,S_T 是要求控制的基本顶位态(即岩梁触矸处的下沉值),该位态由巷道要求控制(即允许的)压缩变形量 ε_T 决定,具体关系为

$$S_T = \frac{d_1 \cdot \varepsilon_T}{S_0} \tag{4-143}$$

上述公式说明内应力场中超前掘进和维护的回采巷道采用锚网支护时,锚固宽度(l_T)和锚杆密度(n)与要求控制的巷道变形量成反比。即允许巷道变形量越小,则要求的锚杆支护长度和密度越大。

必须明确指出,按上述计算实现巷道压缩变形量的控制,是以假设锚杆与所锚固的岩体周边不发生剪切破坏,以及锚杆固结范围(F)和岩体本身在采场支承压力和基本顶运动作用下,不发生破坏为前提。超前工作面推进掘进和维护的锚固巷道煤柱,不可能在回采工作面推进过程中保持完整。因此限定变形的目标实际上是实现不了的。也就是说为了不出现偏帮冒顶事故,两帮锚固的宽度(锚杆长度)仍然必须适应内应力场进入稳定前的全部变形要求。即侧帮锚固宽度 l_b 必须满足下列要求。

$$l_b = l_A + \varepsilon_{\mu \max} \tag{4-144}$$

式中,l_A 为锚杆安全嵌固长度不小于最大帮鼓量的 50%,即 $l_A = (0.5 \sim 1.0) \varepsilon_{\mu \max}$。$\varepsilon_{\mu \max}$ 为巷道煤柱最大帮鼓量,可由下式求出:

$$\varepsilon_{\mu \max} = \mu \varepsilon_{T \max} = \mu \cdot \Delta h_{\max} \tag{4-145}$$

$$\Delta h_{\max} = \frac{S_0}{d_1} \left(S_A + \sqrt{\frac{\sum\limits_1^n B_i}{C}} \right)$$

或

$$\Delta h_{\max} = \frac{S_0}{d_1} \left(S_A + \frac{P_n}{C} \right)$$

代入式(4-144)解:

$$l_b = (1.5 \sim 2.0) \varepsilon_{\mu \max}$$

　　内应力场范围超前掘进和维护的回采巷道,采用锚固支护时,顶板锚固的厚度(锚杆长度)l_h、锚杆密度及锚固方式必须保证经锚固的顶板不致在自重和上覆已移动岩层重力作用下失稳塌垮。针对图 4-123(b)所示结构力学模型,实现这一目标判断准则及力学保证条件如下。

　　(1)锚固顶板两端剪应力不超限(即防止顶板两端剪切塌垮)。相关力学准则和平衡条件为

$$Q_{\max} = A\,[\gamma] \tag{4-146}$$

式中,$Q_{\max}$ 为巷道锚固顶板所承受的最大剪应力。

　　对照图 4-122(b)得其表达式为

$$Q_{\max} = \frac{q_{\max}(B + 2l_b)}{3}$$

式中,B 为巷道宽度,m;l_b 为巷道两帮破坏深度,m;$q_{\max}$ 为破坏拱范围内每米锚固顶板上分布载荷的最大值。

　　当以跨度为 $(B + 2l_b)$ 所决定的破坏拱,按半圆拱考虑时,$q_{\max}$ 可近似用下式表示

$$q_{\max} = \gamma_p \cdot h_g = \frac{1}{2}(B + 2l_b) \cdot \gamma_p$$

式中,γ_p 为破坏拱内岩体平均容重,t/m^3。$[\gamma]$ 为锚固顶板的容许剪应力,N;A 为由锚固厚度 l_h 决定的锚固顶板单位截面积,m^2,其表达式为 $A = l_h$。

　　将所列参数代入防止顶板剪切塌垮必须锚固的顶板厚度 l_h

$$l_h = \frac{(B + 2l_b)^2 \cdot \gamma_p}{6\,[\gamma]} \tag{4-147}$$

　　如破坏拱按三心拱推断,则顶板锚固厚度 l_h 可按下式表达:

$$l_h = \frac{1.4(B + 2l_b)^2\gamma_p}{6\,[\gamma]} \tag{4-148}$$

　　为充分保证锚固的顶板抗剪切破坏能力,在采用上述计算确定必需的锚固厚度基础上,可以在巷道边缘向顶板加打 45°端部斜交锚杆加固。

　　(2)锚固顶板沉降的挠度不超限(即防止顶板中部沉降失稳冒落)。相关力学准则及平衡条件如下:

$$\delta_{\max} \leqslant \frac{1}{2}l_h \tag{4-149}$$

式中,$q_{\max}$ 为在相应条件下,锚固板破坏拱内岩体重力作用下的最大挠度。

$$q_{\max} = \frac{q_{\max}(B + l_b)^4}{100EI} \tag{4-150}$$

式中,E 为锚固板压缩弹性模量,Pa;I 为相应单位截面的本积,m^3。

　　其值为

$$I = \frac{\left(\dfrac{l_h}{2}\right)^3}{12} = \frac{l_h^3}{96}$$

$$q_{\max} = h_g \cdot \gamma_p$$

代入整理得,满足了出现顶板中部挠曲塌垮必需锚固的顶板厚度 l_h 为

$$l_h = (B + 2l_b) \sqrt[4]{\frac{2h_g \cdot \gamma_p}{E}} \qquad (4\text{-}151)$$

式中,E 为锚固板压缩弹性模量,Pa;h_g 为破坏拱高,m,$h_g = (0.5 \sim 0.7)(B + 2l_b)$。

在内应力场范围内超前开掘和维护的回采巷道,采用锚网支护时,必须考虑回采工作面推进过后进行二次支护。二次支护顶板锚固的厚度可采用相应力学模型近似按下列公式推算。

(1)防止端部剪断必需的锚固厚度为

$$l_h = \frac{q'(B + 2l_b)}{2[\gamma]} \qquad (4\text{-}152)$$

其中

$$q' = h_g' \gamma_p = h_g \left(1 + \frac{h_g \tan\theta}{B + 2l_b}\right) \gamma_p$$

式中,h_g 为巷道顶部煤厚(顶煤厚度),m;Q 为顶煤滑移面的垂直夹角(15°左右)。

(2)防止中部挠曲超限垮塌必需的锚固厚度为

$$l_h = (B + 2l_b) \sqrt{\frac{q'}{2E}} \qquad (4\text{-}153)$$

其中

$$q' = h_g' \gamma_p = h_g \left(1 + \frac{h_g \tan\theta}{B + 2l_b}\right)$$

实现在稳定的内应力场内开掘和维护巷道的关键是,使所选定的巷道开掘时间能够切实保证全部巷道在开掘和维护期间都处于稳定的内应力场中。即巷道掘进到任何位置,该处内应力场范围煤层上承受的压力已"完全"实现了向采空区(矸石)和外应力场转移,煤层的压缩已基本停止。满足此要求开掘的回采巷道必须滞后回采工作面推进的最短时间 $T_{\min}$ 和距离 $L_{\min}$ 可分别用式(4-154)得出:

$$\left.\begin{array}{l} T_{\min} = \dfrac{L_B}{\upsilon_B} + \dfrac{L_{\max}(\upsilon_g - \upsilon_B)}{\upsilon_B \cdot \upsilon_g} \\[3mm] L_{\min} = \upsilon_B + T_{\min} \end{array}\right\} \qquad (4\text{-}154)$$

式中,L_B 为内应力场岩层运动完成进入稳定回采工作面推进的距离,m;$L_{\max}$ 为从开切眼起回采工作面推进至采区边界的总长度,m;υ_B 为回采工作面平均推进速度;υ_g 为掘进工作面平均推进速度。

内应力场相关岩梁运动完成工作面推进的距离(L_B)包括从开切眼推进开始,经历直接顶冒落基本顶下位岩梁第一次裂断,直至由工作面长度决定的最上部岩梁裂断完成工作面推进的全过程,再加上采空区矸石压实期间工作面推进的距离。

4.6.3.6　内应力场巷道矿山压力控制设计方案

针对内应力场围岩应力和变形特征的支护设计,无论采用框架支护或是锚网支护都无需考虑适应围岩变形的要求,以及二次支护的必要性。

　　支护的承载能力都要按给定载荷进行设计。其中,两帮支护的承载能力直接顶(垮落岩层)的重量(A)所给定。相应的力学平衡方程分别为

　　对于框架支护:

$$A = 2R_1 + \sigma_S(S_1 + S_2) = m_Z \cdot \gamma_Z \cdot S_0 \tag{4-155}$$

　　由此得,要求框架支护的纵向承载能力 R_1 为

$$R_1 = \frac{m_Z \cdot \gamma_Z \cdot S_0 - \sigma_S(S_1 + S_2)}{2} \tag{4-156}$$

或

$$R_1 = \frac{m_Z \cdot \gamma_Z \cdot S_0 - \sigma_S(S_0 - B)}{2}$$

　　要求横向承载能力 R_2 为

$$R_2 = \lambda \sigma_S h$$

式中,M_Z 为直接顶(采空区垮落岩层)厚度,m;γ_Z 为直接顶岩层平均容重,m;S_0 为内应力场宽度,m;σ_S 为内应力场煤层平均应力(单位长度支承压力),Pa。

　　对于锚网支护:

$$A = 2l_b\sigma_{R1} + \sigma_S(S_1 + S_2) = m_Z \cdot \gamma_Z \cdot S_0$$

　　由此得锚网支护要求的纵向承载能力为

$$l_b\sigma_{R1} = \frac{m_Z \cdot \gamma_Z \cdot S_0 - \sigma_S(S_1 + S_2)}{2} \tag{4-157}$$

　　相应要求的横向承载能力,即锚固体的抗剪能力为

$$n \cdot \sigma_{R2} = \lambda \sigma_S h \tag{4-158}$$

式中,l_b 为巷道侧帮锚固宽度,m;n 为单位长度锚杆数,m;σ_{R2} 为锚杆抗剪切能力,m;S_1 及 S_2 分别为内应力场范围巷道两侧煤柱宽度,m。

　　式(4-155)、式(4-156)为在直接给定载荷下的平衡方程,表明支护纵向承载能力 R_1 越高,煤柱承受的压力 σ_S 及相应侧向压力 R_2 越小,支护的稳定性越好。相反,如果采用注浆强化煤柱,提高煤柱支承能力,则要求支护承载能力可以大幅度降低。

　　顶板支护的承载能力要求,视具体条件确定。其中,岩石顶板直接接触的巷道,除非松软岩层外一般没有严格的下限值要求。对于厚煤层,则必须按顶煤厚度给定的载荷进行准确的下限值计算。如果采用锚网支护,为确保安全应考虑增加锚头深入岩层的锚索吊顶。

　　在稳定的内应力场开掘和维护巷道,当煤层再生裂隙十分发育,破碎块度很小的情况下,无论是采用框架支护或锚网支护,都应当采用注浆固结煤体提高围岩自身承载能力,保证支护构件能充分发挥作用的措施,防止出现片帮塌顶事故。

　　在原始的应力场中开掘和维护巷道,围岩应力可能来源于单一的重力,也可能有构造残余应力的参数。对于单一的重力应力场,巷道顶板控制设计的关键内容,首先是正确地确定两帮破坏的深度及相应的顶板岩层破坏范围,从而奠定支护设计的基础。由于山 4 号煤层回采工作面两侧煤体上支承压力的分布是发展变化的,巷道开掘的位置和时间决定了其受支承压力作用和顶板活动影响的程度和过程。所以,选择正确的巷道开掘位置

和时间是从根本上改善巷道维护的措施,也是巷道矿压控制设计的首要任务。

4.7 特厚煤层放顶煤开采覆岩结构与围岩控制结构模型

4.7.1 工作面支架工作阻力分析

4.7.1.1 综放工作面顶板结构分析

特厚煤层综放开采一次采出厚度大,需控岩层范围必然扩大。顶煤放出后在短时间内煤矸不可能充填满采空区,导致上覆岩层垮落,垮落的岩块碎胀系数初始时较大,垮落范围发展到一定高度后便充满了采空区,顶板岩层中形成"悬臂梁"结构(图 4-123);随着垮落岩块的进一步压实,残余碎胀系数减小,垮落岩层顶部与上覆岩层之间出现自由空间,上覆岩层开始断裂并铰接在一起,上部岩层形成了稳定的"铰接岩梁"平衡结构,即特厚煤层综放开采顶板岩层形成"悬臂梁-铰接岩梁"结构,如图 4-124 所示。

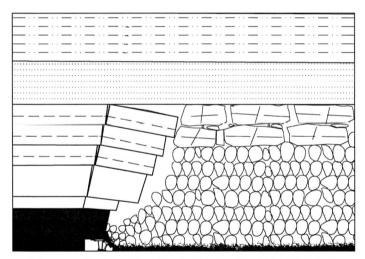

图 4-123 特厚煤层综放采场顶板"单—悬臂梁"结构示意图

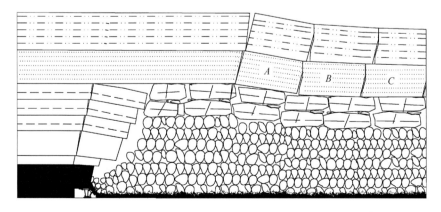

图 4-124 特厚煤层综放采场顶板"悬臂梁-铰接岩梁"结构示意图

4.7.1.2　综放开采悬臂梁结构的形成条件

上覆岩层以何种结构形态出现主要受工作面采高以及岩层所处的层位这两个因素共同制约。而上覆岩层之所以会以悬臂梁结构形态垮落，是由于其破断块体的回转量超过了维持其结构稳定的最大回转量。因此，判断上覆岩层是否呈现悬臂梁结构形态，可从其破断块体的回转量入手。

岩层的可能下沉量为

$$\Delta_m = (h_c + h_f)(1 - p_1) + (1 - k_P)h_m \tag{4-159}$$

式中，h_c 为割煤高度；h_f 为放煤高度；p_1 为煤炭损失率；k_P 为矸石碎胀系数；h_m 为第 $1 \sim m$ 层直接顶岩层累厚。

破断块体能铰接形成稳定的砌体梁结构所需的极限回转量为 Δ_j，则当 $\Delta_m > \Delta_j$ 时，岩层将处于垮落带中而呈现悬臂梁结构形态。根据钱鸣高等研究的砌体梁结构变形失稳的力学模型，可得

$$\Delta_j = h - \sqrt{\frac{2ql^2}{\sigma_c}} \tag{4-160}$$

式中，h 为岩层厚，m；I 为岩层断裂步距，m；q 为岩层载荷，MPa；σ_c 为岩层破断岩块抗压强度，MPa。

综上所述，特厚煤层综放工作面上覆岩层悬臂梁结构形成的条件为

$$(h_c + h_f)(1 - p_1) + (1 - k_P)h_m > h - \sqrt{\frac{2ql^2}{\sigma_c}} \tag{4-161}$$

4.7.1.3　综放开采顶板对顶煤体的变形特征

综放工作面中，处于控顶区内的顶煤体三面为实体煤，之上为顶板岩层，之下为液压支架，临近采空区侧为自由面，其受力情况如图 4-125 所示。随着工作面的推进，呈悬臂梁结构的直接顶与拱式平衡结构的老顶岩层发生下沉运动，其变形对顶煤体产生压力作用。随着顶板变形量的逐渐增大，顶煤体的围压逐渐增大，强度逐渐增高，压缩变形、水平位移逐渐增大，表现在垂直方向的压缩和水平方向的位移增大。当顶煤体中的空隙量全部被压密时，顶煤体就变成了可传递顶板变形压力的似刚性顶煤体，因此从顶板对控顶区内顶煤体的作用效果看，上位顶板岩层中有一部分岩层的变形效果促使了顶煤体的压缩、位移，使其成为似刚性顶煤体，这部分岩层对于支架受力来讲可称为无变形压力岩层，而其上的直接顶、老顶岩层的变形所产生的压力则通过似刚性顶煤体传递于液压支架，这部分岩层可称为有变形压力岩层，支架所受载荷为顶煤重量和顶板变形压力两部分。

顶板岩层中极限下沉量之和等于控顶区顶煤体总的变形量的岩层为无变形压力岩层，即

$$\sum_{i=1}^{n} (\Delta_j)_i = \Delta_d \tag{4-162}$$

式中，Δ_d 为控顶区内顶煤体的总变形量，$\Delta_d = \eta h_d (1 + \lambda)$；$\eta$ 为顶煤孔隙度，$\eta = (1 - \gamma_d / \gamma) \times 100\%$；$\gamma_d$ 为煤层干容重；γ 为煤层比重；λ 为侧压系数。

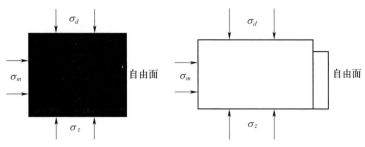

图 4-125　控顶区内顶煤受力图

4.7.1.4　综放开采覆岩与支架相互作用力学分析

由特厚煤层综放开采顶煤体可看作传递顶板变形压力的似刚性顶煤体,而部分直接顶岩层的变形效果促使顶煤体成为似刚性顶煤体,这部分岩层对于支架受力来讲可称为无变形压力岩层,而其上的直接顶及基本顶岩层的变形所产生的压力则通过似刚性顶煤体传递于液压支架,这部分岩层可称为有变形压力岩层。支架所受载荷为顶煤重量和顶板变形压力两部分。下面对特厚煤层综放面的两种结构分别进行分析。

1)"单一悬臂梁"结构支架工作阻力分析

对于"单一悬臂梁"结构,不存在铰接岩梁结构,计算模型仅考虑有变形压力的岩层。有变形压力的直接顶岩层受力分析如图 4-126 所示,对于有变形压力的顶板岩层:

$$\sum M_{oi} = 0 \,(\, i = 1, 2, 3, \cdots, j \,)$$

$$Q \cdot c = \frac{1}{2} \sum_{i=1}^{j} P_i (l_i + h_i \cdot \cot\alpha) + \sum_{i=1}^{j-1} R_i h_i \cdot \cot\alpha \tag{4-163}$$

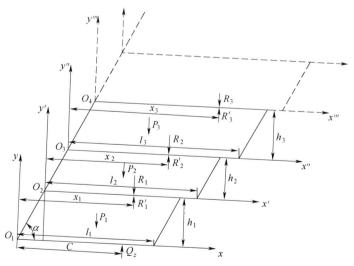

图 4-126　直接顶受力分析计算图

式中,Q 为支架所受变形压力,kN;c 为支架合力作用点距煤壁的距离,m;P_i 为第 i 层直接顶岩块重量,kN;h_i、l_i 分别为第 i 层直接顶岩块厚度和岩块长度,m;α 为岩层裂隙角,(°);R_j 为上位岩层的附加载荷,kN。

分析顶板大结构时,有变形压力岩层可看作一个整体,其内部各岩层间的作用力可忽略,所以式(4.163)可简化为

$$Q \cdot c = \frac{1}{2} \sum_{i=1}^{j} P_i (l_i + h_i \cdot \cot\alpha) \tag{4-164}$$

即

$$Q = \frac{\sum_{i=1}^{j} P_i (l_i + h_i \cdot \cot\alpha)}{2c} \tag{4-165}$$

因此,可确定特厚煤层综放支架工作阻力:

$$P_z = K_d B \left[L_d h_d \gamma + \frac{\sum_{i=1}^{j} P_i (l_i + h_i \cdot \cot\alpha)}{2c} \right] \tag{4-166}$$

即

$$P_z = K_d B (G_d + Q) = K_d B \left[L_d h_d \gamma + \frac{\sum_{i=1}^{j} P_i (l_i + h_i \cot\alpha)}{2c} \right] \tag{4-167}$$

2)"悬臂梁-铰接岩梁"结构支架工作阻力分析

对于"悬臂梁-铰接岩梁"结构(图 4-124),顶板变形压力分别有直接顶和基本顶的变形压力。有变形压力的直接顶岩层受力分析如图 4-126 所示,基本顶岩块受力如图4-127所示。

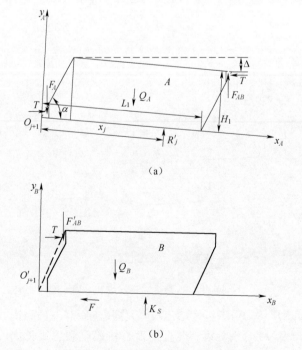

(a)

(b)

图 4-127　基本顶岩块受力分析图

对于有变形压力的直接顶：

$$\sum M_{oi} = 0 (i = 1, 2, 3, \cdots, j)$$

$$Q \cdot c = \frac{1}{2} \sum_{i=1}^{j} P_i (l_i + h_i \cdot \cot\alpha) + \sum_{i=1}^{j-1} R_i h_i \cdot \cot\alpha + R_j x_j \qquad (4\text{-}168)$$

式中，x_j 为附加载荷 R_j 距岩层破断点的距离，m。

分析顶板大结构时，有变形压力的直接顶可看作一个整体，其内部各岩层间的作用力可忽略，所以式(4-168)可简化为

$$Q \cdot c = \frac{1}{2} \sum_{i=1}^{j} P_i (l_i + h_i \cdot \cot\alpha) + R_j x_j \qquad (4\text{-}169)$$

对基本顶岩块 A 进行分析：

$$R_j x_j = Q_A \left(\frac{L}{2} + \frac{1}{2} H \cot\alpha \right) - T (H - \Delta) - F_{AB} (L + H \cdot \cot\alpha) \qquad (4\text{-}170)$$

式中，T 为岩块间挤压力，kN；H、L 分别为基本顶岩层厚度与断裂步距，m；Δ 为基本顶岩块 A 的下沉量，m；F_{AB} 为块体 A 和 B 之间的摩擦力，kN；Q_A 为基本顶岩块 A 的重量，kN。

设 $Q_A = P_{i+1}$，$L = l_{j+1}$，$H = h_{j+1}$，将式(4-169)带入式(4-170)，化简得

$$Q \cdot c = \frac{1}{2} \sum_{i=1}^{j+1} P_i (l_i + h_i \cdot \cot\alpha) - T (h_{j+1} - \Delta) - F_{AB} (l_{i+1} + h_{j+1} \cdot \cot\alpha) \qquad (4\text{-}171)$$

对基本顶 B 块进行分析：

$$F'_{AB} = K \cdot s - Q_B$$

其中，$F'_{AB} = T \cdot f$；$F'_{AB} = F_{AB}$；

$$T = \frac{K \cdot s - Q_B}{f} \qquad (4\text{-}172)$$

式中，Q_B 为基本顶岩块 B 的重量（$Q_B = Q_A$），kN；K 为采空区矸石的刚度，N/m；s 为采空区矸石的压缩量，$s = (k_1 - k_2) \sum_{i=1}^{j} h_i$，其中 k_1 为碎胀系数，k_2 为残余碎胀系数，m。

将式(4-172)带入式(4-171)得

$$Q = \frac{f \sum_{i=1}^{j+1} P_i (l_i + h_i \cdot \cot\alpha) - 2(K \cdot s - Q_B)(h_{j+1} + f \cdot l_{i+1} + f \cdot h_{i+1} \cdot \cot\alpha - \Delta)}{2cf} \qquad (4\text{-}173)$$

综上，特厚煤层综放支架工作阻力：

$$P_z = K_d B (G_d + Q)$$

$$= K_d B \left[L_d h_d \gamma + \frac{f \sum_{i=1}^{j+1} P_i (l_i + h_i \cot\alpha) - 2(Ks - Q_B)(h_{j+1} + f l_{i+1} + f h_{i+1} \cot\alpha - \Delta)}{2cf} \right] \qquad (4\text{-}174)$$

式中，P_z 为综放支架工作阻力，kN；K_d 为动载系数；B 为支架中心距，m；G_d 为顶煤的重量，kN；L_d 为工作面控顶距，m；h_d 为顶煤的厚度，m；γ 为顶煤容重，kN/m³。

4.7.2　特厚综放开采覆岩移动规律

4.7.2.1　直接顶结构的运动过程

顶煤从垮落到放完是一个动态过程，直接顶厚度是变化的，老顶位态也是变化的，即采空区的充填程度决定着直接顶的垮落厚度和上覆岩层结构的稳定性。顶煤放出率不同，直接顶垮落厚度不同。现场观测的直接顶初次垮落步距为 23～27m，平均 25m，随着顶煤的放出，工作面顶煤及上覆顶板岩层动态演化过程如图 4-128 所示。

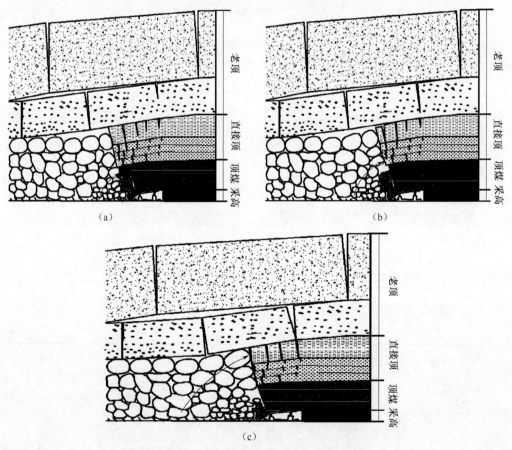

图 4-128　直接顶随顶煤放出的动态演化过程

在放煤初期，顶煤放出率低，出现支架上方未冒顶煤与采空区已冒顶煤之间的平衡结构，即"煤-煤"结构，如图 4-128(a)所示。随着顶煤放出率的增大，顶煤上表面高度逐渐下降，上位大块顶煤下降、再破碎，导致拱结构上移。直接顶未垮落岩层则与上一放煤循环已垮落矸石挤压形成半拱结构，即"岩-矸"结构，如图 4-128(b)、(c)所示。当顶煤出现超前冒落时，直接顶岩层也将超前冒落，但直接顶的厚度基本不会改变。

4.7.2.2　下位老顶结构的运动过程

现场实际观测的老顶初次来压步距为 46～54.3m,平均 50.2m,在上位直接顶"岩-矸"拱结构上方,组成下位老顶的厚硬岩层超前煤壁缓慢沉降,下位老顶岩层的已断裂部分与未断裂部分下位老顶岩层下位老顶的"岩梁"结构,见图 4-129(a)。随着顶煤放出和下位直接顶的垮落,上位直接顶"岩-矸"拱结构上移,组成下位老顶的厚硬岩层断裂沉降并形成平衡结构,见图 4-129(b)。随着下位老顶结构的沉降,下位老顶岩梁平衡结构失稳下沉,直至触矸,见图 4-129(c)。下位老顶的动态演化过程为:超前煤壁的岩梁端部断裂—岩梁沉降—形成岩梁平衡结构—平衡结构失稳—岩梁采空区侧端部触矸。

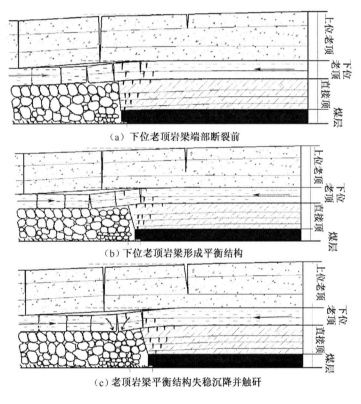

(a) 下位老顶岩梁端部断裂前

(b) 下位老顶岩梁形成平衡结构

(c) 老顶岩梁平衡结构失稳沉降并触矸

图 4-129　老顶结构的动态演化过程

4.7.2.3　上位老顶结构的运动过程

同下位老顶的演化过程相似,上位老顶的动态演化过程为:超前煤壁的上位老顶岩梁端部断裂前处于缓慢下沉状态,见图 4-130(a);随着工作面的推进,超前煤壁的上位老顶岩梁端部断裂,同时压迫下位老顶和直接顶超前煤壁断裂,见图 4-130(b);随着工作面的推进,上位老顶岩梁形成平衡结构,见图 4-130(c);上位老顶岩梁平衡结构失稳沉降,并压迫下位老顶结构的失稳,见图 4-130(d);上位老顶平衡结构失稳沉降,其采空区侧端部触矸,见图 4-130(e)。即:超前煤壁的上位老顶岩层端部断裂—上位老顶岩梁沉降并形成平衡结构—上位老顶岩梁平衡结构失稳沉降—上位老顶岩梁采空区侧端部触矸。

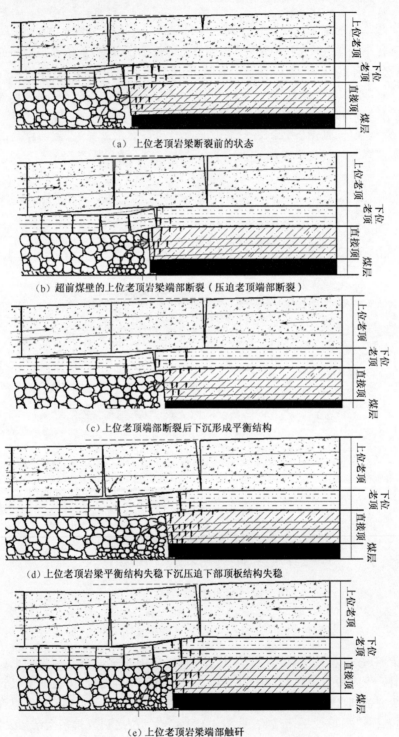

（a）上位老顶岩梁断裂前的状态

（b）超前煤壁的上位老顶岩梁端部断裂（压迫老顶端部断裂）

（c）上位老顶端部断裂后下沉形成平衡结构

（d）上位老顶岩梁平衡结构失稳下沉压迫下部顶板结构失稳

（e）上位老顶岩梁端部触矸

图 4-130　上位老顶结构模型的动态演化过程

4.7.3 支架-围岩关系

由上述分析可知,塔山矿特厚煤层综放液压支架的受力取决于顶煤、直接顶的整体力学特性以及与支架的相互作用,支架的受力状态与直接顶和顶煤的刚度特性相关。直接顶和顶煤的状态有刚性、零刚性和介于两者之间三种状态。当直接顶和顶煤处于刚性条件下时,顶板的下沉量与基本顶的位态有关,并不取决于支架的工作阻力。而基本顶的位态取决于采空区煤矸的充填程度和压实程度,此时,由于基本顶的回转为给定变形,所以支架处于给定变形工作状态。当直接顶和顶煤的状态为零刚度时,基本顶的回转作用于直接顶,并通过煤层传递到工作面支架的作用力为零,因此支架的载荷和基本顶的位态无关,只取决于直接顶和顶煤的重量,此时支架处于给定载荷工作状态。顶板的下沉量取决于支架的刚度。但大多数情况下直接顶和顶煤处于中间刚度,此时支架的载荷由直接顶和顶煤的给定载荷以及基本顶的给定变形载荷两部分组成。

在塔山矿特厚煤层条件下,根据 75% 的顶煤回收率、4m 的采高和规范采放比计算,采出煤层高度将不小于 16m,允填系数取 1.4,直接顶厚度将超过 40m(通过钻孔现场观测的直接顶厚度为 37.35m 和 31.46m),直接顶和煤层的总厚度达到 60m 以上。支架上方 16m 厚的顶煤,在前方支承压力的作用下,处于塑性状态,加上煤层上分层由于受岩浆侵入影响,煤层的硬度很低,所以顶煤基本接近于零刚度条件。在研究支架载荷时主要考虑顶煤和直接顶的影响。

基本顶在特厚煤层综放工作面的作用在于以下两个方面:一是维持整体采场的围岩稳定性,在煤层及基本顶合计厚度 60m 以上以及工作面超前区域 50～70m 处和采空区构成平衡结构;二是对直接顶的作用造成直接顶的周期断裂和剧烈回转运动。

直接顶和顶煤对工作面支架的作用表现在以下几个方面。

(1) 按照顶板钻孔和现场观测情况,直接顶从下到上分为 Z_1、Z_2 和 Z_3 三层,每层厚度在 10～15m,总厚度超过 40m。直接顶各层对工作面的影响力各异。特厚煤层综放开采支架-围岩整体关系为如图 4-131 所示的组合悬臂梁模型。

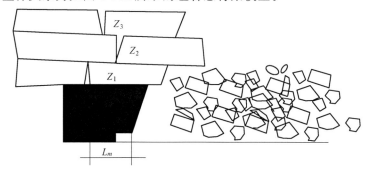

图 4-131　特厚煤层综放开采支架-围岩关系组合悬臂梁模型

(2) 由于直接顶下部采空区充填不充分,其各分层结构均为悬臂梁,其中 Z_1 的回转变形对工作面的影响最大。Z_2 和 Z_3 始终作为载荷加在 Z_1 上并最终传递到工作面。在组合悬臂梁结构中,第一分层 Z_1 的回转决定着工作面的基本来压步距和压力峰值。在工作面正常推进情况下实测周期来压步距为 16～18m;在工作面推进缓慢时,周期来压步距

缩短为 $10\sim14m$。现场实测 Z_1 的断裂长度约为 $20m$，与工作面实测来压步距基本一致。

（3）确定工作面支架载荷需要重点考虑载荷来源与载荷传递方式，前者包括直接顶岩层的自重（G_z）和控顶区顶煤自重（G_m）；后者重点考虑载荷如何传递到工作面支架，从组合悬臂梁模型可知，支架最大载荷为直接顶第三分层 Z_3 的重量全部传递到第二分层 Z_2，Z_2 又将自重及其承担的所有载荷全部传递到第一分层 Z_1，再加上处于最危险状态的顶煤全部重量作用于工作面支架。考虑破碎顶煤对上覆载荷的卸载作用，引入传递系数 k。

$$G_Z = (L_{Z1} \cdot H_{Z1} + L_{Z2} \cdot H_{Z2} + L_{Z3} \cdot H_{Z3}) \cdot \gamma \cdot g \cdot L \qquad (4\text{-}175)$$

式中，L_{Z1}、L_{Z2}、L_{Z3}、H_{Z1}、H_{Z2}、H_{Z3} 分别为特厚煤层综放开采直接顶各分层的长度与厚度；L 为计算长度。

工作面所需的支护强度为

$$P = \frac{(G_Z + G_m) L_{Z1}}{L_m \cdot L} \cdot k \qquad (4\text{-}176)$$

式中，L_m 为直接顶第一分层 Z_1 断裂线到支架后部切顶线的距离；k 为顶煤的传递系数，与煤层硬度、顶煤厚度、夹矸条件、破碎程度等均有关系，$k \leqslant 1$。

（4）顶煤传递系数的确定取决于两个条件，一是支架上方煤层本身的结构稳定性，另一个是煤层的可收缩性。煤层稳定性越好，其传递载荷的能力越强，具体说来，煤层硬度越大、夹矸层数越多、破碎程度越差，其稳定性越好，传递载荷能力越强。从煤层的可收缩性主要指吸收载荷的能力，一般说来煤层厚度越大、硬度越小，其吸收载荷能力越强。从数值模拟试验中对煤层厚度和煤层硬度的模拟结果可知（图 4-132、图 4-133），塔山矿的煤层条件下在 $20\sim26m$ 范围内的煤层传递系数 k 值为最大。煤层硬度系数在 1 的条件下，煤层传递系数 k 为最小（图 4-134）。

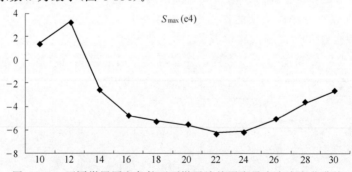

图 4-132　不同煤层厚度条件下顶煤冒放前围岩最大应力变化曲线

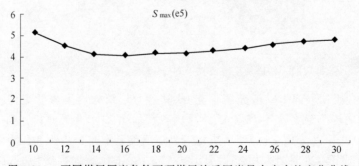

图 4-133　不同煤层厚度条件下顶煤冒放后围岩最大应力的变化曲线

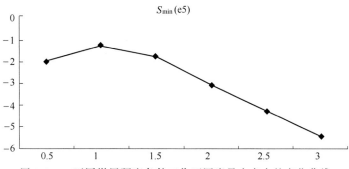

图 4-134   不同煤层硬度条件工作面围岩最小应力的变化曲线

5 大同矿区煤层采场围岩控制技术体系

5.1 侏罗纪薄煤层坚硬顶板预爆破控制技术

综采工作面采用全部垮落法处理采空区,"两硬"薄煤层开采条件下,若采空区部分冒落高度小于 2 倍采高或上隅角悬板大于 5×10m² 时,进行爆破强制放顶。

放顶钻孔布置平剖面如图 5-1 所示,初次放顶可以按照放顶设计方案在工作面的两端头及工作面中部进行爆破放顶。工作面经过初次放顶再推进 20m 后采空区冒落高度小于 2 倍采高,则进行步距放顶。步距放顶与初次放顶要求相同,步距放顶孔布置在两顺槽内,按照初次放顶 A、B、C 三组孔的布置进行布置,当进行步距放顶时,必须停止生产进行放顶,使采空区顶板在头、尾拉开槽,在采动中自行跨落。

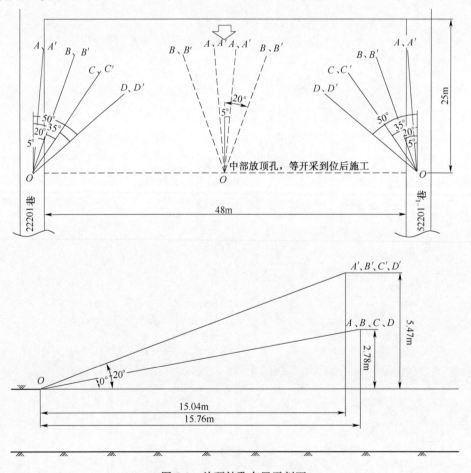

图 5-1 放顶钻孔布置平剖面

放顶打眼时,工作面停采,稳设电钻打眼,打眼严格按炮眼设计参数进行,先打第一排眼,再打第二排眼,放顶眼应在两巷工作面未采到之前布置完毕。钻眼使用 TXU-75 型钻,钻孔直径 $\Phi 65 mm$,钻眼执行《TXU-75 型钻操作规程》。每个钻孔打完后,必须用水冲洗干净,炮孔深度、角度符合设计要求。放顶眼布置完毕后,等工作面推进至 1.0 m 距离需放顶时方可进行装药作业,装药应采用正向装药,严禁采用反向装药,装药方式如图5-2所示。

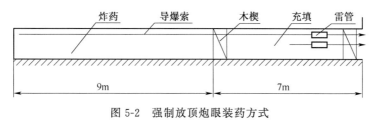

图 5-2 强制放顶炮眼装药方式

5.2 石炭纪特厚放顶煤邻空巷道预裂切顶卸压技术

5.2.1 预裂切顶的作用

针对大采高综放工作面煤柱侧形成悬臂梁结构的现象,可以通过对顶板进行爆破,人为地切断顶板,进而促使采空区顶板冒落,削弱采空区与待采区之间的顶板连续性,减小顶板来压时的强度和冲击性(图5-3)。通过爆破切顶能够改善煤柱受力状态,缓解邻空巷道矿压显现强度。此外,爆破可以改变顶板的力学特性,释放顶板所集聚的能量,从而达到防治强矿压发生的目的。在爆破切顶卸压的基础上,可以对煤柱的留设宽度进行进一步的优化,减小尺寸,提高煤炭回采率。

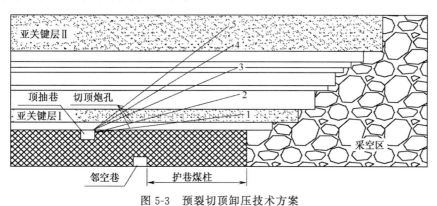

图 5-3 预裂切顶卸压技术方案

根据同忻矿工作面及回采巷道布置形式,采用在工作面顶抽巷内沿工作面推进方向切断相邻工作面顶板。同忻矿 8105 工作面开采后,采空区顶板将在煤柱侧形成悬梁结构,悬梁结构的变形将引起煤柱应力集中,造成 5104 巷道变形破坏严重。利用 8105 工作面现有巷道,施工爆破切顶拟在 8104 工作面顶抽巷内进行,在顶抽巷内沿工作面推进方向布置爆破孔和控制孔(图5-4),采用孔底装药,切断相邻 8105 工作面的顶板,使其在煤柱上形成的悬臂梁顶板结构发生断裂,缓解煤柱受力,保证 5104 巷围岩稳定。

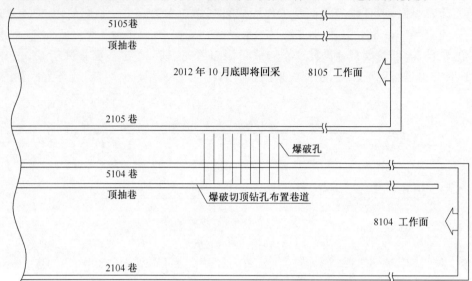

图 5-4　8105 工作面布置及爆破切顶布置示意图

5.2.2　爆破参数确定

利用同忻矿现有的巷道布置形式设计工作面切顶卸压方案。在 8104 工作面的顶抽巷内布置 10～15 组炮孔作为试验区域,切顶长度为 100～150m,试验区域对应于 5104 巷 7 号～9 号矿压监测断面,对应于 5104 巷中的里程数分别为 1346m、1296m、1246m。在该区域内布置切顶爆破钻孔,每 5 个孔为一组,各孔分布于煤层顶板亚关键层 I 到亚关键层 II 之间的岩层内(图 5-5),距离煤层顶板距离分别为 6.5m、14.8m、25.6m、34.9m、42.8m(表 5-1)。各炮孔实施预裂爆破,切断采空区顶板,改善煤柱受力状态,缓解邻空巷道矿压显现强度。

试验区域共布置 10～15 组炮孔,每组 5 个炮孔,孔口间距 0.6m,各孔底位置水平错距 1.5m;根据距离煤层由近及远分为 1#、2#、3#、4#、5# 炮孔,长度分别为 57.8m、58.0m、61.0m、64.2m、67.6m;倾角为 7°、16°、25°、33°、39°;炮孔孔径确定为 89mm;炮孔组之间布置一组控制孔,每组 3 个控制孔,控制孔的长度、倾角与 1#、3#、5# 炮孔相同,控制孔间距 0.6m,孔径 100～140mm,控制孔为空孔,不装药爆破。炮孔与控制孔在巷道中的位置见图 5-5。

表 5-1　钻孔参数

序号	钻孔角度/(°)	钻孔长度/m	距煤层顶板距离/m	层 位
1	7	57.8	6.5	亚关键层 I
2	16	58.0	14.8	中粒砂岩
3	25	61.0	25.6	粉砂岩
4	33	64.2	34.9	亚关键层 II
5	39	67.6	42.8	亚关键层 II

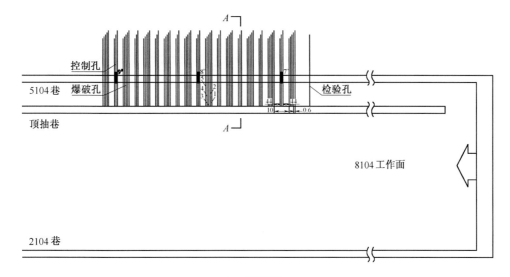

（a）水平剖面

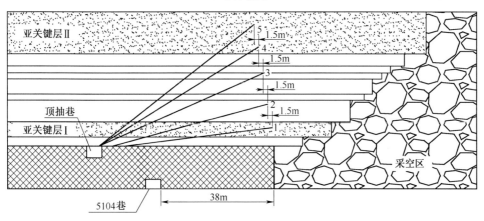

（b）炮孔布置剖面

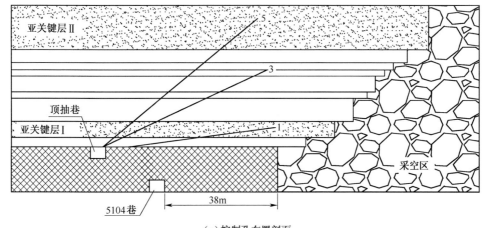

（c）控制孔布置剖面

图 5-5　邻空巷道切顶参数

采空区的顶板运动与周期来压对邻空巷道围岩稳定性影响严重,在提高邻空巷道支护强度的同时,可以采用邻空巷道预裂切顶卸压技术(图 5-5),切断采空区与待采区之间顶板的连续性,切顶卸压措施的实施可以主动改变工作面侧向顶板结构产生的应力集中分布规律,改善煤柱的受力状态,在此基础上不仅可优化煤柱宽度,而且能够增强邻空巷道围岩稳定性。

5.3　石炭纪煤层坚硬顶板水压致裂控制技术研究

5.3.1　坚硬顶板的水压致裂技术

水压致裂对岩体的弱化主要体现在两方面:一是通过水压裂缝的产生和扩展,改造岩体的宏细观结构,弱化岩体的力学性能;二是通过水对岩石的物理化学作用,降低岩石的力学性能。二者共同作用弱化岩体的力学性能,降低顶板岩石的整体强度,使顶板及时垮落,减小顶板来压强度,防止顶板突然垮落而导致的冲击地压等危害。

坚硬顶板是指在煤层之上直接赋存或在厚度较薄的直接顶上赋存有强度高、厚度大、整体性强、节理裂隙不发育、煤层开采后在采空区大面积悬露、短期内不易自然垮落的顶板(图 5-6)。同忻矿 3^5 号煤层煤层平均厚度 16.85m,煤层较硬;直接顶岩层为粉砂岩,具水平层理,岩层平均厚度 3.35m;老顶岩层为灰白色含砾粗砂岩,成分以石英为主,结构较为坚硬。为防止工作面顶板爆破预裂所带来的安全问题,通过水压致裂弱化岩体整体强度是采用水压致裂技术处理坚硬顶板的关键。由于岩层结构的特点,坚硬顶板工作面来压显现强烈,动载系数大(1.5～3.5);来压步距大,初次来压步距为 50～140m,最大可达 160m;极限悬顶面积为 10000～30000m²,甚至更大;冒落岩石块度大,边长为 5～10m,最大可达 30～40m;顶板冒落高度大,可达 40～70m,甚至通达地表等矿压特点。

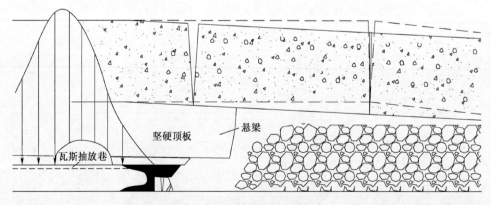

图 5-6　坚硬顶板整体活动规律

顶板破坏过程是具有一定时间和空间分布特征的随机动态过程,预先弱化只是顶板破坏全过程中的一个阶段或部分,顶板最终垮落和破碎状况取决于预先弱化、矿压和支架系统的特性及其相互协调关系,为充分利用矿山压力破顶作用达到顶板的最终充分破坏创造前提条件。因此,坚硬顶板预先弱化的实质就是通过注水手段和措施,人为预先降低顶板的整体强度。坚硬顶板预先弱化就是根据顶板赋存特征,采用注水手段预先降低顶板整体强度的一种工程技术方法。顶板预先弱化中,一般情况下弱化措施直接作用破坏的只是部分顶板,并非全部。这里采用理论分析及现场实测相结合的研究方法合理确定坚硬顶板水压致裂技术参数,对坚硬顶板弱化工艺方式的选择提供依据。

5.3.2 顶板弱化参数确定

5.3.2.1 致裂位置

坚硬顶板控制一直是国内采矿与岩石力学工作者十分重视的一个课题。经过 50 余年的努力,取得的主要成果有:顶板来压的预测预报,有效的工艺改变或控制顶板来压步距与来压强度,高工作阻力和大流量安全阀液压支架。目前,改变或控制顶板来压步距与来压强度的具体方法有三种:一是超前工作面煤壁深孔爆破预裂顶板;二是超前工作面煤壁预注高压水致裂软化顶板(图 5-7);三是滞后工作面煤壁步距式爆破放顶。第一种方法在瓦斯含量大矿井中的应用受到一定限制,而第三种方法又限于炮眼间距、装药量、钻孔机具、钻孔方法及工艺等方面的研究,在合理放顶方式及放顶步距等关键问题上的研究还很少。

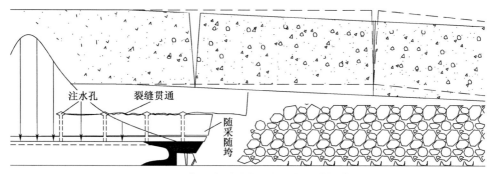

图 5-7　水压致裂后的坚硬顶板活动规律

水压致裂坚硬顶板使得岩梁厚度减小,岩梁抗弯截面模量降低,顶板的完整性受到破坏,从而减小顶梁的极限垮落步距,减缓工作面矿山压力(图 5-8)。

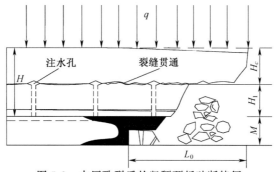

图 5-8　水压致裂后的坚硬顶板破断特征

岩梁的弯矩和截面模量分别为

$$M'_{\max}=\frac{aqL_0^2}{12}, \quad E'=\frac{H_c^2}{6} \tag{5-1}$$

其中

$$L_0=\sqrt{\frac{2H_c^2[\sigma]}{aq}} \tag{5-2}$$

$$a=\frac{E'(H-H_1)^3[\gamma(H-H_1)+\gamma_1 h_1+\cdots+\gamma_n h_n]}{(q_n)_0[E'(H-H_1)^3+E_1 h_1^3+\cdots+E_n h_n^3]} \tag{5-3}$$

式中，$(q_n)_0$ 为考虑上覆 n 层岩层对坚硬顶板岩梁影响的荷载，其值为

$$(q_n)_0=\frac{EH^3(\gamma H+\gamma_1 h_1+\cdots+\gamma_n h_n)}{EH^3+E_1 h_1^3+\cdots+E_n h_n^3} \tag{5-4}$$

式中，h_i 为岩梁上覆各岩层厚度；E 为坚硬顶板岩梁的弹性模量；E_i 为岩梁上覆各岩层弹性模量；γ 为坚硬顶板岩梁容重；γ_i 分别为岩梁上覆各岩层容重，$i=1,2,3,\cdots,n$；L_0 为拉槽后顶板极限垮落步距；a 为采用水压致裂控制放顶技术导致的坚硬岩梁本身及上覆岩层传递荷载改变系数；H_c 为水压致裂放顶后剩余岩梁厚度。

若要求水压致裂后的极限垮落步距 L_1 是非强制放顶前 L_0 的 $1/n$ 倍，则要求的水压致裂孔深度 H_1 计算如下：

$$L_1=\frac{1}{n}L_0 \tag{5-5}$$

则有

$$\sqrt{\frac{2H_c^2[\sigma]}{aq}}=\frac{1}{n}\sqrt{\frac{2H^2[\sigma]}{q}}$$

计算可得

$$H_c=\frac{1}{n}\sqrt{a}\,H \tag{5-6}$$

$$H_1=H-\frac{1}{n}\sqrt{a}\,H=\left(1-\frac{1}{n}\sqrt{a}\right)H \tag{5-7}$$

根据工作面顶板岩层条件及对坚硬顶板初次控制放顶方式的分析，按处理后顶板垮落步距为 20m 考虑，计算可得切槽位置距厚层坚硬顶板（即表 5-2 中的 2 号层位的粉细砂岩层）下层面 5.2m，即距煤层 8.55m，为施工方便取 9m。

表 5-2　煤岩体物理力学参数

层序	岩性	层厚/m	容重/(kN/m³)	抗拉强度/MPa	弹性模量/MPa
5	砂砾岩	3.98	19.1	5.16	33.4
4	炭质泥岩	3.54	22.4	4.43	29.8
3	中粗砂岩	3.4	25.7	4.86	22.7
2	粉细砂岩	11.39	27.8	5.24	34.6
1	炭质泥岩	3.35	23.2	4.36	29.5
0	煤层	16.85	13.4	1.61	11.3

5.3.2.2 注水压力

初始裂缝的尖端用断裂力学椭圆形尖端分析理论进行分析,尖端应力强度因子如下:

$$\begin{cases} k_{\tilde{N}} = \sigma\sqrt{pa} = p - \dfrac{\sigma_h + \sigma_v}{2} - \dfrac{\sigma_h - \sigma_v}{2}\sin(2B)\sqrt{pa} \\ k_\sigma = S\sqrt{pa} = \dfrac{\sigma_h - \sigma_v}{2}\sqrt{pa}\cos(2B) \end{cases} \tag{5-8}$$

断裂因子满足起裂角 H_0 的方程式及最大周应力断裂准则:

$$\begin{cases} k_{\tilde{N}}\sin H_0 + k_\sigma(3\cos H_0 - 1) = 0 \\ \cos\dfrac{H_0}{2}\left(k_{\tilde{N}}\cos^2\dfrac{H_0}{2} - \dfrac{3}{2}k_\sigma\sin H_0\right) = k_{IC} \end{cases} \tag{5-9}$$

式中,σ_h 为水平应力;σ_v 为垂直应力;p 为注水压力;B 为初始裂缝倾角;H_0 为开裂角;$k_{\tilde{N}}$ 为 $\tilde{N}$ 型尖端应力强度因子;k_σ 为 σ 型尖端应力强度因子;k_{IC} 为岩石断裂韧度。

现场试验中致裂位置选定后,根据煤层采深可以确定垂直应力,通过现场实测地应力和计算求解可以得出水平应力,当致裂参数设定后,初始裂缝的直径和倾角就是已知量,而 k_{IC} 是岩石固有属性。因此通过式(5.8)和式(5.9)就能算出致裂所需注水压力。

注水压力以不小于煤岩体抗拉强度为限,即应能破开煤岩体中的封闭裂隙而不使压力从开放裂隙放掉,故煤岩体注水压力不能太低,也不能太高,可选择中低压注水。按自重应力及注水压力应不小于煤岩体抗拉强度的原则,则其致裂水压力应为 31.5~45.8MPa,取致裂水压力为 42MPa。

煤岩体内原生裂隙在渗透水压力作用下产生翼型分支裂纹,根据原生裂隙初始破裂的最小裂隙水压力计算公式,取裂隙压剪系数为 0.3,计算得原生裂隙初始破裂的最小裂隙水压力 $p_0 = 14.6$MPa。

5.3.2.3 注水量与注水时间

注水量的合理确定,直接影响到注水效果。注水量过小,达不到软化效果,过大则工程量大,甚至造成直接顶破碎,发生漏顶。根据顶板岩性和难冒程度的不同,在其他参数相同的情况下,注水量也不同。因此,注水量应根据具体条件和浸水试验结果确定。注水压力主要取决于水泵的调定压力和注水孔的渗水条件,一般情况下,流量越大,压力越高,当高压水将岩体压裂后,压力会降低,并维持一个相当稳定值。工艺实践中,每孔注水量约 0.8m³,致裂孔整排注水量约 8m³,根据实验顶板破断情况,每孔注水时间约 500s。

5.3.2.4 钻孔间距

孔间距按注水孔的湿润范围(湿润半径)确定。湿润半径与注水量、岩性、注水时间和注水压力有关,应根据试验确定。一般取 30~40m,也可按下式估算:

$$R = \sqrt{\dfrac{Qt}{\pi n l \gamma K}} \tag{5-10}$$

式中,R 为注水湿润半径;t 为注水时间;γ 为岩石容重;n 为岩石吸水率;l 是钻孔渗水部分长度；Q 为注水流量；K 为不均匀系数，取 0.1～0.5。

代入相关参数计算可得注水孔湿润半径为 16.8m。

同时通过现场实践可知，当注入高压水致裂钻孔时，首先听到岩石破裂声音，由近及远，接着就在距离注水致裂孔 5m 远的观测孔有乳化液流出，水流由小到大，过了几分钟后，距离注水钻孔 10m 的观测孔也有乳化液流出，但流量比前一观测孔要小一些。

由此确定注水孔间距为 20m，可保证相邻水压致裂孔间的有效贯通，对煤层坚硬顶板进行整体致裂。

5.3.2.5　钻孔转角及封孔长度

钻孔转角是指钻孔水平投影与巷道轴线间的夹角。应按岩层中自然裂隙方向，以有利于裂隙扩展，同时也要考虑不影响工作面控顶区的稳定性，一般钻孔转角取 65°～70°。同忻矿 8105 工作面水压致裂技术实施是在工作面顶煤的顶回风巷中进行，故为便于钻孔位置的定位及方便打孔，这里采取的钻孔转角为 90°，即垂直于顶回风巷向顶板打孔。

封孔方式采用定做的增强型橡胶注水封孔器进行封孔，封孔器全长 2.1m，有效封孔段长度 2m。根据钻孔深度采用不同节数的安装杆（自行设计定做）与封孔器连接，实现深孔封孔。安装杆与高压胶管通过转换接头连接。

5.3.3　注水工艺

注水工作主要有钻孔、封孔和注水三道主要工序。水压致裂动力系统主要组成部分包括高压泵站、控制阀、高压管路以及封口器等。辅助设备是压力表和圆图记录仪，主要是实时观测注水过程中压力变化情况，钻孔窥视仪用来观测控制孔孔壁以及切槽情况。系统设备布置示意图如图 5-9 所示。

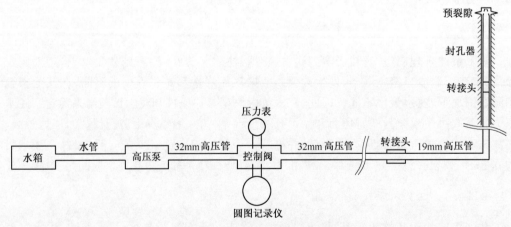

图 5-9　系统设备布置示意图

（1）钻孔。钻机设在上下顺槽内，若巷道断面不够时，可开专用钻场。按设计的仰角和水平转角向顶板钻孔。应根据岩石硬度和钻孔深度选择钻机。对砂岩顶板可选用 TXU-75 型、FRA-160 型或 MYZ-150 型钻机。对砾岩顶板可选用 YZ-90 型或 QZJ-100B

型潜孔钻机。

钻孔打好以后,要用钻孔窥视仪观测钻孔的孔壁,钻孔孔壁一定要光滑,不能出现螺旋纹、裂隙和离层等情况,以防封口器不能有效地将钻孔封住,如图 5-10 所示。然后将地质钻机钻头换成切槽刀具,缓缓送入钻孔底部,将地质钻机转速调慢,切槽过程跟打一般钻孔一样,钻孔需要钻进 4～5cm 即可,从而切出一个楔形槽。

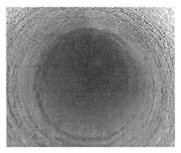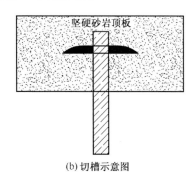

(a)钻孔窥视图　　　　　　　　　(b)切槽示意图

图 5-10　钻孔窥视图和切槽示意图

(2)封孔。可采用水泥砂浆封孔或封孔器封孔。用水泥砂浆封孔需在注水孔内设置一根略长于封孔长度的注水铁管,然后将水泥、砂子和水按 2：4：1 的比例混合好后,通过注浆罐注入孔口一定深度内。封孔后 3 天,待水泥凝固后即可开始注水。用橡胶封孔器封孔比用水泥砂浆封孔速度快,省工、省料,简便易行。只要连接接长管,把封孔器送到指定位置,用手摇泵注液加压到 9～12MPa,即可开始注水,我国已生产出可封直径 60～100mm 的系列封孔器,封孔器可以复用,钻孔还可以一孔多用,也可以利用注水后的孔进行辅助爆破等,所以应优先采用封孔器封孔。

(3)注水。注水一般使用矿井水,由地面蓄水池通过静压管路送到顺槽,经过滤后由高压注水泵注入顶板,在水泵入水口装流量计测量注水量,在出水口装压力表测注水压力。

5.3.4　水压致裂实施方案

5.3.4.1　设备

为实现岩石定向水压致裂所需的设备包括:

(1)致裂泵采用 BZW200/56 型注水泵,额定流量 200L/min,额定压力 56MPa;

(2)三台钻机附带钻杆,钻孔直径要求达到 44mm,钻孔深度不超过 100m;

(3)开凿预裂缝所需的钻头,直径要求为 38mm;

(4)高压泵站或外部接过来的乳化液高压管;

(5)直径为 41mm 的封孔器;

(6)变接头六个(用于粗细高压管的连接);

(7)内孔窥视仪三台;

(8)三组控制阀;

（9）控制测量仪器,流量计(任意)三块,压力计三块。

5.3.4.2 岩石水压定向致裂技术

水压致裂技术施工在 8105 综放工作面的顶回风巷及工作面两端巷中进行,在工作面回采前预先进行施工。8105 工作面水压致裂试验段长度为 200m。在顶回风巷和工作面两端巷中钻孔布置示意图如图 5-11 所示。

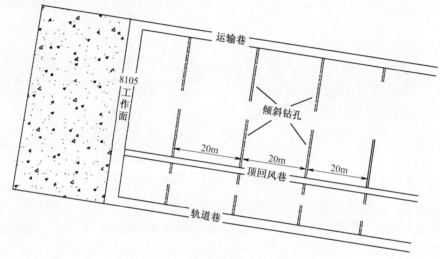

图 5-11　方案 1 水压致裂钻孔平面布置示意图

施工直径为 44mm 钻孔,钻孔深度 9～72m,钻孔仰角视打孔施工地点及注水孔位置而定,注水孔位置及打钻参数如图 5-12 所示。初始裂缝孔直径为 Φ75mm,水压介质的初始压力为 50MPa。主要目的是提前劈裂工作面上方的厚层难冒顶板。

注水孔整齐布置方式,注水孔沿工作面走向及倾向距离恒为 20m。工作面全长范围内,每组一排共需打设 10 个钻孔。其中,在工作面顶回风巷中共需完成 5 个钻孔工作量,注水孔分布在顶回风巷两侧,钻孔深度最深可达 37.2m,最小为 9m,最大仰角为 90°,最小为 14°;在工作面两端巷道内需完成剩余的 5 个钻孔工作量,运输巷负责 4 个钻孔,轨道巷负责 1 个钻孔的任务量。两巷内打钻最大孔深达 72m,最小为 25.7m,最大仰角为 60°,最小为 18°。钻孔整齐布置形式的优点是沿工作面推进方向打设每组钻孔的间距较大,单位走向长度范围内打孔组数相对减少,节约生产成本;其缺点就是该布置方式导致临近注水孔高压水影响范围有所减小,坚硬顶板临孔间未受高压水影响的面积相对较大,每相邻四个高压注水孔间未受致裂影响的面积可达 85.84m²,如图 5-13 所示。

5.3.4.3 岩石定向致裂控制技术

岩石定向水压致裂法的控制必须每次都适应现场条件。尤其重要的是确定裂缝和产生裂缝的平面的传播范围。检验裂缝致裂范围最常用的方法是借助钻孔法或在钻孔中使用内孔窥视仪测试。

由控制测量钻孔网组成,如图 5-14 所示,目的是确定钻孔中液体的流出或在涉及液

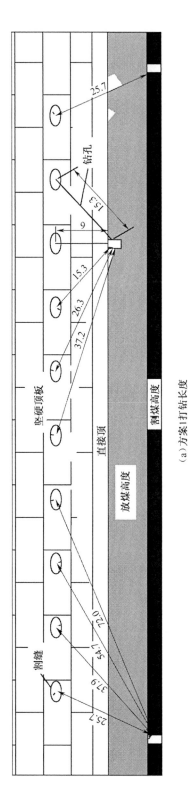

(a) 方案 1 打钻长度

(b) 方案 1 打钻方位

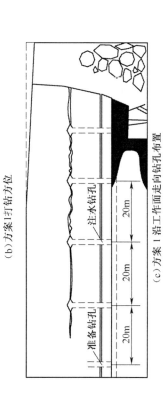

(c) 方案 1 沿工作面走向钻孔布置

图 5-12 方案 1 打钻参数及注水钻孔布置

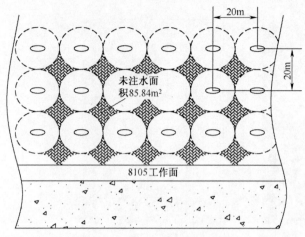

图 5-13　方案 1 注水顶板破裂情况

体的溢流以及钻孔围岩电阻的变化,以便确定致裂的效果。

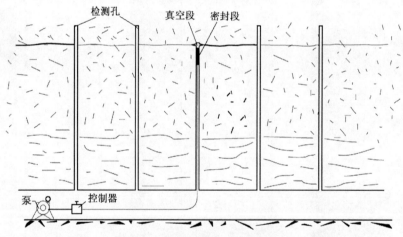

图 5-14　致裂裂缝扩展的控制方法

内孔窥视仪的测试本质是借助摄像机对孔壁进行观测。内孔窥视仪测试当前普遍应用在矿山研究的冲击矿压和岩石力学部门。如图 5-15 所示。

5.3.5　效果分析

首先在 8105 工作面顶回风巷中进行水压致裂试验,当注入高压水致裂 1♯钻孔时,观测到的高压管路中的压力变化如图 5-16 所示,水压力维持在 35MPa 上下波动,不能继续升高。将泵站保护压力设置为 56MPa 后,水压力瞬间升高至 46.22MPa,此后进入到正常致裂阶段,随着钻孔裂缝的张开,与冲水的交替,导致孔内水压力呈"上升—下降—上升"的趋势。

8105 工作面采用水压致裂控制技术后,工作面实测周期来压步距为 9.6~36.6m,平均 24.8m 左右。8100 与 8105 工作面为同采 3^5 号煤层的同一盘区,工作面围岩地质条件

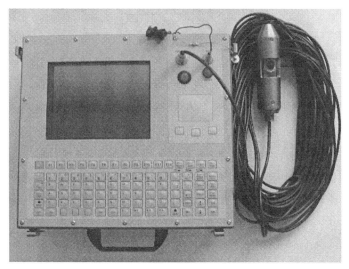

图 5-15　内孔窥视仪

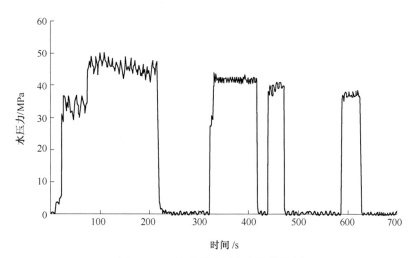

时间 /s

图 5-16　1 号致裂孔压力变化趋势图

与生产技术条件基本相同。8100 与 8105 工作面中部矿压观测结果对比如表 5-3 所示。

表 5-3　8100 与 8105 工作面中部矿压观测结果对比表

工作面	来压期间工作阻力/kN		平均周期来压步距/m	
	范围	平均	范围	平均
8100	10000~14000	12805.6	11.48~44.6	29.4
8105	8000~13000	10895.7	9.6~36.6	24.8

　　两工作面来压步距的变化范围不同,8105 工作面平均来压步距较 8100 工作面减小了 4.6m。8105 工作面来压期间平均工作阻力较 8100 工作面减小了 8.8％。说明通过注水压裂与软化减小了顶板的来压强度,有利于减小顶板来压对工作面生产的影响。

5.4 "两硬"大采高坚硬顶板预裂爆破技术

工作面采场围岩控制是大采高开采的关键技术之一,它通过改进采煤工艺、支护手段、采空区处理等措施,促使采场围岩形成可控、有序的移动,以保证采煤工作的顺利进行。

工作面顶板的控制主要是由采场支架有效的支撑来完成的,大采高开采时,由于一次采出煤层厚度的增加,采场上方顶板活动规律发生了较大的变化。加之,大采高工作面由于采高大,容易出现煤壁大面积片帮,片帮后端面距加大,顶板失去煤壁的支撑,常常造成冒顶事故。而冒顶事故反过来加剧了工作面装备的磨损和老化,尤其是液压支架的受力状况会急剧恶化,对支架的稳定性产生严重影响。为此,针对"两硬"条件大采高综采特点,研制了 ZZ9900/29.5/50 支撑掩护式液压支架,有效地控制了顶板。

随着综采机械化程度的提高,采场工作面的技术经济效益、安全状况得到了进一步的提高。而采场围岩的分类对综采支架的选型和采场围岩的控制具有重要的意义。

影响直接顶稳定性的主要因素有三个:①组成顶板岩石的强度特性;②顶板岩层强度沿厚度的分布及层间黏结强度;③顶板的完整程度,主要以层理和节理的发育程度来表征。这三个因素都集中体现在直接顶抗弯拉能力,这也体现在直接顶的初次垮落步距。大量矿压研究数据表明:直接顶的初次垮落步距是直接顶稳定性的综合反映。考虑岩体结构和裂隙的综合影响,根据固支梁的极限断裂步距,直接顶的初次垮落步距为

$$L_{z0} = 8.94 C_z \left(\sigma_c h_0 \right)^{\frac{1}{2}} \tag{5-11}$$

式中,$C_z = C_4 C_1 \left(\dfrac{C_3}{C_2} \right)^{\frac{1}{2}}$,$C_1 = h_1/h_0$,$C_2 = h_2/h_0$,$C_3 = \sigma_t/\sigma_c$;$h_0$ 为直接顶的分层厚度,m;h_1 为直接顶内承载层的厚度(较硬层),m;h_2 为直接顶内加载层厚度(较软层),m;C_4 为岩体的软化系数;σ_c 为直接顶岩体的抗压强度,MPa;σ_t 为直接顶岩体的抗拉强度,MPa;C_z 为岩体的综合平均软化系数;

在上式基础上,原煤炭部制定了直接顶分类准则,如表 5-4 所示。

表 5-4 直接顶稳定性分类指标及范围

类别	指标		岩性描述	统计值 C_z
1 类(不稳定)	1a(极不稳定)	$L_{z0}<4$	泥岩、泥页岩,节理发育,松软分层厚度 0.1～	0.163
		$L_z<4$	0.5m,岩石强度小于 40MPa	
	1b(较不稳定)	$4<L_{z0}<8$	泥岩、碳质泥岩,层理较发育,分层厚度 0.2～	0.265
		$4<L_z<8$	0.5m,岩石强度 20～50MPa	
2 类(中等稳定)	2a(中下稳定)	$8<L_{z0}<12$	致密泥岩、粉砂岩、砂泥岩,分层厚度 0.3～	0.32
		$8<L_z<12$	0.7m,岩石强度 30～60MPa	
	2b(中上稳定)	$12<L_{z0}<18$	粉砂岩、砂泥岩,节理不发育,分层厚度 0.4～	0.373
		$12<L_z<18$	0.9m,岩石强度 40～70MPa	
3 类(稳定)		$18<L_{z0}<32$	砂岩、石灰岩,节理很少,分层厚度 0.5～	0.46
		$18<L_z<32$	1.2m,岩石强度 50～120MPa	
4 类(非常稳定)		$32<L_{z0}<50$	致密砂岩,石灰岩,节理很少,分层厚度 1.0～	0.53
		$32<L_z<50$	3.0m,岩石强度 50～120MPa	

老顶的分类以老顶的来压程度为依据，即顶板下沉和支架荷载。以此为目标的主要影响因素有：①老顶初次垮落步距 L_0；②直接顶厚度与采高比值 N；③采高 H。根据动态聚类和层次回归分析方法，得到老顶初次来压的循环末荷载强度为

$$P_{\mathrm{mo}} = 305.6 + 71.7H + 1.67L_0 - 25.3N \tag{5-12}$$

老顶来压强度当量 D_H：

$$D_H = 0.6P_{\mathrm{mo}} - 183 \tag{5-13}$$

根据大量工作面回归分析，以 P_{mo} 和 D_H 为分类依据，得到老顶分类指标和量级，如表 5-5 所示。

表 5-5 老顶分类和使用范围

老顶分类	Ⅰ	Ⅱ	Ⅲ	Ⅳ
分级基础	$P_{\mathrm{mo}} < 440$	$440 < P_{\mathrm{mo}} < 520$	$520 < P_{\mathrm{mo}} < 620$	$P_{\mathrm{mo}} > 620$
分级当量	80.5	1128.4	188.3	> 188.3
分级界限	$L_0 - 15N + 42.9H < 80.5$	$80.5 < L_0 - 15N + 42.9H < 128.4$	$128.4 < L_0 - 15N + 42.9H < 188.3$	$L_0 - 15N + 42.9H > 188.3$

根据以上直接顶和老顶的分级方法，对 8402 大采高工作面进行采场围岩分类，为采场围岩的控制提供依据。直接顶分类的主要指标是直接顶初次垮落步距，对于已采工作面可采取现场实测和理论计算相结合的方法，对于综采工作面老顶分级中，主要应该看重直接顶与采高的比值和老顶来压步距。具体分级结果如表 5-6 所示。

表 5-6 8402 工作面围岩分类结果

工作面	直接顶初次垮落步距/m	老顶初次垮落步距/m	N	直接顶分类	老顶分类
8402	25	59	1.07	3	Ⅳ

从计算结果和实测结果来看，工作面的老顶为来压比较明显的Ⅳ级老顶，直接顶为稳定的 3 类顶板。从采场围岩分类结果看，该工作面采场围岩属于难控的采场围岩。

由于工作面采场顶板属于难控顶板，加之工作面实现大采高开采，单纯采用自然垮落法管理采空区顶板，可能出现采空区悬板过大、顶板垮落不严、初采顶板不垮等现象，将影响工作面正常开采。因此，在"两硬"条件下，必须采取必要措施人工强制放顶。本工作面采取深孔爆破，在顶板中形成切槽，促进顶板的有效垮落。

根据已采工作面的监测结果、数值模拟和相似材料模拟研究结果，工作面直接顶初次垮落步距为 15m 左右，老顶初次来压步距为 40～60m，老顶的周期来压步距为 8～20m，平均 15m。因此结合大采高开采的实际情况，确定初次放顶步距为 28m，步距放顶步距为 20m。现在确定放顶具体爆破参数。

1) 爆破深孔的布置方式

首先确定放顶孔垂深

$$H = \frac{M - P}{K - 1} = \frac{4.5 - 0.5}{1.4 - 1} = 10\mathrm{m} \tag{5-14}$$

式中，M 为采高，这里取 4.5；P 为顶板垮落的空隙，这里取 0.5；K 为岩石的膨胀系数，这

里取 1.4。

通过计算放顶部分平均垂深不小于 10m。

深孔放顶爆破属于减弱爆破漏斗爆破,因此抵抗线大小为

$$w = \frac{r_L}{0.75} \tag{5-15}$$

而标准松动爆破漏斗的最小抵抗线为

$$w' = r_b \left(\frac{3.14 p_0}{mq}\right)^{\frac{1}{2}} = 32.5 \left(\frac{3.14 \times 1000}{0.8 \times 0.24}\right)^{\frac{1}{2}} = 3997.5 \text{mm}$$

式中,r_b 为装药半径,mm;p_0 为装药密度,g/cm³;m 为装药间距与最小抵抗线之比,这里取 0.8;q 为单位装药量,通过计算得 $q = 0.24 \text{kg/m}^3$。

由于 $w' = r_L$,因此最小抵抗线为 5.3m。根据放顶孔垂深和最小抵抗线比较,我们选择放顶孔按双层布置。

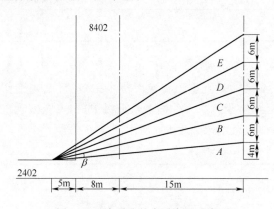

图 5-17　放顶孔的水平布置示意图

2)放顶孔角度

如图 5-17 所示,放顶孔水平角度由下式确定:

$$\beta = \arctan \frac{C}{L' + A + B} \tag{5-16}$$

式中,C 为孔底距顺槽煤壁距;L' 为炮孔进入采空区的水平距离,取 15m;A 为孔口距工作面煤壁预留距离,取 5m;B 为支架支撑长度,取 8m。

通过计算分别求得 5 个孔水平角度,具体数据如表 5-7 所示。

如图 5-18 所示,双层放顶孔垂直角度由下式确定:

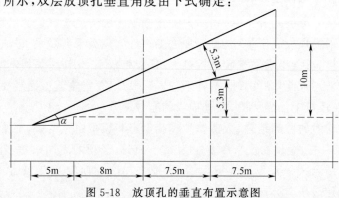

图 5-18　放顶孔的垂直布置示意图

$$\alpha_1 = \arctan \frac{(H+1)\cos\beta}{L'/2 + A + B} \tag{5-17}$$

$$\alpha_2 = \arctan \frac{(w+1)\cos\beta}{L'/2 + A + B} \tag{5-18}$$

具体求得数据如表 5-7 所示。

3）放顶孔深度

放顶孔深度根据放顶范围和放顶孔角度确定，在实际施工操作中，取双层孔中深的深度作为统一的放顶孔深度。具体深度由下式确定，最终计算结果如表5-7所示。

$$L = \frac{L' + A + B}{\cos\alpha \cos\beta} \tag{5-19}$$

4）装药长度和装药量

根据顶板岩性、放顶孔布置方案，选用炸药种类（高威力黏性炸药），计算炸药总药量，确定装药系数，最终确定放顶孔装药长度。具体计算结果如表5-7所示。

表5-7 初次放顶和步距放顶参数表

参　　数	炮　孔　名　称					
	A1　A2	B1　B2	C1　C2	D1　D2	E1　E2	F1　F2
炮眼长度/m	32	34	36	39	43	26
炮眼水平角(°)	8	19	29	38	45	90
炮眼垂直角(°)	28　17	28　16	25　15	23　14	21　12	33　17
炮眼个数/个	2	2	2	2	2	22
炮眼直径/mm	65	65	65	65	65	65
炸药密度/(g/cm³)	1	1	1	1	1	1
每米装药量/(kg/m)	3.32	3.32	3.32	3.32	3.32	3.32
装药长度/m	17　18.1	18　19.5	19.5　20.5	21　20	23　24	14　14
装药重量/kg	56.4　60	60　64.7	64.7　68	70　73	76.4　79.7	46.5
充填物长度/m	10	10	10	15	15	12
导爆索长度/m	68	72	76	82	90	56
雷管个数/个	2	2	2	2	2	2
雷管段数/段	2　1	2　1	2　1	2　1	2　1	2　1

两顺槽巷放顶孔提前打好，待炮孔距工作面5m时，按装药结构装药和封孔。雷管使用延时电雷管，底孔用1段，顶孔用2段。先放尾部5组，再放头部5组。

初次放顶后，为加强采空区的顶板管理，每推进20m，进行步距放顶。步距放顶孔布置在两顺槽巷道内，超前工作面50～100m，按照初次放顶A、B两组孔进行同样的布置，当工作面采到距炮孔5m时，停止生产进行一次联放炮。使采空区顶板在头、尾拉开槽，在采动中自行垮落。

8402工作面实行深孔爆破人工强制放顶后，控制了顶板的垮落，直接顶基本上能随采随冒，老顶的悬板不大，悬板尺度都在20m×15m以内。工作面初次来压和周期来压强度不是特别大。

5.5 "两硬"条件下综放开采顶煤联合弱化技术

大同矿区煤层坚硬，综放开采中存在的主要问题是顶煤在矿山压力作用下不能自行得到充分破坏而及时垮落并破碎到放煤所需的块度,这不但制约工作面顶煤采出率的提高,而且严重威胁着工作面的安全生产。因此,有效解决顶煤不能自行及时垮落和充分破碎是大同矿区厚煤层综放开采中的关键技术难题。

顶煤破坏过程是具有一定时间和空间分布特征的随机动态过程,预先弱化只是顶煤破坏全过程中的一个阶段或部分,顶煤最终垮落和破碎状况取决于预先弱化、矿压和支架系统的破煤特性及其相互协调关系,预先弱化并非要直接将顶煤破坏到放煤所要求的程度,主要是为充分利用矿山压力破煤作用达到顶煤的最终充分破坏创造前提条件。因此,坚硬顶煤预先弱化的实质就是通过爆破、注水等技术手段和措施,人为地预先降低顶煤的整体强度,而不是要把顶煤直接破碎到放煤所需的程度。通俗地说,就是要把本来坚硬难冒的顶煤预先改善为比较松软的顶煤,使其在随后支承压力等作用下可以像一般条件的顶煤一样最终及时垮落和充分破坏。坚硬顶煤预先弱化就是根据顶煤赋存特征和放出条件要求,采用爆破、注水等手段预先降低顶煤整体强度的一种工程技术方法。顶煤预先弱化中,一般情况下弱化措施直接作用破坏的只是部分顶煤,而非全部顶煤(图 5-19)。

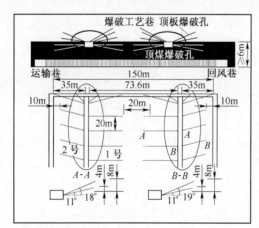
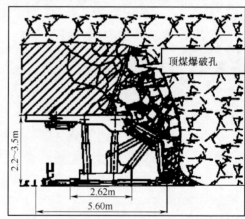

图 5-19　坚硬顶煤、顶板注水-爆破联合弱化技术

坚硬顶煤预先弱化基本方法可分为预先爆破弱化、预先注水弱化和预先爆破及注水联合弱化方法三类。它们都是利用专用工艺巷或工作面顺槽,超前工作面前方支承压力影响区对顶煤进行预先深孔爆破或注水。与常规的面内爆破方法比较,它们具有下述特点。

(1)顶煤预先弱化作业区在工作面之外,且距工作面较远,弱化施工对工作面正常生产影响很小,生产组织和管理简单。

(2)预先弱化工序与工作面内的正常采放工序互不干扰,可以平行作业,有利于工作面快速推进和实现高产高效。

(3)预先弱化施工条件较好,作业的安全性、可靠性高,弱化施工对工作面安全状况影响小,有利于工作面安全生产。

(4)能充分发挥和利用支承压力的破煤作用,可以减少人工辅助顶煤充分破碎的工程量和成本。

(5)由于充分利用了支承压力作用,有利于合理控制顶煤垮冒特征和特大块煤的出现。

（6）但预先弱化实施的机动性、灵活性较差，弱化效果观测难度较大，技术要求高。

5.5.1 煤层注水

通过云冈矿 8826、8828、8824、8822、8820 和 8818 工作面的试验，经过反复优化，取得了切实有效的注水参数与工艺。该五个工作面共布置五条巷道，其中沿煤层地板共布置运输巷、回风运料巷，沿煤层顶板共布置两条工艺巷和一条专排瓦斯巷。注水弱化顶煤、煤体预爆破、顶板预爆破施工工艺均集中在两条工艺巷内(图 5-20)。

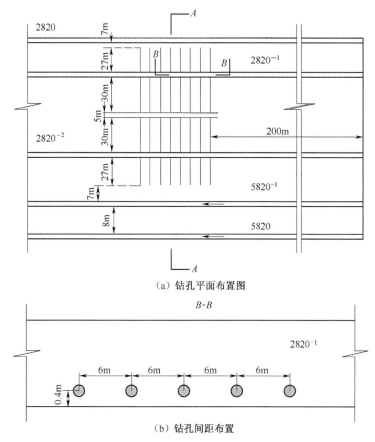

（a）钻孔平面布置图

（b）钻孔间距布置

图 5-20　煤体注水钻孔布置图

1) 注水量的确定

煤体注水工艺中钻孔施工超前工作面 100m，采用 KHYD75DIA 型钻机，孔径 62mm，使用叠加的三翼钻头和取心钻头，使钻孔孔壁光滑，有利于后期的钻孔封孔。孔深 30m 和 27m，钻孔布置如图 5-20 所示，注水压力 2.46MPa，单孔注水量 Q 约为 32t。

2) 封孔

封孔是煤层注水的关键，刚开始我们采用钻探放水孔封孔器，因为煤层本身存在节理裂隙，使得钻孔孔口封孔不良，渗水卸压，影响后期注水效果，通过研究，我们设计了高压胶管封孔器，当控水闸门打开后，高压胶管迅速膨胀挤压钻孔孔壁，使其接触严密无缝，保证了注水压力。

3）静压注水所需设备及材料见表 5-8。

表 5-8　煤层注水设备配置

序号	名称	数量	规格型号	备注
1	钻机	2 台	KHYD75DIA	
2	高压胶管 封孔器	32 个	1.5m	封注水孔
3	压力表	2 个		
4	流量表	2 个	DC-4.5/20	
5	三通	100 个		
6	软管	100m		与主管连接

一次注水 48m，两巷同时注水 32 个钻孔合计注水 $Q=1054t$，通过试验和几个工作面的实际应用，注水一周后能够充分湿润煤体（把湿润范围内煤壁出现均匀的"出汗"渗水作为控制注水时间的依据）。

由已知理论可知在煤层未进入支承压力区以前，煤层处于原始应力状态，通过煤层注水，能够使完整顶煤预先形成裂隙带和结构改变，是一个外加的预处理过程和诱导因素，使煤层原生裂隙和地质弱面扩展与贯通，影响煤的强度特征与后续原生裂隙的进一步扩展与贯通。

5.5.2　煤体松动预爆破

煤体松动预爆破工艺主要集中在两工艺巷内（图 5-21），提前注水钻孔可继续作为煤体松动炮孔，达到一孔多用，节约资金与人工。通过改变参数，即头向、尾向炮孔由原来的 27m 变为 29m，与煤柱间距缩小为 5m，倾角由 0°变为 2°。原钻孔在施工过程中因受钻杆自重的影响，钻孔终孔后孔底段倾角小于 0°，致使孔内积存大量的煤粉和积水，使钻孔提前装药后药卷受水浸泡超过 24h 不能正常起爆或发生残爆，通过分析将倾角变为 2°后，终孔孔位略大于 0°，与设计中预想的结果一致，孔内无积水存在，装药后炸药能充分爆破达到预期效果。煤体松动预爆破炮孔施工超前工作面煤壁 60m，当钻孔距工作面最小距离为 20m 时实施预爆破，一次爆破距离 10m（同时爆破此范围内的顶板炮孔）。

通过增加煤体注水和改变松动炮孔工艺爆破后，工作面的回采率大幅提高达到 83%。同时，爆破后工艺巷内放炮区域煤帮片帮严重，工作面煤壁片帮深 200～600mm，采煤机滚筒截割顶刀时即触即落，且大块煤只占总煤量的 30%左右。

5.5.3　顶板预裂

顶板预爆破工艺主要集中在两工艺巷内（图 5-22），顶板炮孔在工作面巷道掘到位即可提前施工。

从几年来的实践观测比对，炮孔间距为 10m，孔深为 28m 时，后沿工作面方向顶板控制范围为 24m，随着工作面的推进，采空区悬板能够随采随落，顶煤能够沿着冒落岩石斜

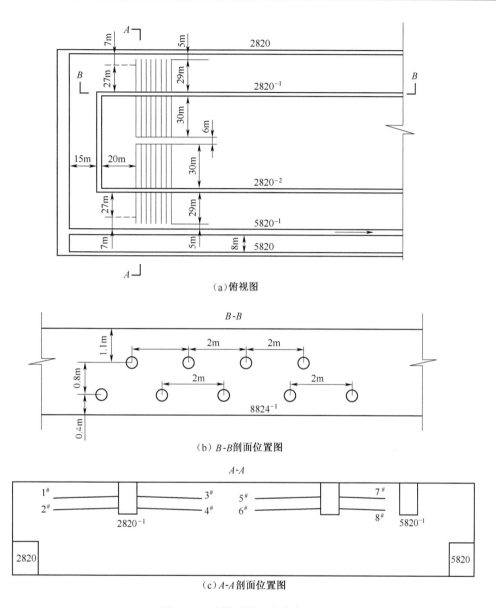

图 5-21 顶煤预爆破炮孔布置图

面顺畅地滑入后部运输机中,工作面的回采率达到 73%。

通过实践对比证明,工作面靠近头部 1～3 号支架未经煤体预裂爆破的区域,煤体的整体性好,大部分煤体仍处于原位的块体状态,顶煤位移量小。而经顶板预爆破和顶煤预爆破后的煤体明显成散体加块体,且散体约占 70% 左右,煤的块度分布从下向上逐渐变大,从顶梁向切顶线方向逐渐变小。

当该区域的顶煤进入支承压力区后,通过顶板预爆破和顶煤预爆破工艺后进一步使顶煤体内原生裂隙扩展与贯通,同时产生新的裂隙,这些新裂隙与原生裂隙贯通使顶煤体变成被新老裂隙切割的裂隙煤体。

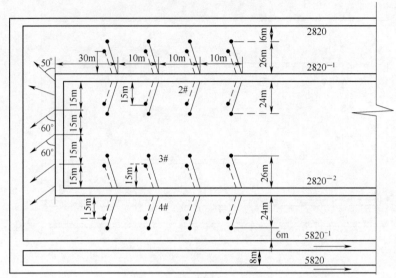

（a）俯视图

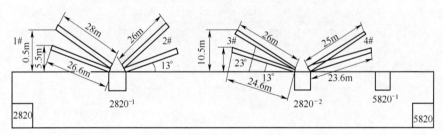

（b）剖面图

图 5-22　顶板预爆破炮孔布置图

煤体注水、顶煤松动爆破和顶板预裂爆破，三者之间的时空关系如下。

（1）施工注水钻孔，注水钻孔的施工超前工作面煤壁 200m，以保证一个月的注水时间。

（2）顶煤松动爆破和顶板预裂爆破孔的打钻均超前工作面煤壁 40m 以上。

（3）顶煤松动爆破和顶板预裂爆破炮孔超前工作面煤壁水平距离 20m 进行联放炮。

（4）当顶煤松动爆破炮孔与顶板预裂爆破炮孔位于同一位置时同时联放，但一条巷一次起爆数不得超过 8 个。

（5）装药与施工钻孔保持 10m 的安全距离。

6 大同矿区煤层开采安全技术措施

6.1 "两硬"薄煤层安全开采技术措施

6.1.1 薄煤层坚硬顶板控制措施

"两硬"薄煤层开采条件下,若采空区部分冒落高度小于 2 倍采高或上隅角悬板大于 $5 \times 10 m^2$ 时,进行爆破强制放顶。(见 5.1 节)

6.1.2 薄煤层工作面安装与切眼回撤技术措施

当薄煤层工作面在开采过程中揭露大断层或陷落柱,无法直接割过时,需要进行工作面的停采搬家和设备的拆卸安装工作。

1) 工作面搬家工作顺序

第一步:做搬家前的所有准备工作;

第二步:工作面采至距停采线 5.4m 处,开始开掘撤架机道及进行人工清机道煤,爆破起底;

第三步:开掘大件设备吊装硐室、绞车硐室;

第四步:清理浮煤;

第五步:工作面运输机吐链;

第六步:起底、铺道轨和硬化道面;

第七步:开关列车拆电,机组解体;

第八步:拆工作面溜槽;

第九步:走开关列车,转载机、撤支架。

2) 开掘撤架机道及顶板支护措施

(1) 距停采线 5.4m 处,开始并打第一排锚索并加钢带及人工清机道煤,爆破起底(200mm),锚深 6.5m,间距 1.5m,锚孔位置在两支架的间隙中,并距支架前梁端头 0.2m 处。钢带长度为 1.7m,孔距 1.5m,锚固时要求相邻的钢带搭接锚固。

(2) 向前移架割煤两刀,注第二排锚索并进行人工清机道煤,爆破起底(200mm),锚深 6.5m,方式和方法同第一排一样,排距为 1.2m;向前移架割煤两刀,按同样的要求注第三排(锚深 2.2m,排距为 1.2m)、第四排(锚深 6.5m,排距为 0.8m)。

(3) 注完第四排锚索后,停止移架,并进行人工清机道煤,爆破起底(400mm),摘开推溜联接头,用单体柱推溜割煤三刀,作为撤架通道。

(4) 机道内顶板采用锚索加钢带支护,每割一刀煤,打锚索,并进行人工清机道煤,爆破起底(600mm),机道内再注两(第 5、6 排)排锚索,排拒 0.8m,间距 1.5m,第 5 排锚深

2.2m,第 6 排锚深 6.5m;每一排锚索与前一排成三花型交错布置,最后一排锚索距煤墙 0.6m,钢带互相搭接,机道锚索布置如图 6-1 所示。

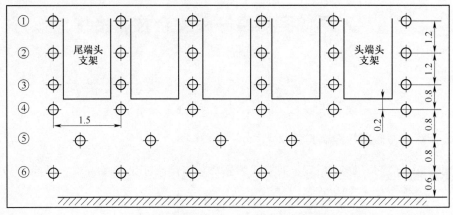

图 6-1 工作面搬家撤架机道锚索布置图(单位:m)

(5) 机道两安全出口与巷道交错丁字口处,各用三个锚索群加固顶板,布置方式为 "品"字形。

(6) 在支架前梁下方打木柱支护,防止支架自降。

(7) 所有锚索加钢带,必须采用 0.25m×0.25m 的方钢托板。

(8) 在断层、陷落柱前后 5m 处和顶板特别破碎处使用 6.5m 的锚索配合 3.5m 长钢梁、3×1.5m² 的菱形金属网对顶板进行支护。

3) 工作面设备拆移施工过程

(1) 工作面搬家机道形成后,开始拆除转载机、皮带运输机,运至二切眼进行安装。

(2) 支架采用装车运输,需从尾巷正中打一撤架绞车硐室和挑一支架装车起吊点。 绞车硐规格:深 4m,宽 4m,高 1.8m;吊装硐规格:长 4.5m,宽 3.5m,高距底板 4.2m。采用锚杆、锚索支护。

(3) 工作面撤架机道形成后,拆除机组一台、工作面运输机一部、工作面支架和端头支架。

(4) 机组出场检修。

(5) 二切眼稳装工作面运输机一部、转载机一部、开关列车、机组一台及支架若干台。

4) 二切眼的设备安装

(1) 用回柱车将支架拉到工作面切眼处,在调整支架时,必须用钢丝绳拴好调整,人员不得贴近支架进行此项工作。

(2) 稳架前必须对切眼支护进行全面的检查,不合格的重新支护,对顶板破碎处,要根据实际情况增设支护。

(3) 稳架前,首先进行"敲帮问顶"检查,发现问题先处理、后作业。

(4) 调整支架到预定位置稳齐后,每稳一架在顶梁正中支设木柱刹顶,所用木柱均为一帽三楔支护,柱子间距为 1.5m,稳好一架后,方可稳下一架,在调整支架过程中,牵引钢丝绳两侧及支架可能倾倒波及的范围内严禁站人及通过。

(5) 支架稳好后,立即接通供液管路系统,及时支撑顶板。

(6) 支架升起后,不能有效接顶的,要立即打好木垛,刹好顶板。

6.1.3 上覆采空区积水处理的安全技术措施

(1) 分析开采地质条件及邻近开采情况,在工作面开采前对四周采空区实施探放水,为防止采空区局部低洼处有积水对工作面生产造成威胁,两巷必须设专用排水管路和泵,做到随时排放水的准备。

(2) 在开采过程中,工作面所有人员都要注意顶板与采空区出水变化情况,发现有异常应向当班领导汇报。

(3) 遇到断层、裂隙、冲刷带等地质构造时施工中更要密切注意构造面的涌水状况,发现有透水预兆,由当班干部根据井下实际情况立即决定撤出人员,并向队、矿值班人员汇报,以便及时采取措施。

6.1.4 邻近采空区防自然发火安全技术措施

(1) 加强自然发火期的预测预报工作。

(2) 工作面、溜头、溜尾的煤要清干净。

(3) 工作面要有完善的消防管路系统,消防水管可与防尘洒水管共用。

(4) 工作面严禁电焊、气焊作业。

(5) 消灭电器明火,杜绝失爆,定期检查设备传动部位并定时注油防止机器缺油发热起火。

(6) 所有工作人员严禁携带烟草和点火物品。

(7) 工作面检修用完的棉丝、布头和纸等必须放入盖严的铁桶内,并当班送出井。

(8) 不得向采空区遗弃木料棉丝等易燃物品。

6.1.5 "两硬"薄煤层开采瓦斯灾害防治技术措施

(1) 加强通风设施的管理,严禁工作面风流短路。任何人不得随意破坏通风设施,运送材料时,不准将两道风门同时打开,车辆通过后必须及时关闭风门。

(2) 工作面保持良好的通风,供风量不得小于 $444m^3/min$。

(3) 工作面必须配备专职瓦斯员掌握工作面头、中、尾、上隅角、回风流各点的瓦斯情况,对异常涌出地点高冒区、上隅角,必须进行重点监护,每一班必须向通风调度汇报。

(4) 下井干部、班组长、放炮员、流动电钳工,必须携带瓦斯便携仪。

(5) 在开采期间,如果工作面出现 $CH_4 \geqslant 1\%$、$CO_2 \geqslant 1.5\%$、$CO \geqslant 0.0024\%$,必须断电撤人,然后向调度室汇报,采取措施进行处理。工作面及上下顺槽任何一处体积大于 $0.5m^3$ 的空间内积聚瓦斯浓度达到 2% 时,附近 20m 范围必须停止工作,撤出人员,切断电源,进行处理。

(6) 工作面上隅角瓦斯浓度超过 1% 时,必须停止生产,采取措施进行处理。

(7) 工作面无风时及时撤出人员到新鲜风流中,如果矿井停风,人员必须出井,恢复供风时,应先检查瓦斯,无问题后方可进入工作面。

（8）加强两巷及工作面的顶板管理，保证有足够的通风断面。

6.1.6 冲击地压发生机理与防治技术

通过对大同矿区主要生产矿井发生冲击地压现象的系统深入研究，大同矿区侏罗纪煤层发生冲击地压除具有一般特点外，还具有以下特点：①受采空区和煤柱影响大、下层煤开采发生冲击地压的频次比上层煤开采高；②发生条件为浅埋深（低于 350m）、煤层抗压强度都在 14MPa 以上，顶、底板抗压强度一般在 100MPa 以上；③与本层开采的超前支承压力作用没有明显的相关性。

根据上述发生冲击地压特点，同煤集团进行了冲击地压发生机理、判定指标和防治技术等的系统研究。

1）提出了将剩余能量释放速度指数作为冲击倾向性判定指标

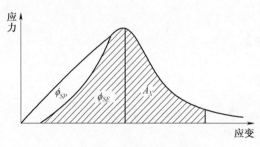

图 6-2 剩余能量计算示意图

见图 6-2，剩余能量释放速度指数（W_T）是指煤岩破坏时单位时间内释放的剩余能量的大小，计算公式为

$$W_T = \frac{\phi_y}{DT} \tag{6-1}$$

$$\Phi_y = \Phi_{SE} - A_X \tag{6-2}$$

式中，Φ_y 为剩余能量；DT 为动态破坏时间；Φ_{SE} 为弹性应变能，即卸载曲线下的面积；A_X 为峰值后损耗变形能，即峰值后曲线下的面积。

冲击倾向性的判别标准为：当 $W_T \leq 0$ 时无冲击倾向性；当 $2 \geq W_T > 0$ 时为弱冲击倾向性；当 $W_T > 2$ 时为强冲击倾向性。

2）提出了"椭球体"震源冲击地压理论，揭示了大同矿区冲击地压发生的机理

"椭球体"震源冲击地压理论：冲击地压是一个动力学过程，它包括冲击地压震源的形成，冲击地压应力波的形成及传播和在应力波作用下自由面处岩体破坏及冲出三个子过程，冲击地压发生所需能量由震源提供，而冲击地压的破坏作用是应力波造成的。即，由于煤体受力变形局部化导致断裂带形成，断裂带形成致使煤岩体急剧弱化，从而使煤体具备发生失稳破坏的条件，煤体失稳破坏是动力学过程的开始，这个动力学过程的持续最终会导致较大断裂面的形成，同时释放大量弹性能，弹性能以应力波的形式迅速向周围传播，当应力波到达自由面时，就会造成自由面附近的煤体破坏并获得一定的动能，使破坏的煤体大量抛出。发生失稳破坏形成较大断裂面的部位称为冲击地压的震源。

如图 6-3 所示，可以把释放弹性能的煤体看作以裂隙面为对称面的椭球体，通过研究由该椭球体表面单位面积传出的能量以及应力波比能可以计算出应力波最大应力峰值。

由椭球体表面单位面积传出的能量为

$$w_1 = \frac{\sigma_{\max}^2 ab}{2E[1.5(a+b) - \sqrt{ab}]} \tag{6-3}$$

式中，$\sigma_{\max}$ 为煤体的极限应力；a、b 分别为椭圆的长半轴和短半轴；E 为煤体的弹性

模量。

应力波比能 w_2 计算公式为

$$w_2 = \frac{1}{\rho_m c_P} \int_0^{t_s} \sigma_r^2(t)\, \mathrm{d}t \qquad (6\text{-}4)$$

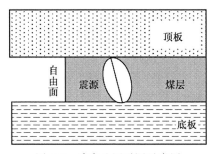

图 6-3　冲击地压震源示意图

式中，ρ_m 为煤体的密度；c_P 为煤体中的纵波波速；t_s 为应力波作用时间；$\sigma_r(t) = \sigma_{r\max} \mathrm{e}^{-\xi\,(t-t_r)} \dfrac{\sin\beta t}{\sin\beta t_r}$，$t_r$ 为应力波上升阶段总用时间，$\sigma_{r\max}$ 为应力峰值，ξ、β 为应力上升或下降梯度系数，由实测应力波形来得到。

由最大应力峰值 $\sigma_{r\max}$ 所计算的应力波比能应等于 w_1，故可计算出最大应力峰值：

$$\sigma_{r\max} = \sqrt{\frac{w_1 \rho_m c_P}{\sqrt{\displaystyle\int_0^{t_s} \mathrm{e}^{-2\xi\,(t-t_r)} \frac{\sin\beta t}{\sin\beta t_r}\mathrm{d}t}}} \qquad (6\text{-}5)$$

$\sigma_{r\max}$ 与传播距离 r 的关系为

$$\sigma_{r\max} = \frac{p}{\left(\dfrac{r}{r_b}\right)^\alpha} \qquad (6\text{-}6)$$

式中，r_b 为震源半径；α 为应力衰减系数，可取 $\alpha = 2 - \dfrac{\nu}{1-\nu}$，$\nu$ 为煤柱泊松比。

最大应力峰值 $\sigma_{r\max}$ 及其在传播过程中的衰减程度以及煤体自身强度控制着煤体的破坏与否，进而影响着冲击地压的形成与否。

3）冲击地压的工程判别指标确定与预测预报

根据大同矿区冲击地压的发生机理研究和规律总结，大同矿区冲击地压主要有四种基本类型：两帮煤层冲击、底板冲击、两帮及底板冲击、弹射冲击。把采空面积与采区面积之比作为冲击地压判据指标之一的冲击地压预测预报体系，具有实用性，初步解决了大同矿区冲击地压工程预测预报问题。

对于大同矿区，当一个盘区的采空面积与总面积的比值在接近 0.3 时，冲击地压开始发生，比值在 0.3～0.5 时，发生冲击地压的强度大、次数也最多。冲击地压预测预报流程图如图 6-4 所示。

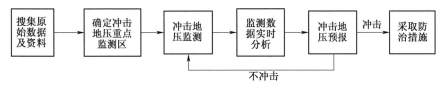

图 6-4　冲击地压预测预报流程图

原始数据资料搜集：搜集内容包括煤层赋存条件、开采方法、煤层及顶底板物理力学性质、地应力大小等。

冲击地压重点监测区的确定：根据冲击倾向性鉴定结果以及剩余能量释放速度指数

确定,重点监测区一般为采煤工作面及其顺槽、采煤工作面所对应的盘区集中巷及联络巷、掘进工作面、地质构造变化带、煤柱影响区及采动影响区。

冲击地压监测:在已确定的监测区采用多种监测手段,获得冲击地压预报所需数据。

冲击地压预报:把各种监测方法所得数据进行综合分析,结合"椭球体"震源冲击地压理论对冲击地压发生的可能性进行评判。

研究钻孔卸压时钻孔的位置、孔径、孔深、排列方式等技术参数与卸压效应的关系可解决了冲击地压防治技术实施中卸压钻孔技术参数确定问题。提出了有冲击倾向性煤层开采的开采设计原则,从区域防治和局部解危方面制定具体防治措施。

6.2 "两硬"近距离煤层群开采的自燃机理与防治技术

坚硬顶板、煤层群开采的突出特点是漏风渠道、多裂隙直通地面、风流运动复杂,堵漏困难,给开采带来了严重火灾隐患。

6.2.1 煤氧化自燃的反应机理研究

为给近距离煤层群开采工作面防火提供理论依据,通过红外光谱分析技术,对矿区29个煤样的煤分子结构进行了红外光谱谱图分析,得到了煤分子中各官能团的归属,建立了煤分子的化学结构模型;采用密度泛函理论(DFT,Density Functional Theory)在B3LYP/6-311G 水平下对反应物、产物、中间体和过渡态分子进行了几何优化,确定了过渡态结构和反应物、中间体、产物之间的正确连接,应用量子化学理论计算了煤分子结构中侧链基团活性顺序,确定了煤的氧化自燃过程中各反应通道的优先顺序,揭示了大同矿区煤氧化自燃的反应机理(图6-5)。

分步反应过程如下:

$$R+O_2 \rightarrow MI1 \rightarrow TS1 \rightarrow MI2 \rightarrow TS2 \rightarrow MI3 \rightarrow P+H_2O \rightarrow MI4 \rightarrow TS3 \rightarrow MI5 \rightarrow P1+CO$$

6.2.2 提出了以着火活化能作为煤的自燃倾向性分类指标

通过热重实验分析了矿区不同层位和不同工作面的 29 个煤样添加阻化剂后的 TG-DSC 曲线,计算并分析了煤样分别加入 NaCl、KCl、MgCl$_2$ 后的失水活化能、着火活化能、燃烧活化能以及失水温度、着火温度的变化情况,为阻化剂的选配奠定了基础(图6-6、图6-7)。

6.2.3 形成了地下火区综合探测新方法

为了探测井下已有火区的火源和井下高温点位置,提出了先采用地面氡气测量再进行 CYT-H 探测的瞬变电磁和激发极化电测深法的综合探火技术,形成了地下火区综合探测新方法。采用这种新方法进行综合探测,不仅可以准确探测地下火区的范围,而且能够在多层采空区和复杂地形条件下确定出不同层位的火区分布。此方法在王村矿地下多层火区综合治理中进行了应用,共计完成测氡点 771 个,瞬变电磁点 436 个,电测深物理点 28 个。在多层采空区和复杂地形条件下确定出地下三层火区的空间位置与范围,为地

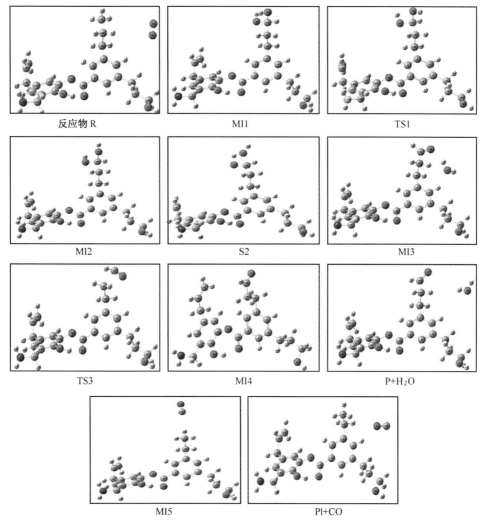

图 6-5 反应中的反应物、中间体、过渡态和产物构型示意图

下火区的治理提供了科学依据,并在后期火区治理中得到了证实。

6.2.4 自然发火的防治技术

通过上述研究,项目实施了以下防灭火技术:①均压防灭火技术,由于大同矿区"两硬"采空区顶板的"切冒"特征,造成一些采空区裂缝直通地表,形成与地表的漏风通道,漏风严重,漏风量达 $200m^3/min$ 以上,为减少工作面漏风量,实施了升压和泄压两种局部均压技术;②采空区滞留泡沫注氮技术,利用埋入采空区的注氮管压注氮气泡沫,泡沫具有湿润性,伏在浮煤上的泡沫失水后氮气就会滞留在浮煤表面起到阻燃降温作用;③两巷隅角区注凝胶技术,由于大同矿区"两硬"条件,采空区漏风主要在切眼、两巷区域,因此在上、下隅角以扇形状灌注凝胶浆,形成堵漏风隔离带;④气雾阻化防火技术,将阻化剂喷洒在采空区遗煤表面,形成一层能抑制氧气和煤接触的保护膜,阻止煤与氧的反应,此外,氯化物溶液吸水性强,能使煤体表面保持潮湿并降温,延长发火期。

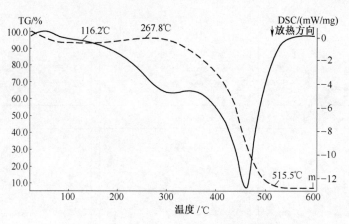

图 6-6　25～600℃升温氧化热重曲线图

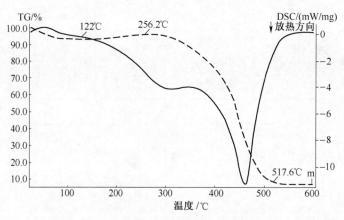

图 6-7　25～600℃加 NaCl 氧化自燃热重曲线

6.3　"两硬"大采高安全开采技术措施

6.3.1　两顺槽巷及切巷防顶板安全技术措施

（1）两顺槽巷及切巷支护严格按照巷道设计说明规格要求进行支护；

（2）对顶板破碎的地方进行特殊支护（如顶板上网进行加固，架设工字钢棚）；

（3）保证两顺槽巷及切巷支护的质量和数量，进行锚固力拉拔试验；

（4）保证两顺槽巷超前支护的质量和数量，单体液压支柱必须达到初撑力。

6.3.2　机道顶板防护安全生产技术措施

（1）留顶煤开采要尽可能留住顶煤，割平顶煤，必要时实行超前移架、擦顶移架等方法，尽可能确保机道顶板平整；

（2）支架接顶效果良好，充分发挥支架支撑效果；

（3）超前移架，及时支护因片帮较深而增加的空顶面积；

（4）超前架设垂直煤壁的棚（梁），支护片帮后暴露的空顶区。

6.3.3 工作面内特殊地段——机道过渡段的顶板管理

由于两顺槽沿顶留底，掘巷高度 3.5m，与工作面 5m 多的采高有一段高差，所以工作面顶板要以一定角度缓慢过渡到两顺槽顶板，即从顺槽顶板起以 2°起坡缓慢过渡到工作面采高，头、尾过渡段长度 28.7m，在过渡段特别强调采煤机司机要训练有素，操作得当，严格按规定割平顶板，坡度平缓避免突变台阶，保证支架顶梁接顶效果。

6.3.4 强制放顶安全技术措施

（1）放顶工作必须在放顶领导组统一指挥下进行；

（2）打眼时，必须按说明规定的深度、角度进行施工；

（3）打工作面放顶孔时，打一组，先将支架向古塘方向推移一定距离，其距离能满足稳钻打孔即可，在其范围内支设单体液压支柱，维护该区域内的顶板、煤壁，炮孔打好后，立即进行装药，装好药后将支架拉回到原处，不影响联放炮即可，再打下一组，直至打装完；

（4）装药时，必须按照设计说明，将药装到指定的区段内，以防放顶时损坏支架。

（5）如装药时发生异常装不到预定的位置，就不得联放；

（6）装药使用装药器，装药器的使用严格执行其操作规程的有关规定；

（7）联炮前后要对其范围内的有害气体进行检查，如发现有害气体超限，立即停止作业，进行处理，达到要求后，方可联炮；

（8）初次放顶、步距放顶采用远距离放炮，放炮使用头、尾巷口的 DW-350 开关；

（9）放炮连线前，必须将头、尾巷口的 DW-350 开关断电，检查开关周围有害气体浓度，符合要求后进行验电，放电后方可进行连线工作；

（10）放炮前将工作面所有人员撤至盘区运料巷顶板完整的安全地点；

（11）放炮警戒，分别在顺槽巷口及运料巷风门处设岗拦人；

（12）炮拉响后，至少要等 30 分钟，由救护队人员分别从皮带巷口、运料巷口逐步向工作面检查有害气体的情况，只有在有害气体浓度符合《煤矿安全规程》要求后，由救护队通知放顶领导组负责人，由放顶领导组负责人员进入工作面恢复生产。

6.3.5 来压期间顶板管理安全技术措施

在来压期间，根据来压预报做好如下工作。

（1）升紧支架达到初撑力；

（2）移架后及时升出护壁板，以防片帮；

（3）摆正支架，使其垂直顶底板以及煤帮；

（4）保持良好的端头支护状态及两巷的超前支护；

（5）及时拉移支架，缩小空顶距。

6.3.6　防治支架倾倒措施

在缓倾斜大采高工作面,煤层的顶板沿接近重力的作用方向移动,顶板移动的切向分量对支架产生侧向力,可能导致支架倾倒。随着顶板压力不断增大,立柱的支撑力就表现为顶板压力的合力,支架所受合力作用点可能要偏出支架下边缘,从而导致支架倾覆。当支架重心越低、支架底座越宽,支架越稳定。降低支架的重心,增加底座与底板的接触面积,可使支架有稳定性的基础。在工作面正常的回采过程中,为了防止支架发生倾倒,应采取如下的具体措施。

(1)采煤机要严格割平顶板与底板,这是为了防止出现局部倾角过大或支架接顶、底板不实,造成支架失稳。

(2)要采用带压移架的方式,在距采煤机右滚筒 2～4 架开始拉架,并支护顶板。如采煤机前有严重片帮或顶板大面积暴露,应采取超前移架的方式支护顶板。移架时少降快拉,降架高度控制在不超过支架侧护板 2/3 的范围内。

(3)移架的过程中,要利用侧护千斤顶和底调千斤顶随时对液压支架进行微调,使支架与输送机保持垂直,使支架中心距保持在 1.75±100mm 左右,拉线移架,使支架排列整齐成一条直线,偏差在 ±50mm 之内。拉架时要利用侧护、底调千斤顶调整支架间距,防止咬架、挤架、歪架现象的发生。

(4)在工作面下端头排头支架的顶梁与底座上加装防倒装置,四架排头架组成"锚固站",使其成为全工作面支架保持横向稳定性的基础。工作面中间支架架间要设置连接千斤顶,工作面分段设置防倒千斤顶。最后一架端头支架的顶梁上方安装侧挑梁,能有效支护端头与巷道下帮之间的空顶,防止端头倒架。

(5)工作面应采取合理的移架顺序,工作面拉支架时,采用由上到下或由下到上的顺序依靠端头支架拉移支架。在巷道布置上,采取回风巷和运输巷的高度低于工作面采高的布置方式,支架由端头过渡到中间支架逐渐加大到工作面采高,既有利于巷道的支护,又提高了端头端尾支架的稳定性。

(6)在工作面回采过程中,正确使用带压移架和初撑力自动补偿功能,支撑已经离层和已破碎的下位直接顶,能增大顶、底板的摩擦阻力和顶板的反倾倒力矩,对防止支架的倾倒十分有利。

6.3.7　防治煤壁片帮安全技术措施

随采高的增大,片帮增多,采取以下措施防止片帮。

(1)对顶板及时支护,并且加大护帮板对煤壁的支护强度和支护面积。对新暴露的顶板进行及时支护,可以降低煤壁所受的压力,减少煤壁片帮,在生产中当移架速度追不上采煤机运行速度时,要停机等待,等新暴露的顶板全部支护好后方可继续开机。提高护帮板煤壁支护强度和支护面积的结果是提高了对煤壁的支护阻力,这样可以使煤壁增加一个侧向力,使煤壁处于三向应力状态,从而提高了煤壁的抗压强度。提高煤壁支护阻力的另一个作用是减少了煤壁塑性区的宽度,从而减小了煤壁发生片帮的可能性。

(2)保证支架的支撑阻力。在现场生产管理和技术培训中,严格要求支架工按规范进行操作,保证支架的支撑阻力。第一,升支架时保证足够的时间,使支架的初撑力达到要求。第二,保证支架的正常支护状态,支架工在操作中要保证支架与顶板平面接触,杜绝支架与顶板的点接触或线接触。支架的有效支撑阻力可以减少煤壁的压力,有效降低局部应力集中,减少了煤壁片帮的可能性。

（3）加快工作面推进速度。加快工作面推进速度,可以减少每一循环的顶板总下沉量,同时,煤壁处于峰后压碎状态,在残余应力作用下塑性变形,以及随时间的延长煤壁蠕变变形也增大。加快工作面推进速度还可以减少顶板周期来压期间对煤壁的影响程度。因此,加快推进速度有利于防止片帮。

（4）改进回采工艺和操作技术。应采用及时移架结构(先拉架后推输送机)的方法,使支架顶梁顶住煤壁,如留有黏顶煤,可利用支架顶梁铲落;工作面出现局部的片帮和大采高支架、陷底、挤架等现象,应及时调整;工作面应尽量采用俯斜开采,避免仰斜开采;要及时打开和收回护帮板;适当降低采高也可减缓工作面的片帮现象。

6.3.8　瓦斯涌出规律及控制

大同矿区“两硬”条件大采高开采冒落高度大,采空区瓦斯涌出不均衡,造成瓦斯隐患,对安全开采形成严重威胁。

通过对大同矿区“两硬”煤层瓦斯参数的测定研究表明,瓦斯压力在 $0.1 \sim 0.18 MPa$;瓦斯含量在 $1.1 \sim 2.5 m^3/t$,工作面瓦斯涌出量在 $4.07 \sim 16.28 m^3/min$,从数值上看,涌出量不高,但上隅角高浓度瓦斯在顶板周期性垮落过程中周期性涌出。“两硬”条件的大采高砂岩顶板坚硬,在没有采取特殊措施之前采空区悬顶面积大,冒落的上覆岩层碎胀系数小,冒落岩石与没有冒落的顶板之间形成较大空间,储存大量高浓度瓦斯,采空区坚硬顶板周期性大面积一次性突然垮塌,瞬间压出大量瓦斯,甚至出现风流逆转,造成含瓦斯风流紊乱和瓦斯涌出的不均衡性,见图 6-8。

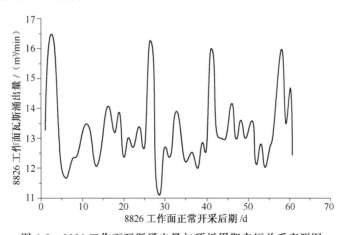

图 6-8　8826 工作面瓦斯涌出量与顶板周期来压关系实测图

为了进一步认识“两硬”条件下大采高工作面风流运动规律和瓦斯涌出规律,建立采空区瓦斯三维稳定渗流数学模型。

$$\begin{cases} \dfrac{\partial\left(K_{xx}\dfrac{\partial H}{\partial x}\right)}{\partial x} + \dfrac{\partial\left(K_{yy}\dfrac{\partial H}{\partial x}\right)}{\partial y} + \dfrac{\partial\left(K_{zz}\dfrac{\partial H}{\partial x}\right)}{\partial z} + W = 0 \\ H(x,y,z) \mid (x,y,z) \in \Gamma_1 = h_0(x,y,z) \\ \left(K_{xx}\dfrac{\partial H}{\partial x}n_x^0 + K_{yy}\dfrac{\partial H}{\partial y}n_x^0 + K_{zz}\dfrac{\partial H}{\partial z}n_x^0\right) \mid (x,y,z) \in \Gamma_2 = g(x,y,z) \end{cases} \quad (6\text{-}7)$$

同时建立了采场瓦斯浓度分布的数学模型：

$$\frac{\partial c}{\partial t} = D_d \operatorname{div}(\operatorname{grade}) - \overline{v}\operatorname{grade} - I_{CH_4} \quad (6\text{-}8)$$

采用有限元软件 ANSYS 流体单元进行数值计算，模拟结果表明，从工作面进入采空区 34~70m 范围内，存在紊流与层流混合过渡区，该区域距工作面的距离与工作面风量有关，风量越大，采空区漏风越大，过渡区离工作面越远。瓦斯浓度条带在工作面采空区走向中轴线上与过渡风流区趋向基本一致。进风、回风侧瓦斯浓度分布规律具有较大区别，进风隅角在进风射流的作用下瓦斯条带边界等浓度线远离隅角；回风侧瓦斯条带边界等浓度线伸向工作面落山角，说明采空区瓦斯在通风漏风动力及瓦斯自身扩散作用下涌向采空区低压点上隅角区域，造成上隅角高浓度瓦斯积聚。

针对"两硬"条件下大采高采空区上覆岩层突然垮塌导致工作面瓦斯涌出突然大幅增加、上隅角瓦斯严重超限的问题，在顶板控制的过程中，对顶板整体性进行弱化处理，改善顶板的完整性，弱化顶板，使其产生大量的裂隙并及时分层、分次充分垮落，有效防止采空区大面积一次性垮落，进而解决了工作面瓦斯突然严重超限的问题，此技术在现场的应用效果十分显著。

6.4　石炭纪特厚综放安全开采技术措施

6.4.1　老顶管理

3~5 号煤层老顶比较坚硬，一旦老顶大面积悬吊难以垮落，采用传统的爆破强制放顶困难较大，所以，加大矿压观测，采取必要措施防止老顶大面积垮落时冲击地压的发生，是放顶煤开采过程中的技术难题。

6.4.2　瓦斯管理

6.4.2.1　大采高综放工作面瓦斯分布特征

在采空区纵向空间内，瓦斯浓度分布自下而上呈线性增大的趋势，在煤层顶板以上 25~55m，瓦斯最小浓度为 6%，最大浓度可达 20%。在沿工作面推进方向上，采空区内的瓦斯分布呈台阶状分布。浓度从 1.5% 增大至 6.1%，深部瓦斯浓度最大可达 7.9%。在工作面范围内的瓦斯分布情况为头小尾大，在工作面尾部至上隅角区域内，瓦斯浓度保持在 0.4% 以上。同时，瓦斯分布在时间呈现不均衡性，即采煤工序不同瓦斯涌出量的差异也较大,工作面割煤时涌出量相对较小,放顶煤、移架时涌出量增大,当采空区顶板周期来压、割煤和放煤同步作业时采空区瓦斯涌出量最大。

6.4.2.2 大采高综放工作面瓦斯涌出规律

塔山矿 8105 综放工作面开采的特点是特厚煤层综采放顶煤,与其他采煤方法相比,综放面对围岩及上邻近层的影响范围及程度有所不同,瓦斯涌出具有以下特征。

(1) 采空区局部瓦斯涌出加剧。采空区局部瓦斯涌出特点是在工作面尾部及上隅角区域内瓦斯容易超限,放煤口、架间隙实测瓦斯浓度一般为 2%~3%,有时会更大。U 形通风工作面在不采取任何措施的情况下,上隅角瓦斯涌出瓦斯浓度可达 5%。在工作面尾部 10%区域内,涌出 90%以上瓦斯。

(2) 瓦斯涌出具有不均衡性。大采高综放工作面的瓦斯涌出源主要分为三部分:一是采空区高顶处的瓦斯包括上邻近层的瓦斯;二是采空区深部瓦斯,包括下邻近层的瓦斯;三是工作面漏风流携带的采放煤瓦斯。这三部分的瓦斯涌出都会受到工作面来压、基本顶垮落、放煤等因素的影响,呈现出不均衡性,涌出不均衡系数可达 1.8。

6.4.2.3 大采高综放工作面瓦斯治理

根据对塔山矿 3^5 号煤层 8105 大采高综放工作面采空区与采场瓦斯浓度分布与涌出规律的测试可知:塔山矿大采高综放工作面瓦斯涌出和分布的不均衡,突出体现为在工作面尾部放煤和移架过程中,瓦斯瞬间释放或采空区瓦斯大量涌出,加之工作面风流在上隅角处拐弯形成涡流,造成上隅角附近瓦斯易于积聚超限和瓦斯涌出异常。综放工作面瓦斯治理的重点是工作面回风流及上隅角处瓦斯超限问题,必须从疏导采空区瓦斯入手进行分源治理,即利用瓦斯抽采来分流采空区内的瓦斯,以达到降低回风流和上隅角附近瓦斯涌出的目的。

经测定,矿井瓦斯相对涌出量 1.66m³/t,绝对涌出量 78.6m³/min。在分析研究塔山矿已采工作面瓦斯涌出实际情况和考察已采取的瓦斯治理措施效果基础上,结合 8105 工作面回采巷布置特点,开采前期采用 U 形通风巷道布置,后期采用"U+I"形通风巷道布置,采用分三步走的综合治理方法。

(1) 在 8105 大采高综放工作面大流量抽采瓦斯系统建立之前,工作面治理瓦斯是采用通风法,上下隅角封堵、风帘引风稀释法治理工作面上隅角瓦斯超限。工作面开采初期,上隅角、后溜尾瓦斯浓度达到 0.8%~1.0%时,在进回风端头顶板条件允许情况下,回风端头每隔 5m 构筑一道封堵墙,在进风端头每隔 20m 构筑一道封堵墙,改变上隅角风流流场,使风流进入采空区的深度减小,从而减少风流从采空区带出的瓦斯量,如图 6-9 所示。封堵墙必须从煤帮构筑到后溜尾处,保证将尾端头封堵严实,墙体要确保严密不漏风,墙体规格按巷道断面规格确定。

8105 工作面上隅角、回风巷及后溜尾瓦斯浓度在 1.0%~1.4%时,采用吊挂风障的方法解决瓦斯超限。一是在工作面回风巷超前工作面 40m 布设 L 形风障,风障距上煤帮 1.8m,同时在 L 形风障末端构筑两道风门,使回风巷变为"一巷两道";二是在工作面尾部支架前的溜机道上吊挂风障,迫使更多的风流从后溜通过,增加工作面尾部与上隅角通

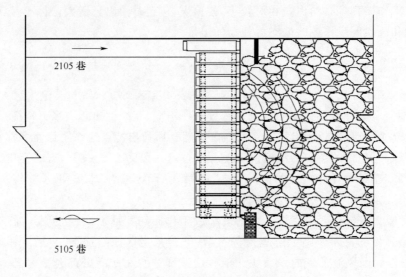

图 6-9　两端头构筑封堵墙示意图

风量,降低该处的瓦斯浓度,如图 6-10 所示。

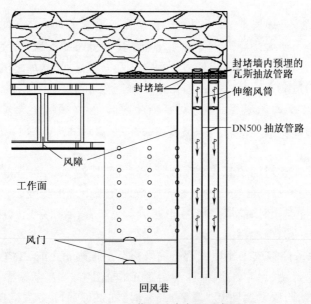

图 6-10　工作面风障布置示意图

　　(2) 若采取上述措施仍然不能控制隅角、后溜尾瓦斯浓度上升时,开启上隅角插管进行上隅角瓦斯抽采。具体方法是:尾端头构筑封堵并在构筑封堵墙期间预埋两趟 DN500 瓦斯抽采管路,连接 2BEC62 型瓦斯抽采泵,进行上隅角采空区强化抽采,抽采浓度达到 0.8% 左右,同时保留前期的瓦斯治理技术方法,上隅角、后溜尾瓦斯得到很好解决。

　　(3) 8105 工作面与顶板高抽巷贯通后,将顶板高抽巷进行密闭,通过瓦斯抽采系统抽采采空区瓦斯,解决工作面上隅角瓦斯超限问题。具体方法是,在顶板高抽巷三岔口往里 5m 处构筑密闭，在密闭墙内预埋四趟抽采瓦斯管道（500mm PE 管两趟、600mm PE 管两趟），分别与一、二盘区瓦斯抽采泵站的抽采泵连接。开启抽采泵进行抽采，来压时或采空区瓦斯涌出较大时，备用泵临时开启，增大顶板高抽巷的抽采量。

6.4.2.4　工作面瓦斯治理效果

工作面瓦斯治理工作达到了很好的效果：顶板高抽巷内瓦斯浓度保持在 1.5%～2.2%，工作面上隅角瓦斯浓度保持在 0.2%～0.3%，后溜尾瓦斯浓度保持在 0.2%～0.3%，回风流瓦斯浓度保持在 0.15%～0.25%。随着工作面的不断推进，鉴于工作面上隅角、回风瓦斯浓度有增大趋势，对 8105 工作面增开一台 2BEC62 型瓦斯抽采泵，使得抽采量达到 $850m^3/min$。目前，8105 工作面各处瓦斯浓度均保持在稳定较低水平，顶板高抽巷抽采运行稳定，确保了工作面的安全顺利推进。

6.4.2.5　大采高综放工作面采空区自燃“三带”的测定

1）8105 综放工作面自燃“三带”的测定方法

（1）监测点布置。每套束管分为运顺、回顺两组，每组四根束管，束管布置详见图 6-11。1# 束管距运顺上帮 5.4m，1# 与 2# 束管间距 10m，2# 与 3#、3# 与 4# 束管间距分别为 20m。回顺侧相同。按方案要求，需要埋入三套束管，本次埋入束管为第一套束管，待第一套束管埋入采空区 50m 后，再埋第二套束管，第二套束管埋入采空区 50m 后，再埋第三套束管，埋设方法与第一套相同。

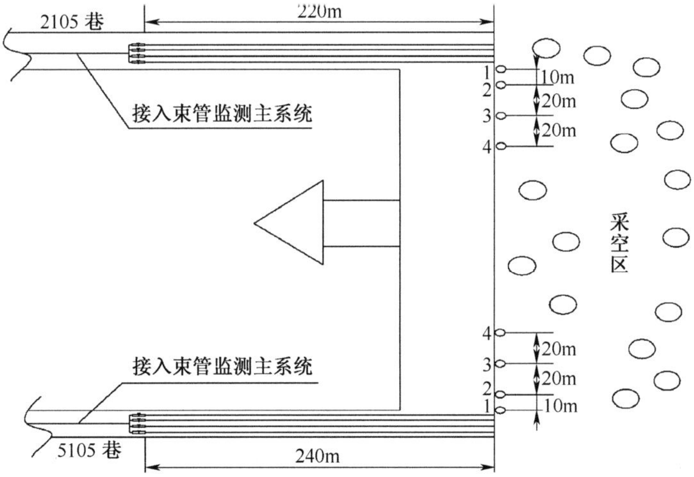

图 6-11　束管监测点布置示意图

（2）监测方法。在 8105 工作面 2105 巷、5105 巷五通阀门处各安装一部电话，连接到监控中心，并安排专人在五通阀门处与监控中心联系。束管编号 1～4 号。井下人员与监控中心联系，打开 1 号束管阀门，开始抽气，监控中心人员记录 1 号束管阀门打开的时间。2 小时后，井下人员与监控中心联系，关闭 1 号束管阀门，打开 2 号束管阀门，监控中心人员记录 2 号束管阀门打开时间，并开始监测 1 号束管数据。2 小时后，井下人员与监控中心联系,关闭 2 号阀门,打开 3 号束管阀门,监控中心人员记录 3 号束管阀门打开时间,并开始监测 2 号束管数据。2 小时后,井下人员与监控中心联系,关闭 3 号束管阀门,打开 4 号束管阀门,监控中心人员记录 4 号阀门打开时间,并开始监测 3 号束管数据。2 小时后,开始监测 4 号束管数据。监测完毕后,每个束管选择监测数据的最低值填入相应表格。

2) 8105 综放工作面采空区氧浓度场分布

当采空区进入窒息带时,漏风风流基本消失。所以采用氧浓度指标来划分自燃带和窒息带相对较好。确定 8105 大采高综放工作面窒息燃烧的最低氧浓度为 7%。

5105 巷的 1#、3#、4# 测点的氧气浓度未下降至 7%,束管采样头已堵。将现场束管监测的实际数据采用数值拟合方法,得出采空区氧气浓度在 7% 的各点位置,如图 6-12～图 6-14 所示。而其余各测点氧气浓度在 20%左右时束管采样头已堵,则无法采用其数据。

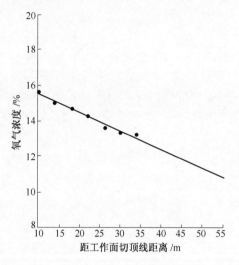

图 6-12　5105 巷 1# 测点拟合曲线

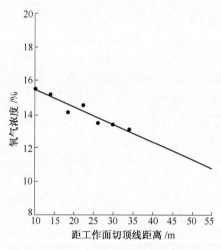

图 6-13　5105 巷 3# 测点拟合曲线

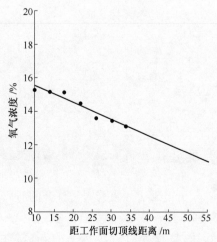

图 6-14　5105 巷 4# 测点拟合曲线

根据塔山矿 8105 综放工作面 2105 巷原有实际监测数据,当氧气浓度降至 7% 以下时,工作面推进距离达到 91m。

根据氧气浓度在 7%的各点位置拟合出采空区窒息带位置,如图 6-15 所示。

3) 8105 综放工作面自燃"三带"的确定

采空区煤自燃的"三带",即散热带、自燃带和窒息带。在散热带,由于漏风速度较大,煤体表面氧化产生的热量能很快被带走,因而煤温不会升高,不会发生自燃;窒息带内氧浓度较低,煤也不会发生自燃;只有自燃带内,氧浓度较高,漏风强度也适中,煤氧化放出的热量能够积聚使温度上升。因而"三带"划分的依据为:散热带,漏风风速>1.2m³/(min·m²);窒息带,氧浓度<7%;自燃带,漏风风速<1.2m³/(min·m²)并且氧浓度>7%。图6-16为实测塔山矿8105综放工作面自燃"三带"范围示意图。由图6-16可知,塔山矿8105工作面采空区散热带从切顶线计算宽度为2～12m;自燃带主要分布在距离切顶线2～98m处,自燃带宽度在从工作面中部靠近回风侧较大,约为95m;窒息带主要分布在距工作面切顶线98m之后。

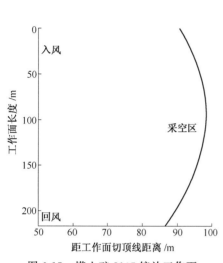

图6-15　塔山矿8105综放工作面
采空区氧气浓度7%等值线图

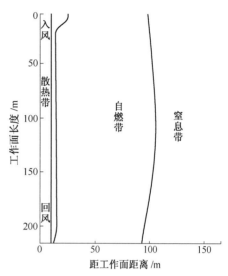

图6-16　采空区"三带"划分示意图

6.4.3　防灭火管理

采空区瓦斯抽采管口是易发生自燃的部位。根据采空区瓦斯抽采管路布置情况,在预埋抽采管的同时预埋一趟专用的注浆管路,管口位置在抽采管口下方。根据瓦斯抽采监测系统分析得到的抽采气体中的 O_2 和 CO 浓度综合分析抽采管口附近的自燃危险性。当抽采气体中出现异常情况时,采用加大注氮量连续注氮、直到抽采气体中 CO 浓度下降到 24×10^{-5} %以下为止。

1)注氮工艺

在8105综放工作面的进风端头沿采空区埋设一趟4寸钢丝缠绕管路,并与进风巷主注氮管路对接,在工作面头尾部每隔20m各构筑一道密闭墙,头部每3～5m吊挂一道风障;当管路埋入采空区50m后开始注氮,同时埋入第二趟注氮管路(注氮管口的移动步距为50m),当第二趟注氮管口埋入采空区50m后向采空区注氮,同时停止第一趟管路的注氮,并重新埋设注氮管路,如此循环,直到工作面停采线为止。

A. 注氮管路的辅设路线

注氮机安设在盘道地面,注氮路线为:盘道地面制氮机房→盘道进风立井→进风联巷→1070回风巷→2105进风顺槽或5105回风顺槽→工作面采空区氧化带。

B. 主要注氮管路参数

8105 工作面注氮需要的管路参数见表 6-1。

表 6-1　主要注氮管路参数

管路名称	直径/mm	壁厚/mm	长度/m
回风立井管路	530	7	460
进风联巷	530	7	800
1070 回风巷	530	7	1240
2105 顺槽巷	159	4.5	3000
5105 回风巷	159	4.5	450

C. 注氮规定

①采用地面三套制氮设备进行综放工作面采空区自燃带注氮防火；② 在正常情况下，将地面第四套制氮设备作为备用制氮设备。当综采面非正常生产超过一天（连续三个班），或回风流中出现 CO 浓度上升超过 $24×10^{-5}$ ％的情况下，采用四套设备，每天三班连续注氮，直到工作面恢复正常回采，或 CO 浓度显著下降（$1×10^{-5}$ ％）并持续较长时间（3 天）为止；③对进风侧注氮管路注氮时，对注氮管路流量压力分别作记录，用来考察注氮效果；④在增加注氮量后，应加强综放面的 O_2 浓度监测，确保安全。

2）注氮方式

注氮方式根据对火情的预测情况而定，在注氮 $2500m^3/h$ 的情况下，推进速度 $v_{min} = 1.4m/d$ 时，必须采取连续注氮方式；推进速度 $v_{min} < 1.4m/d$ 或停产时，必须加大注氮量；若停采时间达 68 天以上时，注氮量不小于 $6390m^3/h$；当工作面推进速度 $v_{min} > 1.4m/d$ 时，可适当减少注氮量。

3）注氮防灭火效果

通过采取以注氮为主的大采高综放工作面防灭火技术，8105 工作面煤炭自然发火得到有效控制。8105 工作面 2010 年 11 月以来顶板高抽巷 CO 气体浓度变化情况如图6-17所示，工作面采空区 CO 气体浓度基本稳定在 $4×10^{-5}$ ％左右，保持在稳定较低水平。

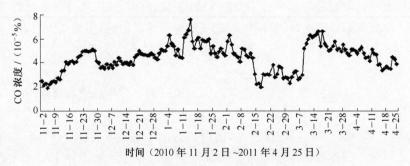

图 6-17　8105 工作面顶板高抽巷 CO 气体浓度变化示意图

6.4.4　煤尘管理

综放工作面的防灭尘是一项重要的工作，它既是保证工作人员工作环境的重要内容，更是安全生产不可缺少的环节,防止与煤尘爆炸相关的各种安全隐患的产生是煤尘管理的重点。合理布置工作面各种灭尘捕尘设施,科学选择煤层注水参数是防灭尘的重要内容。

工作面运输巷铺设一趟 4 寸液压用水管、一趟 3 寸净化水管,回风巷铺设一趟 3 寸净化水管。皮带巷铺设 4 寸液压用水管、3 寸净化水管供喷雾泵站和一个乳化泵站。皮带巷 3 寸净化水管每隔 50m 安设一个六分异型三通截门,回风巷每隔 100m 安设一个六分异型三通截门,以供洗巷、净化水幕及消防使用。

工作面配备两台德国豪森科公司 EHP-3K125/80 型、两台无锡 BPW-320/6.3M 型喷雾泵及两台无锡 KMPB-320/23.5 型冷却泵,一台 RX31 型清水箱、一台 QX320/20 型清水箱和一台 XO320/20 型清水箱组成喷雾、冷却泵站,与开关列车连在一起,稳设在运输巷轨道上。喷雾泵站使用 38mm、38mm、25mm 液压管分别与支架,机组,前、后刮板运输机电机相连接,以供喷雾、冷却。

采煤机必须安设内外喷雾装置。每架支架有一道架间喷雾,放顶煤回转梁下每架设一道喷雾。工作面所有运煤转载点必须安设喷雾装置,喷雾必须喷在落煤点上。正常情况下,内喷雾压力不小于 2MPa,外喷雾不小于 1.5MPa,若机组内喷雾不能使用,外喷雾压力不得小于 4MPa。

工作面回风巷在距回风绕道口 50m、运输巷距巷口 30m 各设置一道水幕,为固定水幕。在回风巷距工作面煤壁 30m 处设置一道水幕,随采随移。要求水幕必须封闭全断面。超前工作面 100m 进行煤体注水。

结　　语

　　大同矿区煤层开采具有悠久的历史,自 1970 年 11 月我国第一套综采设备在大同煤峪口矿 9 号煤层 8710 工作面试验开采以来,大同矿区的综采技术已经走过了 44 年的历程。在这 40 多年的开采实践中,围绕大同矿区侏罗纪煤层的特点,在技术上取得了应用"三强"(强制放顶、强力支架、强力采煤机)对"两硬"(坚硬顶板、坚硬煤层)、近距离煤层采空区均压防灭火和顶煤弱化等许多重大技术突破,并通过进行合理巷道布置,最大程度地避开煤柱集中应力的影响,优化开采工艺等,解决了长期束缚生产发展,威胁安全生产的顶板硬、煤层硬和近距离煤层数目多的难题,而在石炭纪则主要以应用现代化综放技术,利用大功率、大直径采煤机割煤,强阻力的液压支架支护顶板并使顶煤及夹矸有效的破坏,取得了高效、高资源采出率安全开采。最终形成了大同矿区双系"两硬""薄-中厚-特厚"煤层开采技术体系,其中包括侏罗纪"两硬"条件下薄煤层综采技术、两硬极近距离煤层群开采的技术、石炭纪两硬变质煤综采技术、侏罗纪"两硬"煤层综采放顶煤技术、石炭纪特厚煤层综放开采技术、侏罗纪"两硬"煤层大采高开采技术、"两硬"短壁综采技术;针对大同矿区特有的开采及地质条件不断地进行综合机械化装备的研究与开发,克服了种种困难,最终研制了适用于大同矿区双系"两硬"条件的系列装备;并建立了适用于大同矿区"双系两硬"条件下的采场围岩控制理论与技术体系。正是有了这些理论与技术的提高,综采工作面最高单产从 20 世纪 70 年代的 2 万 t/月提高到了 2009 年的塔山矿综放工作面的 131 万 t/月,使企业经济效益和社会效益大幅提高,使得大同矿区综采技术水平逐步步入了全国的先进行列。

　　撰写本书是对大同矿区煤层开采 40 多年来的成果总结,也是对我国综采的理论和实践的丰富,不仅有利于提高未来矿井开采的资源回收率,也对同煤集团可持续发展具有重要的战略意义,对于书中不足之处,请各同行、专家、老师等批评与指正。

　　本书的成功完成特别要感谢大同煤矿集团有限责任公司领导以及技术中心、同大科技研究院等单位同事的大力支持,更要感谢同煤集团几代工程技术人员付出的心血与汗水。感谢中国矿业大学(北京)、中国矿业大学、太原理工大学、山东科技大学、辽宁工程技术大学、大连理工大学、大连大学、中国煤炭科工集团有限公司等合作高校与科研院所对大同矿区煤层开采技术发展做出的贡献,感谢众多专家与学者,特此鞠躬致谢。

参 考 文 献

[1] 刘守仁,马杰,高汝懋,等. 大同煤矿史[M]. 北京:人民出版社,1989.

[2] 高汝懋,宋永津,孙辅智,等. 大同煤矿史[M]. 太原:山西人民出版社,1993.

[3] 大同矿务局. 大同侏罗纪含煤地层沉积环境与聚煤特征[M]. 北京:科学出版社,1991.

[4] 于斌,陈蓥,韩军,等. 口泉断裂与同忻井田强矿压显现的关系[J]. 煤炭学报. 2013,38(1):73-77.

[5] 于斌. 大同矿区综采40a开采技术研究[J]. 煤炭学报. 2010,35(11):1772-1777.

[6] 于斌,杨智文,赵军. 大同"两硬"条件薄煤层刨煤机综采技术探讨[A]//全国煤矿复杂难采煤层开采技术[C]. 2012,(4):3-6.

[7] 盛国军,孙启生,宋华岭. 薄煤层综采的综合创新技术[J]. 煤炭学报,2007,32(3):230-234.

[8] 吕玉龙. 薄煤层机械化开采设备在国内的发展简况[J]. 江西能源,2008,(2):7-8,19.

[9] 陈忠良,刘帆,张连昆,等. 我国薄煤层综采技术的发展及其适应性和应用特点[J]. 山东煤炭科技. 2011,(1):151-152.

[10] 国家安全生产监督管理总局. 煤矿安全规程[M]. 北京:中国法制出版社,2014.

[11] 阿威尔辛C.r. 煤矿地下开采的岩层移动. 北京:煤炭工业出版社,1959.12.

[12] 葛尔巴节夫ТФ,札柏АП.库兹巴斯煤层群上行顺序开采法[M].北京:煤炭工业出版社.

[13] 陆士良,姜耀东. 支护阻力对软岩巷道围岩的控制作用[J]. 岩土力学,1998,19(1):1-6.

[14] 于斌,刘长友,杨敬轩,等. 大同矿区双系煤层开采煤柱影响下的强矿压显现机理[J]. 煤炭学报,2014,39(1):40-46.

[15] 史元伟. 采煤工作面围岩控制原理与技术[M]. 徐州:中国矿业大学出版社,2003.

[16] 郭文兵,刘明举,李化敏,等. 多煤层开采采场围岩内部应力光弹力学模拟研究[J]. 煤炭学报,2001,26(1):8-12.

[17] 林衍,谭学术,胡耀华. 对缓倾近距煤层群同采合理错距的探讨[J]. 贵州工学院学报,1994,23(2):33-38.

[18] 颜宪禹,周锡德. 煤层群采用单层开采方式的可行性分析[J]. 矿业安全与环保,1999,(4):32-33.

[19] 张顶立,钱鸣高. 综放工作面围岩结构分析[J]. 岩石力学与工程学报,1997,16(4):27-33.

[20] 贾永军. 含夹矸厚煤层综放开采技术分析[J]. 煤矿开采,2002,(1):22-24.

[21] 皮凯JP. 厚煤层放顶煤开采的矿山压力研究[A]//煤炭部矿山压力科技情报中心站综采分站. 岩层控制与综采矿压译文集[C].1985.

[22] 王家臣. 厚煤层开采理论与技术[M]. 北京:冶金工业出版社.2009.

[23] 吴建:我国放顶煤开采的理论研究与实践[J]. 煤炭学报,1991,16(3):1-11.

[24] 高明中,余忠林. 厚冲积层急倾斜煤层群开采重复采动下的开采沉陷[J]. 煤炭学报,2007,32(4):347-352.

[25] 郭忠平,樊克恭,许东来,等. 厚冲积含水层下厚煤层悬移支架放顶煤开采技术[J]. 山东矿业学院学报,1997,16(2):18-22.

[26] 吴健. 放顶煤开采顶煤活动规律与工作面回采率[A]//高产高效综采技术国际研讨会论文集[C]1992.

[27] 高明中. 急倾斜煤层开采岩移基本规律的模型试验[J]. 岩石力学与工程学报,2004,23(3):441-445.

[28] 靳钟铭,张惠轩,宋选民,等. 综放采场顶煤变形运动规律研究[J]. 矿山压力与顶板管理,1992,01:26-31,103.

[29] 冯国才,于政喜,张清和. 综采放顶煤开采顶煤破碎机理研究[J]. 阜新矿业学院学报(自然科学版),1992,11(3):51-54.

[30] 张榜雄. 耿村煤矿综放开采顶煤运移与破碎特征[J]. 煤矿开采,2002,7(4):46-48.

[31] 闫少宏,富强. 综放开采顶煤活动规律的研究与应用[M]. 北京:煤炭工业出版社,2003.

[32] 赵伏军. 动静载荷耦合作用下岩石破碎理论及试验研究[D]. 长沙:中南大学,2004.

[33] 王家臣,白希军,吴志山,等. 坚硬煤体综放开采顶煤破碎块度的研究[J]. 煤炭学报,2000,25(3):238-242.

[34] 宋选民,钱鸣高,靳钟铭. 放顶煤开采顶煤块度分布规律研究[J]. 煤炭学报,1999,24(3):39-43.

[35] 张海戈,吴健,于海涌. 三软不稳定厚煤层综放顶煤稳定和端面冒落控制研究[J]. 中州煤炭,1993(6).

[36] 王家臣,富强. 低位综放开采顶煤放出的散体介质流理论与应用[J]. 煤炭学报,2002,27(4):337-341.

[37] 富强. 长壁综放开采松散顶煤落放规律研究[D]. 中国矿业大学(北京)博士学位论文,1999.

[38] 靳钟铭,徐林生. 煤矿坚硬顶板控制[M]. 北京:煤炭工业出版社,1994.

[39] 杨永辰,王同杰,刘富明. 综放面顶煤回收率试验研究及提高回采率的途径[J]. 煤炭工程,2002(8):51-53.

[40] 谢耀社,赵阳升. 振动条件下顶煤放出规律数值模拟研究[J]. 采矿与安全工程学报,2008,25(2):188-191.

[41] 钱鸣高,石平五. 矿山压力与岩层控制[M]. 徐州:中国矿业大学出版社,2003.

[42] 布雷斯 B H G,布朗 E T. 地下采矿岩石力学[M]. 冯树仁,等译. 北京:煤炭工业出版社,1990.

[43] 钱鸣高,石平五,许家林. 矿山压力与岩层控制[M]. 徐州:中国矿业大学出版社,2010.

[44] 鲍莱茨基 M,胡戴克 M. 矿山岩体力学[M]. 于振海,刘天泉译. 北京:煤炭工业出版社,1985.

[45] 钱鸣高,缪协兴,何富连. 采场"砌体梁"结构的关键块分析[J]. 煤炭学报,1994,19(6):557-563.

[46] 钱鸣高,张顶立,黎良杰,等. 砌体梁的"S-R"稳定及其应用[J]. 矿山压力与顶板管理,1994,(3):6-11,80.

[47] 宋振骐.实用矿山压力控制[M]. 徐州:中国矿业大学出版社,1998.

[48] 石平五,侯忠杰. 神府浅埋煤层顶板破断运动规律[J]. 西安矿业学院学报,1996,16(3):7,9-11,19.

[49] 靳钟铭,牛彦华,魏锦平,等. "两硬"条件下综放面支架围岩关系[J]. 岩石力学与工程学报,1998,17(5):36-42.

[50] 贾喜荣. 矿山岩层力学[M]. 北京:煤炭工业出版社,1997.

[51] 赵宏珠. 大采高支架的使用及参数研究[J]. 煤炭学报,1991,16(1):32-38.

[52] 郝海金,张勇,袁宗本. 大采高采场整体力学模型及采场矿压显现的影响[J]. 矿山压力与顶板管理,2003,(增):22.

[53] 弓培林,靳忠铭. 大采高综采采场顶板控制力学模型研究[J]. 岩石力学与工程学报,2008,27(1):193-198.

[54] 张义,刘随生,于斌,等. 大同"两硬"条件短壁综采装备与技术研究[A]// . 2003 年度中国煤炭工业协会科学技术奖获奖项目汇编[C]. 2004.

[55] 克诺特,李特维尼申,等. 矿区地面采动损害保护[M]. 上西里西亚出版社.1980.

[56] 缪协兴,钱鸣高. 采场围岩整体结构与砌体梁力学模型[J]. 矿山压力与顶板管理,1995,3-4,3-12.

[57] 钱鸣高 ,朱德仁 ,王作棠. 老顶岩层断裂型式及对工作面来压的影响[J]. 中国矿业学院学报,

1986,(2):12-21.

[58] 何富连. 工作面矿压监测数据的计算机化处理[J]. 矿山压力,1989,01:58-63,68-93.

[59] 姜福兴. 薄板力学解在坚硬顶板采场的适用范围[J]. 西安矿业学院学报,1991,11(2),40-50.

[60] 茅献彪,缪协兴,钱鸣高. 采动覆岩中关键层的破断规律研究[J]. 中国矿业大学学报,1998,(1):41-44.

[61] 钱鸣高,茅献彪,缪协兴. 采场覆岩中关键层上载荷的变化规律[J]. 煤炭学报,1998,(2):25-29.

[62] 许家林,钱鸣高. 关键层运动对覆岩及地表移动影响的研究[J]. 煤炭学报,2000,25(2):122-126.

[63] 钱鸣高,许家林. 覆岩采动裂隙分布的"O"形圈特征研究[J]. 煤炭学报,1998,(5):20-23.

[64] 黎良杰,张建军. 煤层底板突水的计算预测及应用[J]. 煤田地质与勘探,1995,(4):34-38.

[65] 姜福兴,宋振骐,宋扬. 老顶的基本结构形式[J]. 岩石力学与工程学报,1993,3,366-379.

[66] Csiro. Longwall top coal caving, Australia[J]. Exploration & Mining, 2000.

[67] 缪协兴,陈荣华,浦海,等. 采场覆岩厚关键层破断与冒落规律分析[J]. 岩石力学与工程学报,2005,08:1289-1295.

[68] 黄庆享,钱鸣高,石平五. 浅埋煤层采场老顶周期来压的结构分析[J]. 煤炭学报,1999,24(6):581-585.

[69] 冯国瑞,闫永敢,杨双锁,等. 长壁开采上覆岩层损伤范围及上行开采的层间距分析[J]. 煤炭学报,2009,(8):1032-1036.

[70] 闫少宏,贾光胜,刘贤龙. 放顶煤开采上覆岩层结构向高位转移机理分析[J]. 矿山压力与顶板管理,1996,(3):3-5,72.

[71] 姜福兴. 采场覆岩空间结构观点及其应用研究[J]. 采矿与安全工程学报,2006,(1):30-33.

[72] 刘凯欣,高凌天. 离散元法研究的评述[J]. 力学进展,2003,(4):483-490.

[73] Wilson A H. The stability of tunnels in soft rock at depth [J]. Proc. Conf. on Rock Engineering, University Newcasale upon Tyne, 1987, 18 (3): 5H-515.